[제2판]

미래의 항공종사자를 위한 **항공입문서**

항공기 시스템

남명관 지음

이 책은 항공기에 관심을 갖고 있는 일반 독자들은 물론, 미래의 항공종사자를 꿈꾸는 이들이 좀더 쉽게 항공기시스템을 이해할 수 있도록 내용을 구성하였다.

BM (주)도서출판 성안당

■ **도서 A/S 안내**

성안당에서 발행하는 모든 도서는 저자와 출판사, 그리고 독자가 함께 만들어 나갑니다.

좋은 책을 펴내기 위해 많은 노력을 기울이고 있습니다. 혹시라도 내용상의 오류나 오탈자 등이 발견되면 "좋은 책은 나라의 보배"로서 우리 모두가 함께 만들어 간다는 마음으로 연락주시기 바랍니다. 수정 보완하여 더 나은 책이 되도록 최선을 다하겠습니다.

성안당은 늘 독자 여러분들의 소중한 의견을 기다리고 있습니다. 좋은 의견을 보내주시는 분께는 성안당 쇼핑몰의 포인트(3,000포인트)를 적립해 드립니다.

잘못 만들어진 책이나 부록 등이 파손된 경우에는 교환해 드립니다.

저자 문의 e-mail : mknam1903@gmail.com (남명관)
본서 기획자 e-mail : coh@cyber.co.kr (최옥현)
홈페이지 : http://www.cyber.co.kr   전화 : 031) 950-6300

머리말

전문가만 이해할 수 있는 지식은 오래가지 못한다고 생각합니다.

항공정비사라는 직업은 여전히 많은 사람들의 관심을 받고 있으며, 이를 준비하는 수험생들도 꾸준히 늘고 있습니다. 하지만 '항공기는 어렵다'는 인식은 여전히 학습자들 앞에 높은 벽으로 남아 있습니다.

2017년 말, SNS를 통해 항공역학과 항공기계통 중 어떤 과목이 더 어렵게 느껴지는지를 묻는 간단한 설문을 진행했습니다. 결과는 정확히 반반이었습니다. 이는 항공기 전반에 대한 학습이 많은 이들에게 얼마나 부담스럽게 다가오는지를 보여주는 단적인 예라 할 수 있습니다.

실제 수업이나 시험 준비 과정에서도 "항공기는 어떻게 살아 움직이는가?"라는 질문에 대해, 많은 수험생들이 단답형 이상의 설명을 이어가지 못하는 모습을 자주 보았습니다. 실기시험 대비를 위한 암기 중심의 공부가 항공기의 작동원리나 계통 간의 연결성을 이해하는 데까지는 미치지 못했던 것이지요. 그럴 때마다 학습자들이 들인 시간과 노력이 온전히 결실로 이어지지 못하는 현실이 늘 안타깝게 느껴졌습니다.

그래서 생각했습니다. '어렵다'는 말 대신 '어떻게 하면 더 쉽게 배울 수 있을까'라는 물음을 던져보자고요. 저는 그 해답을 항공기를 하나의 유기체로 바라보는 관점에서 찾았습니다. 연료를 받아 에너지를 생성하고, 그 에너지를 각 계통으로 나누어 보내며, 궁극적으로 항공기를 움직이게 하는 과정은 마치 인간이 음식을 섭취하고 소화해 활동하는 생명체의 신진대사와도 닮아 있습니다.

이러한 흐름을 바탕으로 초판에서는 연료계통, 전기계통, 공압계통, 유압계통 등 항공기의 에너지 흐름을 담당하는 주요 계통을 중심으로 설명했고, 이어서 랜딩기어나 방빙장치 등 실제 작동을 담당하는 장비들이 어떻게 연결되고 작동하는지를 유기적으로 풀어냈습니다.

그리고 이번 개정판에서는 항공기의 움직임을 완성하는 핵심, 비행조종계통(Flight Control System)을 새롭게 담았습니다. 조종사의 조작이 항공기의 날개와 조종면으로 어떻게 전달되는지, 그 흐름을 이해하는 것은 단순히 시스템 하나를 추가로 배우는 것을 넘어 항공기라는 유기체의 의사결정구조를 이해하는 것과 같습니다. 특히 현대 항공기에서 핵심이 되는 전자식 조종(Fly-by-Wire)은 항공기의 안정성과 정밀성을 높이는 기술로, 이제는 항공기 시스템을 이해하는 데 있어 빼놓을 수 없는 요소가 되었습니다.

이번 책은 단순히 구성품의 기능을 나열하는 방식이 아니라, 각 계통이 어떻게 상호작용하며 항공기를 살아 움직이게 하는지를 전체 흐름 안에서 조망할 수 있도록 구성하였습니다. 마치 높은 곳에서 도시 전체를 내려다보듯, 항공기의 작동원리를 한눈에 그려볼 수 있는 학습 경험이 되기를 바랐습니다.

이 책은 항공기를 처음 접하는 일반 독자부터, 항공정비사를 준비하는 수험생까지 누구나 쉽게 접근할 수 있도록 썼습니다. 깊이나 난이도보다는, 이해의 즐거움과 학습의 연결성을 먼저 생각했습니다. 쉽게 덮어버리는 책이 아니라, 한 장 한 장 넘길수록 흥미를 느끼고, 항공기의 모습이 머릿속에 자연스럽게 떠오르는 책이 되었으면 하는 바람입니다.

이 책이 독자 여러분께 살아서 움직이는 항공기의 모습을 생생히 떠올릴 수 있게 해주는 작지만 든든한 디딤돌이 되기를 진심으로 바랍니다.

덧붙여 본서는 국토교통부에서 발간한 "항공정비사 표준교재"를 참고하여 작성하였음을 밝힙니다.

저자 남명관

차례

|제1장| 연료계통
　요점정리 ·· 12
　사전테스트 ·· 13
　1.1 연료계통의 필요성 ·· 14
　1.2 연료계통의 구성 ·· 30
　1.3 연료의 급유절차 ·· 46
　확인학습: 연습문제 및 해설 ·· 58

|제2장| 전기계통
　요점정리 ·· 64
　사전테스트 ·· 64
　2.1 전기계통의 필요성 ·· 65
　2.2 전기계통의 구성 ·· 66
　2.3 전기계통 작업 시 주의사항 ·· 79
　확인학습: 연습문제 및 해설 ·· 80

|제3장| 기내환경조절계통
　요점정리 ·· 84
　사전테스트 ·· 85
　3.1 공압계통의 필요성 ·· 87
　3.2 기내환경조절계통의 구성 ·· 93
　3.3 기내환경조절계통의 필요성 ·· 98
　3.4 기내압력조절계통 ·· 105
　3.5 기내온도조절계통 ·· 110
　3.6 산소계통 ·· 121
　확인학습: 연습문제 및 해설 ·· 132

제4장 유압계통

요점정리 ··· 138
사전테스트 ·· 139
4.1 유압계통의 필요성 ··· 140
4.2 유압계통의 구성 ·· 147
4.3 유압계통 구성품의 기능 ·· 156
4.4 대형항공기 유압계통 ··· 169
4.5 유압계통을 사용하는 주요 계통 ·· 174
확인학습: 연습문제 및 해설 ·· 179

제5장 랜딩기어계통

요점정리 ··· 184
사전테스트 ·· 185
5.1 랜딩기어계통의 필요성 ··· 187
5.2 랜딩기어의 구분 ·· 188
5.3 랜딩기어의 기능 ·· 191
5.4 랜딩기어의 구성 ·· 198
5.5 휠과 타이어 ·· 209
5.6 랜딩기어의 작동 ·· 222
5.7 기능점검 절차 ·· 232
확인학습: 연습문제 및 해설 ·· 234

제6장 스러스트리버서계통

요점정리 ··· 242
사전테스트 ·· 242
6.1 스러스트리버서계통의 필요성 ·· 243
6.2 스러스트리버서의 종류 ··· 244
6.3 스러스트리버서의 구성 ··· 246
6.4 스러스트리버서의 조종계통 ·· 253
6.5 스러스트리버서의 지시계통 ·· 254
확인학습: 연습문제 및 해설 ·· 255

| **제7장** | 화재방지계통

　　요점정리 ··· 258
　　사전테스트 ·· 259
　　7.1 화재방지계통의 필요성 ·· 259
　　7.2 감지계통 ·· 260
　　7.3 화재의 등급 ··· 260
　　7.4 감지계통의 종류 ··· 261
　　7.5 비치용 소화기 ·· 264
　　7.6 화재감지계통의 구성 ··· 265
　　확인학습: 연습문제 및 해설 ······································ 271

| **제8장** | 방빙 · 제우계통

　　요점정리 ··· 274
　　사전테스트 ·· 275
　　8.1 방빙 · 제빙 및 제우계통의 필요성 ························ 276
　　8.2 결빙방지방법의 구성 ··· 280
　　8.3 동절기 취급절차 ··· 289
　　확인학습: 연습문제 및 해설 ······································ 297

| **제9장** | 비행조종계통

　　요점정리 ··· 302
　　사전테스트 ·· 303
　　9.1 비행조종계통의 필요성 ·· 305
　　9.2 조종계통의 구성 ··· 308
　　9.3 1차 비행조종계통(primary flight control system) ······ 311
　　9.4 2차 비행조종(secondary flight controls) ················· 317
　　확인학습: 연습문제 및 해설 ······································ 327

- **참고문헌** ·· 331
- **용어정리** ·· 332
- **찾아보기** ·· 339

AIRCRAFT SYSTEMS

기시스템 마인드맵

❶ Aircraft Fuel System 항공기연료계통

1. 연료계통의 필요성
- 항공기가 어떻게 살아서 움직이는가?
- 항공기 연료계통을 만들 때 고려되어야 할 사항
- 항공기 연료계통의 구성
- 항공기 연료탱크
- 항공기 연료탱크 장착 시 고려사항
- 항공기 연료탱크의 팽창공간
- 항공기 연료탱크 Venting
- 항공기 연료탱크 Outlet
- 항공기 연료 방출장치
- 항공기 연료

2. 연료계통의 구성
- 연료계통이란?
- 항공기 종류별 연료계통의 구성
- 항공기 연료계통의 목적
- 운송용 제트 항공기 연료계통의 구성
- 항공기 연료탱크
- 항공기 연료공급계통
- 항공기 연료계통과 엔진 연료계통
- 연료 통기계통
- 연료 지시계통

3. 연료 급유절차
- 항공기 연료 보급방법의 종류
- 항공기 연료 보급절차
- 항공기 연료 보급 시 주의사항
- 수분 오염 검사
- 섬프 드레인 절차
- 연료 지시계통 구성품
- 매뉴얼 연료 보급량 확인 절차
- 연료 누출 검사
- 연료 탱크 작업 시 주의사항

❶ Hydraulic System 유압계통

11. 유압계통의 필요성
- 왜 필요한가?
- 어떤 물리적 특성이 적용되는가
- 기본 구성품은 무엇인가
- 액체와 기체 어느 것이 사용되는가?
- Fluid는 어떻게 관리해야 하는가?
- 시스템 내 오염 발생은 어떻게 처리하는가

- Pneumatic system

12. 항공기 유압계통
- Basic hydraulic system
- 4개의 유압라인
- 유압 지시계통

13. 유압계통의 구성품
- 레저버
- 필터
- 펌프
- 밸브

14. 대형항공기 유압계통
- Redundancy, 대체기능
- 조종 패널과 지시
- 유압계통 정비작업 시 주의사항

15. User System, 유압계통의 사용
- 랜딩기어계통
- 조종계통
- 역추력장치계통
- 비행조종계통

❷ Landing Gear(L/G) System 랜딩기어 계통

16. 랜딩기어의 필요성, 구분
- 랜딩기어계통의 필요성
- 랜딩기어의 형태에 따른 구분
- 랜딩기어의 배열에 따른 구분

17. 랜딩기어의 기능
- 충격흡수기능
- 하중의 지지기능
- 도어 개폐기능
- 랜딩기어의 업/다운 기능
- 랜딩기어의 스티어링 기능
- 브레이크 기능
- 랜딩기어의 안전장치

18. 랜딩기어의 구조
- 쇼크 스트럿의 외부 구성품
- 업/다운 기능을 위한 구성품
- 충격흡수를 위한 쇼크 스트럿
- 쇼크 스트럿 지지대
- 트러니언
- 업/다운 로크, up/down lock
- 토크 링크
- 댐퍼
- 액추에이터
- 밸브
- 어큐뮬레이터

19. 휠과 타이어
- 휠
- 타이어
- 타이어 교환방법
- 타이어 손상 정도 판단방법
- 브레이크

20. 랜딩기어의 작동
- 업/다운 기능
- 스티어링 기능
- 브레이크 기능
- 안티스키드 기능
- 기능점검 절차

❷ Flight Control System 비행조종계통

27. 비행조종계통의 필요성
- 항공기의 조종성과 안정성
- 항공기의 3축 운동

28. 조종계통의 구성
- 조종을 위한 입력신호의 전달과정
- 비행조종계통의 고장 방지 설계

29. 1차 비행조종계통
- 에일러론, 차동조종장치
- 러더, 트림 조절장치
- 엘리베이터, 마하 트림 기능

30. 2차 비행조종
- 수평안정판, 페일세이프 기능
- 플랩, 각도조절 기능
- 스포일러와 스피드브레이크, 오토 작동
- 앞전 플랩과 슬랫, 크루거 플랩

공기시스템

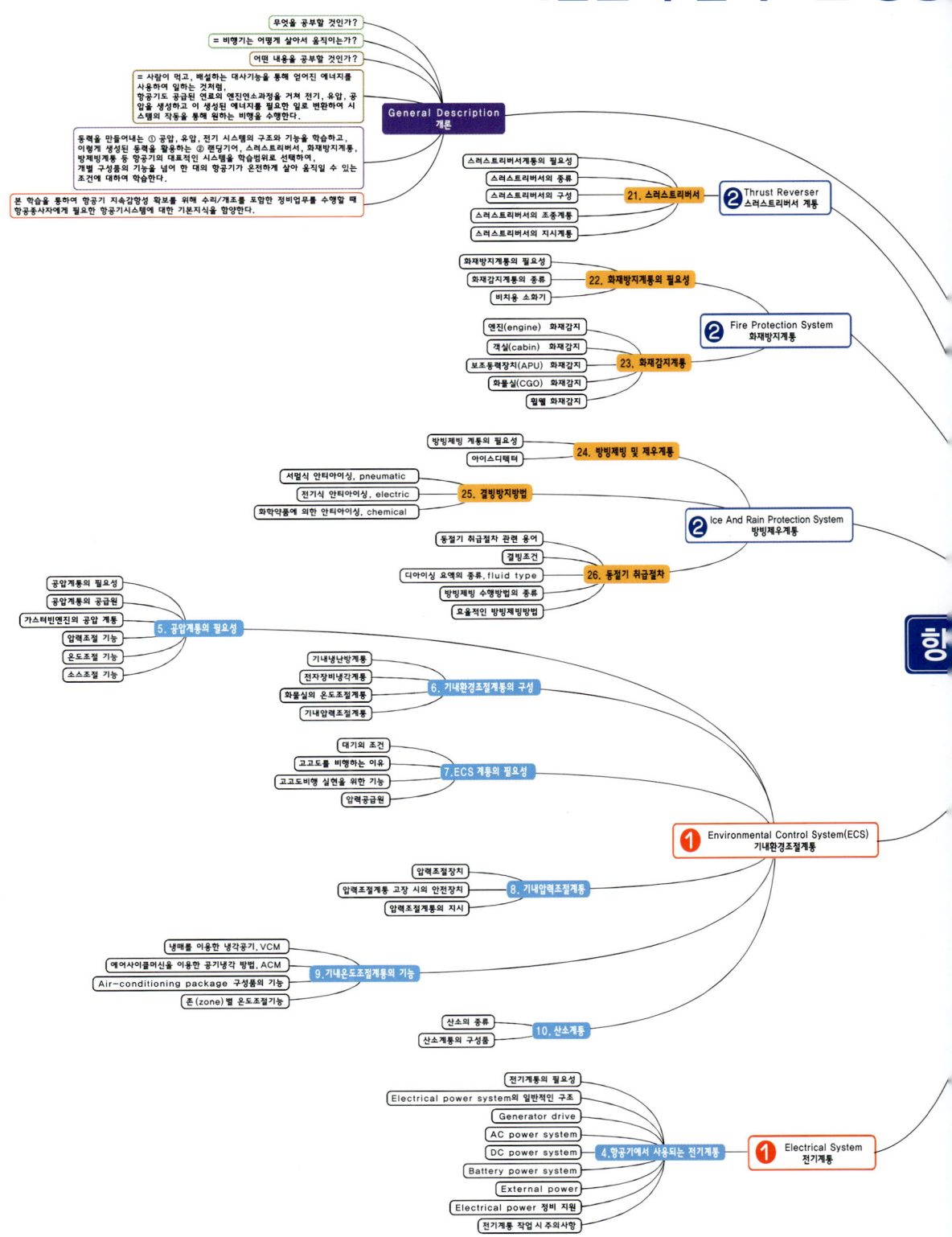

제1장

연료계통

AIRCRAFT SYSTEMS

1.1 연료계통의 필요성

1.2 연료계통의 구성

1.3 연료의 급유절차

요점정리

연료계통의 필요성

1. 항공기가 살아 움직인다는 것은 항공기에 장착된 엔진이 작동하고 전기, 공압, 유압 파워가 정상 공급되어 자력에 의해 지상을 활주하거나 공중을 비행하는 것을 의미한다. 항공기가 살아서 움직이려면 인간이나 지상의 자동차와 동일하게 에너지원을 공급하고 그 에너지를 변환하여 필요한 운동을 할 수 있도록 기본대사를 진행하기 위한 연료를 필요로 한다. 항공기가 살아서 움직이기 위해서는 대사작용을 하는데 기본적으로 필요한 에너지원을 공급하기 위한 시스템이 연료계통(fuel system)이다.
2. 항공기 연료계통은 연료탱크와 엔진까지 공급되는 경로상에 있는 펌프와 필터, 각종 밸브 등으로 구성되며, 비행 중 발생한 비상상황으로 인해 대기 중으로 연료를 배출할 수 있는 방출계통 그리고 연료계통 구성품의 정비목적이나 오염예방을 위해 필요한 드레인계통을 구비하고 있다.

연료계통의 구성

1. 연료시스템은 ATA28로 정의되어 있으며 세부적으로는 storage, distribution, dump, indicating 시스템으로 구성된다.
2. 항공기 연료탱크에 탑재된 정확한 연료량을 산출하고, 연료흐름량, 압력 및 온도 감지를 위한 지시계통을 갖추고 있다.

연료의 급유절차

1. 항공기에 연료를 보급할 경우 화재, 폭발 등의 사고를 예방하기 위하여 삼점접지, 소화기 비치, 날개 밑 고소 작업대 철수 등의 안전절차를 준수하도록 하고 있다.
2. 오염된 연료가 항공기 연료탱크로 보급되는 것을 막기 위하여 정비사는 연료보급 전에 수분오염검사를 실시해야 한다.
3. 연료 내부에 포함된 수분에 서식하는 미생물은 지시불량, 연료계통 구성품의 막힘 등의 원인으로 작용할 수 있으며, 이를 예방하기 위하여 섬프 드레인(sump drain)을 매일매일 실시하도록 하고 있다.
4. 전기식 지시계통에 결함이 발생되었거나 전력공급에 문제가 발생하였을 경우를 대비해서 매뉴얼 연료량 산정방법이 마련되어 있다.
5. 연료탱크 내부에 진입해서 정비작업을 해야 할 경우 정비사의 질식에 의한 사망, 폭발 등 사고예방을 위한 기준도 마련되어 있다.

사전테스트

1. 왕복엔진과 가스터빈엔진에 공급되는 연료는 동일한 종류가 사용된다.

> **해설** 왕복엔진에는 AVGAS가 공급되고, 가스터빈엔진에는 제트연료(Jet fuel)가 공급된다.
>
> 정답 ✕

2. 운송용 항공기 연료탱크는 고무튜브형 연료탱크를 주로 사용한다.

> **해설** 항공기용 연료탱크는 고무튜브형, 금속셀형, 인티그럴형으로 구분되며, 운송용 항공기에서는 인티그럴형이 주로 사용된다.
>
> 정답 ✕

3. 연료탱크와 대기는 공기가 통해야 한다.

> **해설** 연료탱크 안의 연료가 엔진까지 원활하게 이동하기 위해서는 외부와 동일한 조건의 압력이 형성되어야 펌프에 무리가 없이 공급을 지속할 수 있다.
>
> 정답 ○

4. 왕복엔진과 가스터빈엔진에 공급되는 연료계통은 동일한 형태로 구성되어 있다.

> **해설** 항공기에 장착된 엔진의 종류, 항공기의 크기와 용도에 따라 다양한 형태의 연료계통이 활용된다.
>
> 정답 ✕

5. 연료탱크 내부의 연료량을 산정한 후 계기판을 통해 조종사에게 부피 단위인 드럼으로 지시한다.

> **해설** 해설 : 항공기에 연료를 공급할 때는 부피 단위로 공급하지만 실제 비행을 위한 연료량 산정은 무게 단위인 파운드나 킬로그램으로 산정한다.
>
> 정답 ✕

6. 연료공급 절차 진행 중 탱크 외부로 연료가 누출될 가능성이 있다.

> **해설** 항공기 작동 중에는 원활한 연료공급을 위해 탱크 내·외부가 통기구를 통하여 연결되어 있다. 항공기 연료보급 중 연료보급 진행과정을 정확하게 모니터하지 않으면 과보급되어 통기구를 통해 연료탱크 외부로 유출사고가 발생할 수 있다.
>
> 정답 ○

7. 자동차에 연료를 보급하는 것처럼 항공기도 주유소에 가서 연료를 보급한다.

> **해설** 연료보급 차량이 공항 내 주기되어 있는 항공기를 찾아와 연료를 보급한다.
>
> 정답 ✕

8. 연료보급 시 정비사는 핸드폰을 사용할 수 없다.

> **해설** 운송용 항공기에 연료를 보급할 때에는 전자파에 의한 폭발사고를 예방하기 위해 레이더 작동, 핸드폰 사용 등을 금지하는 절차를 정비교범에 담고 있다.
>
> 정답 ○

9. 제트엔진에 보급되는 연료 안에는 수분이 전혀 포함되어 있지 않다.

> **해설** 왕복엔진에 사용되는 AVGAS와 제트연료의 차이점 중의 하나는 제트연료의 수분함유량이 많다는 점이다.
>
> 정답 ✕

10. 정비사는 항공기에 연료를 보급하기 전 연료에 수분이 포함되었는지를 검사한다.

> **해설** 조업시작 전 조업사에게 수분오염검사(water contamination check) 실시와 확인작업을 수행한다.
>
> 정답 ○

1.1 연료계통의 필요성

1.1.1 항공기는 어떻게 살아서 움직이는가

사람은 음식을 먹고 그 음식물에서 흡수된 영양소를 이용하여 대사를 진행하고, 혈관을 통해 에너지를 전달한 후 근육을 활용해서 움직임, 즉 일을 수행한다. 교통수단인 자동차를 예로 들면 주유소에서 공급된 연료를 엔진에 분사해 연소시키면서 발생된 에너지를 활용하여 바퀴를 움직여 이동할 수 있는 수단으로 활용한다.

 우리가 이제부터 학습하게 될 항공기는 어떨까? 사람이나 자동차와 크게 다르지 않게 공급된 연료를 엔진에서 연소시켜 발생한 에너지를 활용해서 비행을 한다. 단지 덩치가 큰 만큼 항공기의 연료계통은 비행하는 시간 동안 정상적으로 사용하기에 충분한 양의 연료를 저장하고 지속적으로 공급할 수 있는 기능을 필요로 한다.

[그림 1-1] 살아서 움직이는 항공기

    항공기 연료계통은 정해진 비행거리에 사용될 충분한 양의 연료를 탑재할 수 있는 탱크 공간과 각각의 엔진까지 공급하기 위한 연료 라인과 펌프, 각각의 탱크에 실려 있는 연료의 양을 확인하기 위한 지시 관련 부품 등으로 이루어진다.

    연료탱크에는 충분한 연료를 저장할 수 있어야 하고, 비행시간 동안 안전하게 엔진에 연료를 공급해 줄 수 있도록 성능 좋은 펌프를 구비해야 하며, 비행 중 항공기의 요동에 따른 출렁거림을 방지하기 위해 여러 개의 탱크로 분리할 필요가 있다.

    또한 공중을 비행하는 항공기의 특성상 비행 중 엔진으로의 연료공급이 중단되는 상황을 피하기 위하여 예비공급 경로를 갖추어야 하는 특별 요구사항을 갖고 있다.

    엔진까지의 원활한 공급을 위해 각각의 탱크는 서로 공기가 통할 수 있는 연결통로를 필요로 하며, 이 통로는 날개 끝부분에 장착된 통기구(vent scoop)를 통하여 외부와 공기가 통할 수 있는 구조로 만들어진다. 각각의 탱크에는 정상적으로 공급된 전체 연료의 양과 사용되고 남아 있는 연료의 정확한 양을 산정하기 위한 지시계통 구성품들이 있으며, 감지기들의 값을 기초로 통합·관리할 수 있는 전기지시계통을 갖고 있다. 또한 전기지시계통에 고장이 발생할 경우를 대비해서 정비사가 지상에서 계산방법을 통해 탑재된 연료의 양을 산출해 낼 수 있는 구성품들이 장착되어 있으며, 항공기 제작사로부터 제공된 정비교범을 참고하여 계산을 용이하게 수행할 수 있도록 하고 있다.

1.1.2 항공기 연료계통 제작 시 고려사항

Fuel system independence	Lightning protection	Fuel flow
각 탱크연료를 각각의 엔진에 공급	항공기가 번개에 노출되어도 연료에 화재가 발생하지 않는 구조와 표면의 디자인 적용	항공기 엔진 작동을 위한 필수적인 양의 연료 흐름을 유지할 수 있는 능력이 필요 왕복엔진 150%, 125% 터빈엔진 100%
Flow between interconnected tanks	Unusable fuel supply	Fuel system hot weather operation
각 탱크연료의 이송로 확보를 통해 구조적 파괴를 막을 수 있도록 구성	연료탱크 내부의 펌프 윤활유 역할 확보, 항공기의 다양한 운동으로 인한 지속적 공급 확보	더운 지역의 항공기 운용 시 베이퍼 록 방지를 위한 구조

[그림 1-2] 연료계통 제작 시 고려사항

항공기 연료계통을 제작할 때에는 [그림 1-2]와 같은 조건들이 필요하다.

- 항공기에 장착된 각각의 엔진에 정해진 탱크에서 직접 공급되도록 구성하는 것이 일반적이다. 물론 해당 엔진의 펌프 등 구성품에 고장이 발생할 경우 대체방법을 통해 지속적인 연료공급이 이루어질 수 있도록 크로스피드(cross-feed) 등 예비방법을 갖추도록 한다.
- 항공기가 비행 중 만날 수 있는 번개와의 충돌이 발생하더라도 항공기 연료계통의 폭발사고가 일어나지 않도록 연료탱크의 구조와 설계가 필요하다.
- 항공기에 장착된 엔진의 종류에 따라서 엔진이 충분한 성능을 발휘할 수 있도록 충분한 양의 연료를 공급할 수 있는 능력을 갖추도록 설계해야 한다.
- 각각의 연료탱크는 연료관을 통해 서로 통할 수 있도록 제작되어야 하고, 격실 간의 격리로 인해 발생할 수 있는 하중으로부터의 구조적인 파괴를 방지할 수 있는 방법을 강구하여야 한다.
- 연료탱크 내부에 장착된 각종 구성품의 윤활 및 냉각을 목적으로 하는 연료의 양을 고려하여야 하고, 비행 중 사용되지 못하고 해당 탱크에 남아 불필요한 무게로 작용하는 연료가 가능하면 발생하지 않도록 효과적인 사용을 위한 방법이 적용되어야 한다.

- 항공기가 비행하는 지역의 기후변화에 상관없이 베이퍼 록(vapor lock) 등 연료공급을 방해하는 현상이 발생하지 않도록 환경변화를 고려하여 설계해야 한다.

1.1.3 연료계통의 기능

모든 동력 항공기는 엔진(engine)을 작동시키기 위해 연료의 탑재를 필요로 하며, 탑재된 연료를 엔진까지 원활하게 공급하려면 저장탱크(storage tank)를 시작으로 이동하는 경로상에 펌프(pump), 여과장치(filter), 밸브(valve), 연료관(fuel line) 등과 탱크에 공급되는 연료량과 엔진에 공급되고 있는 연료량을 측정할 수 있는 계량장치(metering device)를 갖추어야 한다. 추가적으로 이러한 연료계통의 구성품들이 정상적으로 작동하고 있는 상태를 조종사나 정비사에게 알려 주는 감시장치(monitoring device)가 있어야 한다.

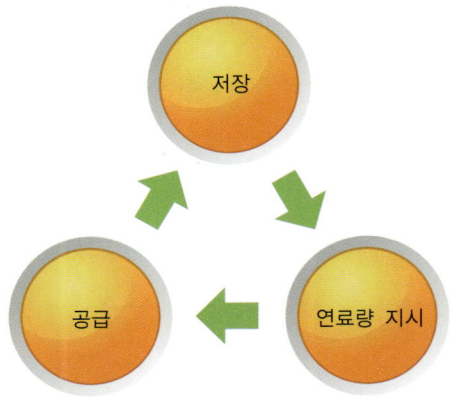

[그림 1-3] 연료계통의 기능

항공기 연료계통의 구성은 크게 세 가지 영역으로 구분할 수 있다.

첫째, 항공기 최대비행거리까지 사용하기에 충분한 연료를 탑재할 수 있는 공간을 확보하여야 하고, 각각의 항공기는 이러한 기능을 수행할 수 있도록 항공기 동체, 날개 등의 공간을 활용해서 탱크를 장착한다.

둘째, 탱크에 있는 연료를 가압시켜 원거리에 위치한 엔진의 연소실까지 원활한 공급이 이루어질 수 있도록 펌프와 각종 밸브들이 장착된다.

셋째, 비행하기 전에 항공기 출발을 준비하는 동안 각종 보급절차가 진행된다. 연료계통과 관련해서 중요 점검사항은 정해진 연료량이 정확하게 탑재되었는지 확인해야 하고,

비행 중에는 얼마만큼의 연료가 공급되고 있는지 상태를 모니터하면서 정상작동하고 있는지 살펴보아야 한다. 그리고 비행 중 중간도착지까지 걸리는 비행시간 동안 충분하게 사용가능한 연료가 남아 있는지도 확인해야 한다.

이러한 기능을 수행하기 위해서 항공기 연료계통에는 연료의 양을 살펴볼 수 있는 지시계통의 구성품들이 장착된다. 또한 계통 내 이상이 있을 때 경고를 줄 수 있는 구성품들이 필요하며 이를 연료량지시계통(FQIS, Fuel Quantity Indication System)이라고 분류한다.

1.1.4 연료탱크

각각의 연료탱크는 진동, 관성(inertia), 그리고 작동 중 유발되는 구조하중(structural load)으로 인한 고장 없이 잘 견딜 수 있어야 하며, 항공기가 이륙, 순항, 착륙하는 동안 발생가능한 충격이나 힘으로 변형이 발생하여 연료가 새거나 막혀서 엔진으로의 원활한 연료공급에 지장을 주지 않도록 기술적으로 구성해야 한다. 또한 비행 및 이동 중 하중이 걸릴 때 변형되지 않고 정상적으로 연료를 공급할 수 있어야 한다.

연료탱크의 종류는 항공기 형식에 따라 달리 선택되는데 크게 세 가지로 구분된다. 고무튜브형 탱크(bladder type), 금속이나 복합소재 재질의 탱크(rigid type), 항공기 날개 내부의 공간을 활용해서 무게감소 효과가 특징인 일체형 탱크(integral type)가 포함된다.

 **Fuel Tank**

항공기 연료탱크는 비행 중 발생하는 구조하중에 견딜 수 있어야 하고, 관성과 진동으로 인한 고장 없이 비행할 수 있는 성능을 가져야 한다.

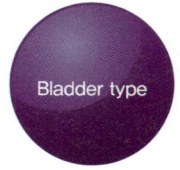  

[그림 1-4] 연료탱크의 종류

1.1.5 연료탱크 장착 시 고려사항

연료탱크 장착 시 연료가 새어 나오거나 증기가 발생하여 이로 인한 피해가 발생되지 않도록 안정되게 장착해야 하며, 장착에 따른 여러 가지 기준이 있다. 연료의 누출로 인한 화재를 예방하기 위해 연료탱크와 엔진방화벽 사이에는 적어도 1/2인치의 여유공간이 있어야 한다. 정상작동하는 엔진은 높은 온도에 노출되기 때문에 직접적인 접촉을 피해 장착될 수 있도록 가이드를 제공하고 있다. 각각의 탱크는 비행기의 외부로 통기(vent) 및 배유(drain)가 되는 연료증기에 의해 사람이 있는 공간이 오염되지 않도록 노출을 피할 수 있는 방법을 강구해야 한다. 또한 탱크에 구조적인 변형을 줄 수 있는 여압하중에 견딜 수 있도록 설계해야 한다. 각각의 탱크는 가연성 유동체 또는 가연성 증기의 축적을 방지하기 위해 환기되어야 하고, 상황에 따라 탱크 내부의 연료를 배출할 수 있는 장치를 갖추어야 한다. 아울러 탱크에 인접한 공간도 환기와 배출이 원활해야 한다.

> **핵심 Point** **Fuel Tank 장착**
>
> 항공기 연료탱크 장착 시 다음 사항을 고려하여야 한다.
> - 방화벽과 격리
> - 객실과 분리 – 연료증기(fume)의 유입 방지
> - 여압에 영향을 받지 않도록 장착
> - 배유(drain)를 위한 구성품 장착

[그림 1-5] 랜딩기어가 접힌 상태로 착륙한 상황

1.1.6 항공기 연료탱크의 팽창공간

연료탱크는 탱크용량에 더하여 적어도 2%의 팽창공간(expansion space)을 갖추어야 한다. 이때 연료탱크의 팽창공간에 연료를 채우는 것은 불가능하도록 설계한다.

각각의 연료탱크는 항공기가 비행하는 다양한 지역의 환경에 반응할 수 있도록 열팽창 공간을 고려해서 제작해야 한다. [그림 1-6]에 제시된 것처럼 물리적으로 연료를 100% 채울 수 없는 구조로 만들어 열팽창이 구조적인 안전성에 영향을 미치지 않도록 디자인한다. 운송용 항공기에서는 이러한 목적으로 서지 탱크(surge tank)를 장착하고 있다. 실제 이 서지 탱크는 일상적으로 연료를 탑재하고 있는 공간으로서가 아니라, 연료를 보급할 때 탱크의 최대용량을 넘어 보급하였을 경우 등 연료탱크에 무리가 발생하지 않도록 넘쳐흐른 연료를 일시적으로 보관하는 목적으로 만들어진다. 서지 탱크로 일시적으로 흘러넘쳤던 연료는 주연료탱크의 유량이 안정화되면 다시 주연료탱크로 흘러 들어갈 수 있도록 만들어지며, 이를 'drainable sump'라고 한다.

>  **Fuel Tank 팽창공간**
>
> 지상보급 시 부주의한 연료보급으로 인해 100% 주입이 불가능한 구조로 연료탱크를 만들어야 한다.
>
> • 탱크용량의 2%의 팽창공간 확보(항공기기술기준)

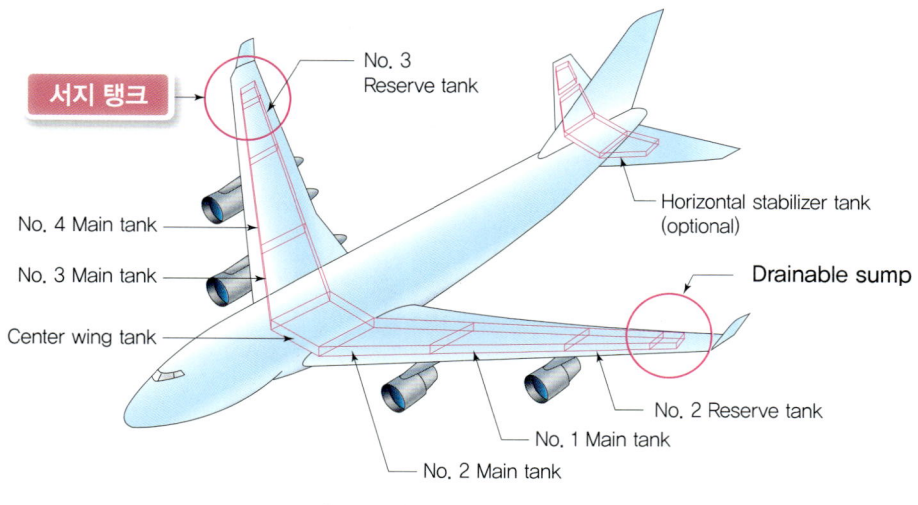

[그림 1-6] B747-400 연료탱크

1.1.7 연료탱크 벤트장치

적절한 연료흐름을 위해 각각의 연료탱크의 팽창공간 윗부분은 통기되어야 한다. 탱크 내부의 연료가 엔진까지 원활하게 공급되려면 탱크의 내부와 외부 사이에 과도한 압력차가 없어야 한다. 통기가 되지 않고 막혀 있는 탱크 내부의 연료를 펌프로 이송하려고 하면 펌프의 흡입압력이 탱크 구조물에 하중으로 작용하고, 펌프는 펌프대로 부하가 많이 걸려 쉽게 고장이 발생하기 때문에 이러한 부하를 없애기 위해서 통기구(vent scoop)를 확보해야 한다. 보통 통기구는 날개 끝 서지 탱크 부분에 장착되며 막혔을 경우를 대비하여 추가적인 안전장치를 설치하기도 한다. 지상이나 또는 수평비행 시에 어떤 벤트 라인(vent line)에서도 수분이 축적되어서는 안 된다. 이러한 목적으로 연료 벤트 라인은 세면기 하부의 U자형 튜브의 연결부분과 같은 사이포닝(siphoning) 효과로 인한 통기구의 막힘 현상이 발생되지 않도록 디자인하며, 응축된 수분에 결빙이 생겨 통기구가 막히지 않도록 설계해야 한다.

> **핵심 Point** **Fuel Tanks Vent**
>
> 연료탱크 내부와 외부의 차압에 의한 손상(damage)를 방지하기 위한 통기구를 확보해야 한다.
> - 사이포닝(siphoning), 결빙과 방해물이 발생하지 않도록 구성

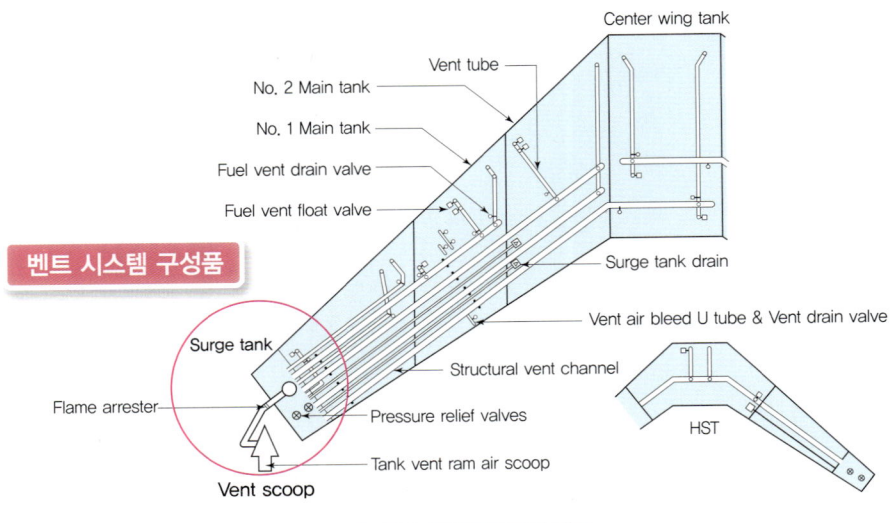

[그림 1-7] 연료탱크의 벤트

1.1.8 연료탱크배출구(가압펌프의 흡입구)

연료탱크배출구(fuel tank outlet)나 가압펌프(boost pump)에는 연료여과기(fuel strainer)가 장착되어야 한다.

   연료의 흐름은 항공기의 엔진시동으로부터 비행을 마친 후 엔진을 정지시킬 때까지 비계획적인 연소정지가 발생하지 않도록 지속적으로 공급되어야 한다. 연소실 내부에 위치한 연료노즐의 경우 미세한 홀을 통해 분사되는 방식으로 작동하는데, 연료탱크 내부의 오염원이 제거되지 않으면 노즐의 막힘현상으로 인해 갑작스러운 연소정지가 발생할 수 있다. 이러한 오염물질로 인한 연소정지를 막기 위해, 연료탱크를 출발하는 연료 중에 포함된 이물질을 제거하기 위하여 필터(strainer)를 장착한다.

   각각의 연료탱크배출구(boost pump inlet)에 있는 필터의 직경은 적어도 연료탱크 배출구 직경 이상이어야 한다. 필터는 또한 검사와 청소를 위해 접근할 수 있어야 한다. 특히 시동 시에 한 번만 점화하는 방법을 사용하는 터빈엔진 항공기 연료필터는 연료흐름을 제한하거나 연료계통의 구성품을 손상시킬 수 있는 어떠한 이물질도 통과를 막아야 한다.

> **핵심 Point Fuel Tanks Outlet**
>
> 연료시스템 구성품과 연료흐름의 방해를 막기 위하여 탱크를 빠져나가는 연료에 포함된 오염물질을 걸러 낼 수 있는 필터(strainer)를 장착한다.

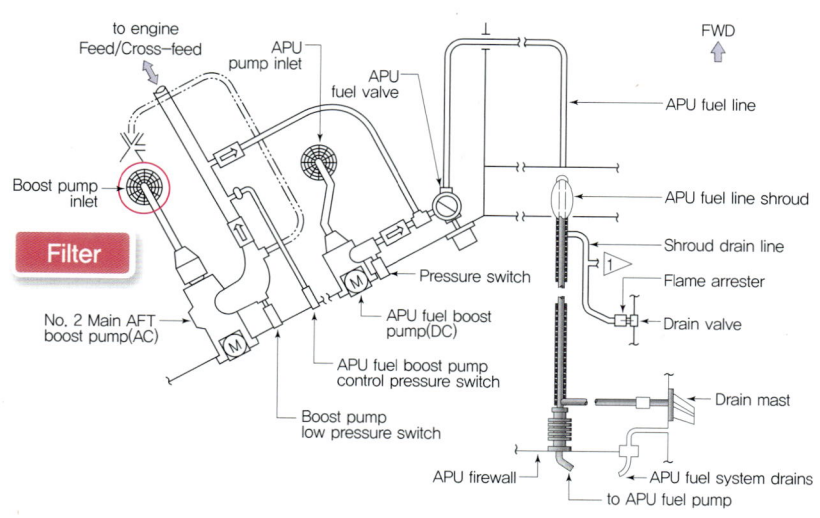

[그림 1-8] 연료탱크의 필터

1.1.9 연료방출장치

항공기의 설계착륙중량이 최대이륙중량보다 작을 경우, 항공기가 너무 무거운 상태로 착륙할 때 발생할 수 있는 구조손상을 방지하기 위해 연료방출계통(fuel jettisoning system)이 적용된다.

항공기가 비행을 위해 이륙할 때는 효율적인 비행을 위해 목적지까지 사용될 연료에 안전에 따른 법적 요구사항을 충족시키기 위한 추가연료 등을 탑재한다. 그리고 승객과 화물의 무게가 항공기 자중에 추가되어 최대이륙중량(MTW, Maximum Takeoff Weight)이 정해지고, 항공기를 설계할 때 만들어진 가이드라인인 최대이륙중량을 넘지 않는 범위 내에서 이륙을 시작함으로써 비행이 진행된다. 정상적인 비행을 수행했다고 가정하면 목적지 공항에 착륙할 즈음에는 탑재했던 연료의 대부분은 소모되어 연료의 무게만큼이 감소된 항공기 중량으로, 즉 설계 시 만들어진 최대착륙중량(MLW, Maximum Landing Weight) 가이드라인 이하에서 착륙을 시행하게 된다. 그러나 이륙 후 기체, 장비 또는 탑승객에게 발생된 응급사항 및 기상 등의 이유로 급히 회항을 결정하였을 경우에는 최대착륙중량을 고려하지 않을 수 없다. 이때 항공기 무게를 줄이기 위해서 탑재된 화물을 버리거나 탑승객을 버릴 수는 없기 때문에, 선택가능한 부분인 연료를 대기 중으로 방출하는 방법을 선택하게 된다.

> **핵심 Point** **Fuel Jettison**
> 최대착륙중량 이하로 항공기 자중을 줄여 주기 위해 탑재된 연료를 빠른 시간 내에 항공기 외부로 배출시키는 기능을 한다.
> • 구조적 손상(structural damage) 예방

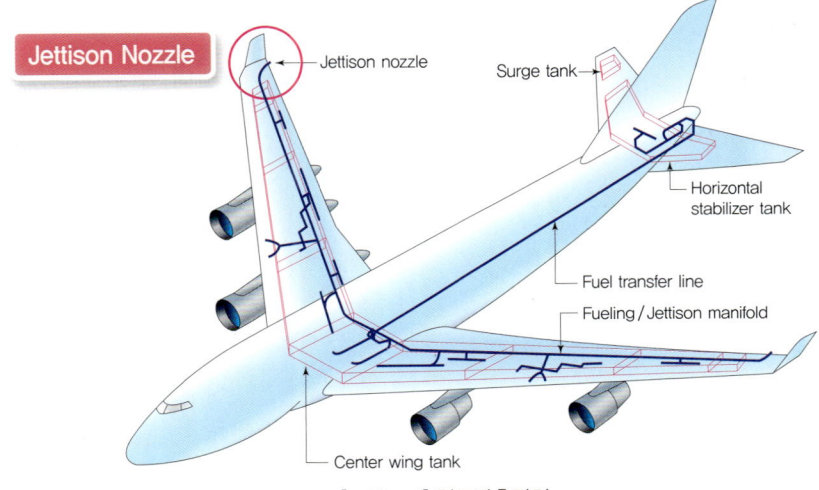

[그림 1-9] 연료방출장치

1.1.10 연료 드레인

항공기가 정상적인 자세로 지상에 있을 때 전체 연료계통이 안전하게 배유(drain)될 수 있도록 드레인 라인이 1개 이상 장착되어야 한다.

항공기 운항지원을 위해 연료보급 절차를 진행하거나 연료계통과 관련된 부분의 정비작업을 위해 연료탱크 내부의 잔류연료를 배출시켜야 하는 경우가 발생하고, 매일매일의 비행지원을 위한 점검작업 중 연료탱크 내부의 수분제거 활동이 필요한데 이때 드레인 밸브(drain valve)가 사용된다. 드레인 밸브는 항공기에 장착된 각각의 연료탱크 하부에서도 거의 모든 연료를 배유시킬 수 있는 장소에 장착되는 것이 일반적이다. 특별히 비행 후 일정시간이 경과된 후 연료 하부에 가라앉은 수분을 제거해 주기 위해 섬프 드레인(sump drain)을 수행한다. 이때 특별 제작된 드레인 키트(drain kit)를 활용해야 밸브의 고장을 예방할 수 있다. 탱크 내부에 제트연료에 포함되어 있는 수분 또는 탱크 내부의 온도변화에 의해 발생한 수분이 증가하게 되면, 박테리아 번식에 의한 부식 및 지시계통의 결함발생 등의 원인이 될 수 있어 빈번하게 섬프 드레인을 실시해야 한다.

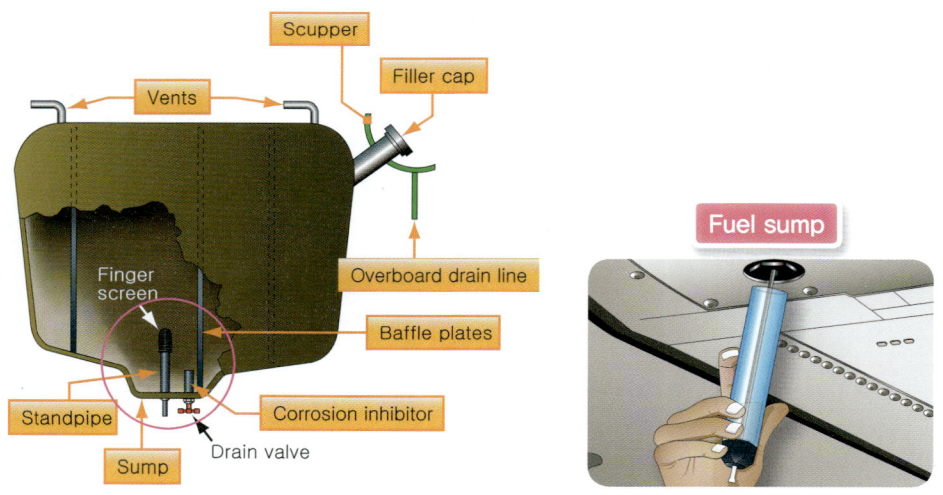

[그림 1-10] 연료탱크와 섬프 드레인

1.1.11 항공기 연료

제트연료로 제조되는 케로신 컷(kerosene cut, 석유정제 등에 의한 유분)은 나프타(naphtha)나 가솔린 컷(gasoline cut)보다 더 높은 온도에서 만들어진다. 원유를 정제하는 과정에서

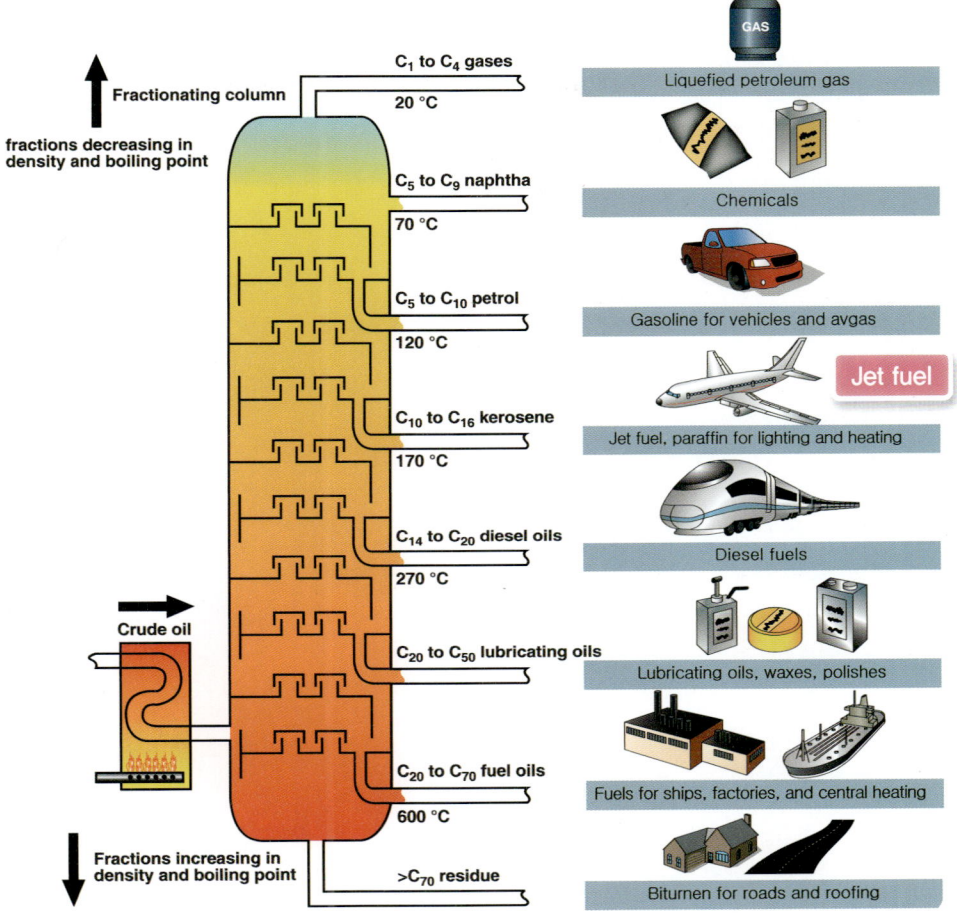

[그림 1-11] 연료의 정제과정

왕복엔진 연료는 120℃ 온도범위에서 추출되며, 제트엔진 연료는 170℃ 온도범위에서 추출되기 때문에 휘발성과 점도가 다를 수밖에 없다. 제트엔진 연료는 왕복엔진 연료와 비교했을 때 저휘발성과 저증기압의 특성을 갖는다.

각각의 항공기 엔진은 제작사에 의해 명시된(제시된) 연료를 사용해야 하며 혼합연료는 허용되지 않는다. 항공기 연료에는 두 가지 기본적인 종류가 있는데, 가솔린(gasoline) 또는 항공용 가솔린(AVGAS, AViation GASoline)이라고 알려진 왕복엔진 연료와, 제트연료(jet fuel) 또는 케로신(kerosene)이라고 불리는 터빈엔진 연료(turbine-engine fuel)이다.

항공기에 사용되는 연료는 지상의 대표적인 교통수단인 자동차와는 큰 차이점이 있다. 주행 중이던 자동차의 엔진시동이 꺼질 경우 자동차는 정지해서 사후처리를 하면 되지만, 항공기의 경우 하늘을 날고 있는 상태에서 엔진이 꺼지는 경우 바로 활공기로 돌변하게 되어 되돌릴 수 없는 치명적인 상황으로 발전할 수 있다.

이러한 비행특성상 항공기에 탑재되는 연료는 여간해서 비행 중 연소정지가 발생하지 않는 특성을 요구한다. 또한 일반적으로 항공기 연료는 적은 양으로도 많은 에너지를 만들어 낼 수 있는 특성이 있어야 하고 착화를 위한 휘발성이 좋아야 한다. 하지만 너무 높은 휘발성으로 인해 사용 도중 증기폐색(vapor lock) 현상이 발생되는 것에 대한 저항성은 있어야 한다. 그리고 부식에 대한 저항성이 커야 하고, 저온환경에서도 원활한 연소특성을 확보하여야 한다.

 **항공기 연료의 특징**

왕복엔진 연료
- AVGAS로 통칭
- 휘발성이 강하고 연소가 쉬움
- 낮은 온도에서 점화되는 특성

제트엔진 연료
- AVGAS와 확연히 다른 특징
- 고점도
- 저휘발성, 고비등점
- AVGAS보다 많은 카본 함유
- 수분함유량이 많음(박테리아 번식률이 높음)

왕복엔진은 AVGAS라고 알려진 가솔린을 사용하며, AVGAS는 터빈동력 항공기가 사용하는 정제된 연료와는 다르다. AVGAS는 휘발성이 크고 인화성이 강한 물질이다. 반면 터빈연료는 상대적으로 인화성이 낮은 케로신형 연료를 사용한다.

왕복엔진은 휘발성이 좋은 연료가 요구된다. 엔진연소실로 들어가는 연료는 공기와 적절한 혼합비를 구성하기 위하여 기화기에서 증기화되어야 하는데 저휘발성 연료는 증기로 변화하는 데 시간이 길어져 엔진시동을 힘들게 하거나 불충분한 가속의 원인이 될 수 있다. 이러한 이유로 휘발성이 좋은 특성이 요구되지만 휘발성이 너무 높으면 엔진작동 중 발생한 열이나 이상고온 현상이 발생하였을 경우 이상폭발(detonation)이나 증기폐색(vapor lock)의 원인이 되기도 한다.

증기폐색은 연료튜브 안에서 연료의 증발로 기포가 발생되어 엔진으로 직접 들어가는 연료의 양이 상대적으로 감소하는 현상으로, 엔진으로 공급되는 연료의 계속적인 공급을 방해하여 성능을 떨어트리거나 심한 경우 엔진정지 현상을 발생시키기도 한다. 엔진 기어박스에 장착된 연료펌프에만 의존하는 엔진의 경우 따뜻한 날 초기시동을 걸면, 연료가 따뜻한 날씨로 인해 조기에 증기로 변하면서 연료튜브 내부가 증기로 채워져 연료흐름이 차단됨으로써 시동불능 상태가 발생한다.

증기폐색을 예방하기 위한 가장 일반적인 방법은 연료탱크 내부에 장착된 승압펌프(boost pump)로 엔진까지 압송하는 방식을 사용한다.

디토네이션(detonation)은 왕복엔진의 실린더 내부에서 발생하는 이상폭발 현상을 말한다. 기화기를 통과한 연료와 공기의 혼합가스가 실린더 내부에서 압력과 온도가 임계점 이상으로 올라갈 경우 나타나는 폭발현상으로, 실린더 헤드의 온도가 상승하고 피스톤이나 실린더 헤드의 손상원인이 되며, 폭발하면서 큰 소음이 발생하는데 이를 노킹(knocking)현상이라고 한다. 조기점화(preignition)는 실린더 내부 표면의 높은 온도로 인해 정해진 점화시기 이전에 연소가 시작되는 것으로, 점화 플러그의 전극, 배기밸브의 과열 또는 연소실 내부의 탄소찌꺼기에 의해 발생하며 반복되는 조기점화는 엔진손상의 원인이 될 수 있다.

> **핵심 Point 왕복엔진 연료의 이상현상**
>
> **Vapor Lock의 원인**
> - 높은 연료온도
> - 낮은 공급압력
> - 과도한 비행기의 교란
>
> **Preignition의 원인**
> - 침전물(오염물)
> - 열점
>
> **Detonation의 원인**
> - 연료의 부적절한 공급량
> - 높은 엔진 오일에서 고출력 세팅
> - 조기점화
> - 희박혼합
> - 낮은 속도에서 갑작스러운 고속회전

옥탄과 성능지수는 엔진 실린더 안으로 들어가는 연료혼합기의 안티노크값(antiknock value)이라 할 수 있다. 항공기 엔진에 사용하는 연료는 높은 출력을 내야 하기 때문에 폭발이 일어나지 않는 상태에서 최대출력을 얻기 위하여 높은 옥탄의 연료를 사용하게 된다. 왕복엔진 연료의 등급을 표시할 때 표준연료 속에 포함된 이소옥탄과 정헵탄(C_7H_{16})의 혼합연료 중 이소옥탄의 체적비율을 백분율로 표시한 옥탄값을 활용한다.

또 다른 방법으로 희박혼합비/농후혼합비 형태의 숫자로 표현한 성능지수(performance No.)를 활용하는데, 엔진성능지수를 증가시키기 위해 4에틸납(tetraethyllead)을 사용한 안티노크제를 활용한다.

항공기 및 엔진 제작사는 각각의 항공기와 엔진에 대해 인가된 연료를 명시하며, 가솔린은 4에틸납(lead)이 함유되었을 때에는 색으로 표시하도록 법으로 규정하고 있다.

> **핵심 Point 연료의 성능**
>
> Octane No.
> - 이상폭발 현상에 견디는 정도를 나타낸 값, 100은 100% iso octane
> - 예 : 80 octane fuel = 80% iso-octane + 20% heptane
>
> Performance No.
> - detonation 없이 낼 수 있는 출력의 정도를 나타낸 값
> - 예 : 115/145 , 115 = 희박혼합/145 = 농후혼합

Fuel Type and Grade	Color of Fuel	Equipment Control Color	Pipe Banding and Marking	Refueler Decal
AVGAS 82UL	Purple	82UL AVGAS	AVGAS 82UL	82UL AVGAS
AVGAS 100	Green	100 AVGAS	AVGAS 100	100 AVGAS
AVGAS 100LL	Blue	100LL AVGAS	AVGAS 100LL	100LL AVGAS
JET A	Colorless or straw	JET A	JET A	JET A
JET A-1	Colorless or straw	JET A-1	JET A-1	JET A-1
JET B	Colorless or straw	JET B	JET B	JET B

[그림 1-12] 연료 코드

터빈엔진(turbine engine)을 장착한 항공기는 왕복항공기 엔진과는 다른 연료를 사용한다. 일반적으로 제트연료(jet fuel)라고 알려진 터빈엔진 연료는 터빈엔진을 위해 설계되었기 때문에 절대로 항공가솔린(AVGAS)과 혼합하거나 왕복항공기 엔진 연료계통에 사용해서는 안 된다.

터빈엔진 연료의 특성은 왕복엔진 연료와 매우 다르며, 터빈엔진 연료는 왕복엔진에 사용되는 연료보다 더 낮은 휘발성을 갖고 있으며 상대적으로 높은 비등점(boiling point)과 점성을 갖고 있다. 기본적인 터빈엔진 연료종류에는 JET A, JET A-1, JET B가 있으며, 전 세계적으로 JET A-1이 가장 대중적이다. JET A와 JET A-1 모두 기능적으로 케로신 종류에서 증류되며, 인화점(flash-point)은 110~150℉(43~65℃)의 범위에 있다. JET A의 어는점은 -40℉(-40℃)이고, JET A-1은 -52.6℉(-47℃)에서 빙결된다. 대부분 엔진운영 매뉴얼은 JET A나 JET A-1의 사용을 허용한다. JET B는 기본적으로 케로신과 가솔린의 혼합물인 와이드 컷 연료(wide-cut fuel)로서 JET B의 휘발성과 증기압은 JET A와 AVGAS 사이에 있다. JET B는 어는점이 낮아[약 -58℉(-50℃)] 주로 알래스카와 캐나다 같은 추운 기후에서 사용된다.

제트엔진 연료의 종류

JET A
- USA 대표적 제트연료
- 어는점 -40℉

JET A-1
- 세계적으로 대표적 제트연료
- 어는점 -52.6℉

JET B
- 와이드컷 연료=등유 + 휘발유
- 어는점 -58℉
- 고휘발성=추운 기후용

1.1.12 연료의 오염방지

항공연료는 필수적으로 오염으로부터 보호되어야 한다. 그렇지 않으면 연료흡입계통의 작동에 지장을 주기 때문이다.

항공기 연료에서 가장 중요한 오염은 연료 속에 포함된 수분이다. 앞서 제시한 것처럼, 항공기는 공중을 비행하면서 단 한 번이라도 엔진 연소정지가 발생하면 아주 위험한 상황에 처하게 되기 때문에 연료공급 중 발생가능한 연소정지를 예방하기 위한 방법들을 적용하고 있다. 왕복엔진 연료, 제트엔진 연료를 구분할 것 없이 연료 내부의 수분함유는 큰 골칫거리이다. 연료탱크 내부의 수분은 차가운 대기 중을 비행하는 운항환경으로 인해 얼음이 발생할 가능성이 있으며 이는 연료튜브 막힘 등의 원인이 될 수 있다. 또한 탱크 내부에 함유된 물은 미생물이 번식할 수 있는 환경을 제공하게 되는데 이로 인해 성장한 미생물은 연료계통 여과장치의 막힘, 탱크 내부 코팅제의 부식, 그리고 지시계통 구성품에 점착되어 지시의 오류 등을 초래할 수 있다. 이러한 두 가지 위험요인을 제거하기 위해 [그림 1-13]과 같은 결빙방지제 및 미생물억제제를 적용하는 등 화학적 방법을 활용하기도 한다. 화학적인 방법 이외에 정비사들은 매일 비행 후 연료탱크 내부의 수분을 배출해 주는 섬프 드레인 절차를 수행하고 있다.

(a) 연료 결빙방지제

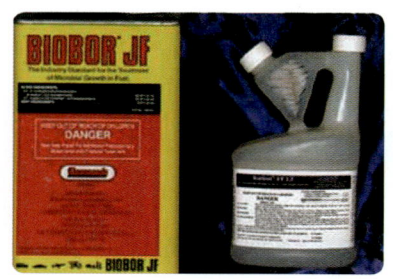
(b) 제트연료의 미생물억제제

[그림 1-13] 연료첨가제

1.2 연료계통의 구성

항공기 운항과 관련하여 조종사, 정비사, 엔지니어들이 통일된 의사소통을 위해 항공운송협회(Air Transport Association)에서 개발한 'ATA Chapter'를 활용하면 각각의 시스템의 구성을 쉽게 이해할 수 있다.

본격적인 항공기시스템 학습에 들어가기에 앞서 항공산업 현장에서 활용되고 있는 국제적인 약속인 ATA Chapter를 소개한다. 각각의 System Chapter를 찾아 들어가면 [그림 1-14]와 같이 큰 그림으로 해당 시스템을 이루고 있는 sub chapter를 보여 준다.

연료시스템의 경우 ATA 28에 포함되어 있고, sub chapter로는 28-10 Storage, 28-20 Distribution, 28-40 Indicating으로 구성되어 있다. 이처럼 앞으로 학습하게 될 각각의 시스템을 처음 접하게 될 경우 정비교범 목차 페이지 활용을 하면 쉽게 해당 시스템의 구성을 확인할 수 있다.

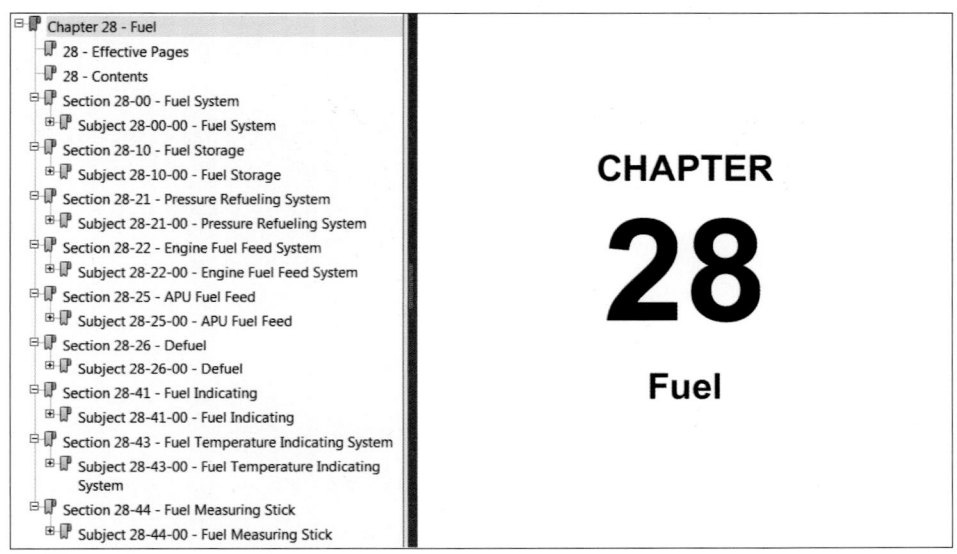

[그림 1-14] B737 항공기 연료계통 ATA Chapter

1.2.1 항공기 종류에 따른 연료계통

단발엔진 장착 소형항공기, 다발엔진 장착 소형항공기들은 높은 곳에 위치한 연료탱크로부터 중력에 의해 연료가 흘러 들어가는 방법을 사용하거나 간단한 형태의 펌프가압 방법으로 연료를 공급한다. 보편적으로 소형항공기 연료계통은 동체 상부에 장착된 날개 내부의 탱크로부터 상대적으로 낮은 위치에 장착된 엔진까지 중력에 의해 공급되는 간단한 구조를 사용한다. 연료탱크가 상대적으로 동체의 낮은 부분에 장착된 저익기의 경우 펌프를 활용한 가압식 연료계통을 사용한다. 이렇게 보내진 연료는 기화기(carburetor) 내부에서 적절한 혼합공기로 만들어져 실린더 내부로 주입되며 이물질을 걸러 줄 수 있는 필터(strainer)가 장착되어 이를 통해 항상 깨끗한 연료를 공급한다.

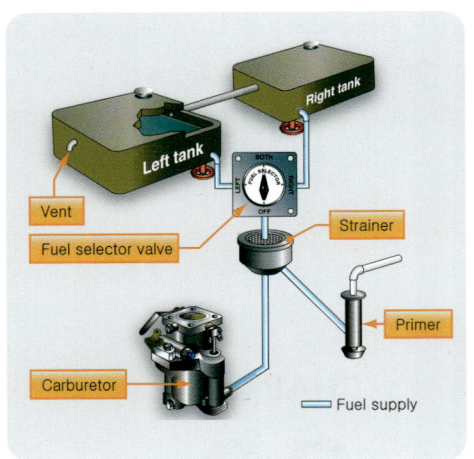 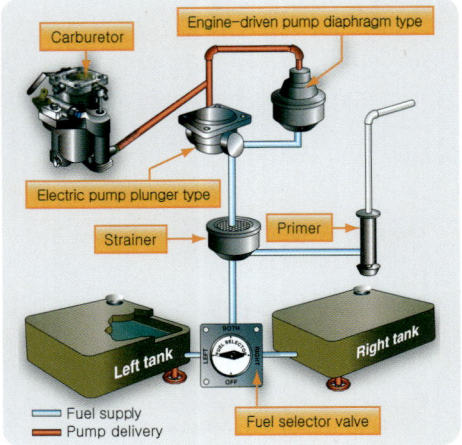

(a) Gravity feed (b) Pump feed

[그림 1-15] 연료공급계통

1.2.2 연료계통의 목적

모든 동력항공기는 엔진을 작동시키기 위해 연료의 탑재를 필요로 하고, 각각의 연료계통은 항공기의 자세와 관계없이 깨끗한 연료를 계속적으로 공급할 목적으로 장착된다. 왕복엔진과 가스터빈엔진에서 사용되는 연료계통은 항공기에 사용되는 엔진의 종류 및 항공기의 크기에 따라 달라지고 연료계통을 이루고 있는 구성품이 다르다. 대형 운송용 범주 제트항공기(transport-category jet aircraft)의 연료계통은 복잡하며, 구성요소가 왕복엔진항공기의 연료계통과는 크게 다르다.

운송용 항공기는 더 많은 중복기능성(redundancy)을 갖고 있고 조종사가 항공기의 연료하중을 관리하면서 다수의 선택을 이용할 수 있다. 따라서 보강된 기능으로 이루어진 운송용 항공기 연료시스템을 기준으로 학습을 진행하면서 이해의 폭을 넓히도록 한다.

항공기 연료계통의 목적은 사용될 연료를 엔진까지 원활하고 지속적으로 공급하는 데 있다. 또한 지상이나 비행 중 사용하게 될 APU(보조동력장치) 작동을 위한 연료의 지속적인 공급 등의 추가 목적을 갖는다. [그림 1-16]의 항공기 연료계통은 서브시스템(sub system)으로 저장을 위한 탱크, 압력식 보급을 위한 구성품, 엔진과 APU까지 공급을 위한 계통, 배유 그리고 운용 중의 상황을 모니터할 수 있는 지시계통으로 구성되어 있다.

 **연료시스템의 목적**

연료시스템(fuel system)은 항공기에서 사용할 연료의 저장, 엔진과 APU에 연료를 공급한다.

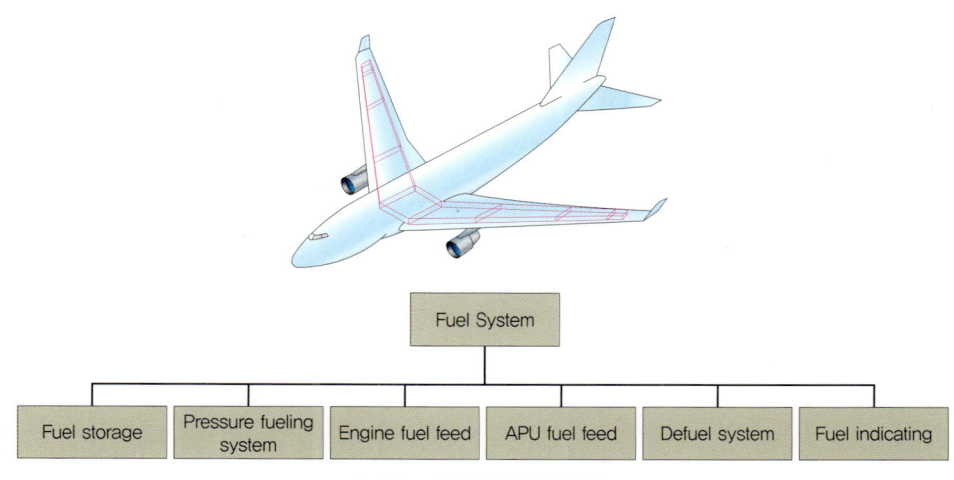

[그림 1-16] 연료계통의 구성

1.2.3 제트엔진을 장착한 운송용 항공기의 연료계통

제트엔진을 장착한 운송용 항공기의 연료계통(fuel system)은 ① 저장(storage), ② 통기(vent), ③ 급유(fueling), ④ 공급(feed), ⑤ 지시(indicating) 등의 하부계통(subsystem)으로 이루어진다. 보통 보조동력장치(APU, Auxiliary Power Unit), 가압급유(pressure refueling), 연료방출계통(fuel jettison system)과 같은 장치가 운송용 항공기 연료계통에 추가된다. 운송용 항공기는 여러 개로 구성된 연료저장 공간인 연료탱크와 각각의 탱크를 출발한 연료가 원활하게 엔진까지 공급될 수 있도록 가압시켜 주는 펌프와 밸브, 연료가 외부로 유출되지 않지만 외부와 공기가 통해서 가동펌프와 탱크구조물의 손상을 방지하기 위한 통기구로 구성된 통기계통(vent system), 하나의 주입구로 공급된 연료가 각각의 탱크로 분배되는 경로, 1:1 대응하는 주날개탱크로부터 해당 날개에 장착된 엔진으로의 정상적인 공급과 고장이나 결함에 의한 비정상 상황 발생 시 우회 경로를 통한 공급계통, 그리고 저장연료의 정확한 양을 지시하고 정상, 비정상 작동상황을 모니터해 조종석에 지시해 주는 지시계통(indicating system)으로 구성되어 있다.

> **핵심 Point** **Jet Transport Aircraft Fuel System**
>
> 왕복엔진 연료시스템(reciprocating engine fuel system)보다 페일 세이프(fail-safe) 개념이 추가되고, 다양한 옵션을 포함한다.

1.2.4 운송용 항공기의 연료탱크

탱크의 형식은 일체형 연료탱크(integral fuel tank), 밀폐된 구조물형(structure-type) 또는 부낭형(bladder-type)이 있으며, 일반적으로 운송용 항공기에는 일체형 연료탱크, 즉 인티그럴 타입(integral type)의 탱크를 주로 사용한다. 항공기는 비행을 하기 위해 충분한 연료저장이 가능해야 하며, 이를 위해서 각각의 항공기들은 비행성능을 유지하기에 충분한 연료 탑재공간을 확보하고 있으며 이 공간을 연료탱크라고 부른다. [그림 1-17]처럼 운송용 항공기는 일반적으로 동체와 날개 부분에 연료저장 공간을 갖추고 있다.

보통 주연료탱크는 날개에 장착되어 왼쪽 날개 주연료탱크, 오른쪽 날개 주연료탱크로 구성되며, 각각의 날개에 장착된 엔진에 연료를 공급하는 목적으로 사용된다. 그리고 동체 중앙을 가로지르는 날개 연결부분에 가장 크기가 큰 중앙연료탱크(center tank)가 장착되고 가장 많은 연료가 탑재된다.

제트운송용 항공기는 또한 날개 안의 주연료탱크와 동체연료탱크에 추가하여 주날개탱크의 맨 바깥쪽에 위치하면서 비어 있는 서지 탱크(surge tank)를 가지고 있다. 이들은 연료보급 시나 운항 중 발생할 수 있는 외부로의 연료의 범람(fuel overflow)을 막기 위하여 일시적으로 저장되는 공간으로 사용된다. 서지 탱크로 넘쳐흐른 연료는 원인이 제거되거나 상황이 종료되면 다시 체크 밸브(check valve)를 통해 주날개탱크로 보내진다.

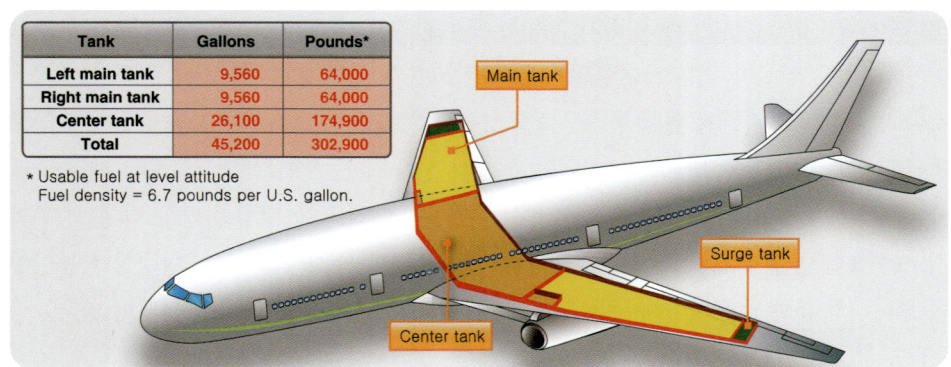

[그림 1-17] B777 항공기 연료탱크

항공기는 지구라는 별 안에서 수많은 나라를 오가는 비행을 목적으로 하는 교통수단이기 때문에 추운 지역 또는 더운 지역을 가리지 않는 다양한 비행환경을 갖고 있다. 따라서 온도변화에 따른 물질의 부피증가를 반영해서 항공기에 탑재하는 연료는 부피단위로 탑재하고 있지만, 실제 항공기가 비행할 때에는 항공기의 무게중심이 비행특성에 아주 커다란 영향을 미치기 때문에 무게로 연료의 탑재량을 관리하고 있다. 따라서 항공기에 실린 연료의 부피에 연료의 비중을 반영하여 연료량을 환산한다. 보통은 지상 조업사가 연료를 항공기에 공급한 후 보급량을 부피값인 갤런(gallon)으로 통보하면 정비사가 환산된 값을 산출하고 항공기 연료계기에 표시된 연료의 양과 비교한 후 탑재용 항공일지(log book)에 무게값인 파운드(pound)로 기록한다.

1.2.5 연료공급계통

연료공급계통(fuel feed system)은 엔진으로 연료를 공급하기 때문에 연료계통의 심장이라고 할 수 있다. 제트운송용 항공기는 각 탱크 내에 엔진으로 연료를 공급하는 연료 승압펌프(boost pump)가 보통 2개씩 장착된다. 항공기 연료계통의 목적은 앞서 이야기했던 것처럼 항공기가 정상적으로 살아서 움직일 수 있는 에너지원인 연료를 엔진까지 지속적으로 보내 주는 것이다. [그림 1-18]에서 보는 것처럼 기본적으로 해당 넘버의 탱크에서 해당 넘버의 엔진으로 공급되는 것을 기본 포맷으로 채택하고 있으나 고장, 결함 등으로 인해 해당 엔진에 연료를 공급하지 못하는 상황이 발생할 경우를 대비하여 크로스피드 밸브(cross-feed valve)를 통해 한 탱크에서 모든 엔진으로의 공급경로를 확보할 수 있는 대비책(redundancy)을 적용하고 있다. 원거리에 있는 엔진까지 무리 없이 공급될 수 있고, 연료라인 중간에 증기(vapor)가 발생하지 않고 연속해서 공급될 수 있도록 2개의 승압펌프를 장착하고 있으며, 1개의 펌프 고장 시에도 탱크로부터의 연료공급이 멈추는 일이 없도록 디자인하는 것이 보통이다. 연료탱크 내부의 승압펌프는 탱크 내부의 연료를 이용하여 윤활과 냉각이 이루어지며 각각의 엔진 차단밸브까지 연료를 밀어 보내 준다. 정비교범(AMM, Aircraft Maintenance Manual)에서는 해당 탱크 내부에 일정량 이하의 연료가 남아 있을 경우 승압펌프의 작동을 정지시킬 것을 권고하고 있다.

 **Feed System**

항공기 연료분배시스템(fuel distribution system)에 포함, 엔진으로 연료를 공급하기 위해 사용되며, 제트 운송용 항공기(jet transport aircraft)는 탱크당 2개의 승압펌프 사용을 기본으로 한다.

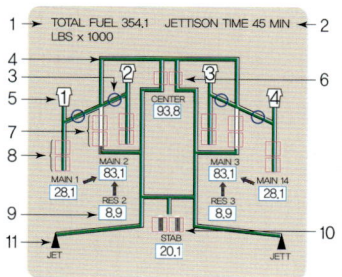
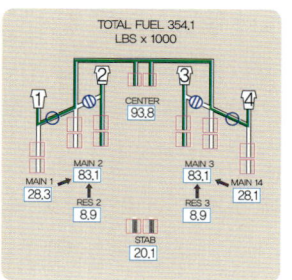
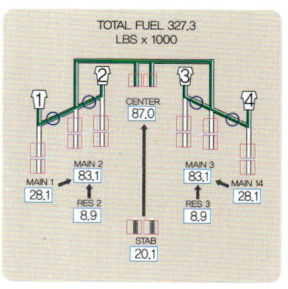

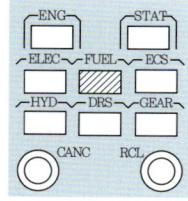

1. Total fuel readout – Cyan and white
2. Jettison time readout – Cyan and white
3. Crossfeed valve symbol – White / Amber
4. Fuel flow bar – Green / Amber
5. Engine symbol – White / Amber
6. Center tank pumps – Amber / Magenta / Green / White
7. Main tank override pumps – Cyan / Amber / Magenta / Green / White
8. Main tank boost pumps – Amber / Green / White
9. Tank quantity box – White / Amber
10. Stabilizer tank pumps – Amber / Magenta / Cyan / Green / White
11. Fuel jettison valve symbol – Magenta

[그림 1-18] 연료계통 EICAS 디스플레이

　각각의 항공기 연료공급계통은 엔진으로 연료를 공급하기 위하여 이송하는 순서를 갖고 있으며, 연료공급에 따른 무게중심의 변화, 기체구조의 손상방지를 위하여 기본적으로 연료를 소모하는 순서를 적용한다. 가장 먼저 중앙탱크(center tank)의 연료를 사용하고 일정량의 연료가 소모된 경우 각각의 날개에 탑재된 주연료탱크(main fuel tank)의 연료를 엔진으로 공급한다. 이때 날개 뿌리쪽 탱크(inboard tank)의 연료를 먼저 소비함으로써 비행 중 날개의 무게변화에 의해 발생할 수 있는 날개의 상하 운동량을 줄여 주는 방법을 선택한다. 정상적인 연료공급 도중 각각의 탱크로부터 해당 엔진으로 공급되는 상황에서 한쪽 연료공급계통에 결함이 발생한 경우 크로스피드(cross-feed)가 가능하다. 추가적으로 한 탱크에 장착된 모든 승압펌프가 기능을 상실한 경우 작동 중인 엔진의 흡입압력(suction pressure)에 의해 지속적으로 공급되는 기능을 선택한 기종도 있다.

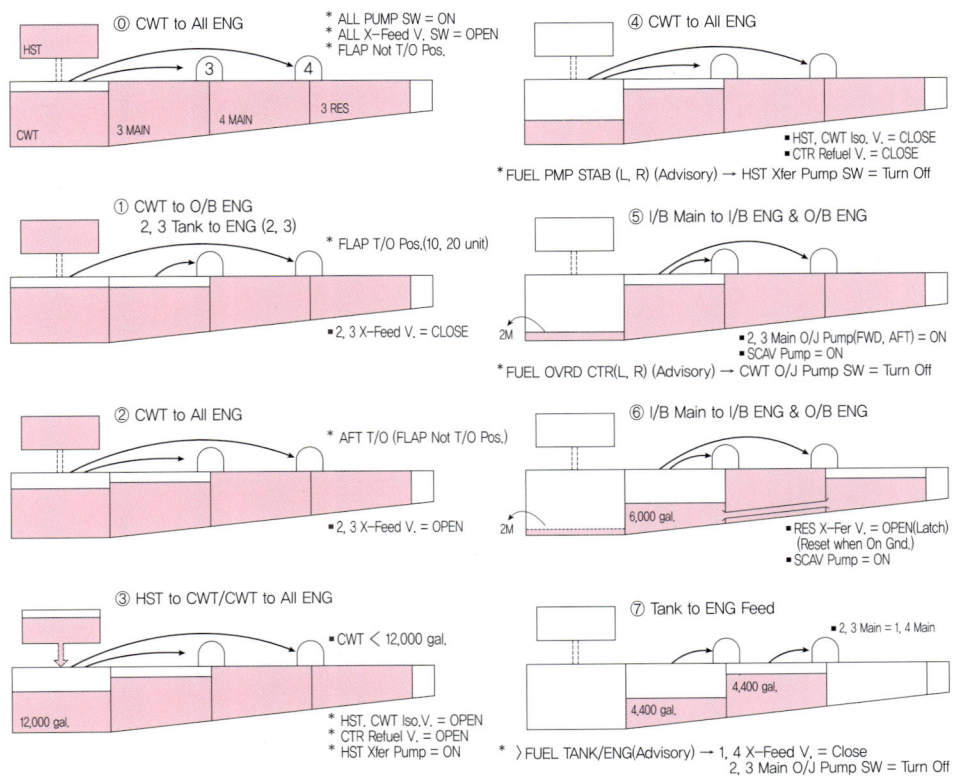

[그림 1-19] B744항공기 연료공급 순서

1.2.6 항공기의 연료계통과 엔진연료계통

항공기 연료시스템의 연료공급계통은 연료차단밸브(fuel shutoff valve)까지 연료를 공급해 주고, 이렇게 공급된 연료는 엔진 기어박스에 장착된 연료펌프의 작동에 의해 연료 노즐(fuel nozzle)까지 공급된다. ATA Chapter 28에 해당하는 항공기 연료계통은 각각의 탱크 내부에 저장된 연료를 승압펌프를 작동시켜 연료라인을 통해 연료차단밸브까지 공급하는 역할을 수행한다.

이렇게 공급된 연료를 엔진의 작동상태, 조종사의 요구에 맞춰 적정의 연료량을 결정하고 엔진연소실의 연료노즐까지 공급해 연소가 이루어질 수 있도록 구성된 부분을 엔진연료조절계통(engine fuel and control)이라고 부르며 ATA Chapter 73에 정의하고 있다.

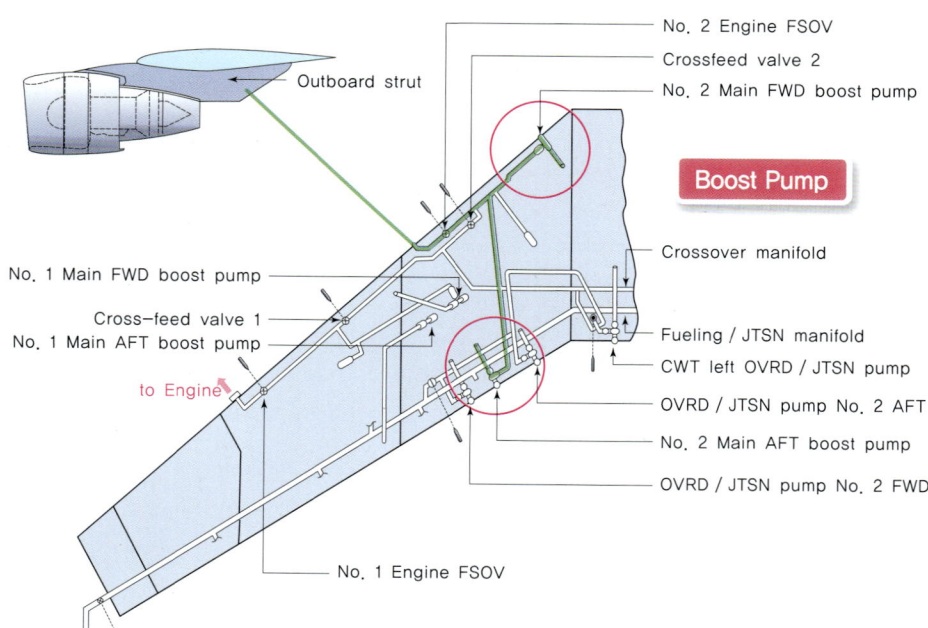

[그림 1-20] 엔진연료공급계통

1.2.7 엔진연료조절계통

연소를 위한 노즐까지의 원활한 연료공급은 주연료펌프(main fuel pump)가 담당한다. 엔진 자체의 구동력에 의해 작동하는 주연료펌프는 엔진 하부에 장착된 메인 기어박스에 장착되어 있으며, 연료탱크로부터 승압펌프로 압송된 연료는 기어박스에 장착된 주연료펌프의 작동으로 연료노즐까지 공급된다. 엔진 기어박스(engine gear box)에는 연료펌프 외에도 항공기에 필요한 각종 파워를 만들어 내는 구성품들이 장착되며, 엔진시동기(starter), 전기를 공급하기 위한 발전기(generator), 엔진구동 유압펌프(EDP) 등 항공기가 살아 움직이는 데 직접적인 영향을 주는 구성품들이 장착된다.

> **핵심 Point 엔진연료계통**
>
> 항공기 연료분배시스템(fuel distribution system)이 공급한 연료를 엔진이 정상 작동할 수 있도록 연속적으로 연소실로 공급하기 위한 것으로, 엔진연료계통은 기어 박스에 장착된 연료펌프로부터 시작된다.

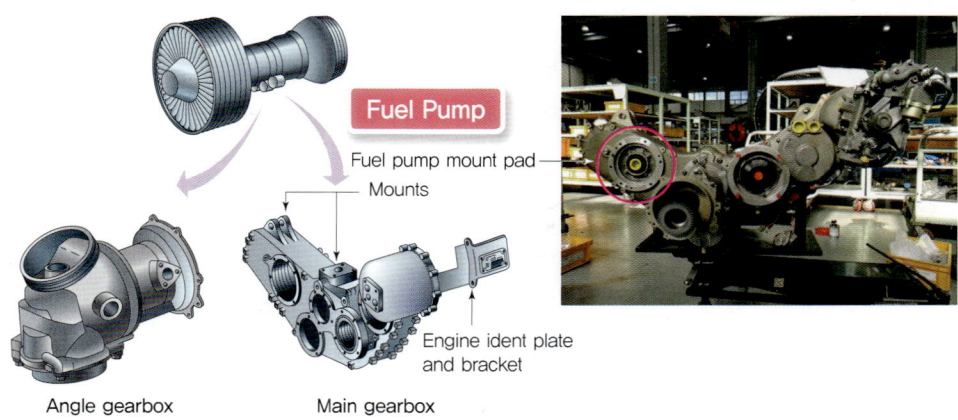

[그림 1-21] 연료펌프 장착위치

1.2.8 연료탱크의 벤트계통

각 탱크 안에는 일련의 통기튜브(vent tube)와 통기채널(vent channel)을 설치하여 고도 변화와 무관하게 연료탱크 내부의 압력과 대기의 압력이 항상 동일하게 유지되도록 항공기 연료탱크는 항상 열려 있어야 한다. [그림 1-22]에서처럼 동일한 음료가 들어 있는 팩이라도 통기구가 있고, 없고의 차이에 따라서 외형상의 변화에 큰 차이가 있음을 확인할 수 있다.

[그림 1-22] 벤트 유무의 차이

각각의 사진에서 벤트(vent)가 있는 오른쪽 팩은 음료를 빨아먹고 난 후 외형의 변화가 없는 반면에 왼쪽 팩들은 심각하게 변형된 외형을 보여 주고 있다. 뿐만 아니라 빨아들이는 동작을 하는 동안 왼쪽의 벤트가 없는 팩의 경우가 큰 흡입압력이 필요하다는 것을 확인할 수 있다. 우리가 팩에 든 음료를 빨대를 통해 빨아들일 경우 팩이 쪼그라드는 현상을 경험하는 것처럼, 항공기 연료탱크 안에서도 동일한 현상이 발생한다.

항공기 고도변화에 따른 어떠한 대기상태에서도 연료탱크의 찌그러짐과 같은 구조적인 손상 없이 원활하게 연료를 공급하기 위해서는 현 고도에서의 대기와 통기가 필요하다. 이러한 통기를 위해 탱크 내부에 장착된 튜브와 구성품들을 모아 벤트계통(vent system)이라고 한다.

> **핵심 Point Vent System**
> 항공기 비행고도와 상관없이 벤팅(venting)이 되도록 설계되어야 펌프의 부하를 줄여 연료의 원활한 공급과 탱크의 구조적 손상을 예방할 수 있다.

각 탱크 안에는 일련의 통기튜브(vent tube)와 통기채널(vent channel)이 설치되어 서지 탱크와 연결되어 있으며, 연료탱크를 안전하게 유지하기 위해 항공기의 자세나 탑재된 연료의 양에 관계없이 서지 탱크를 통하여 외부와 통기된다. 벤트시스템은 내부의 벤트 튜브(vent tube)와 날개 끝부분에 마련된 서지 탱크에 설치된 벤트 스쿠프(vent scoop) 그리고 벤트 튜브에 장착된 플로트 밸브(float valve) 등으로 구성된다.

벤트 튜브는 필수 구성품으로 전체 탱크를 연결하는 상대적으로 큰 구조물로서 추가적인 무게증가가 발생한다. 따라서 운송용 항공기에서는 무게증가는 줄이면서 구조적인 강도는 높일 목적으로 [그림 1-23] 맨 왼쪽 상부의 벤트 덕트(vent duct)에서 확인가능한 것처럼 햇 타입 스트링거(hat type stringer)를 윙 스킨(wing skin)에 접합하는 방식으로 장착한다. 벤트 스쿠프는 연료탱크와 외부공기가 만나는 통기구 부분으로 보통 날개 끝부분에 장착된 서지 탱크에 만들어진다. 벤트 튜브를 통해 언제라도 연료가 서지 탱크로 흘러 들어갈 수 있으며 이렇게 서지 탱크로 흘러 들어간 연료는 다시 메인 탱크로 떨어지는 구조를 이루고 있다. 물론 서지 탱크의 용량을 넘는 양의 연료가 흘러 들어가면 외부로 배출되어 환경오염의 원인이 될 수 있어 심각한 사고로 간주되고 있다.

정비사는 연료보급 절차를 진행하는 동안 적절한 양의 연료보급을 관리·감독하여 외부로 흘러넘치는 사고를 예방해야 한다. 연료의 과보급을 방지하기 위하여 벤트 튜브 중간에 플로트 밸브를 두어 연료의 유면이 높아졌을 경우 튜브 안에 머물고 있던 연료가 유면이 낮아져 플로트 밸브가 내려오면 다시 주연료탱크로 흘러 들어갈 수 있는 구조로 만든다.

날개 끝부분을 외부에서 올려다보면 통기구를 확인할 수 있는데 이 통기구 안에 특수목적의 프레임 어레스터(frame arrester)가 장착되어 있어 연료탱크에서 만들어진 연료증기가 외부의 화염원으로 인해 불이 붙거나 연료탱크 내부로 화염이 전달되는 것을 차단하는 기능을 한다. 통기구에 새가 집을 짓는 등 어떠한 이유에서 프레임 어레스터가 막혔을 경우 통기기능을 잃어버릴 수 있는데, 이러한 상황이 발생되면 압력 차이에 의해 개방되어 통기를 확보해 주는 압력 릴리프 밸브(pressure relief valve)가 장착되어 있고, 정비사는 외부점검 시 이 밸브의 열림(open) 상태를 확인하여야 한다.

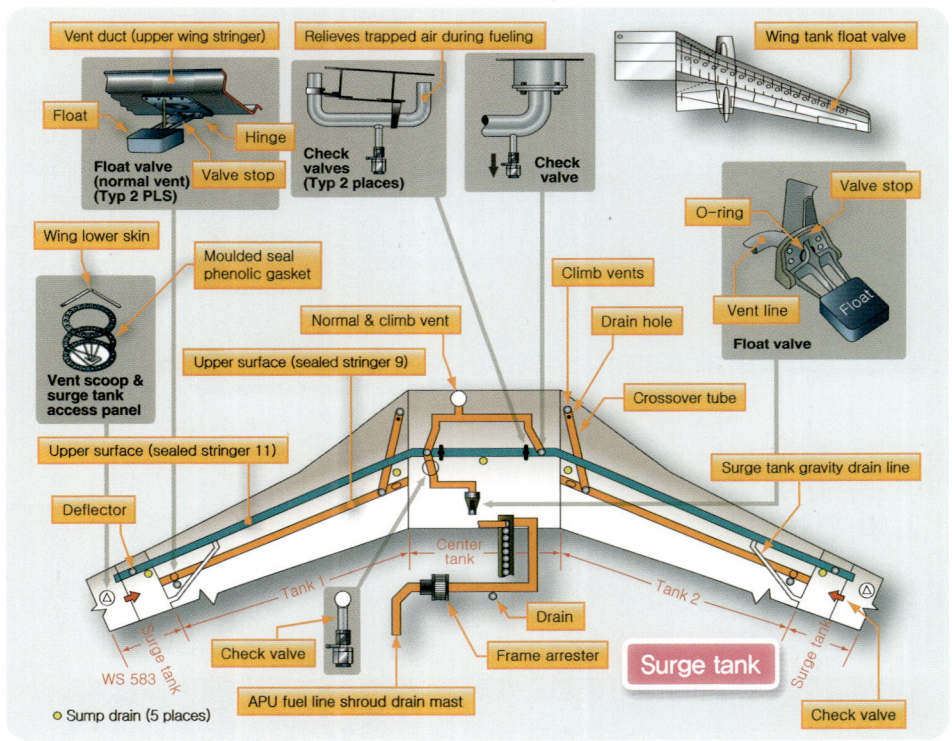

[그림 1-23] 연료탱크의 벤트

1.2.9 비행 중 연료방출계통

항공기가 긴급착륙해야 하는 경우 설계착륙중량 이상의 무게로 착륙해야 하는 경우가 발생한다. 이때 안전하게 착륙하기 위해서는 항공기 무게를 줄이는 방법으로 연료를 대기로 방출시킨다.

　항공기에 결함이 발생하거나 탑승객 중 환자가 발생하는 등 항공기가 이륙한 후 얼마 지나지 않은 시간 내에 바로 착륙해야 하는 경우도 종종 발생한다. 이러한 경우 항공기가 견딜 수 있는 최대착륙중량보다 큰 중량을 이루고 있을 경우 무거운 상태로 착륙을 하면 항공기 구조부에 심각한 손상을 야기할 수 있다. 항공기 기체의 무게는 줄일 수 없고 탑승객이나 화물을 버릴 수도 없는 상황에서 총중량을 줄여야 하는 문제를 해결하기 위한 장치가 방출시스템(jettison system)이며, 항공기는 착륙가능 무게까지 탑재연료를 대기 중으로 방출하는 기능을 한다. 다만 설계 당시 최대 이륙중량과 착륙중량의 차이가 없게 튼튼하게 설계된 경우 방출시스템을 갖추고 있지 않은 항공기도 있다.

[그림 1-24] 연료방출

1.2.10 연료가열장치

운송용 항공기는 엔진으로 보낸 차가운 연료를 뜨거운 엔진오일로 서로 열교환을 시켜 연료의 온도는 높여 주고 오일은 냉각시킨다.

연료탱크 안에 탑재된 연료는 공중을 비행하는 동안 −56.5℃의 대기에 노출되고 있어 −40℃ 정도의 차가운 상태를 유지하게 된다. 제트연료의 경우 수분함량이 많은 특징이 있기 때문에 언제든 연료 내부에 포함된 수분이 얼 수 있는 상태에 있는데, 이러한 상태로 연소실까지 이송되는 과정에서 막힘 등의 문제를 예방하는 한편, 유압계통이나 오일계통 오일의 윤활특성 확보를 위해서는 냉각(cooling)이 필요하다.

오일의 냉각은 연료와 오일 간에 서로 열교환을 할 수 있도록 열교환기(heat exchanger)를 장착하여 해결한다. 물론 열교환기 내에서는 각각의 체임버(chamber) 내를 이동함으로써 연료와 오일의 혼합은 없고 열교환만 이루어진다.

> **핵심 Point** **Fuel Oil Cooler**
>
> 항공기의 고고도비행으로 인한 연료온도(fuel temperature)의 강하와 그로 인한 결빙(ice)을 방지하기 위해 오일과 열교환을 한다.

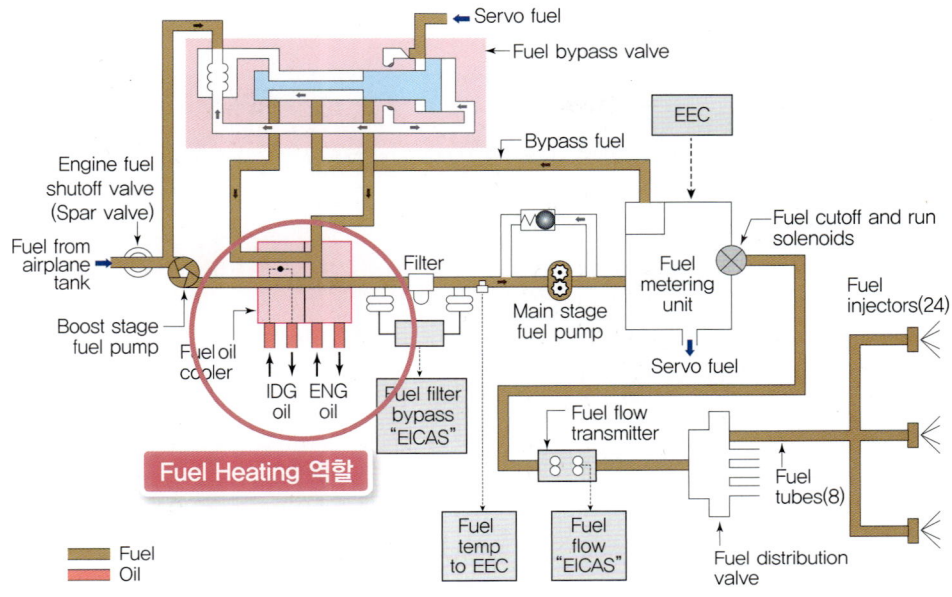

[그림 1-25] 연료오일 열교환기

터빈동력 항공기는 온도가 아주 낮은 고고도에서 운영된다. 연료탱크에 있는 연료가 냉각되면 연료에 들어 있는 수분이 결빙된다. 결빙된 수분을 포함한 연료는 필터를 막히게 하여 연료흐름을 제한할 수 있기 때문에 연료히터(heater)는 얼음이 형성되지 않도록 연료를 따뜻하게 하는 데 사용한다. 이들 열교환기(heat exchanger unit)는 이미 형성된 어떠한 얼음도 녹일 수 있도록 충분히 연료를 가열한다.

연료히터의 가장 일반적인 종류는 공기/연료히터(air/fuel heater)와 오일/연료 히터(oil/fuel heater)가 있으며 공기/연료히터는 연료를 가열하기 위해 뜨거운 엔진 블리드 에어(bleed air)를 사용하고, 오일/연료히터는 뜨거운 엔진오일로 연료를 가열시킨다. 연료히터는 필요할 때 간헐적으로 작동하며 조종석에 있는 스위치를 조작하여 연료히터로 가는 뜨거운 공기 또는 오일을 제어할 수 있다.

일부 항공기는 연료탱크 중 한 곳에 유압유냉각기(hydraulic 유압유 cooler)를 갖추고 있어 뜨거운 유압유가 차가운 연료에 의해 냉각될 때 역으로 연료를 따뜻하게 되도록 도와준다.

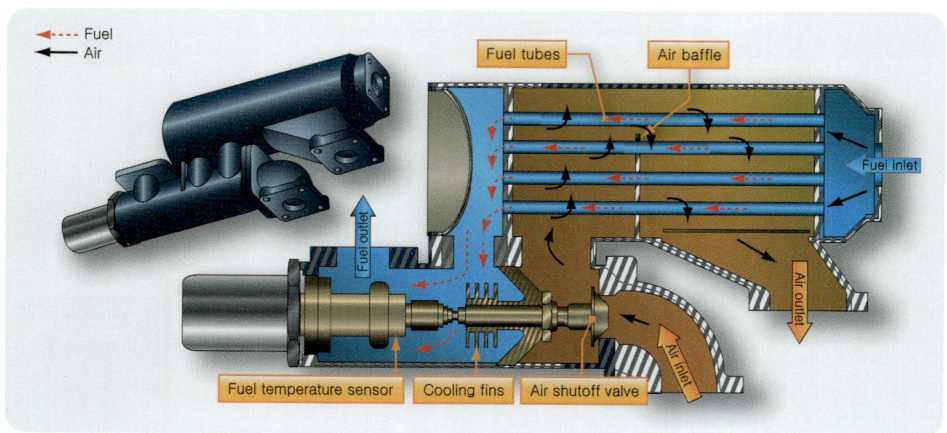

[그림 1-26] 공기, 연료 열교환기

1.2.11 연료지시계통

항공기 연료계통은 여러 가지 지시기(indicator)를 이용하여 연료의 유량을 지시해 주고, 연료흐름량(fuel flow), 압력, 온도를 대부분 항공기에서 모니터링할 수 있다. 또한 밸브 위치 지시기와 다양한 경고등(warning light)과 알림표시기(annunciator)가 사용된다. 초기에는 전기를 필요로 하지 않는 간단한 연료량계가 사용되었으며 오늘날까지도 소형 항공기에서 사용하고 있다. 이런 직독식 지시기(direct-reading indicator)는 연료탱크가 조종석에 아주 가깝게 있는 경항공기 등에서 사용되며, 그 외 경항공기와 대형항공기는 전기식 지시기(electric indicator) 또는 전자용량식 지시기(electronic capacitance-type indicator)가 사용된다.

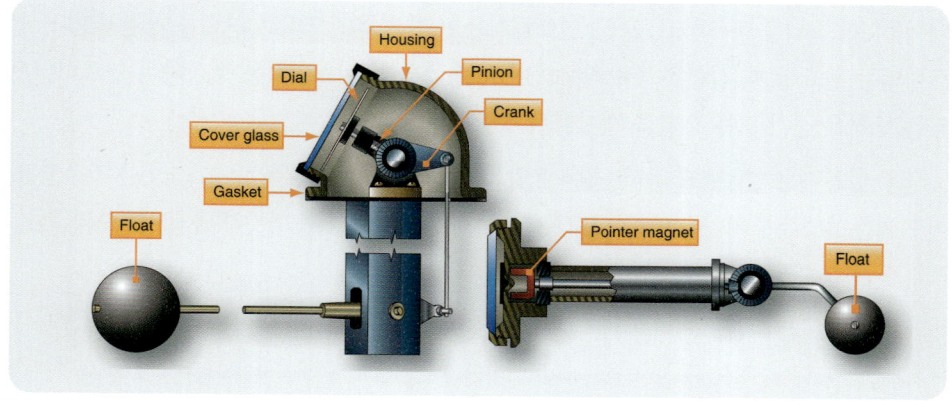

[그림 1-27] 연료량 게이지

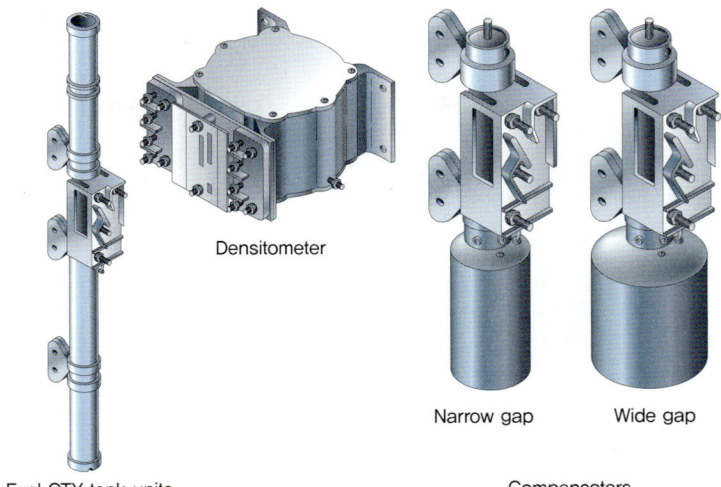

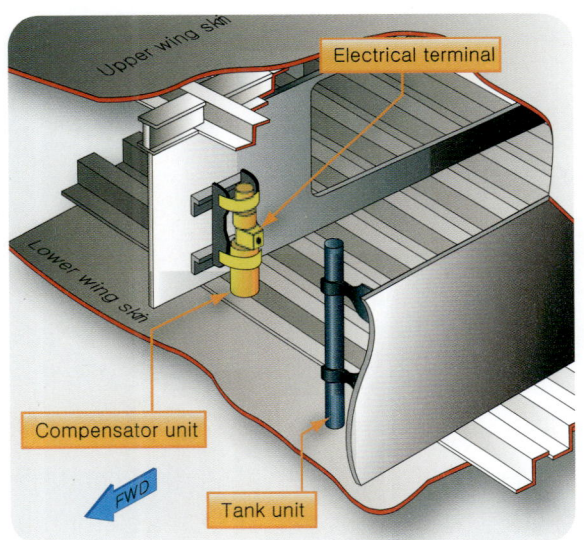

[그림 1-28] 연료량 측정장치

    모든 항공기 연료계통은 어떤 형태이든 연료량계(fuel quantity indicator)를 갖추어야 하며, 운송용 항공기는 전기식 지시기 또는 전자용량식 지시기가 사용된다.

    대형 운송용 항공기의 경우 여러 개의 가변용량전송기(variable capacitance transmitter)가 탱크 바닥에 수직으로 장착되어 탱크에 적재된 연료레벨을 측정하여 컴퓨터로 전송하며, 이를 탱크 유닛(tank unit) 또는 연료 프로브(fuel probe)라고 한다.

프로브들은 서로 병렬로 연결되어 있고 연료의 높이가 변화할 때 각각의 탱크 유닛의 정전용량(capacitance)이 변화한다.

탱크에 있는 모든 프로브(probe)에 의해 전송된 정전용량은 컴퓨터에서 합산되고 서로 비교되어 항공기의 자세가 변할 때 일부 프로브가 다른 프로브보다 더 많은 연료에 잠기게 되더라도 모든 프로브에서 전송된 전체 정전용량은 동일하게 유지되기 때문에 연료량 지시는 변동되지 않고 정확한 양을 지시한다.

보정장치(compensator unit)는 연료온도가 연료비중(fuel density)과 탱크 유닛의 정전용량에 영향을 주는 것을 감안하여 연료의 온도변화를 반영하도록 전류흐름을 수정한다.

> **핵심 Point** **Indicating**
> 연료량, 연료흐름, 압력과 온도를 모니터하기 위한 지시기(indicator)가 사용된다.

1.3 연료의 급유절차

1.3.1 항공기 연료보급 방법의 종류

연료보급 절차는 항공기 형식별로 다를 수 있으며, 기체구조물의 손상을 방지하기 위해 규정된 순서로 탱크에 연료가 보급되어야 한다. 일반적으로 급유과정은 날개 위 급유(over-wing)와 가압급유(pressure refueling) 두 가지 방법으로 실시된다.

날개 위에서의 급유는 날개 윗면의 동체에 탱크가 장착되었다면 동체의 윗면에 있는 주입구 마개를 열고 연료보급노즐을 연료주입구 안으로 삽입하여 탱크 안으로 연료를 주입하며, 이 과정은 자동차 연료탱크를 급유하는 과정과 유사하다. [그림 1-29]는 소형항공기나 연료보급량이 소량일 경우 주로 사용되는 방법으로 운송용 항공기에서는 보기 어렵다.

가압급유는 항공기 연료탱크 밑면의 연료보급 스테이션(fueling station)에 장착된 연료보급포트(port)로 가압급유노즐을 연결시켜 연료보급 트럭의 연료펌프에 의해 가압된 연료를 탱크로 보급한다. 이때 연료보급 트럭은 연료를 싣고 오는 것이 아니라 공항바닥에 만들어진 연료라인에 연결하여 항공기 쪽으로 연료를 압송하는 펌프 역할을 수행한다.

운송용 항공기의 크기가 대형화됨에 따라 보급해야 할 연료량이 많기 때문에 보급하는데 걸리는 시간이 길어질 수밖에 없는 상황이라, 가능한 한 짧은 시간에 보급하기 위한 방법으로 가압급유 방식이 사용되고 있다. 이러한 방법이 없다면, 대형항공기 1대에 연료 1,000드럼 이상을 보급하기 위해 연료를 연료보급차량에 싣고 다녀야 하고 급기야 공항 안은 연료보급차량으로 꽉 차고 말 것이다.

(a) 날개 위 급유   (b) 가압급유

[그림 1-29] 연료급유 방법

1.3.2 연료보급 절차

항공기 엔진은 적절한 연료를 사용해야 효과적으로 작동하며, 부적합한 연료의 사용으로 인한 오염은 항공기에 심각한 결과를 초래할 수 있다. 연료탱크 연료주입구(receptacle) 또는 연료마개 주위에는 필요한 연료의 종류가 명확하게 표시되어 있어 다른 종류의 연료보급을 예방할 수 있도록 확인방법으로 제공된다.

  만약 잘못된 연료가 항공기에 보급되었다면 비행 전에 수정되어야 하는데, 만약 연료펌프가 작동하기 전이나 엔진이 시동되기 전에 발견되었다면, 부적당한 연료로 채워진 모든 탱크는 배유되어야 하고 탱크와 관을 씻어 내고 그다음에 적합한 연료로 탱크를 다시 채운다. 그러나 만약 엔진이 시동되거나 시동이 시도된 후에 발견했다면, 배유 및 재급유 절차는 더욱 심도 있게 수행되어야 한다.

  한 번의 실수로 복잡한 복구절차를 수행해야 하는 어려움이 발생할 수 있기 때문에, 사전에 예방하기 위한 방법으로 [그림 1-30]처럼 보급노즐의 크기를 달리해서 물리적인 방법으로 실수를 차단하도록 설계된 연료보급구를 사용하기도 한다.

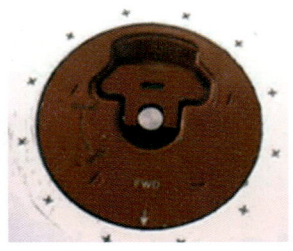

(a) Jet Fueling Cap   (b) AVGAS Fueling Cap

[그림 1-30] 연료탱크 주입구 표시

1.3.3 연료보급 시 예방조치

연료보급 시에는 예방조치를 취해야 하는데 가장 중요한 것은 항공기에 적합한 연료를 보급하는 것이다. 사용되는 연료의 종류는 중력식 날개 위 급유(over-wing) 방식에서는 주입구 근처에, 가압급유식 항공기는 연료보급구에 게시되어 있다. 주유소에서 디젤 자동차와 가솔린 자동차의 연료를 잘못 넣어 엔진이 고장 나는 경우가 가끔 발생한다. 이러한 실수를 방지하기 위해 터빈엔진을 장착한 항공기의 날개 위 급유를 위한 급유노즐은 가솔린을 사용하는 항공기의 연료주입구에 들어갈 수 없도록 아주 크게 만든다. 사람이 할 수 있는 실수를 물리적인 방법으로 미연에 방지할 수 있는 방법을 적용한 것이다.

    연료의 종류에 따라서 열효율도 다르기 때문에 엔진 내부의 온도변화에 따라 구성품의 손상으로 이어져 비행 중 엔진의 성능이 떨어지거나 고장으로 인한 엔진의 정지현상이 발생할 수 있으므로 특히 다른 종류의 연료가 공급되는 것은 완전하게 차단해야 한다. [그림 1-31]에서 보는 것처럼 같은 종류의 연료라 하더라도 타입이 다르면 엔진의 성능이 다를 수 있기 때문에 혼용을 금지하고 있으며, 어쩔 수 없을 때에는 첨가제를 사용할 수 있는 제한을 둔다.

[그림 1-31] 연료보급 차량의 연료종류 표시

　또한 연료보급 중 발생할 수 있는 정전기로 인한 발화를 방지하기 위해서 접지가 실시되어야 한다. 연료보급을 위한 연료노즐은 연료마개를 열기 전에 항공기에 접지시키기 위한 정전기 접지선(bonding wire)을 갖추고 있다.

　항공기 연료보급 중 주의사항 첫 번째는 정전기로 인한 연료보급 중 항공기의 화재발생을 예방하는 것이며, 보통 삼점접지라고 하는 절차를 수행한다. 항공기와 지면, 항공기와 연료차, 연료차와 지면을 접지선(earth wire, earth line)으로 연결하여 전위차를 없애, 정전기 발생으로 인한 발화원인을 차단하는 방법을 지상지원 절차에 포함시켜 절차준수를 강제하고 있다. [그림 1-32]에서 보는 것처럼 연료차의 보급노즐을 항공기 연료보급구에 넣기 전에 항공기와 접지시킬 수 있도록 접지선을 장착하거나 항공기 착륙장치에 만들어진 접지포인트(earth point)와 연료차의 접지선을 연결하는 방법을 사용한다.

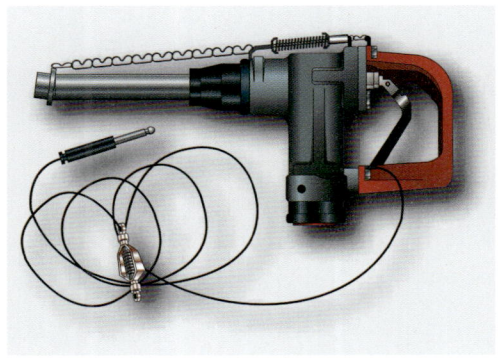

[그림 1-32] 접지선

항공기 연료보급 전 항공기 주변의 정리 정돈을 통해 연료가 보급되어 무게가 증가한 항공기 착륙장치의 압축현상으로 인한 지상 장비와의 접촉사고의 원인을 제거해야 하며 만약의 경우를 대비한 소화기의 비치도 필수 점검항목이다.

비행준비 단계에서 항공기에 연료를 보급하기 직전이나 보급 중 발생가능한 위험요소들을 제거하기 위한 점검도 수행해야 한다. 항공용 가솔린(AVGAS)과 터빈엔진 연료의 가연성 성질 때문에 급유나 배유 시에 화재에 대한 예방조치를 확실히 해야 한다. 그리고 항공기에 연료차를 연결하기 전 지상에서 작업 중인 인원들에게 연료보급이 시작되는 것을 알려 주어야 한다.

특히 날개 하부에 작업대를 거치하여 진행되는 작업이 있을 경우 연료보급으로 인한 항공기의 무게증가로 착륙장치의 스트럿(strut)이 압축되어 날개 높이가 변하게 되는데, 이때 발생가능한 접촉사고에 대한 예방 차원에서 높이가 있는 장애물들은 제거 또는 이동시켜야 한다.

[그림 1-33] 연료보급구

1.3.4 연료보급 전 수분오염검사의 수행

급유할 때 정비사는 항상 급유의 공급원(fuel hydrant) 내 연료의 수분에 의한 오염상태를 확인하여야 한다. 오염이 의심스러우면 적절한 조치를 취하고 급유를 위한 적절한 연료보급 방법을 실시해야 한다.

연료 내 포함된 수분으로 인한 가장 대표적인 사고사례는 전투기에 보급된 연료에 다량의 수분이 포함되어 있어 비행 중 양쪽 엔진이 정지하여 추락한 사고를 들 수 있다. 이처럼 정상적인 연료가 보급되지 않으면 연소실 내의 연소정지 외에도 미생물의 번식으로 인한 탱크 내부 부식, 지시계통의 오류, 보급계통의 막힘현상을 야기할 수 있다. 항공기 안전을 책임지는 확인정비사는 연료보급 전에 연료보급을 위한 지상의 하이드런트로부터 공급될 연료의 수분오염검사(water contamination check)를 실시하여야 한다.

  수분오염검사는 [그림 1-34]에서처럼, 하이드런트에 연료라인을 연결한 후 바로 항공기로 연료를 보급하는 것이 아니라 그 전에 샘플 병에 연료를 담아 주사기처럼 만든 샘플링 키트를 삽입하여 색 변화를 확인하는 절차로, 이로써 연료의 수분오염상태를 확인한다. 수분이 포함된 경우 '물먹는 하마'의 색깔이 변하는 것처럼, 키트의 노란색 부분이 파랑색으로 변한다. 샘플링 검사 후 이상이 있으면 재검사 후 적절한 연료를 공급하여야 한다.

[그림 1-34] 연료보급 전 수분오염검사

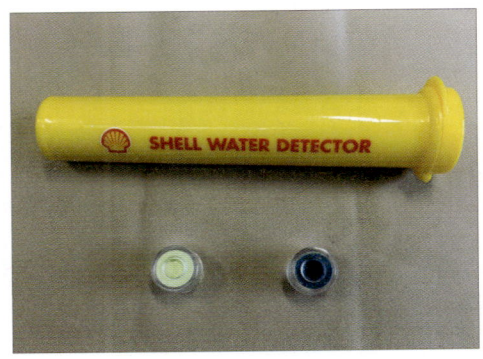

[그림 1-35] 수분오염검사(sampling kit)

1.3.5 연료탱크의 수분제거 절차

터빈엔진 연료에서 미생물(microorganism)의 존재는 중대한 문제로, 이 미생물은 빠르게 번식할 수 있으며 필터소자와 연료량계(fuel quantity indicator)의 기능을 방해할 수 있으므로 연료탱크 내부의 수분을 제거해 주는 방법이 큰 역할을 한다. 더군다나 연료탱크 표면과 접촉하는 끈적끈적한 수분/미생물 층은 탱크의 전기분해 부식(electrolytic corrosion)에 매질을 제공하여 쉽게 탱크 내부가 부식되게 한다.

앞서 살펴본 것처럼 항공기에 급유하기 위해 사용된 연료비축탱크의 관리와 더불어 급유 전 하이드런트(hydrant)로부터 샘플링된 연료의 수분함유 여부를 파악하고, 섬프 드레인(sump drain)과 필터교환을 통해 항공기 연료탱크에 수분이 축적될 가능성을 줄일 수 있다. 또한 급유 때 미생물 제거를 위해 연료에 살충제(biocide)를 첨가하기도 한다.

항공기가 그날의 비행을 마친 후 정비사는 항공기 연료탱크 하부에 장착된 섬프 드레인 포트(sump drain port)에서 연료탱크 하부에 모인 일정량의 연료를 방출시켜 연료 안에 포함된 성분들을 검사하는데, 주목적은 섬프(sump) 하부에 모여진 수분을 제거하는 것이다.

> **핵심 Point** **Fuel Tank**
> 연료의 저장공간으로 내부식성 재질로 제작, 벤트시스템(vent system), 섬프 드레인(sump drain) 기능을 포함한다.

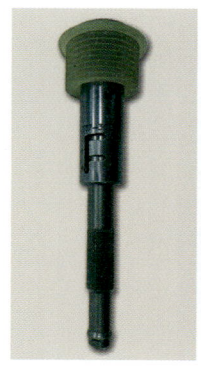 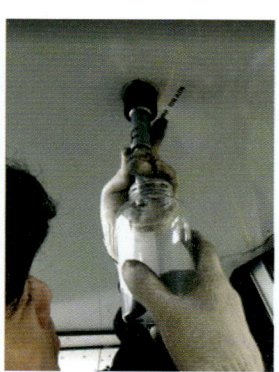 

(a) Sump Drain Kit 사용   (b) Sump Drain Port

[그림 1-36] 섬프 드레인

1.3.6 연료량 지시장치

모든 항공기 연료계통은 어떤 형태든 연료량계를 갖추어야 한다. 항공기에 보급된 연료량을 정확하게 측정하는 것은 무엇보다 중요하다. 얼마나 먼 거리를 비행할 수 있는지, 얼마나 더 날아갈 수 있는지, 신속하게 대체공항으로 가야 할지 말지를 판단하기 위한 중요한 잣대로 사용된다.

기본적으로 직독식 지시기(direct-reading indicator)는 연료탱크가 조종석에 아주 가깝게 있는 경항공기 등에서 사용된다. 직독식 지시계 형식은 플로트라고 하는 공기주머니가 액체에 뜨는 현상을 이용하며, 그 외 경항공기와 대형항공기는 전기저항의 변화를 확대하여 지시하는 전기식 지시기(electric indicator) 또는 전자용량식 지시기(electronic capacitance-type indicator)가 사용된다.

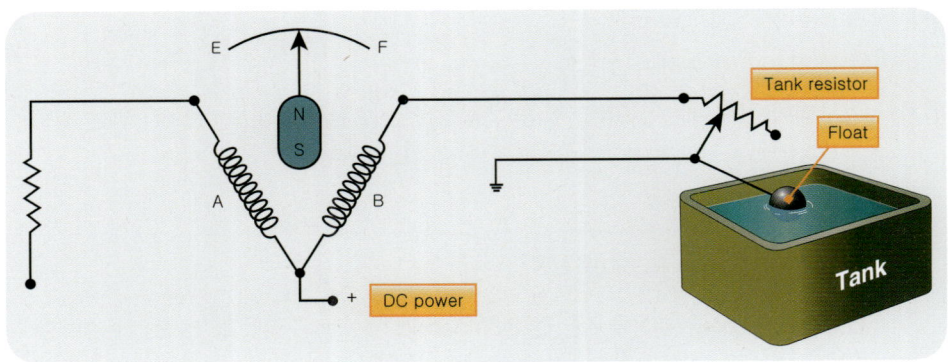

[그림 1-37] 전기식 연료지시기

항공기 형식별로 다르기는 하지만 항공기의 비행자세 변화에도 오차 없이 정확한 연료량을 측정할 수 있도록 연료탱크 내부에 여러 구성품이 장착된다. 대부분의 운송용 항공기는 탱크 안에 탱크 유닛(tank unit), 밀도계(densitometer), 보정기(compensator)가 장착되어 있다. 탱크 유닛은 탱크 안에 있는 연료의 높이에 따라 내부가 그만큼의 연료와 나머지 공기로 채워지며, 연료와 공기의 비율에 따라 유전율에도 변화가 생기고 이러한 유전율의 변화로 연료량을 측정한다. 연료온도가 연료비중(fuel density)과 탱크 유닛의 정전용량(capacitance)에 영향을 주는 것을 감안하여 보정장치(compensator unit)로 연료의 온도변화를 반영하도록 전류흐름을 수정하는 밀도계와 보정기를 장착한다.

정전용량식 연료량 지시시스템을 가지고 있는 많은 항공기는 탑재된 연료량의 중복확인을 위해 또는 항공기가 전기동력을 이용할 수 없을 때 연료량을 확인하기 위해 기계식 지시장치(measuring stick/drip stick)를 사용한다. 운송용 항공기에서 사용되는 연료량 지시계통에 이상이 생기거나 전기공급에 문제가 발생하였을 경우 정확한 연료량을 산정하는 방법이 준비되어 있다. 이를 매뉴얼 연료량 산정방법이라고 하는데, 항공기 날개에 장착된 연료탱크 하부에 마련된 측정봉(measuring stick)을 활용한다. 각각의 탱크 하부에는 지정된 숫자의 스틱(stick)이 장착되어 있으며 스틱이 지시하는 값들을 확인하고 매뉴얼에 제시된 표와 비교해서 전체 탑재된 연료량을 계산해 내는 방법을 활용한다.

날개 하부에 장착된 스틱의 머리부분을 드라이버로 풀어 잡아당기면 스틱이 날개 하부 표면 밑으로 돌출되는데, 정확한 측정치를 구하려면 스틱을 충분히 잡아당겼다가 놓아주는 행동을 해야 한다. 이때 내부에 위치한 플로트와 스틱 상부에 장착된 자석이 달라붙어 연료표면에 정상적으로 떠 있을 수 있는 상황을 만든다. 플로트에 의해 스틱이 연료 유면에 위치한 상태에서 날개 하부표면과 스틱에 그려진 측정자가 만나는 부분의 수치를 읽어 도표와 비교하는 절차를 수행한다.

이러한 측정봉을 활용하여 연료량을 산정할 때 주의할 사항은 항공기의 수평·수직 위치가 확보되어야 한다는 것인데, 항공기에 장착된 수평계(inclinometer) 또는 평형추(plumb bob)를 활용하여 항공기 평형상태를 확인해야 한다.

> **핵심 Point** **Measuring Stick(측정봉)**
> 연료량(fuel quantity) 측정을 위한 전기파워(electrical power)가 작동 불가능할 경우 대체방법으로 사용할 수 있는 드립 스틱(drip stick)을 장착한다.

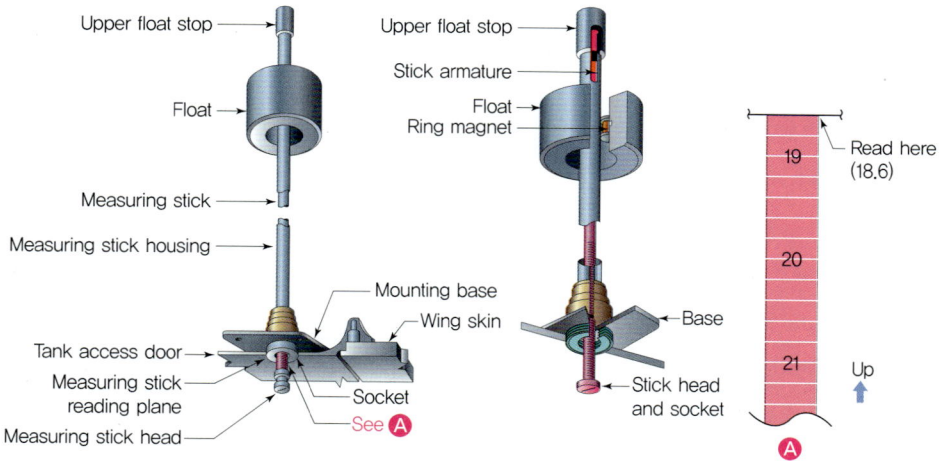

[그림 1-38] 수동 연료량 측정장치

1.3.7 연료누출검사

항공기 연료누출량(fuel leak classification)은 기본적으로 얼룩이 진 누출(stain), 스며 나오는 누출(seep), 다량의 스며 나오는 누출(heavy seep), 흐르는 누출(running leak)의 네 가지로 분류된다. 연료계통의 결함은 대개 연료의 누출로 확인이 되는데 [그림-39]에서처럼 연료의 누출 정도에 따라 비행을 계속해야 할지, 바로 항공기를 세워 정비작업을 해야 할지를 판단하기 위한 근거로 분류기준을 설정하고 있다.

분류기준은 30분간 누출된 연료의 표면적이 적용된다. 면적이 직경으로 3/4인치(1.9cm) 이하의 누출을 얼룩(stain), 직경 3/4~1½(1.9~3.8cm)인치인 누출을 스며 나옴(seep), 다량 스며 나옴(heavy seep)은 직경으로 1½~4인치(3.8~10.2cm) 면적을 형성할 때이고, 흐르는 누출(running leak)은 실제로 항공기로부터 연료가 떨어지는 상태를 말한다.

> **핵심 Point** **Fuel Leak Classification**
> 30분간 항공기 표면에 모여진 연료 흔적을 활용하여 누출(leak)의 표준을 정의하는데, stain, seep, heavy seep, running leak로 구분한다.

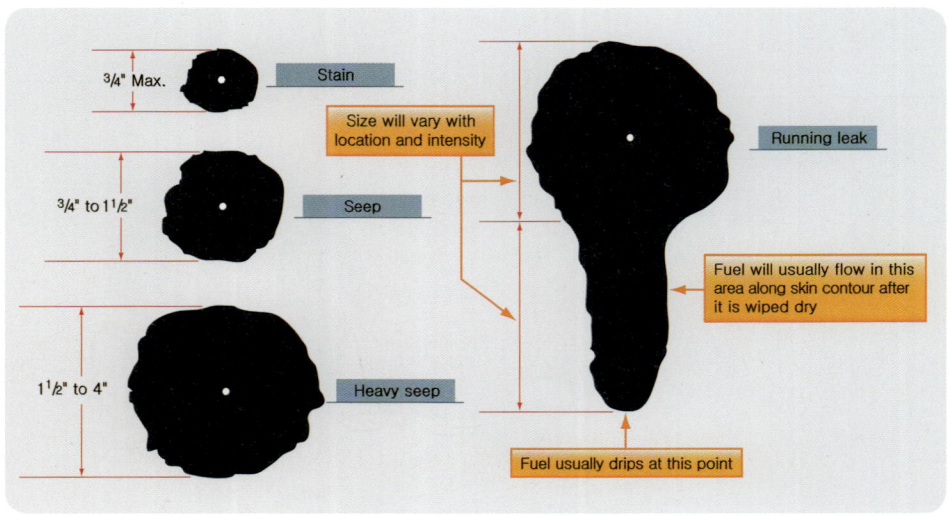

[그림 1-39] 연료가 새는 정도

1.3.8 연료탱크 안에서의 작업 시 주의사항

인티그럴 탱크(integral tank)에서 연료의 누출은 탱크 이음매를 밀봉하기 위해 사용된 실런트(sealant)가 밀폐효능을 상실할 때 발생하며, 이러한 누출은 위치를 찾는 데 어려움이 있고 많은 시간이 걸리기도 한다. 수리를 위해 운송용 항공기의 대형탱크에 들어갈 수도 있는데 제작사 지침서에 따라 출입이 안전하도록 준비해야 한다.

인티그럴 탱크의 연료누출을 수리하거나 탱크 내부 구성품에 접근이 필요한 경우 정비사가 탱크 안으로 들어가야 하는데, 뉴스에서 자주 등장하는 가스중독 사망사고와 같은 위험한 상황이 발생할 수 있기 때문에 특별한 주의가 요구된다.

연료탱크를 열고 진입해야 할 경우 연료탱크 내부에 남아 있는 연료의 증기를 제거하는 퍼징(purging)작업이 선행되어야 한다. 충분한 환기가 실시되어 탱크 내부에 진입할 경우 필요에 따라서 [그림 1-40]과 같은 호흡할 수 있는 장비를 착용하고 진입해야 한다. 연료탱크 작업은 단독작업이 허락되지 않으며, 외부의 감시자와 지속적인 연락을 통해 탱크 내부의 작업자의 안전을 확인하여야 한다. 탱크 내부에 진입할 경우 필요한 공구는 플라스틱 박스에 담아 마찰에 의한 화재의 원인이 제공되지 않도록 관리해야 하고, 정전기 예방기능을 갖춘 정비복을 입고 진입해야 하며, 사용하는 손전등도 방폭기능이 적용된 전등을 사용해야 한다.

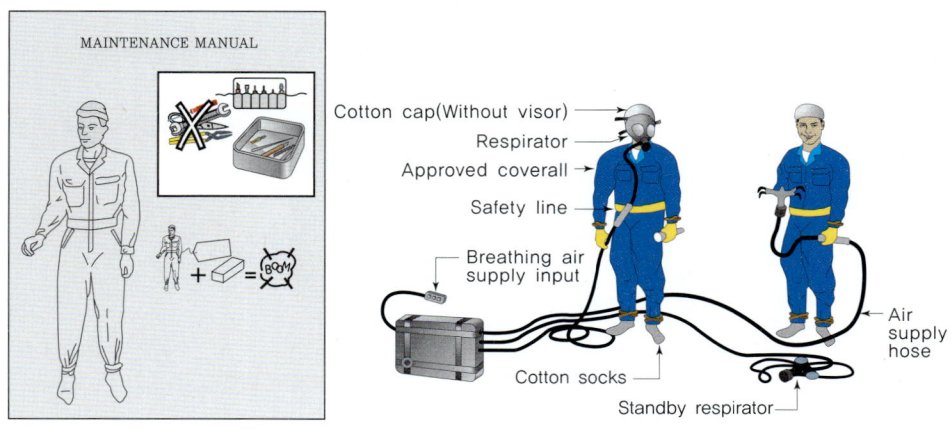

[그림 1-40] 연료탱크 내부작업을 위한 준비

> **핵심 Point Safety Procedure**
>
> 단독작업 불가(감시자 외부 대기 필수), 사망사고 예방 위해 퍼징 수행 등 사전절차 조치 후 보호장구를 착용하고 탱크에 진입하여야 한다.

1.3.9 연료보급 절차에 대한 근거

항공기 연료보급구에 위치한 각종 밸브 스위치 작동을 통해 지상의 하이드런트에 연결된 연료보급 차량을 통해 항공기로 연료를 보급한다. 항공기 연료보급 절차는 ATA 12 Servicing 절차에 포함되어 있으며 sub chapter 12-11에서 연료보급 절차를 기술하고 있다.

비행 편수에 따라 정해진 연료량을 미리 설정해서 보급할 수 있고, 계기를 확인하면서 보급할 수도 있다. 실수를 줄이기 위해서는 미리 연료량을 정해 놓고 자동으로 정지되는 기능을 활용하는 방법이 주로 사용된다. 연료보급 전 계기상태를 점검하고 정상적인 반응을 확인한 상태에서 보급절차를 수행한다. 퓨얼 스테이션(fuel station)이라고 불리는 연료보급 패널에서 연료의 보급(refueling)과 배유(defueling)의 실시가 가능하다.

Subject	CHAPTER 12 SERVICING Chapter Section Subject	Conf	Page	Effect	
SERVICING-DESCRIPTION AND OPERATION	12-00-00		1	XXX	ALL
SERVICING(REPLENISHING)- DESCRIPTION AND OPERATION	12-10-00		1	XXX	ALL
FUEL-SERVICING	12-11-01	1	301	XXX	ALL
Precautions and Limits for Fuel Servicing TASK 12-11-01-603-001-001		1	301	XXX	ALL
Prepare the Airplane for a Refuel Operation TASK 12-11-01-603-036-001		1	309	XXX	ALL
Fuel Supply for APU Operation TASK 12-11-01-603-068-001		1	317	XXX	ALL
Alternate Fuel Supply for APU Operation TASK 12-11-01-603-064-001		1	318	XXX	ALL

[그림 1-41] 연료보급 절차의 근거

제1장 확인학습: 연습문제 및 해설

항공기 연료계통 Ⅰ

1 다음 중 디토네이션(detonation)에 대한 설명으로 다른 것은?

① 실린더 헤드 온도증가의 원인이 된다.
② 가스터빈엔진 연소실에서 발생하는 현상이다.
③ 기화기를 통과한 혼합가스가 임계압력과 온도 초과 시 발생한다.
④ detonation은 노킹(knocking) 현상을 동반한다.

해설 왕복엔진 실린더 내부에서 발생하는 이상 폭발 현상이다.

2 다음 중 연료계통의 기본구성 세 가지 영역에 해당되는 요소가 아닌 것은?

① 저장(storage)   ② 공급(supply)
③ 지시(indicating)   ④ 냉각(cooling)

해설 탱크에 저장된 연료를 정상적으로 요구되는 엔진으로 공급하고 그 과정을 모니터하기 위한 지시계통을 기본적으로 필요로 한다.

3 무게감소 효과가 특징인 연료탱크는 어느 것인가?

① bladder type tank   ② rigid type tank
③ integral type tank   ④ external type tank

해설 항공기 날개 내부공간 활용을 통해 무게감소 효과가 커 대형 운송용 항공기에 주로 활용한다.

4 다음 중 연료탱크 장착 시 고려사항은?

① 방화벽과 분리되지 않도록 장착
② 객실과 직접 통기될 수 있도록 장착
③ 여압에 영향을 받을 수 있도록 장착
④ 드레인(drain)을 위한 구성품 장착

정답 1. ②   2. ④   3. ③   4. ④

해설 항공기 연료탱크 장착 시 화재원으로부터의 분리, 연료유출로 인한 가스의 객실유입 예방, 대기와 통기될 수 있도록 여압의 영향을 받지 않도록 장착하여야 한다.

5 다음 중 연료탱크 내부와 외부의 차압에 의한 손상을 방지하기 위한 통기구 확보와 관련된 계통은 어느 것인가?

① fuel tank vent　　　　② fuel tank outlet
③ fuel jettison　　　　　④ fuel drain

해설 적절한 연료의 흐름과 탱크의 구조적 안전을 확보하기 위해 fuel tank vent system이 필요하다.

항공기 연료계통 II

6 다음 중 대형 운송용 항공기 연료탱크 중 가장 많은 연료를 탑재할 수 있는 탱크는 어느 것인가?

① No. 1 tank　　　　② No. 2 tank
③ center tank　　　　④ surge tank

해설 동체 하부공간을 활용한 center tank의 부피가 가장 크다.

7 다음 중 연료의 공급순서 중 하나의 탱크에서 전체 엔진에 공급가능한 기능을 설명한 것은 어느 것인가?

① center tank fuel feed　　　② main tank fuel feed
③ cross feed operation　　　 ④ suction operation

해설 탱크 튜브 중간에 장착된 cross feed valve의 open을 통해 다른 쪽 엔진으로의 연료 공급을 가능하게 하는 기능이 cross feed 기능이다.

8 엔진 기어박스에 장착된 구성품으로서 엔진 연료계통의 시작점 역할을 하는 구성품은 어느 것인가?

① starter　　　　　② engine fuel pump
③ generator　　　　④ engine driven pump

해설 엔진 자체의 구동력에 의해 작동하는 주연료펌프가 연소실 내부 노즐까지 연료를 공급해 주는 엔진 연료계통의 시작점 역할을 한다.

정답　5. ①　6. ③　7. ③　8. ②

9 다음 중 벤트계통(vent system)에 대한 설명으로 맞는 것은?

① 무게증가로 인해 대부분의 대형항공기에서는 채택하지 않는다.
② 정확한 펌핑을 위해 계통은 항상 밀폐되어 있어야 한다.
③ 연료탱크는 고도변화의 영향을 받지 않도록 밀폐되어 있어야 한다.
④ boost pump의 부하를 줄여 주어 원활한 연료공급을 위한 통기계통이다.

해설 항공기 비행고도와 상관없이 통기(venting)되도록 디자인하여 펌프의 부하를 줄여 연료의 원활한 공급을 도모하고 탱크의 구조적 손상을 예방한다.

10 다음 중 연료 heating system에 대한 설명으로 맞지 <u>않는</u> 것은?

① compressor bleed air를 활용한다.
② engine oil을 활용한다.
③ hydraulic fluid를 활용한다.
④ electric heater를 활용한다.

해설 bleed air, oil, hydraulic fluid의 열에너지와 열교환을 통해 연료 내부에 포함된 수분의 얼음 발생을 예방한다.

연료보급절차

11 다음 중 대형 운송용 항공기 연료보급방법으로 주로 사용되는 것은?

① over-wing
② pressure refueling
③ sump drain
④ manual refueling

해설 대형항공기는 짧은 시간에 많은 양의 연료보급을 위하여 pressure refueling 방법을 주로 활용한다.

12 다음 중 연료보급 전 주의사항으로 맞는 것은?

① 연료차와 지면, 항공기 간의 접지를 수행한다.
② 핸드폰으로 연료보급 신호를 주고받는다.
③ 항공기 비상등을 점등시킨다.
④ 항공기의 수평상태를 확인한다.

해설 연료보급 중 화재발생 가능성을 제거하기 위하여 삼점접지를 수행한다.

정답 9. ④ 10. ④ 11. ② 12. ①

13 연료보급 전 확인사항으로 적당하지 않은 것은?

① 타이어 교환작업은 연료보급과 병행가능하다.
② 소화기의 비치상태를 확인한다.
③ 날개 밑 고소작업대 사용가능 여부를 확인한다.
④ 레이더 작동상태 점검을 수행할 수 없다.

해설 화재예방을 위해 소화기를 비치하고 전자장비의 사용은 피해야 하며, 날개 밑 고소작업대는 철수시켜 쇼크 스트럿(shock strut) 압축에 의한 접촉사고 예방에 힘써야 한다.

14 다음 중 미생물 번식 예방법에 대한 설명으로 맞는 것은?

① 주기적인 sump drain을 실시한다.
② 순수한 연료상태 유지를 위해 첨가물 삽입은 금지한다.
③ 수분검사 수행결과 키트의 색상이 푸른색이면 정상이다.
④ sump drain은 보급 후 10분 내에 실시한다.

해설 미생물 번식을 예방하기 위해 그날의 마지막 비행 후 30분 이상 경과한 후에 섬프 드레인(sump drain)을 실시한다.

15 다음 중 연료탱크 내부에 장착된 연료지시계통 구성품으로 맞지 않는 것은?

① tank unit
② densitometer
③ compensator
④ cooler

해설 항공기의 자세변화와 상관없이 정확한 연료량 산정을 위하여 탱크 내부에 tank unit과 compensator가 장착되고 densitometer가 보조적으로 사용된다.

정답 13. ① 14. ① 15. ④

AIRCRAFT SYSTEMS

제2장

전기계통

AIRCRAFT SYSTEMS

2.1 전기계통의 필요성
2.2 전기계통의 구성
2.3 전기계통 작업 시 주의사항

요점정리

| 전기계통의 필요성 |

1. 대형항공기 전기계통(electrical power system)은 AC power, DC power, 외부전원 (external power)을 공급하는 시스템으로 구성된다.
2. 회로차단기는 전기계통(electrical system) 내 과부하 또는 단락회로로 인한 손상으로부터 전기회로를 보호하기 위해 설계된다.

| 전기계통의 일반적인 조건 |

1. 비상전원계통(standby power system)은 주전원장치의 고장으로 인한 비상상황 시 사용된다.
2. 비행 중 AC 메인 전원은 각각의 엔진에서 만들어져 공급되고, 일부 항공기에서는 필요시 APU가 추가적인 전력을 공급한다.
3. 정상비행 중 DC 전원의 공급은 AC 전원을 TRU에서 변환하여 DC bus로 공급한다.
4. 배터리(battery)와 배터리회로(battery circuit)는 엔진시동(engine starting)을 위한 전원을 공급하고, 제너레이터(generator)가 고장 난 경우 비상전원의 전원공급을 제공하기 위해 사용되며, 비행 중 정상적으로 공급되던 전력을 상실했을 경우에 응급전원을 공급하는 기능을 수행한다.
5. 지상에서 항공기가 정박해 있을 때 전력을 공급해 주기 위해 외부전원계통(external power system)이 사용된다.

사전테스트

1. 대형항공기 전기계통은 교류를 주로 사용한다.

> **해설** 유용성과 무게감소 효과를 볼 수 있는 특징 때문에 교류가 주로 사용된다.
>
> 정답 ○

2. 항공기에는 배터리(battery) 사용이 금지되어 있다.

> **해설** 초기 엔진시동(engine starting), 비상계통 작동 등을 위하여 배터리 파워(battery power)를 사용한다.
>
> 정답 ×

3. 전기계통도 리던던시(redundancy)를 확보하고 있다.

> **해설** 리던던시를 위하여 여러 개의 전기계통(electrical power system)을 장착하고, 메인 제너레이터 정지 시 사용할 수 있는 대체 시스템을 갖고 있다.
>
> 정답 ○

2.1 전기계통의 필요성

전기계통은 시스템의 기능에 따라 여러 범주로 나뉘며 조명계통, 엔진시동계통(engine starting system), 발전계통(power generation system)을 포함한다.

[그림 2-1] 비상등을 켠 상태로 주기된 항공기

    항공기가 살아서 움직이려면 엔진이 작동해서 추력을 만들어야 그 반작용에 의해 전방으로 나아갈 수 있고, 이륙을 한 후 목적한 곳까지 날아가기 위해 조종면을 알맞은 각도만큼 작동시켜 줄 수 있도록 힘을 쓸 수 있는 유압계통이 필요하다. 이러한 엔진, 유압계통이 동작을 할 수 있으려면 기본적으로 전기계통이 정상작동해야 한다. 이처럼 항공기가 무엇인가 일을 하려면 그 이면에 전기의 힘이 항상 존재한다는 것을 알 수 있다.

    항공기에서 전력(electrical power)은 기본적으로 야간환경에서 불을 밝힐 수 있는 조명시스템과 각종 계기판의 전원으로서 필요하고, 엔진의 시동을 위한 초기 스타트 힘을 제공하며, 비행 중 필요한 곳에 지속적으로 전력을 생산·공급하는 역할을 한다. 만일 전기계통의 정상공급 경로가 결함발생으로 차단된다면 대체기능을 할 수 있는 리던던시(redundancy)를 갖추어야 한다.

2.2 전기계통의 구성

대형항공기 전기계통은 제너레이터(generator), AC power, DC power 그리고 외부전원(external power)을 공급하는 부품들로 구성된다.

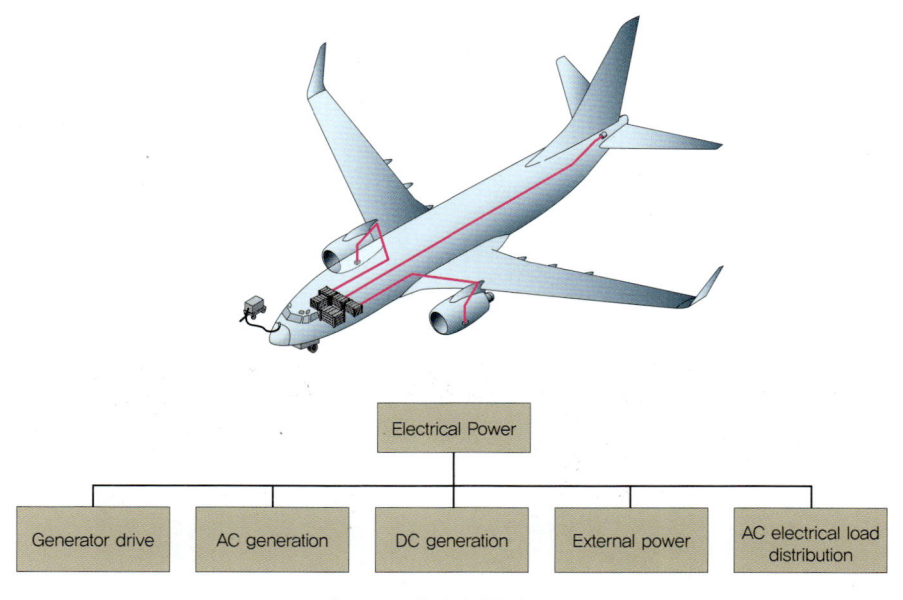

[그림 2-2] 전기계통의 구성

기본적인 전기, 전자에 대한 복잡한 이론지식을 떠나 항공기 운항지원과 관련된 시각으로 전기계통(electrical system)을 바라보면 [그림 2-2]와 같은 다섯 개의 영역으로 구분하여 설명할 수 있다. 집안에 있는 컴퓨터, TV, 김치냉장고 중에 하나를 사용하려고 해도 여러 가지 기능이 작동하기 위해 정격전력이 필요하고 자동차나 전철, 심지어 KTX가 빠른 속도로 오가기 위해서는 전기계통이 정상적으로 작동되어야 한다. 가정에서 전기제품을 활용할 때 간혹 100V 또는 220V라고 하는 전압이 맞지 않아 사용하지 못한 경험을 한두 번씩은 해 보았을 것이다. 해외여행을 준비할라치면 나라마다 다른 콘센트 규격과 적정전압을 찾아보곤 한다. 이처럼 항공기도 정상적으로 비행을 하기 위한 전기파워(electrical power)의 정격이 정해져 있다.

항공기 전기계통은 엔진의 구동에 의해 AC 115V, 3상, 400Hz의 기본적인 전기파워를 만들어 공급하고, 이렇게 만들어진 교류전력을 28V의 직류전원으로 변환시켜 필요한 곳에 공급해 주는 변환장치와 발전기 고장이나 엔진의 정지와 같은 비상상황 발생 시 전원을 공급하기 위한 비상전원계통으로 구성되며, 이를 ATA 24로 구분하고 있다.

2.2.1 제너레이터 드라이브

터빈엔진 장착 항공기는 엔진 하부 기어박스에 발전기(IDG)가 장착되고 엔진의 회전수와 상관없이 정격파워를 공급해 준다. 항공기 형식에 따라 필요로 하는 전기파워의 크기에 충분한 용량의 발전기를 장착한다.

항공기는 교류전기시스템(AC electrical system)뿐만 아니라 직류전기시스템도 사용하며, 교류기(발전기), 교류기를 위한 조절시스템, 교류전력배전버스(AC power distribution bus), 그리고 관련되어 있는 퓨즈와 배선을 포함하여 제너레이터 드라이브(generator drive)가 구성된다.

[그림 2-3] 엔진 기어박스에 장착된 IDG

2.2.2 서킷 브레이커(회로차단기)

회로차단기(CB, Circuit Breaker)는 과부하 또는 단락회로로 인한 손상으로부터 전기회로를 보호하기 위해 설계되며, 자동으로 작동되는 전기 스위치로, 기본적인 기능은 고장상황을 탐지했을 경우 즉시 전기흐름을 중단하는 것이다. 여름철 에어컨 사용량이 폭증할 경우 가정에서 또는 아파트 단지 등에서 전기공급이 중단되는 상황이 발생하곤 한다. 일시적으로 사용량이 늘어날 경우, 설치되어 있는 전기계통이 부하를 견디지 못하고 화재 등의 사고가 발생하는 것을 예방하기 위해 보호를 위한 차단기능을 제공하고 있는 것이다. 이처럼 항공기에서도 일시적인 과부하로 인한 전기적인 사고가 발생하지 않도록 만들어진 구성품이 회로차단기이다.

　보통 회로차단 기능을 하는 퓨즈가 1회용이라고 하면 CB는 재사용이 가능한 퓨즈라고 할 수 있다. [그림 2-4]에서 보는 것처럼 정상작동 시에는 CB가 눌려진 상태로 사용되다가 해당 회로에 과부하 또는 회로고장이 발생한 경우 회로차단기가 튀어나와 전원을 차단한다. 정비작업 시에는 정비매뉴얼에 따라 해당되는 영역의 전기회로상에 장착된 CB를 뽑고 작업하라는 가이드가 제공되는데, 이는 작업자를 보호하고, 항공기를 보호하기 위한 기본절차이다. 실제 작업현장에서는 체크리스트를 비치하고 CB open/close를 확인하는 방법도 사용한다. CS300 항공기 등 신기종에서는 CB의 숫자가 많이 줄어들었는데, 이는 프로그램상에서 작동가능한 전자 CB의 기능이 채택되어, 중요도가 있는 필수적인 장비에만 하드웨어 CB를 적용하고 있기 때문이다.

[그림 2-4] 회로차단기 패널

2.2.3 교류전원시스템

운송용 항공기는 여러 가지 시스템을 운영하기 위해 많은 양의 전력을 사용한다. 승객의 편의를 위해 조명, 시청각시스템(audio visual system)의 전원, 냉장고 및 오븐 사용을 위한 주방전원을 필요로 한다. 또한 비행조종시스템, 전자식 엔진제어시스템(electronic engine control system), 통신시스템, 항법시스템과 같은 여러 가지 전기시스템이 항공기 비행을 위해 필요하다. 항공기는 전등을 켜는 역할만 하는 것이 아니라, 비행을 위해 필요한 수많은 장치들을 작동시키기 위한 전원을 필요로 한다. 이러한 수요에 맞는 공급을 위해 교류전원시스템(AC power system)이 선택되었고 항공기가 지상에 정박해 있건, 하늘을 날고 있건 장소에 상관없이 지속적으로 전력을 공급하기 위해 여러 가지 공급원을 갖추고 있다.

항공기가 지상에 정박해 있는 경우, 비행지원을 위해서 또는 정비작업을 위해서 전원이 필요한데 이때마다 엔진을 구동시켜 전력을 공급하는 것은 비효율적인 방법이다. 따라서 지상에서 지원을 목적으로 하는 전원장치가 만들어졌는데 이것을 외부전원(external power)이라고 부른다. [그림 2-5]에서 보는 것처럼 외부전원은 이동용 장비가 일반적이지만 최신 공항에서는 공항 지면으로부터 전원 케이블을 연결할 수 있는 시설을 구비하고 있다.

IDG(Integrated Drive Generator)는 주전원공급장치로 보통 항공기 엔진 숫자만큼 장착되어 항공기가 비행 중 수요에 부족하지 않게 충분히 전력을 공급할 수 있는 용량으로 만들어진다. IDG는 엔진의 고압압축기에 기계적으로 물려 있어 엔진의 회전력으로 전력을 생산하며, 정상적이라면 엔진이 작동하고 있는 시간 동안 주전원공급원으로 사용된다.

APU starter generator는 보조동력장치에 장착되어 있는 제너레이터(generator)로 지상에서 APU 작동 중 전력을 생산·공급하거나 비행 중 메인계통을 통한 전력수요에 대한 공급이 부족한 경우 또는 엔진이 기능을 상실한 경우에 전력을 공급하는 기능을 수행한다. 스타터 제너레이터(starter generator)라는 명칭에서 알 수 있듯이 APU가 정지해 있는 상태에서 시동을 위한 스타터로 기능하다가 APU가 정상작동하기 시작하면 제너레이터로서 기능을 하게 된다. 이렇게 다양한 전원공급장치로부터 만들어진 정격파워는 AC bus로 모여져 전력을 필요로 하는 장치로 공급된다.

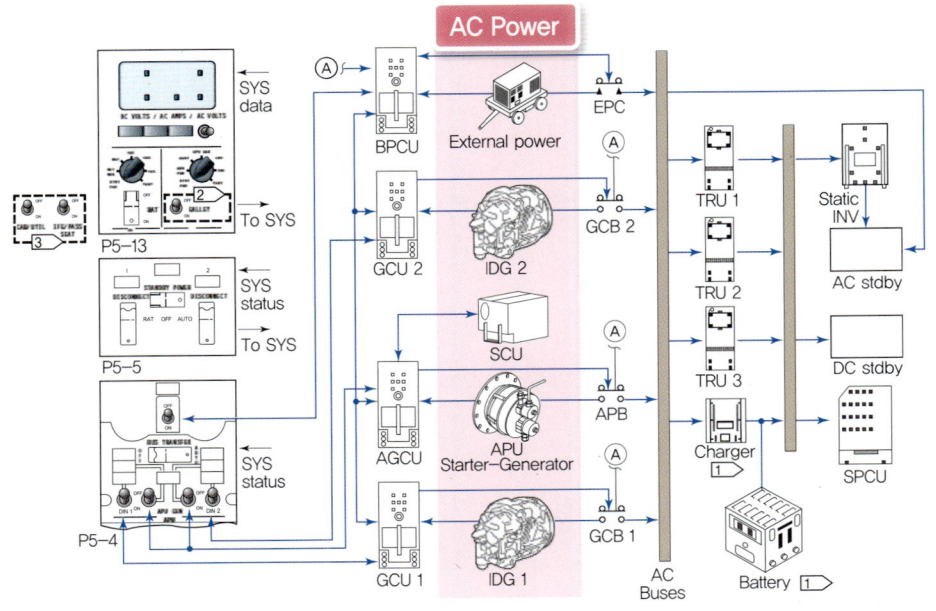

[그림 2-5] AC 전원공급장치

[그림 2-6] APU에 장착된 발전기

2.2.4 직류전원시스템

항공기에서 필요로 하는 저전력부분에 전원을 공급하려면 직류전원(DC power)이 필요하고, 이러한 직류전원을 공급해 주기 위해서는 AC를 DC로 변환시켜 주는 변환기가 필요하다. 이 기능을 수행하는 것이 TRU(Transformer Rectifier Unit)이다. 직류전원시스템은 저전력을 필요로 하는 각각의 부분으로 나눠진 버스(bus)로 공급될 수 있도록 지정된 TRU 숫자를 갖고 있으며, 각각의 AC 공급장치로부터 만들어진 AC전력을 DC로 변환시켜 해당 DC bus로 공급한다.

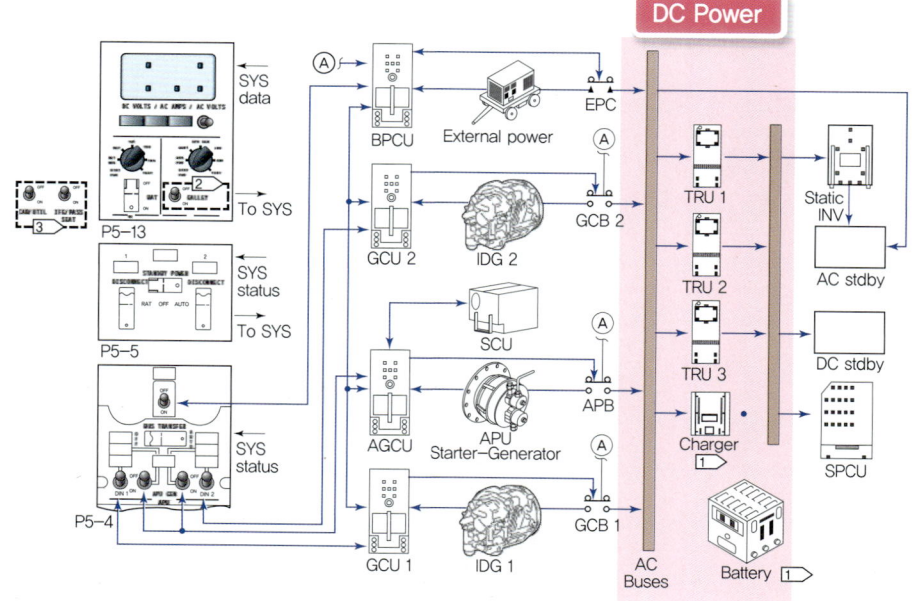

[그림 2-7] DC 공급장치

> **핵심 Point** **TRU(Transformer Rectifier Unit)**
>
> IDG 등 주전원장치에서 생성된 AC를 DC로 변환해주는 장치로서 반대되는 기능을 하는 static inverter와 구별이 필요하다.

[그림 2-8] 배터리 장착상태

2.2.5 비상전원시스템

비상전원계통(standby power system)은 엔진정지 등 심각한 계통의 고장인 경우에 사용하기 위한 최후의 예비전력이다. 항공기가 비행하는 데 가장 중요한 시스템은 배터리로부터 전원을 받는다. 항공기가 비행 중 엔진기능을 상실하는 등 주전원장치의 공급이 원활하게 이루어지지 않을 경우 여타의 교통수단과 다르게 큰 재앙으로 이어질 수 있기 때문에 대비방법으로 비상전원(standby power)이라 명명한 독립적인 전원을 갖고 있다.

비상전원은 배터리로부터 공급되며 앞서 살펴본 것처럼 항공기 전원장치는 AC, DC power를 모두 필요로 하고 있기 때문에 배터리에서 직접 DC 상태의 전원으로 공급되며 변환장치를 통해 변환된 AC power로도 공급된다. 물론 배터리의 용량에 따라 제한된 만큼의 전력을 공급할 수 있고, 그 대상은 최소한의 조종력을 유지하는 곳에 사용된다.

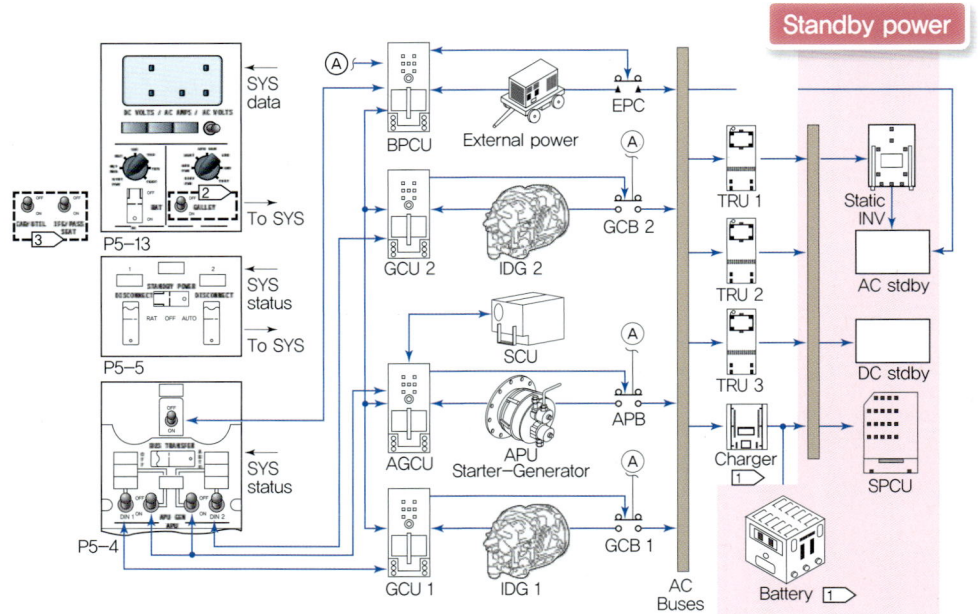

[그림 2-9] 비상전원공급장치

2.2.6 전원제어장치

제어장치는 특정한 시스템 고장을 탐지하기 위한 다양한 인자를 감시하고 전기시스템의 완전한 상태를 보장하는 보호조치를 취한다. 일반적으로 각각의 교류발전기를 감시하고 제어하기 위해 사용되는 1개씩의 발전기제어장치(GCU, Generator Control Unit)가 있고, 항공기에 1개 이상의 버스전원제어장치(BPCU, Bus Power Control Unit)가 있을 수 있다.

 버스전원제어장치(BPCU)는 보통 항공기에서 교류를 제어하기 위해 발전기제어장치(GCU)와 함께 작동한다. 이러한 제어장치는 시스템 내에서 전원공급의 우선순위를 결정하거나 조종사나 정비사의 선택에 의한 공급경로의 변경을 조정하기도 하고, 전체 전기 시스템 내에서 해당 영역 구성품의 정상, 비정상 상황을 모니터하면서 주요 구성품의 보호장치 역할을 수행한다.

 추가적으로 AGCU는 APU generator control unit으로 지상에서와 비행 중 APU 전력의 정상적인 공급을 모니터한다.

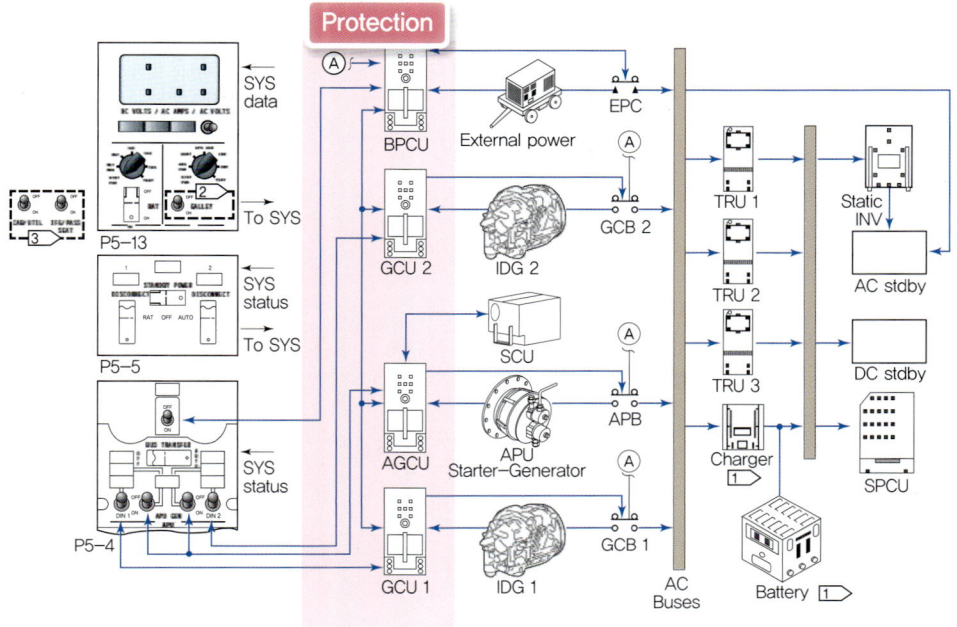

[그림 2-10] 전원공급 조절장치

2.2.7 교류전원의 공급

항공기의 주전원은 각각의 엔진에서 만들어져 공급되고, 지상지원장비로부터 공급된다. 수많은 장치들을 사용하려면 대용량의 전력이 필요하고 이러한 수요에 맞추기 위해 각각의 엔진에 맞물려 회전하는 발전기를 이용하여 충분한 전원을 공급한다.

정상비행 중에는 각각의 버스에 연결된 주전원이 독립적으로 작동하다가 공급원에 이상이 발생할 경우 나누어 줄 수 있는 경로 형성기능을 갖고 있어서 비행 중 발생하는 엔진정지와 같은 비정상 상황에서도 갑작스러운 전원공급 차단이 발생하지 않도록 대안을 갖추고 있다.

조절장치(control unit)는 엔진, APU 및 외부전력 공급장치의 선택적 사용을 위한 우선순위 결정 및 보호기능을 갖추고 있으며 중간중간에 위치한 컨트롤 브레이커(control breaker)들이 전원공급 상황을 모니터한다. 항공기의 형식에 따라서 각각의 IDG 용량이 다르고 지상지원장비의 연결 구성품이 복수로 장착되는 등 차이점을 볼 수 있다.

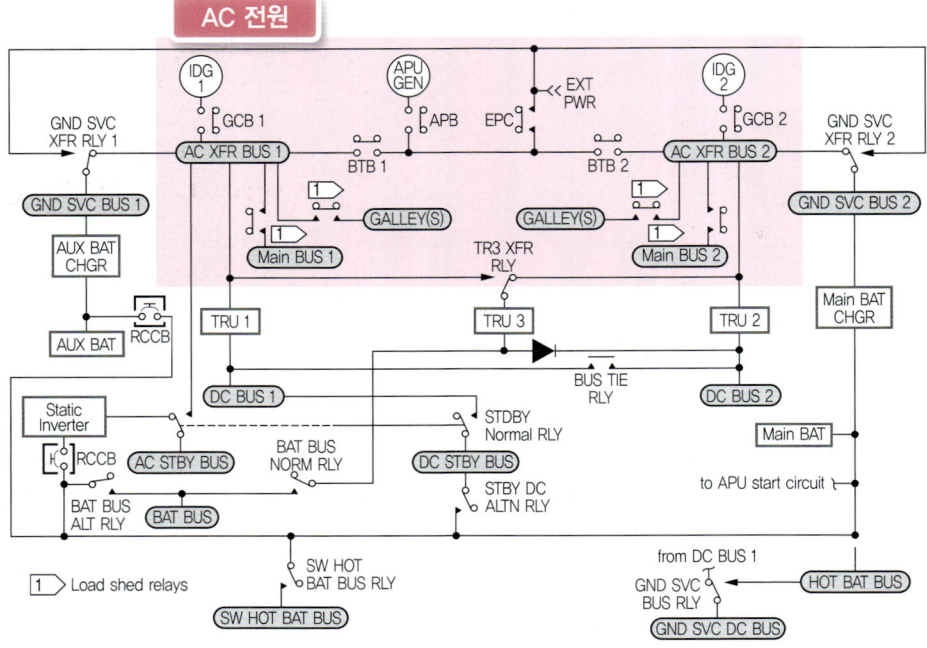

[그림 2-11] AC 전원의 분배

2.2.8 직류전원의 공급

정상비행 중 DC power의 공급은 IDG에서 만들어진 AC 전원을 TRU에서 변환하여 DC bus로 공급한다. 통상적으로 28V DC를 요구하는 버스를 위한 전력공급은 엔진 정상작동 중 IDG에서 생성된 AC, APU 제너레이터에서 생성된 AC 그리고 외부전원에서 공급된 115V 3상 400Hz의 AC power를 'transformer rectifier unit'이라는 변환장치를 통해 DC로 변환하여 공급되며, 공급된 DC power는 해당 유저(user)계통에 활용된다.

> **핵심 Point 비행 중에는 AC, DC power가 모두 필요**
>
> 항공기는 정상비행 중 작동을 위해 큰 힘이 필요한 곳에는 AC power가 공급되지만 지시계통 등 저전력이 필요한 곳에는 DC power를 사용해야 하기 때문에 AC, DC power 모두가 사용된다.

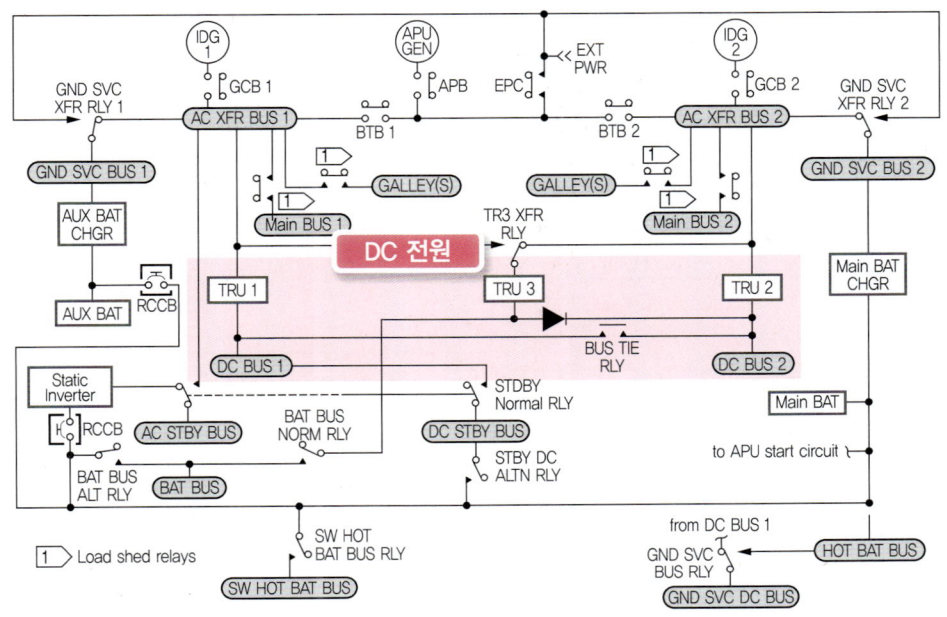

[그림 2-12] DC 전원의 분배

2.2.9 배터리 전원의 공급

항공기 배터리와 배터리회로(battery circuit)는 엔진시동(engine starting)을 위한 전원을 공급하고 제너레이터가 고장 난 경우에 비상전원 공급을 제공하기 위해 사용된다. 우리가 일상적으로 사용하는 데스크톱 컴퓨터가 주전원이 오프(off)되어 있어도 전원(power)을 넣으면 언제나 컴퓨터의 시계가 정확하게 맞는 것은 메인보드에 장착된 버튼 타입의 배터리 파워(battery power)가 있기 때문이다. 항공기도 시동을 걸기 위한 목적 등 다양한 기능을 수행하기 위해 배터리를 장착하고 있으며, 항공기의 형식에 따라서 메인 배터리(main battery)와 APU 배터리로 구분된다.

앞서 설명한 것처럼 정상적인 전기시스템이 작동하고 있는 상황에서는 배터리는 차저(charger)를 통해 지속적으로 충전을 하고 있으며, 유사시 저장된 용량만큼의 전력을 공급하는 역할을 한다.

정상적인 항공기 상태에서는 APU 시동(starting)을 위한 전원공급, 연료보급을 위한 전원공급, 항공기 조종석에 진입할 때 출입구 전등을 켜기 위한 전원공급, 항공기 장착 전자시계 작동을 위한 전원공급 등의 다양한 역할을 배터리가 수행한다.

배터리 전원

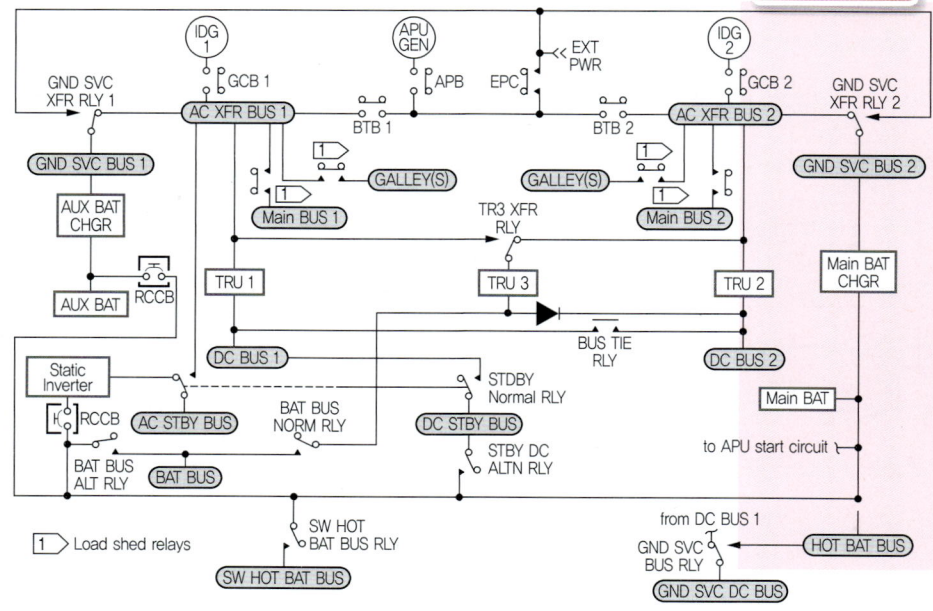

[그림 2-13] 배터리 전원의 분배

    그러나 비행 중 항공기에 장착된 엔진이 정지하여 주전력공급원을 상실했을 경우에는 최소한의 조종을 위한 구성품 작동을 위해 지금까지 충전하고 있던 전력을 활용하여 비상전원계통(standby power system)에 전력을 공급하는 기능을 수행한다.

    항공기는 비행 중 정상적으로 공급되던 전력을 상실했을 경우에 장착된 배터리를 활용하여 응급전원을 공급하는 시스템을 갖추고 있다. 항공기가 정상적인 비행을 하는 동안에는 의미 없는 시스템이지만, 비행 중 만의 하나 모든 엔진이 정지하는 상황이 발생한다면 되돌릴 수 없는 재앙으로 이어질 수밖에 없고, 이러한 극단적인 상황을 예방하고자 준비된 시스템이 비상전원계통이다.

    정상적인 항공기 상태에서는 스탠바이(standby) 기능을 확보하기 위해 지속적인 배터리 충전을 진행하고 있으며, 유사시 충전된 용량만큼의 전력(power)을 활용하여 항공기 중요 구성품에 전력을 공급한다. 이때 AC, DC power 두 가지 형태 모두 필요하며, 각각 AC STBY bus, DC STBY bus로 연결된다. DC STBY bus의 경우 배터리로부터 직접 DC power를 전달받지만, AC STBY bus는 스태틱 인버터(static inverter)라는 DC에서 AC로 변환해 주는 장치를 통해 변환된 AC power가 전달된다. 이때 최대사용가능용량은 탑재된 배터리의 용량에 따라 좌우되는데 보통 30분에서 2시간 정도 사용가능하다.

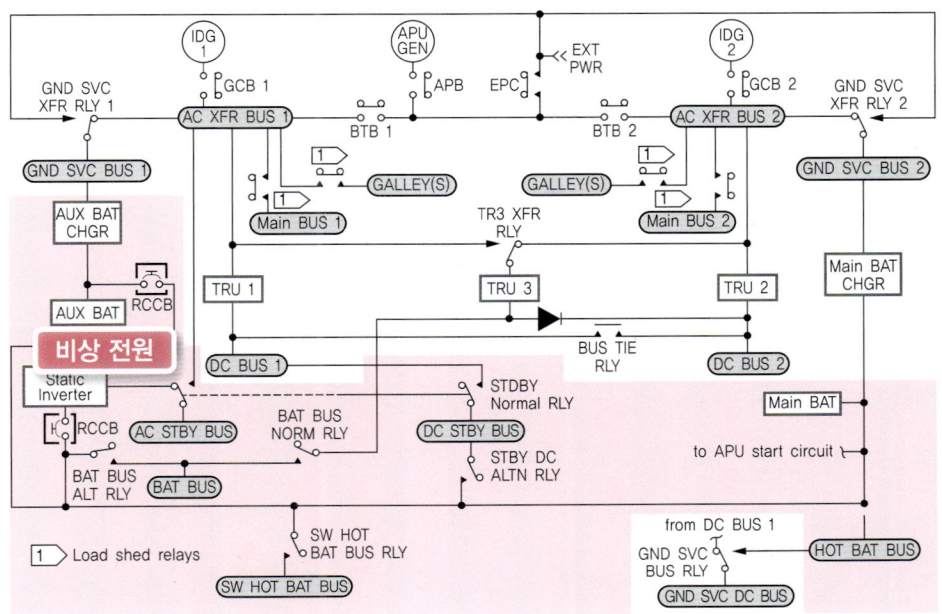

[그림 2-14] 비상전원의 분배

2.2.10 외부전원의 공급

항공기에는 지상에 정박해 있을 때 전력을 공급해 주기 위한 시스템이 장착되어 있다. 항공기는 두 가지 모드를 갖고 있는데, 하늘을 날고 있는 비행 모드와 지상에 정박해 있는 그라운드 모드(ground mode)이다.

비행 모드일 때에는 항공기에 장착된 엔진이 전기파워(electrical power)를 공급하지만, 지상에서는 여러 가지 이유로 엔진으로부터 전기파워를 공급받기가 쉽지 않다. 지상에서 엔진을 가동하지 못하는 이유는 장시간 사용으로 인한 엔진 수명 단축, 연료소비로 인한 비용증가, 엔진작동에 의한 소음발생, 엔진작동으로 인한 지상사고 발생가능성 증가 등을 들 수 있다. 이러한 이유로 지상에서는 엔진보다는 APU 작동을 통해 전기파워를 공급하였으나, 효율적인 운용 차원에서 APU의 작동도 특별한 목적을 제외하고는 제한되고 있다. 따라서 지상에 항공기가 그라운드될 경우 지상지원장비를 통한 외부전력(external power) 공급이 일반화되었다.

다양한 형식의 항공기가 운용되는 공항이라도 지상지원장비가 동일한 규격으로 제작되어 있어 효율적으로 사용가능하다. 다만 지상사고를 예방하기 위해 항공기 지원을 위한 지상지원장비 운용기준을 수립하여 운영하고 있다.

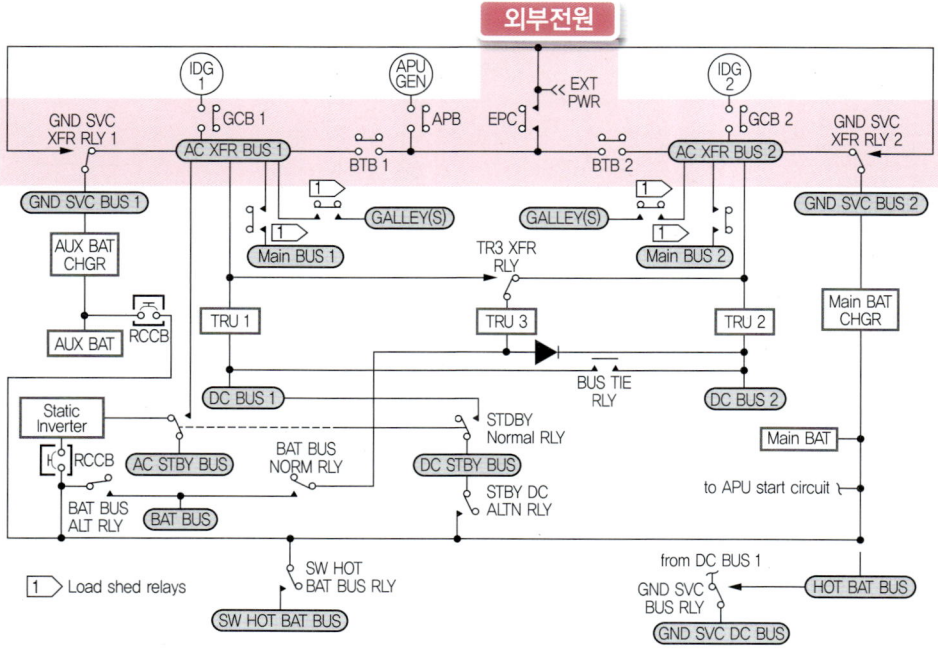

[그림 2-15] 외부전원의 분배

[그림 2-16] 외부전원의 연결

2.3 전기계통 작업 시 주의사항

전기계통(electrical system) 정비지원 시 필요한 주의사항은 해당 정비매뉴얼에 제시되어 있다. 항공기 정비사가 전기계통 지원 시 주의사항은 전기충격에 의해 신체의 손상뿐만 아니라 장비의 고장을 초래할 수 있다는 것이다.

매 비행지원 전에 확인해야 하는 항목 중 하나가 제너레이터의 오일량 확인인데, 각각의 항공기 엔진에 장착된 제너레이터의 오일량 확인을 정확하게 할 수 있도록 활용방법을 숙지하고, 부족한 오일을 보급하는 데 따른 특징들을 파악하여 과보급이나 불충분한 보급으로 인한 제너레이터의 손상 예방에 힘써야 한다. [그림 2-17]의 사이트 게이지(sight guage) 좌·우편의 실버 밴드(silver band) 적용은 왼쪽 날개에 장착된 엔진과 오른쪽 날개에 장착된 엔진의 장착위치에 따라 적정 제너레이터 오일량을 기준으로 하여야 한다.

또한 [그림 2-17]의 오른쪽은 B737 항공기의 제너레이터 오일(generator oil) 보급 시 주의사항인바, 매뉴얼에서 제공하는 'WARNING'과 같은 가이드를 반드시 준수해야 한다.

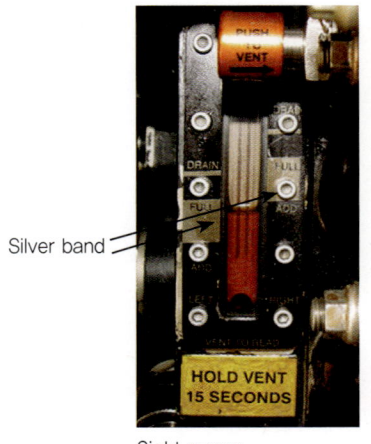

[그림 2-17] 오일 공급 시 주의사항

제2장 확인학습: 연습문제 및 해설

항공기에서 사용되는 전기계통

1 대형항공기에서 사용하는 정격 electrical power로 맞지 <u>않는</u> 것은?

① AC 115V
② 4상
③ DC 28V
④ 400Hz

해설 정격 electrical power는 AC 115V, 3상, 400Hz, DC 28V 전원이 사용된다.

2 교류발전기에 대한 설명으로 거리가 먼 것은?

① IDG는 CSD를 추가로 장착하여야 사용가능하다.
② 특정 회전수를 요구하며 400Hz를 생성한다.
③ 120° 위상차의 3상 파형을 갖는다.
④ CSD와 제너레이터가 통합된 IDG가 사용된다.

해설 정속구동장치와 교류발전기가 하나의 장치로 통합된 것을 IDG라 한다.

3 회로차단장치에 대한 설명으로 맞는 것은?

① 과부하로 인한 회로고장을 방지한다.
② 회로구성 시 CB를 잡아 뽑아 놓는다.
③ 일종의 퓨즈로서 빈번한 교환이 필요하다.
④ 정비작업과는 관련이 없는 구성품이다.

해설 회로보호장치로서 정상작동을 위해 CB(circuit breaker)를 눌러 회로를 연결시킨다. 과부하가 되면 회로보호를 위해 자동으로 튀어 올라오며 리셋을 통해 재사용이 가능하다. 정비작업 시 가장 기본적으로 확인해야 할 항목이다.

정답 1. ② 2. ① 3. ①

4 AC electrical power source로 <u>틀린</u> 것은?

① external power
② IDG(integrated driven generator)
③ APU starter-generator
④ TRU(transformer rectifier unit)

해설 TRU는 AC power를 DC power로 전환해 주는 변환장치이다.

5 다음 중 standby power system과 관련이 <u>먼</u> 것은?

① IDG
② static inverter
③ AC standby bus
④ battery

해설 IDG는 main generator로서 AC power 발생장치이다.

정답 4. ④ 5. ①

AIRCRAFT SYSTEMS

제3장

기내환경조절계통

AIRCRAFT SYSTEMS

3.1 공압계통의 필요성

3.2 기내환경조절계통의 구성

3.3 기내환경조절계통의 필요성

3.4 기내압력조절계통

3.5 기내온도조절계통

3.6 산소계통

요점정리

| 공압계통의 필요성 |

1. 공압계통 작동을 위한 소스의 공급은 엔진, APU, 지상지원장비가 수행한다.
2. 정상적으로 작동 중인 엔진으로부터 추출된 고온·고압의 공기는 그대로 유저(user)계통으로 공급될 수 없고, 소스조절(source control), 압력조절(pressure control), 온도조절(temperature control) 기능을 거쳐 유저계통에 공급된다.

| 기내환경조절계통의 구성 |

1. 엔진에서 만들어진 고온·고압의 공기를 이용해서 항공기에서 필요로 하는 에어컨디션계통을 장착하여, 객실, 조종실, 전자장비실, 화물실을 대상으로 기내환경조절을 위한 기능을 수행한다.
2. 비행조종을 위한 각종 전자장비가 탑재되면서 발생되는 열에 의해 장비의 신뢰도가 떨어져, 작동정지 상태가 발생하는 등의 문제를 예방하기 위해 전자장비의 냉각을 위한 장비냉각계통(equipment cooling system)을 갖추고 있다.

| 기내환경조절계통의 필요성 |

1. 승객들의 안락함을 위해 공급된 공기는 아웃플로 밸브가 열리고 닫힘에 따라 항공기 내부에 축적된 공기의 양이 조절되면서 기내압력을 유지한다. 유지된 압력은 기체 외부와 차이가 발생하고 상대적으로 높은 압력을 유지하게 되며, 이로 인해 항공기 객실 내부는 높은 산소농도를 확보할 수 있다.
2. 항공기 탑승자의 신체적인 요소를 고려하고, 기체구조가 강도를 유지할 수 있는 정도의 가압조절을 위해 객실압력 조절기능을 갖고 있다.
3. 기내압력조절계통은 기내압력 유지의 중요성 때문에 오토 및 매뉴얼에 의해 작동할 수 있도록 만들어졌음에도 불구하고, 갑작스러운 기내압력 이상이 발생되면 물리적인 방법으로 상황을 개선하기 위해 안전밸브가 장착되어 있다.

| 기내온도조절계통 |

1. 터빈엔진을 장착하지 않은 항공기의 경우 기체 내부공기 자체의 온도만을 낮춰 주는, 가정용 에어컨과 같은 기능을 하는 VCM(Vapor Cycle Machine)이 장착된다.
2. 터빈엔진을 장착한 항공기 대부분은 엔진 블리드 에어 흐름을 두 갈래로 나누어 공급한다. 하나의 흐름은 ACM(Air Cycle Machine)을 지나면서 이슬점 부근까지 온도를 떨어뜨리

고, 다른 하나의 흐름은 블리드 에어의 뜨거운 상태로 공급된다. 이 두 개의 흐름은 혼합 매니폴드에서 만나 온도가 적절하게 조절된 공기를 기내에 공급한다.
3. 램 에어가 공급되지 않는 지상에서는 열교환기의 정상작동을 위해 그라운드 쿨링 팬을 작동시켜 열교환기 냉각을 위한 공기흐름을 만들어 주고, 수분분리기에서 배출시킨 수분을 열교환기 외부에 분무시켜 냉각효과를 높여 주는 구조를 적용한다.

사전테스트

1. 기내환경조절계통의 작동을 위해 공압계통은 필요하다.

> **해설** 기내에 공기압을 공급하기 위해 반드시 필요한 계통이다. B787 항공기 등 최근 도입된 항공기는 항공기 외부의 공기를 흡입·압축해 기내로 공급하는 기술이 적용되기도 한다.
> 정답 ○

2. 공압계통의 공급원은 엔진뿐이다.

> **해설** 공압의 공급원은 엔진, APU, 지상지원장비가 있으며 상황에 따라 선택적으로 사용가능하다.
> 정답 ×

3. 가스터빈엔진의 공압계통의 조절기능은 압력조절기능을 말한다.

> **해설** 소스조절기능, 압력조절기능, 온도조절기능의 세 가지 기능을 말한다.
> 정답 ×

4. 대형항공기도 전투기처럼 고고도비행 산소마스크 착용이 필수적이다.

> **해설** 항공기는 여압시스템이라고 하는 자체 공기공급장치를 갖추고 있어 정상비행 시 마스크 착용은 불필요하다.
> 정답 ×

5. 대형항공기의 여압 공급원으로는 엔진에서 공급되는 공기가 주로 사용된다.

> **해설** 연소실을 통과하기 전 압축기 단계에서 열에너지, 압력에너지를 갖고 있는 공기를 공급받아 작동한다.
>
> 정답 ○

6. 대형항공기의 여압계통은 수동조종이 필요 없도록 완전 자동화되어 있다.

> **해설** 자동화되어 있지만, 만에 하나 전기적인 작동파워 손실에 대비하여 수동조종 방법을 대안으로 갖고 있다.
>
> 정답 ×

7. 대형항공기 기내환경조절계통의 냉각기능은 프레온가스와 같은 냉매를 활용한다.

> **해설** 소형항공기와 다르게 대형항공기는 공압계통의 소스를 ACM을 거친 공기의 성질변화를 통해 찬 공기를 만들어 기내에 공급한다.
>
> 정답 ×

8. 기내 공기온도는 특정 온도 하나로 정해져 있다.

> **해설** 탑승객의 요구에 따라 존(zone)별로 설정가능한 온도범위를 갖고 있다.
>
> 정답 ×

9. ACM 출구의 공기온도는 탑승객이 선호하는 온도로 세팅되어 있다.

> **해설** ACM 출구의 공기는 0℃ 부근까지 내려가며 ACM을 바이패스(bypass)한 트림 에어(trim air)와 만나 적당한 온도로 세팅된다.
>
> 정답 ×

10. 대형항공기 기내환경조절계통의 기능으로 산소계통은 필요 없다.

> **해설** 산소계통은 정상작동 상황에서는 필요 없지만 기체 손상 및 기내여압조절계통의 결함 시 비상목적으로 반드시 필요하다.
>
> 정답 ×

11. 항공기에서 사용하는 산소는 세 가지 종류가 주로 사용된다.

> **해설** 산소의 형태에 따라 고체, 액체 및 기체 산소로 나뉘며 항공기의 형식에 따라 선택적으로 사용된다.
>
> 정답 ○

12. 산소탱크 장착 시 피팅(fitting)이 쉽게 장착되도록 나사산에 윤활유를 사용한다.

> **해설** 자연발화의 성질이 있어서 불에 탈 수 있는 가연성 물질을 피해야 하며, 특히 오일 종류는 화재 발생, 폭발 위험 등으로 격리시켜야 한다.
>
> 정답 ×

3.1 공압계통의 필요성

엔진에서 만들어진 뜨거운 공기(hot air)를 항공기 기내여압을 위한 조절된 공기로 공급하려면 ATA 36에 해당하는 공압계통이 필요하다. 기내환경조절계통은 [그림 3-1]과 같이 유저계통(user system) 중의 하나인 에어컨디셔닝 팩(air conditioning pack)과 관련된 부분으로서, 기내에 공급되는 냉난방을 거친 공기가 기내에 축적되어 압력을 이루고, 조건에 맞는 상태로 유지될 수 있도록 아웃플로 밸브(outflow valve)를 열고 닫는 동작을 지속적으로 수행하여 객실의 압력을 맞춰 준다.

이러한 기내환경조절계통이 정상적으로 작동하려면 어디에선가 충분한 공기가 공급되어야 하는데, 이 공기를 엔진, APU 또는 지상지원장비 소스로부터 공급받는다. 공급되는 소스 중 엔진과 APU는 동일하게 엔진이라는 장비로부터 공급되고 있지만, 두 장비의 장착목적의 차이로 소스로서의 차이점이 존재한다.

엔진은 추력을 만들어 항공기가 전진하는 힘을 내는 데 주목적이 있는 반면, APU는 엔진구동으로 발생된 에너지인 전기, 공압생성을 주목적으로 한다. 따라서 엔진의 경우 스로틀(throttle)의 위치에 따라서 에너지의 세기가 변하는 반면, APU는 전기와 공압생성 목적을 달성하기 위해 정속으로 구동하도록 되어 있다. 이로 인해 APU에서 만들어진 공기압은 그대로 유저계통에 공급될 수 있지만, 엔진에서 만들어진 공기는 유저계통에 공급되기 전에 적절한 조절이 필요하다. 즉, 저압압축기 부분에서 만들어지지만 계통 하부의 구성품이 안전하게 작동할 수 있도록 압력과 온도의 조절이 선행되어야 한다. 추가적으로 주목적인 추력형성에도 악영향을 미치지 않도록 적절한 추출이 필요한데, 항공기 모드에 따라서 저압압축기, 고압압축기 부분의 추출소스를 조절해 준다.

파워 소스로부터 공급된 압력과 온도는 작업자에게 부상을 입힐 수 있을 정도로 높은 압력에너지와 열에너지를 갖고 있기 때문에 해당 계통의 작업수행 전에는 반드시 계통 내의 압력을 제거해 주는 감압(depressurize)작업을 수행해야 한다.

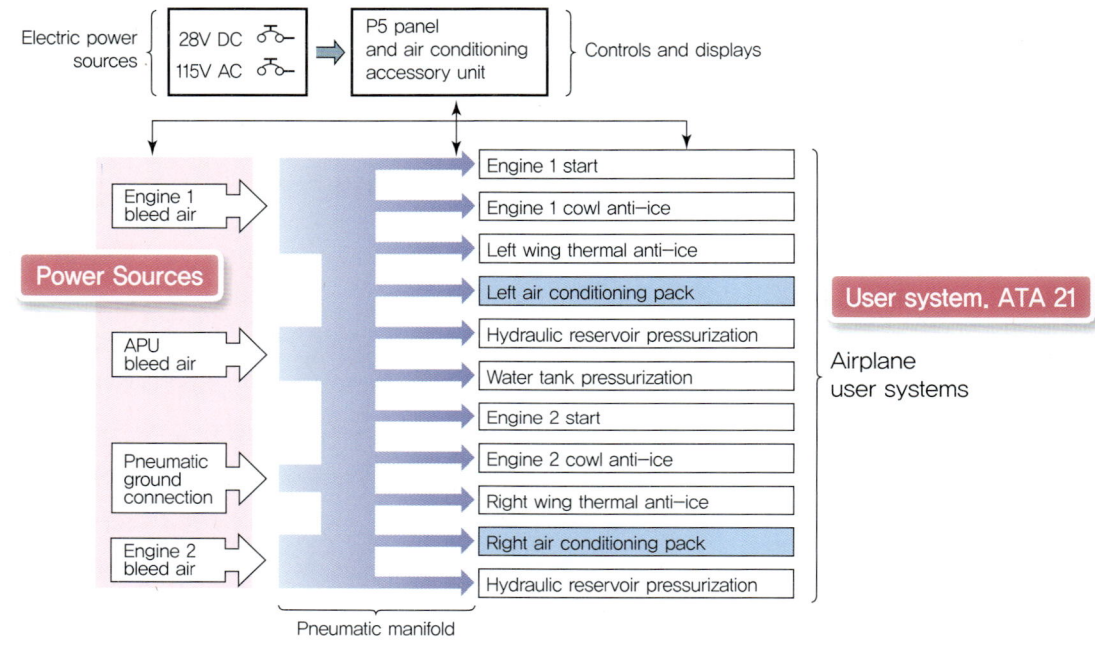

[그림 3-1] 공압계통의 소스

3.1.1 공압계통의 공급원

공압계통의 작동을 위한 공급소스는 엔진, APU, 지상지원장비로부터 제공받는다. 항공기에 공기압력을 공급해 주기 위한 소스로는 엔진, APU, 지상지원장비로 분류할 수 있다. 항공기가 살아 움직이는 상태는 비행 중인 상태를 말하며, 비행 중 가장 기본이 되는 동력은 엔진에서 생성되어 전체 시스템에 공급된다. 각각의 엔진에서 공급된 공기압력은 연결부분에서 모아져 필요한 곳으로 공급된다.

APU는 지상지원을 위한 동력을 공급하는 목적과 비행 중 엔진에서 공급되는 동력의 부족분을 보조해 주는 역할을 하는 작은 크기의 엔진으로 '보조동력장치'로 명명하기도 한다. APU는 보통 항공기 동체 끝부분 꼬리날개 하단의 동체에 장착되고, 여기에서 만들어진 소스는 바퀴실에 위치한 연결부분에서 공급통로를 만나 전체 항공기시스템의 필요한 곳으로 공급된다.

  엔진과 APU의 지상작동은 불필요한 연료소모가 발생하고, 엔진의 사용시간이 늘어나면 오버홀 주기가 단축되어 지출비용이 늘어나게 되므로 보통은 항공기가 지상에 정박해 있는 동안은 사용하지 않고 지상지원장비인 ASU(Air Start Unit)를 활용하는데, 바퀴실의 연결부분에 지상지원장비를 연결할 수 있도록 구성되어 있다. 각각의 소스가 사용되지만 실제 유저계통으로 공급되는 덕트는 동일한 덕트를 활용한다.

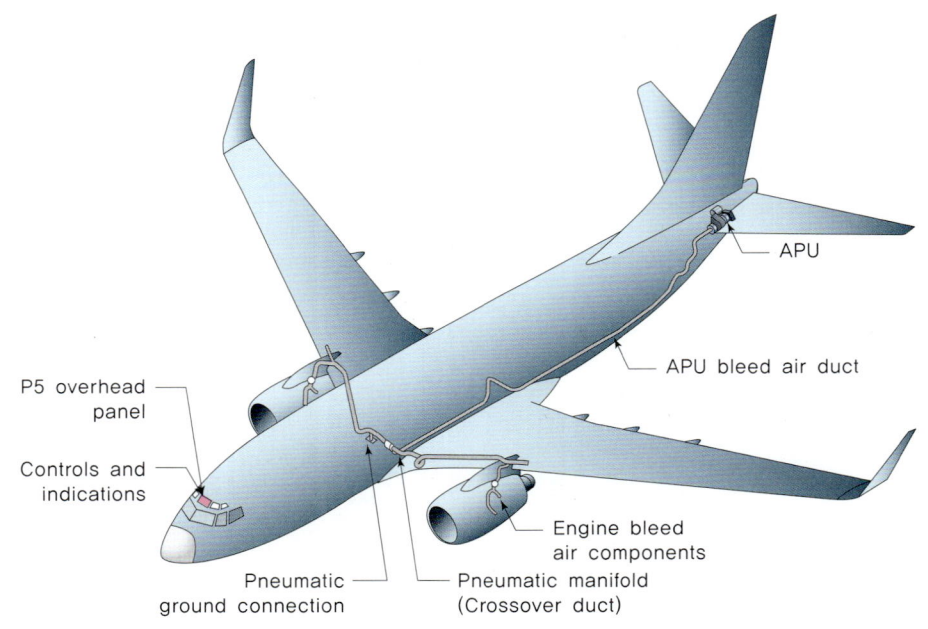

[그림 3-2] 공압계통 구성품의 장착위치

3.1.2 공압계통의 공급경로

엔진, APU, 지상지원장비를 출발한 공기압은 하나의 덕트를 거쳐 공기압을 필요로 하는 유저계통에 공급된다. 엔진, APU, 지상지원장비의 작동에 의해 만들어진 공기압력은 메인 덕트를 통해 각각의 필요한 유저계통에 공급되는데, 개별 소스로부터 독립적으로 사용가능하고, 필요에 따라서는 중간에 위치한 아이솔레이션 밸브(isolation valve)를 통해 소스를 전달받아 사용가능하도록 허용하는 기능을 갖고 있다.

[그림 3-3]에서는 L pack 밸브와 R pack 밸브 두 개를 통해 기내환경조절계통에 소스를 공급하는 구조를 보여 주고 있다. 엔진 1과 엔진 2를 연결하는 수평라인에 각각의 유저계통들이 연결되었고 APU로부터 공급되는 덕트는 아이솔레이션 밸브를 기준으로 엔진 1쪽에 연결되어 있다.

최근 추가적으로 장착된 NGS는 질소발생장치(nitrogen generation system)라고 하는데, 항공기 연료탱크 중 동체 하부에 장착되어 동체착륙 시에 연료탱크의 폭발을 방지하기 위해 센터 탱크 내부의 산소량을 줄이고 질소의 양을 증가시키기 위해 질소를 생성하여 공급한다. 이는 항공기가 동체착륙할 경우 활주로와의 마찰로 인해 연료탱크의 폭발사고 발생위험이 상존하기 때문이다.

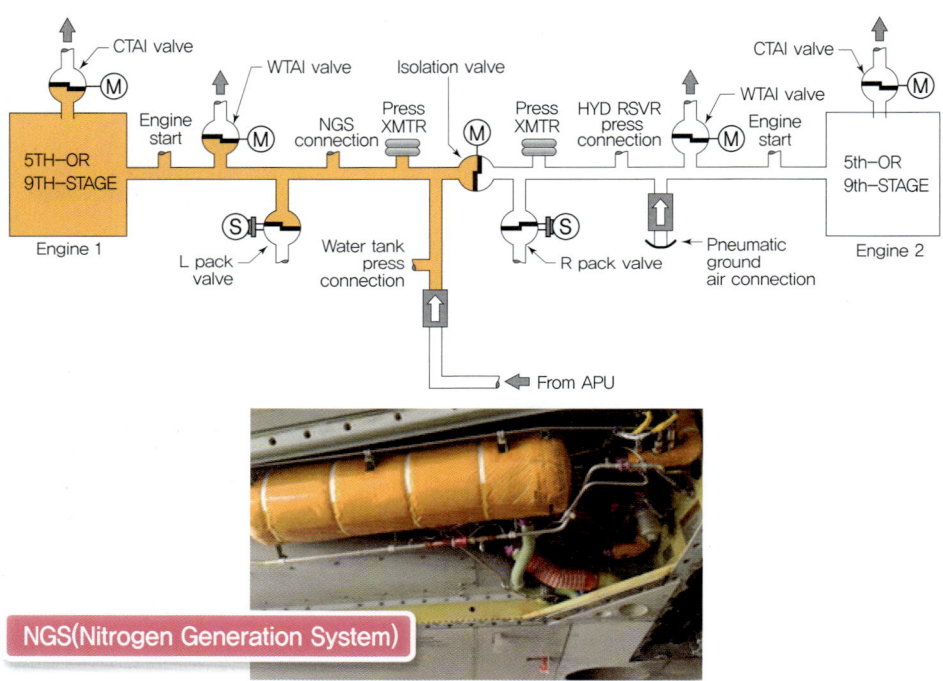

[그림 3-3] 공압의 유저계통

3.1.3 공압계통의 세 가지 조절기능

정상적으로 작동 중인 엔진으로부터 추출된 고온·고압의 공기는 그대로 유저계통으로 공급될 수 없고 소스조절(source control), 압력조절(pressure control), 온도조절(temperature control) 기능을 거쳐 유저계통에 공급된다. [그림 3-4]는 이해를 돕기 위

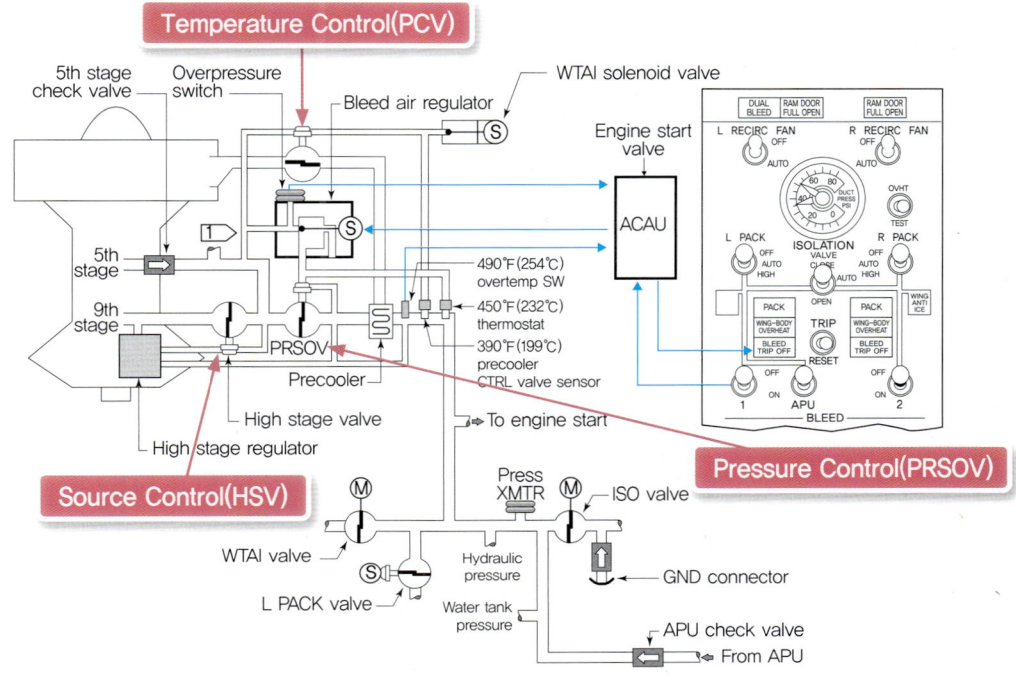

[그림 3-4] 엔진 블리드 에어의 세 가지 조절기능

해 엔진의 압축기 부분만 그린 것으로 압축기에서 만들어진 고온·고압의 공기가 어떤 상태로 하부의 유저계통에 공급되는지를 설명한 그림이다.

첫 번째 조절기능은 소스조절(source control) 기능으로, 오른쪽의 조절패널(control panel)에서 작동 중인 각각의 엔진과 APU의 블리드 공기를 사용할 것인지를 결정하는 on/off 스위치가 장착되고 on으로 선택한 경우 PRSOV(Pressure Regulating and Shutoff Valve)가 열리면서 엔진압축기 부분의 공기가 추출된다. 이때 5단계 또는 9단계의 공기를 추출할 것인지를 결정하기 위해 작동상태를 판단한 후 하이 스테이지 밸브(high stage valve)를 개폐(open/close)한다.

5단계를 통한 공기는 엔진이 작동 중일 경우 지속적으로 공급될 수 있도록 체크 밸브가 장착되어 있어 하이 스테이지 밸브의 닫힘(close)상태에서는 5단계 공기가 지속적으로 공급될 수 있는 상태를 유지하고, 엔진시동 후 정상적인 압력이 생성되기 이전에 고압 압축기 부분의 상대적으로 높은 압력의 소스를 공급해 줄 필요가 있을 경우 등 추가적인 힘이 필요할 때는 하이 스테이지 밸브를 개방(open)해서 9단계의 공기소스를 공급한다.

이때 9단계의 압력이 높기 때문에 5단계의 체크 밸브가 닫히도록 되어 있는데, 이는 고압의 9단계 공기가 5단계로 유입되어 압축기 실속이 발생하는 것을 방지하는 기능을 한다. 정상적으로 엔진 스피드가 확보되면 5단계 추출공기가 주로 사용되도록 설계되어 있는데 이는 9단계 소스를 공급하면서 발생하는 엔진의 추력손실을 줄이기 위함이고, 정상작동 스피드에서는 5단계에서 추출된 공기압도 하부의 유저계통에 전달하기에 충분하다.

둘째 기능은 압력조절(pressure control) 기능으로 엔진작동 상태에 따라 선택된 5단계나 9단계로 부터 추출된 공기의 압력을 하부 구성품들의 구조적 안전성이 확보될 수 있는 압력으로 조절하는 기능을 PRSOV가 수행한다.

셋째 기능은 온도조절(temperature control) 기능으로 연소실을 지나기 전 단계인 압축기 부분에서 추출된 공기이지만 상대적으로 높은 온도에너지를 갖고 있어서, 그 상태로 하부계통으로 내려보낼 경우 구조적인 안전성이 위험해질 수 있다. 따라서 팬을 거쳐 대기 중의 차가운 공기와 열교환을 통해 적절한 온도로 냉각시킨 후 유저계통으로 공급한다. 이때 온도과부하 스위치(overtemp switch)와 서모스탯(thermostat)의 설정온도에 따라서 PRSOV를 open/close하여 계통을 보호하는 기능을 수행한다. 적절한 온도로 냉각시키는 것은 프리쿨러(precooler) 하부에 장착된 조절밸브 센서로 상부의 프리쿨러 조절밸브의 열림량 조절을 통해 수행한다.

3.1.4 조절기능을 위한 구성품

코어 엔진에 장착된 공압계통 소스공급을 위한 구성품은 엔진에서 생성된 고온·고압의 블리드 에어(bleed air)를 항공기에서 사용가능하도록 하는 장치들로 구성된다.

[그림 3-5]는 코어 엔진에 접근하기 위해 카울(cowl)을 열고 측면에서 바라본 사진이다. 블리드 에어는 소스 자체가 압축기 부분이기 때문에 사진 뒷부분의 푸른색이 도는 연소실 전방에 위치한다. 5단계의 저압압축기와 9단계의 고압압축기 부분에서 토출된 공기는 PRSOV의 개폐(open/close)기능에 의해 필요한 유저계통으로 보내진다. 푸른빛이 도는 부분이 연소실이라는 것을 알 수 있고, 앞부분에 장착된 같은 모양의 구성품들이 튜브로 연결되어 있는 형상을 하고 있는데, 이것이 탱크로부터 보내진 연료가 연소실 내부로 분사되는 연료노즐이다. 노즐에서 분사된 연료가 타면서 발생한 열로 인해 연소실 외벽이 다른 색을 띠고 있다.

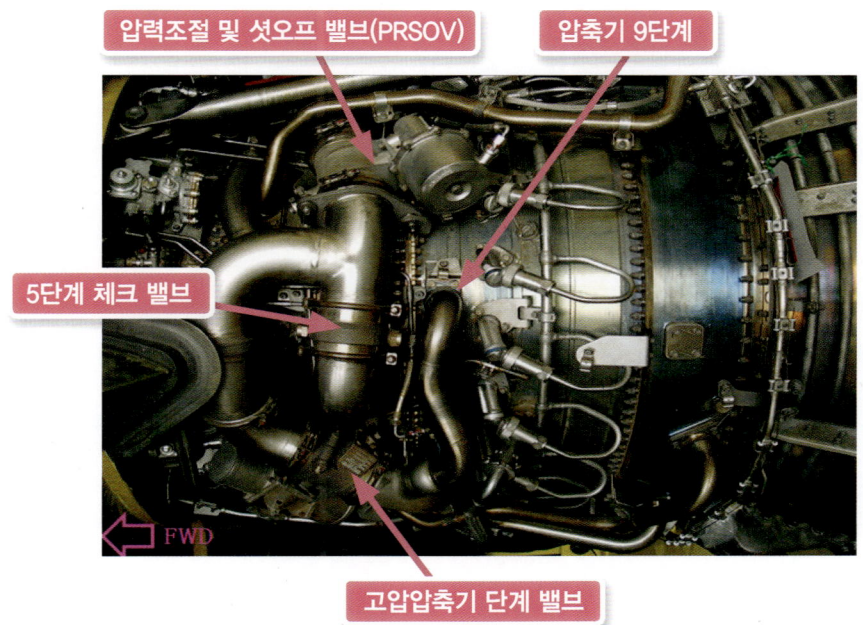

[그림 3-5] 엔진공압계통의 구성품

3.2 기내환경조절계통의 구성

엔진에서 만들어진 고온·고압의 공기를 이용해서 항공기에서 필요로 하는 에어컨디션 계통을 장착하여 객실, 조종실, 전자장비실 및 화물실로 구성된 기내환경을 조절하기 위한 기능을 수행한다. 앞에서 살펴본 것처럼 엔진에서 만들어진 공기가 세 가지 조절기능을 통해 요구되는 상태로 조절되면, 조절된 공기를 기내환경조절계통으로 공급한다.

기내환경조절계통은 보통 ATA 21 air conditioning 계통으로 분류되며, 기본적으로 승객들이 안락감을 느낄 수 있도록 객실의 온도조절기능을 기본으로 삼고 있다. 이를 위해 공급되는 따듯하거나 시원한 공기는 객실 여압조절 구성품에 의해 외부로 방출되는 양이 조절되며 승객들이 고고도에서도 도움을 주는 도구 없이 지상에서와 같은 환경에서 호흡할 수 있는 환경을 제공한다. 이 외에도 전자장비실의 장비에서 발생한 열로 인한 시스템의 정지현상을 방지하기 위한 쿨링 시스템(cooling system)을 지원하고 있다.

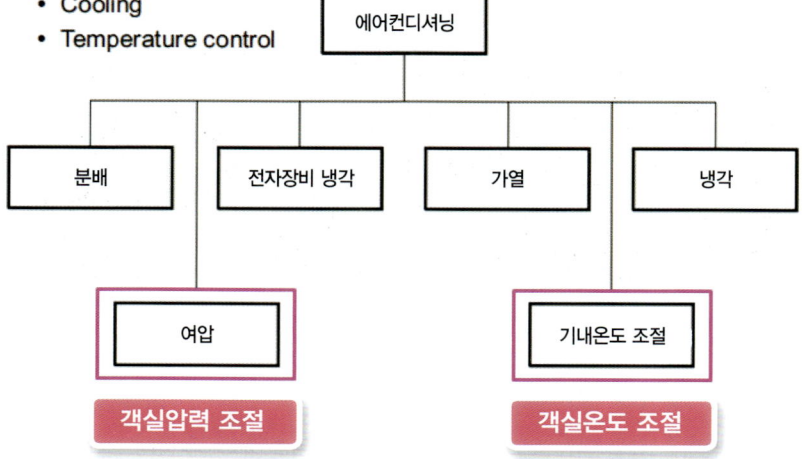

[그림 3-6] 에어컨디션의 기능

3.2.1 기내냉난방계통

엔진에서 공급된 고온·고압의 공기는 냉각장치를 통과하면서 차가워진 공기와 냉각장치를 우회(bypass)해서 공급된 뜨거운 공기를 에어컨디션계통이 적절하게 혼합해서 객실에서 원하는 온도의 공기를 객실 승객의 좌석 위쪽으로 공급한다.

  항공기가 고고도비행을 하면서 −56.5℃의 낮은 온도에서 비행하기 때문에 생존을 위해 따듯하게 만들어 준다는 표현이 더 적절할 수도 있지만, 항공기에 탑승한 사람들이 쾌적하게 느낄 수 있는 온도를 제공해 준다는 의미에서 에어컨디션계통이라고 한다. 항공기가 대형화되면서 객실 내부를 여러 개의 존(zone)으로 지정하고 그 지정된 존별로 에어컨디션계통이 공급되고 온도가 조절되는 것이 일반적이며, 특별히 조종석은 따로 공급경로를 갖고 있다.

  엔진에서 만들어진 뜨거운 공기를 적절하게 객실로 공급하는 냉각장치는 ACM(Air Cycle Machine)을 주요 구성품으로 하고 있으며 조금 복잡한 흐름도를 갖고 있어 다음 장에서 중점적으로 설명한다.

> **핵심 Point** **객실 공기 공급**
>
> ACM을 통과한 공기와 트림 에어(trim air)가 혼합·조절된 공기가 라이저 덕트(riser duct)를 통과하여 각각의 객실 존(zone)으로 공급된다.

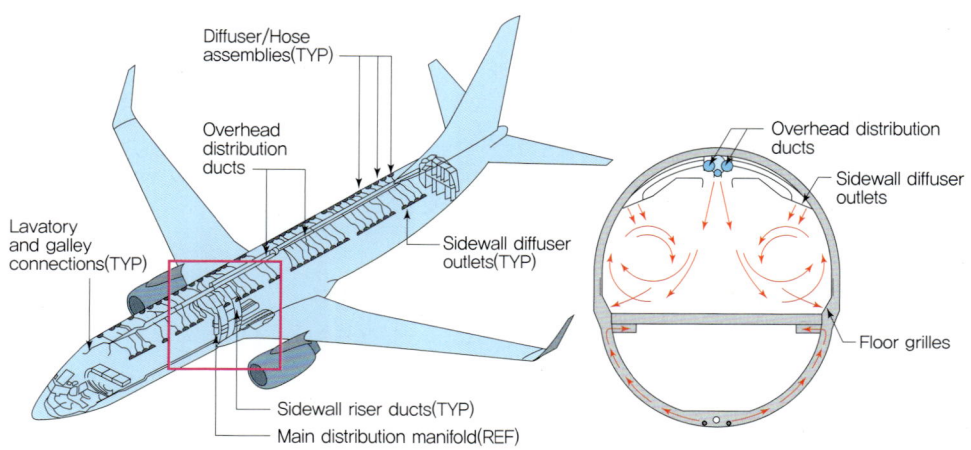

[그림 3-7] 조절된 공기의 공급경로

3.2.2 전자장비냉각계통

비행조종을 위한 각종 전자장비가 탑재되면서 발생되는 열에 의해 장비의 신뢰도가 떨어져 작동정지 상태가 발생하는 등의 문제를 예방하기 위해 항공기는 전자장비의 냉각을 위한 장비냉각계통(equipment cooling system)을 갖추고 있다.

집에서 사용하는 데스크톱 컴퓨터뿐만 아니라 노트북 안에도 과열과 작동속도의 느려짐을 방지할 목적으로 여러 개의 냉각 팬이 장착되어 있는 것과 같은 이유이다. 항공기의 안전한 비행을 위해 전 영역에서 사용하는 전자장비가 조종실과 조종실 하부 동체 부분에 확보된 공간에 장착되며, 한곳에 모여진 전자장비의 냉각만을 위한 별도의 시스템을 갖추고 있다. 작동하면서 발생한 열로 인해 장비 본연의 기능이 느려지거나 정지해 버리는 상황이 발생할 수 있기 때문에 항공기 전원이 공급됨과 동시에 냉각계통은 작동을 시작한다.

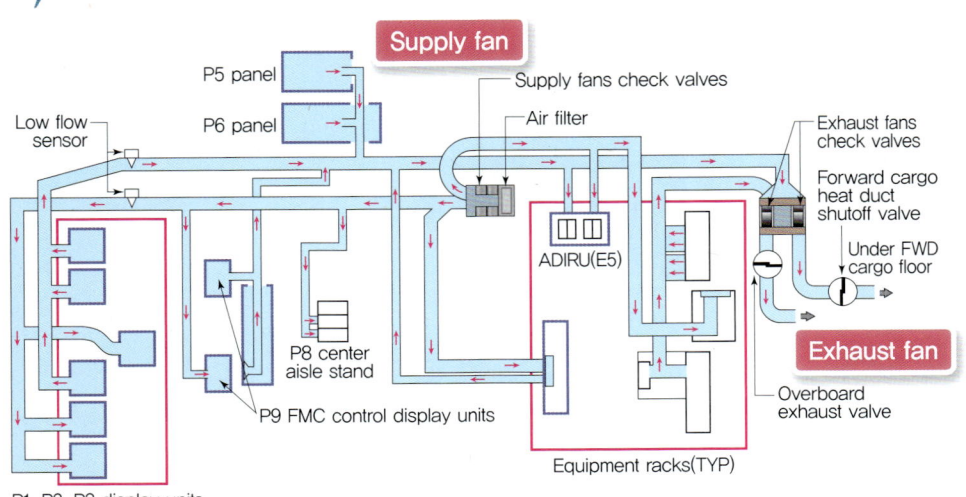

[그림 3-8] 전기·전자 장비의 냉각계통

에어컨디션계통과 다른 점은 에어컨디션계통은 사람을 대상으로 하기 때문에 청결한 상태의 공기가 공급되지만 장비는 호흡과는 상관없이 냉각효과만 적용되면 되므로 객실에서 사용된 공기를 재활용하는 개념으로 설계되어 있다. 주요 구성품은 두 개의 팬(fan)이 장착되며 불어 넣어주고, 빨아 당기는 역할을 통해 계통 내를 순환하는 냉각공기의 흐름을 원활하게 유지한다.

3.2.3 화물실의 온도조절계통

화물실에도 탑재되는 동식물의 안전한 이동을 위해 온도조절계통이 장착되며, 온도 차에 의해 결로현상이 발생가능한 부분은 히팅시스템을 갖추고 있다. 항공기는 간혹 말이나 소, 타조를 비롯한 동물들과 식물을 싣고 비행하는 경우가 있다. 이를 위해 화물실도 적절하게 온도조절이 확보되어야 한다.

화물실의 경우는 비교적 넓은 부분의 온도조절을 위해 객실에서 사용한 공기와 전자장비실의 냉각공기를 재활용하고 있다. 재활용하는 이유는 엔진에서 공급되는 공기는 상대적으로 비용이 많이 들기 때문이다. 히팅시스템은 특히 밀폐된 도어 부분에 응집된 공기가 외부와의 온도 차로 인해 결로가 발생하여 비행 중 물이 떨어지는 현상이 발생할 수 있기 때문에 히터를 장착하여 온도 차를 보상해 줌으로써 수분이 응축되는 현상을 제거하는 기능을 포함하고 있다.

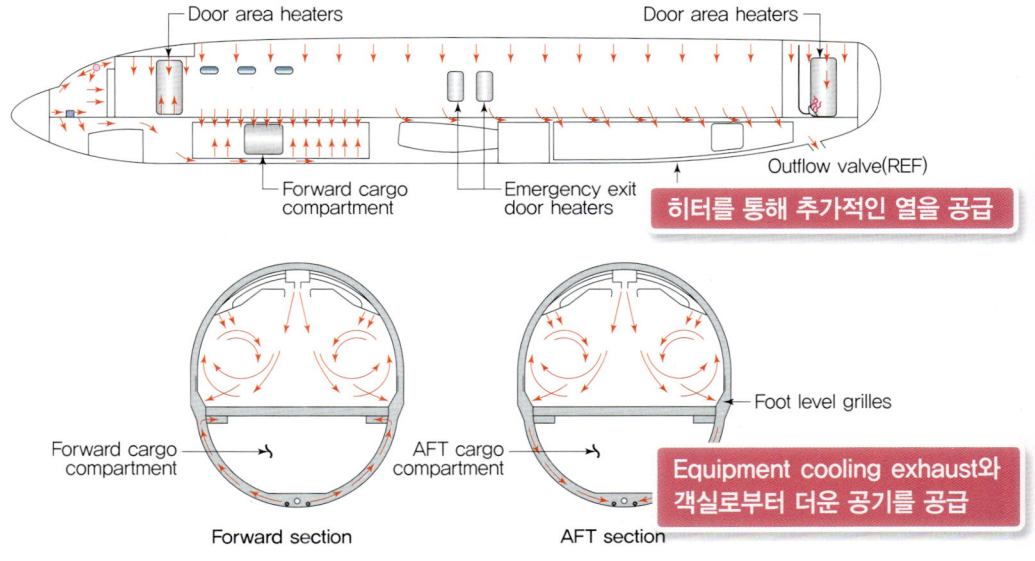

[그림 3-9] 에어컨디션을 위한 공기의 순환

3.2.4 기내압력조절계통

승객들의 안락함을 위해 공급된 조절된 공기는 아웃플로 밸브(outflow valve)의 열리고 닫힘에 의해 내부에 축적된 공기의 양이 조절되면서 기내압력을 유지한다. 유지된 압력은 기체 외부와 차이가 발생하면서 상대적으로 높은 압력을 유지하게 되며, 이로 인해 산소의 농도도 높아진다.

팩(pack)이라 명명된 에어컨 구성품을 통해 지정된 존별로 공급된 공기는 승객이 원하는 온도로 조절되어 공급되며, 항공기 동체 후방에 장착된 아웃플로 밸브의 움직임을 조절하여, 항공기가 설계 당시 적용한 안전범위 내로 열고 닫음으로써 기내압력을 유지한다.

장비품의 보관장소에는 특별히 배기밸브(exhaust valve)가 장착되어 냉각공기가 흘러가는 통로를 세척하거나, 화재발생 시 장비실 압력을 일시에 배출해서 화재가 진화될 수 있는 기능 등을 적용하기도 한다. 그리고 이러한 기능은 두 대의 컨트롤러(controller)라고 하는 컴퓨터에 의해 모니터되고 작동된다.

조절계통의 범위를 벗어났을 경우의 안전을 확보하기 위해서는 세이프티 밸브(safety valve)가 장착되며, 정해진 값 이상의 압력 차이가 발생되면 물리적인 현상에 의해 작동할 수 있는 릴리프 밸브(relief valve)를 갖추고 있다.

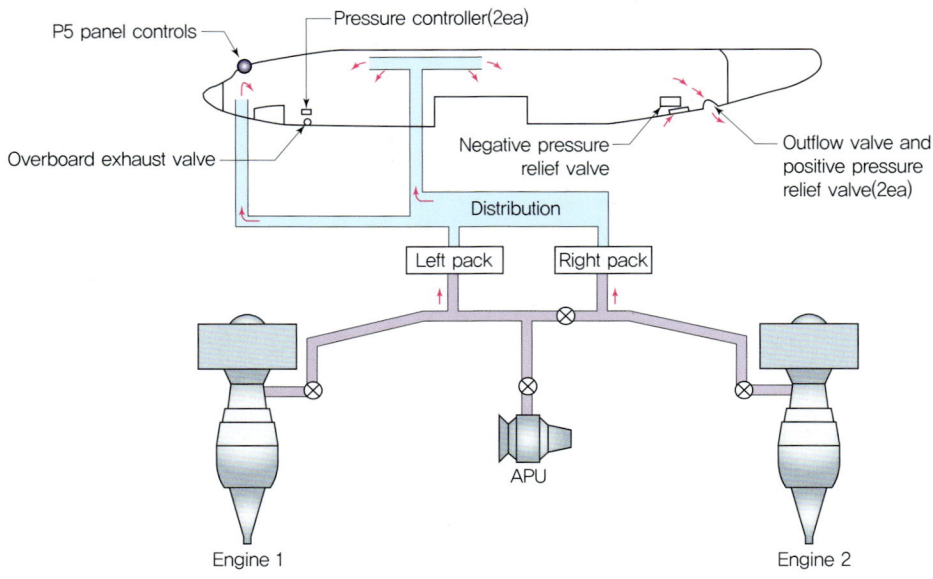

[그림 3-10] 객실압력조절계통

3.3 기내환경조절계통의 필요성

1차적으로 고고도를 비행하는 항공기 내부에 탑승하는 사람들의 생명유지를 위해 호흡하기에 충분한 산소를 공급하고, 고도 차이로 인해 발생하는 온도 차이를 조절해 적정한 기내온도를 유지하려면 기내환경조절계통이 필요하다.

영화 속의 전투기 파일럿은 항상 산소마스크를 착용하고 있고 착륙 후 임무를 종료할 때 마스크 한쪽 고정장치를 푼 채로 손을 흔드는 장면을 보게 된다. 이는 전투기는 여객기와는 다르게 복잡한 기내 여압조절장치를 갖고 있지 않기 때문이며, 언제 발생할지 모르는 응급상황에 대처하기 위한 목적으로 애초에 설계를 그렇게 한 것이다. 반면 일반인이 탑승하는 항공기들은 고공을 비행하면서 지상에 있을 때와 별반 다르지 않게 기내에서 시간을 보낼 수 있다. 그렇게 객실 내부에서 평상시처럼 활동할 수 있는 이유는 기내환경조절계통이 마련되어 있기 때문이다.

사람은 뇌에 산소가 공급되는 시간이 10초만 정지되어도 저산소증에 빠질 만큼 위험하다고 한다. 이로 인해 항공기 고도가 증가하는 만큼 공기 중에 포함된 산소농도를 높여주기 위한 여러 방법이 활용된다.

그리고 고도가 상승하면 온도도 점차 낮아져 −56.5℃까지 내려가는데, 이러한 온도환경을 개선하기 위해서 사람이 편안하게 느낄 수 있는 온도로의 조절이 필요하다. 기내환경조절계통은 이처럼 부족한 산소를 공급하거나, 적절한 온도를 유지하는 기능을 하고 있다.

> **핵심 Point 저산소증**
>
> 사람에게 없어서는 안 될 중요한 산소의 공급이 원활하지 않아 심신이 불편해지는 경우가 있는데, 이러한 산소결핍 상태를 저산소증(hypoxia)이라고 한다.

Altitude MSL (feet)	Oxygen pressure (psi)
0	3.08
5,000	2.57
10,000	2.12
15,000	1.74
20,000	1.42
25,000	1.15
30,000	0.92
35,000	0.76
40,000	0.57

평균 해면고도

[그림 3-11] 산소의 압력

3.3.1 대기의 조건

대기를 이루고 있는 공기는 눈에 보이지는 않지만 무게를 갖고 있으며, 1in²로 확장된 공기기둥은 14.7lb의 무게를 갖는다고 정의하고 있으며, 이를 바탕으로 해수면에서의 대기압력을 14.7psi로 규정하고 있다.

하늘을 날고 있는 항공기 기내에 탑승한 승객들의 생명유지를 위해서는 지상의 상태와 비슷한 환경이 되어야 하며, 기준 제공을 위해 표준대기가 약속되었고, 그 표준대기를 근거로 정확한 대기압력을 산정하여 항공기에 적용하고 있다. 대기압력은 고도증가에 따라 감소하는데, 50,000feet(15.24km) 에서의 대기압은 해수면에서의 압력의 1/10인 3psi 정도로 감소한다. 민간항공기는 지표면으로부터 38,000feet(11.6km) 높이인 대류권에서 비행을 하는데 대류권은 극지방과 적도지방에서 차이가 나서 타원형을 이루고 있다. 항공기가 비행하는 공간인 대류권에서는 고도가 증가함에 따라 1,000feet(305m)당 -2℃씩 온도가 감소하여 대류권계면에서는 -57℃까지 온도가 떨어진다. 따라서 사람이 탑승한 항공기가 대기 중을 비행할 때는 그 상황에 맞는 압력과 온도변화에 대한 보상이 이루어져야 한다.

>  **대기의 압력**
>
> 대기의 공기는 보이지 않지만 14.7psi(pound per square inch)라는 무게를 가지고 있다.

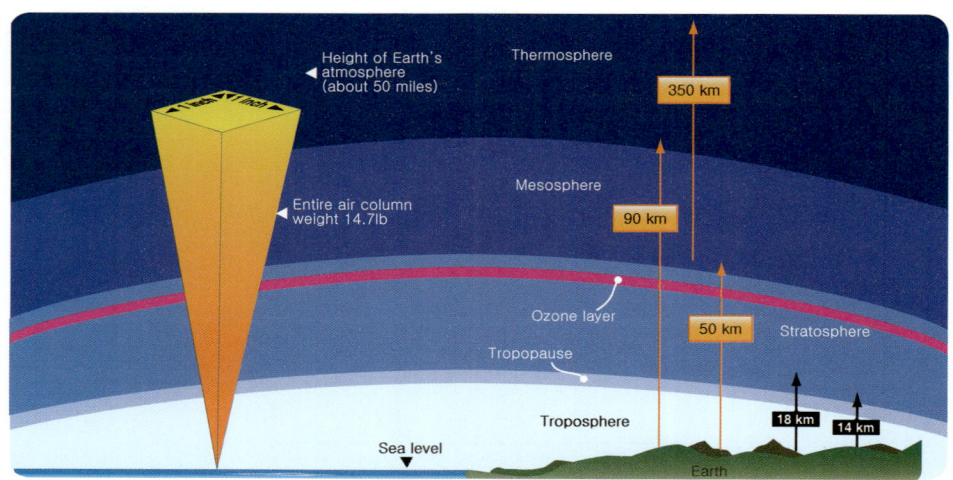

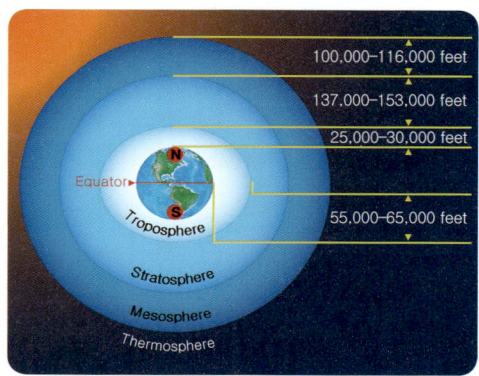

[그림 3-12] 공기의 무게

3.3.2 고고도를 비행하는 이유

고고도비행 시 공기밀도의 감소로 인해 항력이 감소하기 때문에 저고도에서 비행하는 속도와 동일한 속도로 고고도를 비행할 때 연료가 덜 소모되고, 대류활동이 활발한 저고도를 피해 비행함으로써 악기상과 조우하는 것을 피할 수 있다. 대류권에서는 고도가 증가하면 압력과 온도가 감소하는 것이 대기의 성질이다. 이러한 대기의 변화에도 불구하고 고고도비행을 선택하게 되는 이유는 안전한 비행경로 확보와 효율적인 연료소모를 통해 항속거리가 늘어나기 때문이다. 표준대기는 [그림 3-13]과 같이 여러 가지 단위로 명명되고 있다. 비행 중 만나게 되는 대기상태에서는 사람이 생존할 수 없기 때문에 적절한 보완책이 필요하며, 대형 운송용 항공기에서는 기내환경조절계통이 그 역할을 수행한다.

> **핵심 Point 고고도비행 이유**
> - 저고도비행과 비교할 때 고고도비행을 할 경우, 같은 양의 연료로 멀리 비행
> - 공기의 밀도감소로 인한 저항의 감소 → 고속비행이 가능
> - 악천후(bad weather)와 난기류(turbulence)를 피할 수 있음

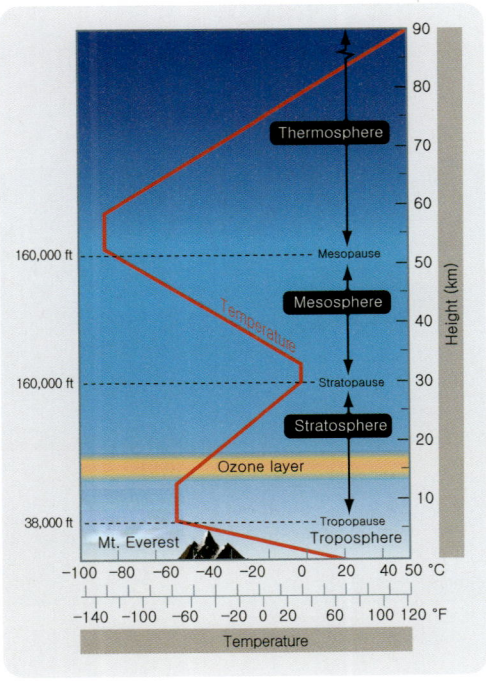

[그림 3-13] 표준대기

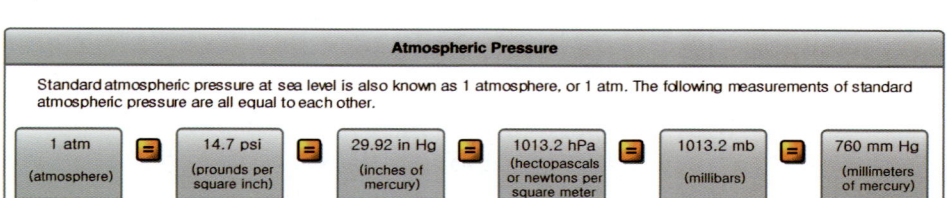

[그림 3-14] 대기의 압력

3.3.3 고고도비행 실현을 위한 기능

고도에 따른 대기상태 변화에 대응하여 장착된 기내조절계통의 작동은 기체의 구조적 안전성과 깊은 관계가 있으며, 이를 위한 임계설계요소 적용이 필요하고 그 설계범위 내에서 비행할 수 있도록 관리되어야 한다. 효율적인 비행, 기상이변 등을 피한 안전한 비행을 위해 고고도비행을 선택할 때 당면하는 과제가 기내에 탑승한 사람들의 안녕을 확보하는 것이다. 이를 위해 기내환경조절계통이 장착되어 지상에서와 비슷한 환경을 제공함으로써 편안한 비행을 가능하게 한다.

  그러나 이때 발생할 수 있는 큰 문제는 비행 중인 고고도에서의 대기압과 승객의 안녕을 위해 조절된 기내압력과의 차이, 즉 차압을 기체구조가 견뎌 낼 수 있느냐이다. 따라서 항공기 기체구조는 내부의 사람들이 편하게 호흡하고, 안락함을 느낄 수 있어야 하면서 차압에도 견딜 수 있는 강도가 요구된다.

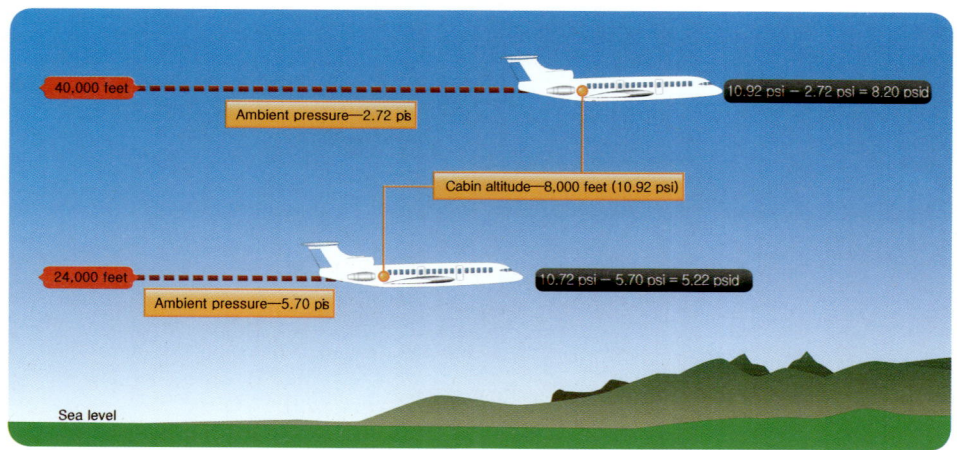

[그림 3-15] 고도에 따른 기내 외부의 차압

 **Pressurization(여압)**

- 고고도비행을 위한 조건이며, 승객의 안락과 안전을 위해 필수적이다.
- 여압의 핵심과제는 기내압력이 상승하는 데 따른 부하를 기체구조가 견딜 수 있느냐이다.

3.3.4 압력공급원

기내의 압력유지를 위해 공급되는 공기의 공급원은 왕복엔진을 위해 터보차저(turbo charger), 터보프롭(turboprop) 엔진을 위해 제트펌프(jet pump), 컴프레서 터빈(compressor turbine) 그리고 제트엔진을 위해 컴프레서(compressor) 등이 활용된다. 엔진성능 확보를 위해 25,000feet(7.62km) 고도 아래에서 작동하는 왕복엔진을 장착한 항공기에서는 엔진의 회전력이 전달된 기어에 의해 작동하는 컴프레서 타입과 배기가스의 힘으로 작동되는 터빈의 구동력을 빌린 터보차저 등이 주로 활용된다.

 **Source**

객실의 여압(cabin pressurization)을 위한 에어 소스(air source)는 항공기에 장착된 엔진의 종류에 따라 다르며, 승객과 승무원들에게 안락함을 제공할 수 있어야 한다.

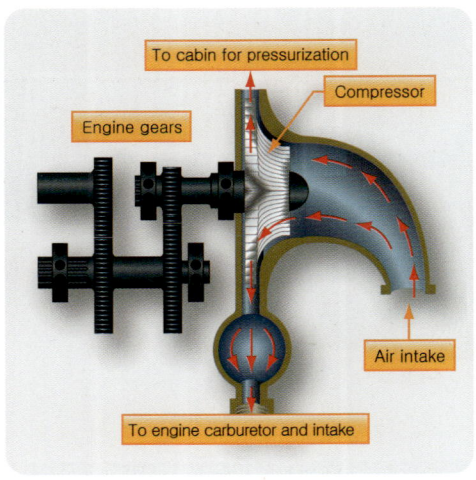

(a) 슈퍼차저

[그림 3-16] 슈퍼차저와 터보차저(계속)

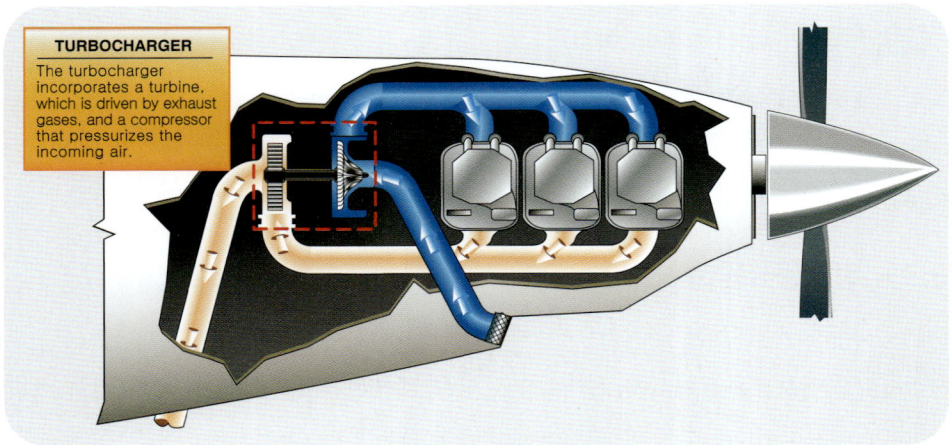

(b) 터보차저

[그림 3-16] 슈퍼차저와 터보차저

터보프롭 엔진을 장착한 항공기는 컴프레서에서 추출된 블리드 에어(bleed air)를 활용해 터빈을 구동시키고, 그 구동력으로 작동하는 컴프레서에 의해 기내로 공급되는 압축공기를 만들어 준다. 기내로 유입되는 공기는 탑승자들이 호흡하는 공간에 공급되는 것으로 청결상태가 중요하며, 청결유지를 위해 연소실을 지나기 전 단계인 컴프레서 부분의 공기를 사용하는데, 이때 추출된 공기로 인해 엔진효율이 떨어지지 않을 정도의 블리드 에어 조절이 필요하다.

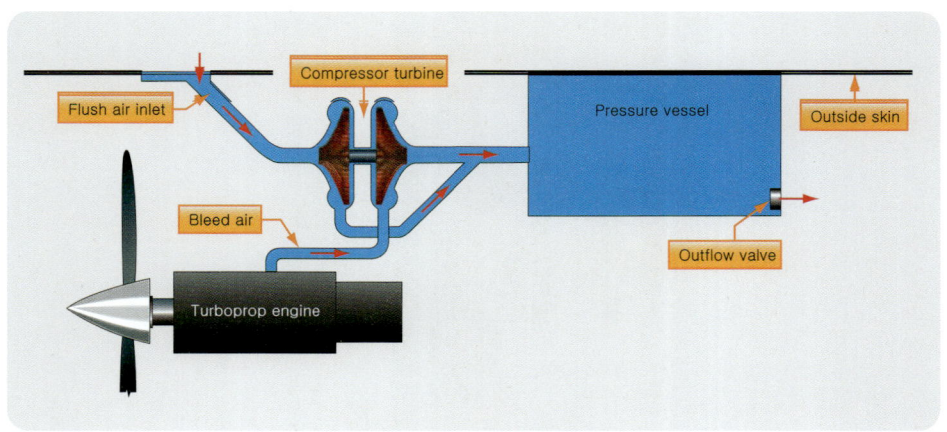

[그림 3-17] 기내압력공급장치

3.4 기내압력조절계통

항공기 탑승자의 신체적인 요소를 고려하고, 기체구조가 강도를 유지할 수 있는 정도로 기압이 조절되어야 하는데, 이를 위해 운송용 항공기에서는 객실압력조절기능을 확보하고 있다. 탑승자들의 안녕과 기체구조 강도유지를 위해서는 설정된 압력을 조절해 주는 조절기가 필요하고, 이렇게 조절된 신호가 아웃플로 밸브를 열고 닫는 정도에 따라 기내에 공기가 배출되면서 압력이 조절된다. 조절기에는 기내압력 상태를 확인할 수 있는 계기와 조절노브가 장착되어 있다. 조절기는 객실의 압력, 고도의 상승과 하강률 그리고 비행조건에 따라 기압을 설정하는 노브(knob)로 구성된다.

>  **Pressure Control(압력조절)**
> - 압력조절기능은 객실압력, 객실고도 변화율, 기압을 설정하는 것을 말한다.
> - 밸브는 전자적으로 조절되며 공압이나 전기의 힘으로 작동한다.

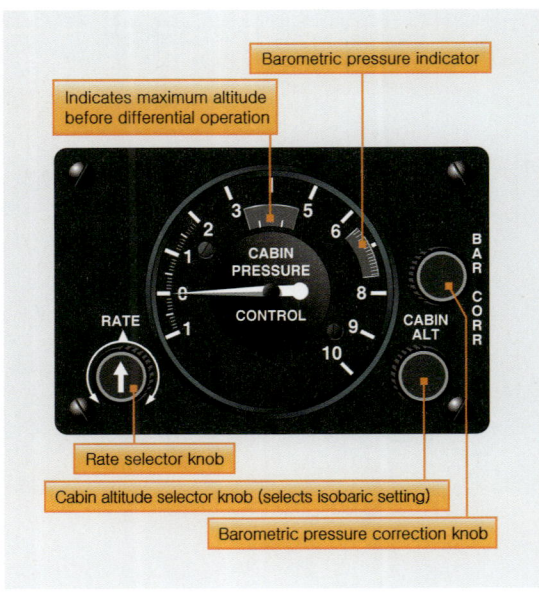

[그림 3-18] 객실압력계기

3.4.1 압력조절장치

항공기 기내압력조절장치, 즉 여압조절장치는 항공기가 정상적인 비행상태일 때는 오토 (auto) 모드에서 작동하고, 이상발생으로 인해 오토기능이 상실되면 매뉴얼로 조절가능 하도록 대체기능을 확보하고 있다. [그림 3-19]에서처럼 항공기 기내와 외부의 공기흐름을 차단할 수 있는 아웃플로 밸브(outflow valve)가 주요 구성품으로 그 열림과 닫힘의 정도에 의해 기내에 축적되어 있던 압력이 기체 외부로 빠져나가면서 적절한 압력이 유지되도록 작동한다.

작동을 위한 모드가 기본적으로는 오토로 설정되어 있고 장착된 각종 센서들의 정보에 따라 자동으로 설정된 압력을 유지하지만, 오토기능이 상실되어 정상적인 기내압력이 조절되지 않을 경우 조종사는 매뉴얼 스위치를 활용해 밸브를 컨트롤할 수 있는 기능을 부여한다. 기내압력의 조절은 탑승하고 있는 사람의 신체조건에도 영향을 미치지만, 기체 구조의 안전성에도 큰 영향을 줄 수 있기 때문에 어떠한 방법으로든 조절이 될 수 있도록 이중, 삼중의 대체기능을 부여하는 것이 일반적이다.

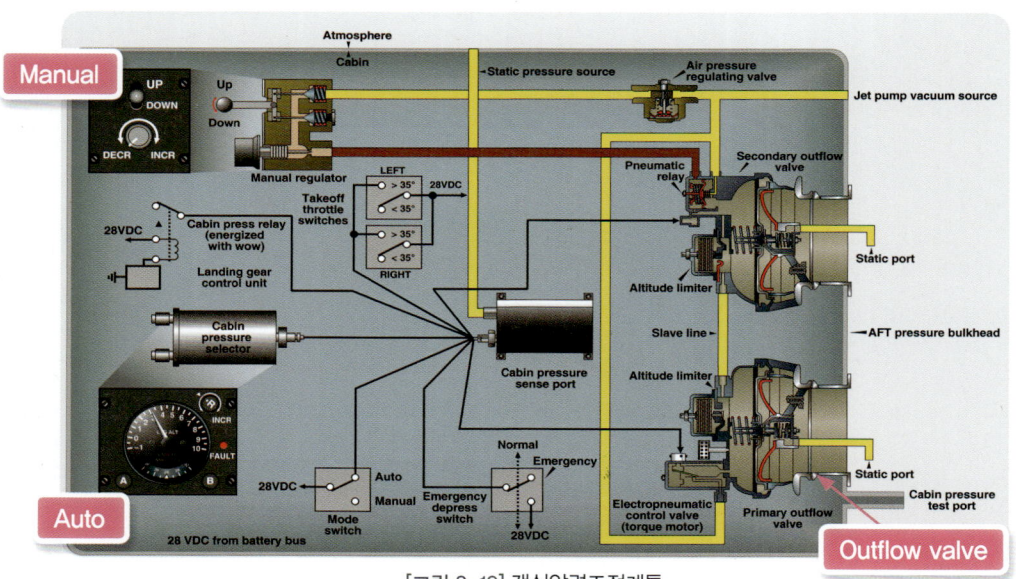

[그림 3-19] 객실압력조절계통

기내압력 유지를 위해 공급되는 공기는 엔진 블리드 에어를 가공한 후 선택된 온도로 공급되며, 이렇게 공급된 공기가 기내환경조절계통에서 기체를 빠져나가는 공기의 흐름량을 조절하는 아웃플로 밸브의 움직임에 의해 압력이 조절된다. 대형 운송용 항공기의 기내압력 공급은 엔진 블리드 에어를 가공하여 항공기 동체 상부에 만들어진 공급경로를 통해 항공기 동체, 승객의 좌석 부근으로 골고루 분사하여 공급되며, 이렇게 공급된 공기가 닫혀 있는 아웃플로 밸브로 인해 내부압력을 형성하게 된다. 오토 모드로 작동하고 있는 조절기는 각종 센서에 의해 설정된 압력에 도달할 경우 아웃플로 밸브의 열림 정도를 조절하여 설정된 압력을 유지한다.

이렇게 만들어진 공기압은 가능하면 효과적으로 사용되어야 한다. 그 이유는 연료를 연소시켜 만들어진 공기이기 때문에 기내를 한 바퀴 선회하고 버려지면 비효율적이기 때문이다. 이러한 문제점을 해결하기 위해 항공기에서는 재순환 팬(recirculation fan)

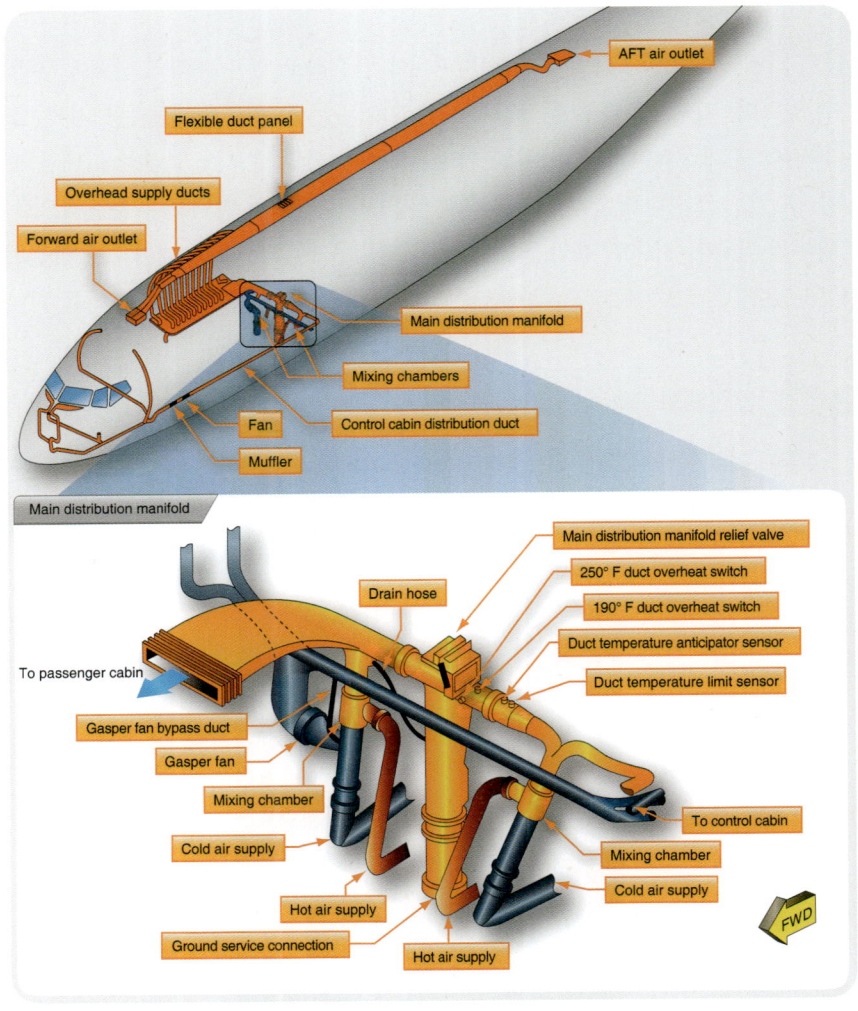

[그림 3-20] B737 항공기의 조절공기 공급경로

기능을 두어 한두 차례 재활용이 이루어진 후 배출되도록 추가기능을 채택하고 있다. 또한 엔진이 추력을 생성하는 데 에너지를 사용하기보다 다른 역할을 하는 데 사용하면, 엔진의 수명이 짧아지는 등의 부작용이 발생하기 때문에 가능하면 지상에서의 엔진 사용과 APU의 사용을 통제하고 지상장비의 사용을 권장하고 있다.

3.4.2 압력조절계통 고장 시의 안전장치

기내압력 유지의 중요성 때문에 오토와 매뉴얼로 작동할 수 있게 만들어졌음에도 불구하고 갑작스러운 기내압력 이상 시 물리적인 방법으로 상황을 개선하기 위해 안전밸브(safety valve)가 장착되어 있다.

항공기 기내압력이 갑작스럽게 변하면 기내에 탑승하고 있는 승객의 신체에 무리를 가져올 수 있으며, 기체구조에 부분적인 파괴가 일어나는 등 안전성에도 문제가 발생할 수 있다. 따라서 기내압력이 설정된 압력 이상으로 상승하면 밸브가 열려서 기내압력을 배출해 줄 수 있는 포지티브 안전밸브와 외부의 압력이 기내의 압력보다 순간적으로 높을 경우 외부의 압력이 기내로 유입될 수 있도록 열림을 허락해 주는 네거티브 안전밸브가 장착되어 있다.

> **핵심 Point** **안전밸브(Safety Valve)**
> 항공기 기내압력의 변화로 인한 승객의 불편을 해소하고, 기체구조의 안전성 확보를 위하여 포지티브·네거티브 안전밸브 등의 안전장치를 마련하고 있다.

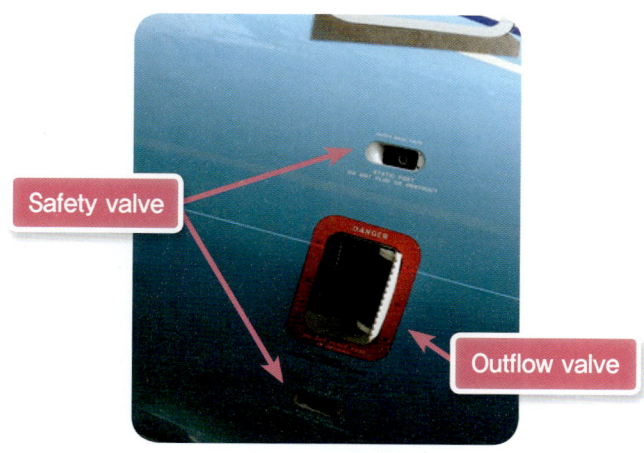

[그림 3-21] 객실압력조절밸브

3.4.3 압력조절계통의 지시

기내압력 지시는 객실의 고도와 기내 외부의 차압 그리고 상승률을 지시한다. [그림 3-22]에서 보는 것과 같이 기내압력은 객실고도로 표현되고, 기내와 외부의 차압이 구조적인 안전성에 직접적인 영향을 줄 수 있기 때문에 쉽게 어느 정도의 차압이 발생하는지 확인할 수 있도록 차압지시계로 표시되며, 상승과 하강의 정도를 확인할 수 있도록 구성하고 있다. [그림 3-22]의 오른쪽은 디지털 항공기의 경우로 해당 계통의 페이지에 기내압력 변화현황을 표시해 주고 있다.

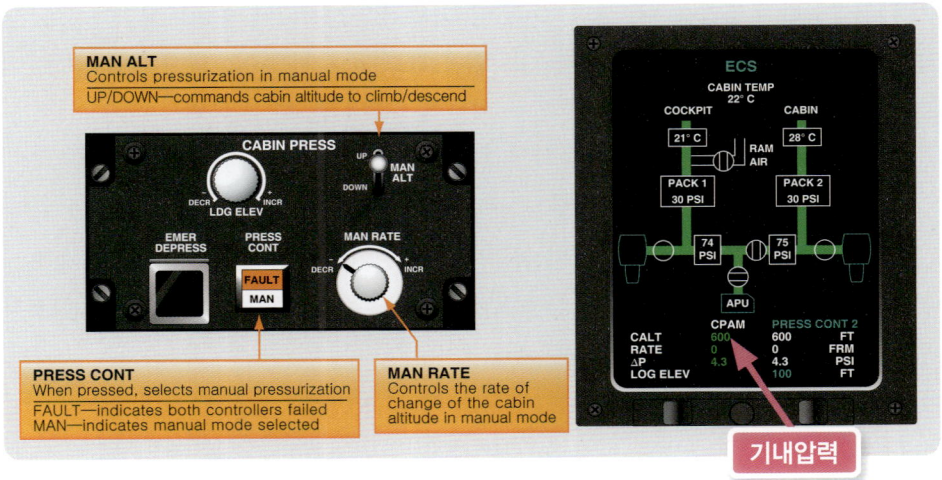

[그림 3-22] 객실압력게이지, 조절장치

3.5 기내온도조절계통

대형항공기들이 순항비행을 하는 대류권에서 −56.5℃까지 내려간 공간을 장시간 비행하기 위해서는 적절한 온도를 유지할 수 있는 기능이 요구되고, 이러한 기내의 조건을 만족시키려면 에어컨디션계통이 필요하다.

대형항공기의 에어컨디션계통은 단순하게 기내 공기를 시원하거나 따듯하게 하는 조건을 만족시키는 것에 머물지 않고, 특별한 보호장구 없이 탑승객들이 기내에서 활동할 수 있는 환경을 제공하기 위한 여압기능과 전자장비를 냉각시키는 기능 등을 수행한다. 이 중 승객의 안전확보를 위해서는 기본적으로 객실 내의 압력조절과 온도조절이 적절하게 수행되어야 한다.

3.5.1 냉매를 이용한 공기냉각

터빈엔진을 장착하지 않은 항공기의 경우 기체 내부공기 자체의 온도만을 낮춰 주는 가정용 에어컨과 같은 기능을 하는 VCM(Vapor Cycle Machine)이 장착된다. VCM은 가정용 에어컨과 구성품이 유사하며, 내부에 냉매를 주입하여 차가운 냉매가 더운 공기의 열에너지를 빼앗아 계통 내부를 이동하면서 냉매의 상태변화를 거쳐 다시 열교환을 수행하는 순환계통으로 구성된다.

리시버 드라이어(receiver drier) 내부의 고압의 액체상태 냉매가 열팽창밸브(thermal expansion valve)를 거쳐 저압의 액체상태로 증발기(evaporator)를 통과하면서 기체 내부의 공기가 많이 흘러갈 수 있도록 송풍기(blower)가 장착되어 냉매와 공기가 서로 열교환을 통해 냉각공기로 만들어진다. 열교환을 하고 난 기체상태의 냉매는 압축기로 이동하여 고압으로 압축되고 콘덴서를 지나 외부의 공기와 열교환을 하면서 액체상태로 환원되어 리시버 드라이어로 들어가게 되면서 한 사이클 순환과정을 마친다.

어려워 보이지만 가정용 에어컨과 동일하게 실외기와 실내기를 순환하는 냉매와 건물 내부의 공기가 열교환을 하는 구조가 동일하다. 터빈엔진을 장착하지 않은 항공기가 사용한다고 전제한 이유는 내부공기의 온도상태 변화를 주목적으로 하는 것으로 외부로부터의 공기유입이 없어 여압기능이 제외되었기 때문이다.

>  **Vapor Cycle Air Conditioning**
>
> 에어컨디션계통(air conditioning system)을 갖춘 터빈엔진을 장착하지 않은 항공기(non turbine aircraft)에 사용되며 객실(cabin)의 공기냉각(cooling)에만 사용된다.

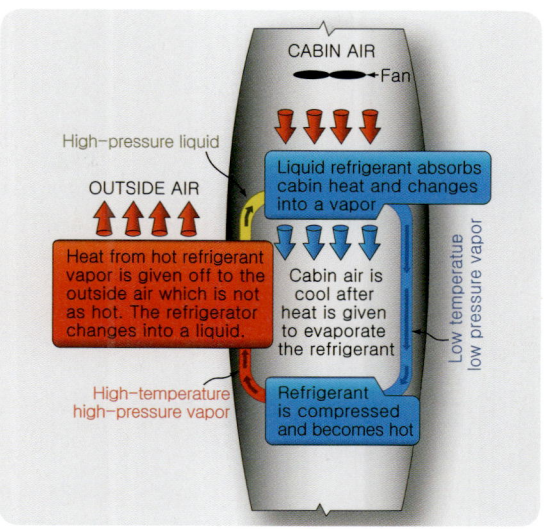

[그림 3-23] 냉매를 사용한 냉각공기공급계통

3.5.2 에어 사이클 머신을 이용한 공기냉각 방법

터빈엔진을 장착한 항공기 대부분은 엔진 블리드 에어 흐름을 두 갈래로 나누고, 하나의 흐름은 ACM(Air Cycle Machine)을 지나면서 이슬점 부근까지 온도를 떨어뜨리고, 나머지 하나의 흐름은 블리드 에어가 뜨거운 상태로 혼합 매니폴드(manifold)에서 만나, 적절하게 희석되어 조절된 공기로 기내에 공급된다.

 ACM은 공급된 뜨거운 블리드 에어를 외부의 램 에어와 열교환할 수 있는 열교환기를 거쳐 압축/팽창을 통해 이슬점에 가까운 온도까지 냉각시켜 주는 기능을 갖고 있다. [그림 3-24]의 하부 엔진에서부터 중간에 위치한 ACM과 두 개의 열교환기를 거치면서 유입공기의 온도가 변하고 최종적으로 항공기에 공급될 때에는 적절하게 조절된 상태로 보여지는 상황을 덕트의 색깔 변화로 표현하고 있다. 이렇게 대표적으로 두 가지의 열교환장치가 항공기에 사용되고 있는데, 대형항공기에서 일반적으로 사용되는 ACM 장착 기내온도조절장치(air conditioning package)를 대상으로 학습한다.

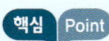

핵심 Point Air Conditioning Package

ACM을 이용한 에어컨디션계통은 객실여압(cabin pressurization)을 위해 엔진 블리드 에어(engine bleed air)를 이용, 지상과 비행 중 고도의 변화에 상관없이 항상 안락한 온도와 압력을 유지하기 위해 냉각조절된 공기를 공급한다.

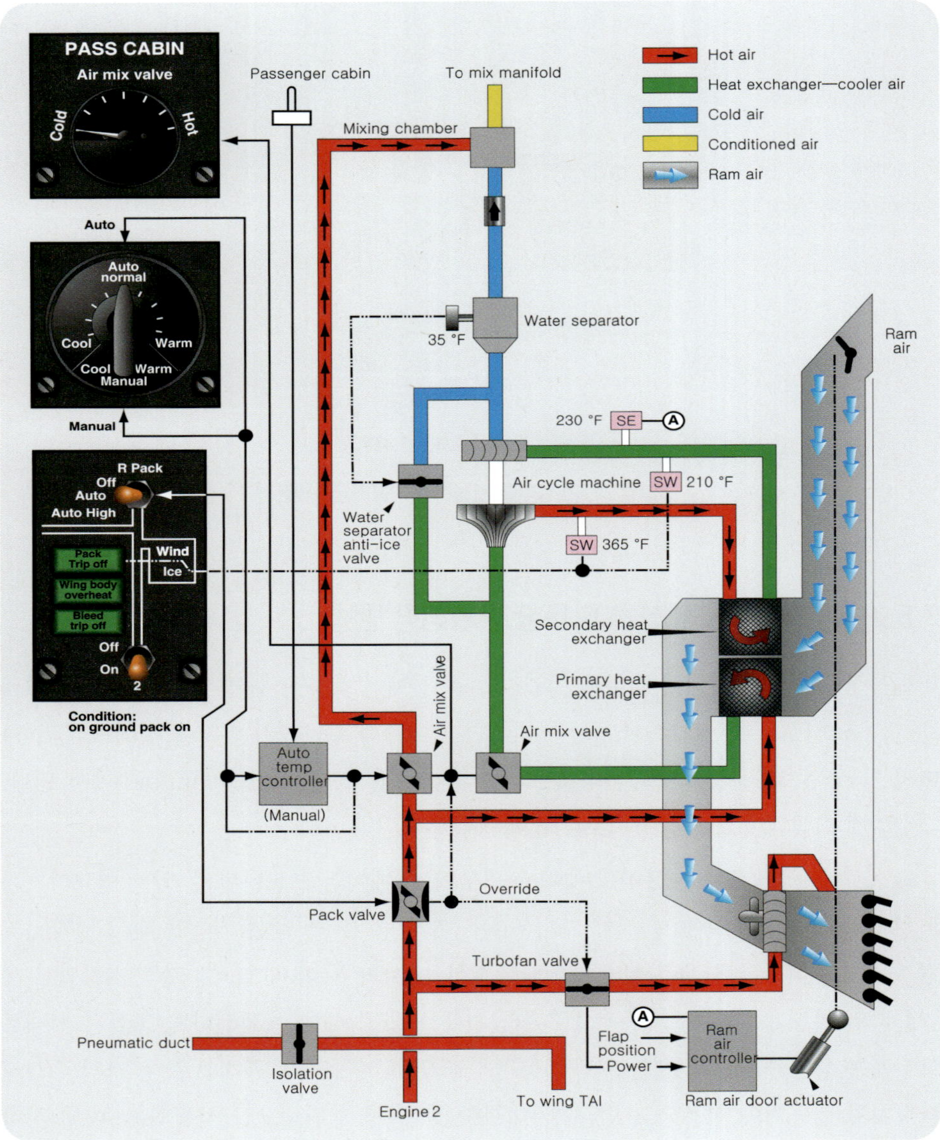

[그림 3-24] B737 항공기 냉각공기의 공급경로

ACM은 엔진압축기로부터 공급된 블리드 에어를 요구된 온도로 낮추어 주는 가장 중요한 구성품으로 컴프레서와 터빈으로 구성되며 주위에 장착된 열교환기와 협업을 통해 냉각효과를 증대시킨다. 즉, 공급된 블리드 에어를 대상으로 압축·팽창 과정을 통해 공기의 온도를 떨어뜨리는 기능을 수행한다.

1차 열교환기를 지난 공기는 온도가 약간 내려가고 원심식 압축기를 지나면서 공기가 압축되고 동반하여 온도가 약간 상승한다. 기본적으로 ACM의 기능은 온도를 내려 주는 역할을 하는데, 역으로 압축과정에서 공기의 온도가 올라가는 것이다. 이는 압축효과가 높을수록 다음 단계 터빈에서의 팽창효과가 커지기 때문이며, 압축과정에서의 온도상승 분에 비해 터빈이 더 빠른 속도로 회전하면서 팽창효과가 커지는 것이 더 효과적으로 온도를 떨어뜨리는 이유에서이다. 또한 압축기에서 올라간 공기의 온도를 2차 열교환기에서 다시 내려 주고 이 상태의 공기가 터빈을 지나면서 순간팽창하며 큰 폭으로 온도를 떨어뜨려 준다. 이때 외부와의 공기온도 차이로 인해 수분응축효과가 발생하는데 수분이 기내로 유입되는 것을 막기 위해 수분분리기를 거쳐 혼합 매니폴드로 보낸다.

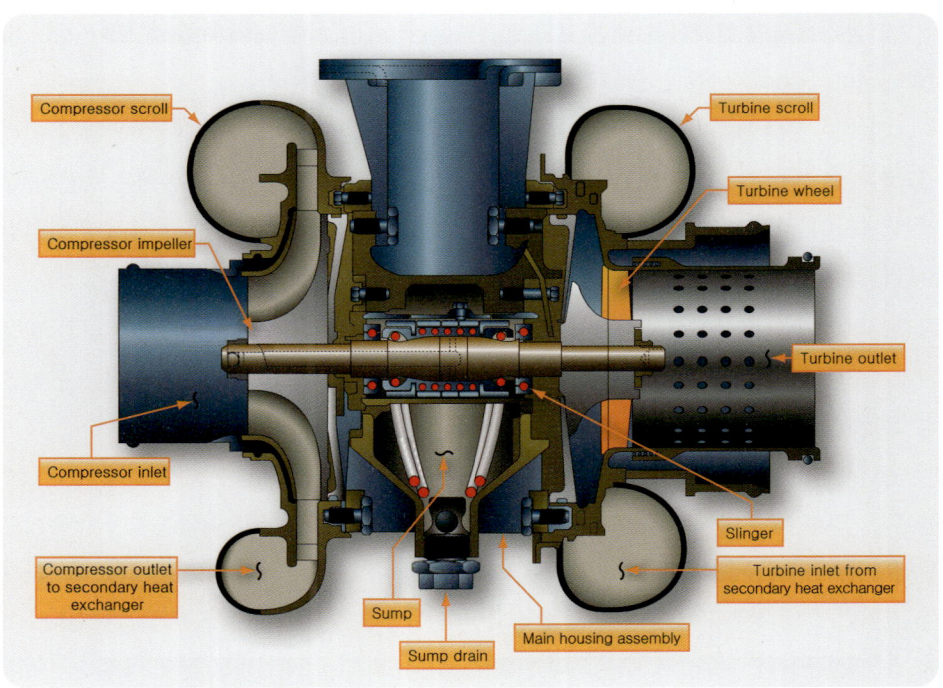

[그림 3-25] ACM 단면도

이처럼 엔진으로부터 공급된 블리드 에어는 냉각을 목적으로 주요 구성품을 순차적으로 지나 객실로 진입한다. 항공기 형식에 따라 약간의 차이는 있지만 크게 벗어나지 않는 구성품을 갖추고 있다. 또한 항공기 형식별로 설정된 값들은 차이가 있을 수 있지만 블리드 에어가 흘러가는 경로상의 구성품은 다르지 않다.

정리하면 뜨거운 블리드 에어는 항공기 외부에서 지나가는 램 에어와 열교환기라는 하드웨어 안에서 상호 열교환을 하며, 이때 격리된 통로를 서로 지나가기 때문에 두 소스의 혼합은 없고 얇은 판막 사이를 지나며 대면하는 면적이 넓어져 빠른 시간 내에 열교환효과가 나타나도록 설계되어 있다.

아울러 엔진 블리드 에어는 팩 밸브(pack valve)를 지나 두 갈래로 나누어져서 진행하게 되는데 하나의 흐름은 ACM을 경유해서 냉각작업이 진행되고, 나머지 흐름은 트림 에어 밸브(trim air valve)를 지나 바로 믹싱 체임버(mixing chamber)로 흐르게 된다. 이 트림 에어 밸브를 지나는 흐름은 높은 열에너지를 갖고 있어 조종석과 객실에서 조절하는 스위치에 반응해서 조금씩 흘려보내는 방식으로 작동한다. 마치 찬물에 뜨거운 물을 조금씩 부어 차디찬 물의 느낌을 제거하는 것과 같다고 할 수 있다.

열교환기에서의 열교환은 팩 밸브와 연동하는 램 에어 인렛 도어/아웃렛 도어(ram air inlet/outlet door)의 작동량에 따라 냉각효과가 조절된다.

그라운드 쿨링 팬(ground cooling fan)은 비행 중에는 충분한 램 에어 흐름으로 인해 열교환기의 기능이 정상적으로 유지되지만, 지상에서 팩을 작동하는 경우에는 충분한 램 에어 흐름이 없기 때문에 열교환기의 효과를 향상시키기 위해 팬을 작동시켜 인위적인 흐름을 만들어 준다.

수분분리기 안티아이싱 밸브(anti-icing valve)는 터빈을 빠져나간 공기가 너무 냉각되어 수분분리기에 얼음이 생겨 다운스트림(downstream)으로 공급이 차단되는 현상을 방지하기 위해 얼음이 얼지 않도록 따뜻한 공기를 공급해 주는 기능을 한다.

ACM을 흐르는 공기의 경로는 조종석에서 팩을 사용하겠다고 스위치를 켜면(on) 팩 밸브가 열리면서 흐름이 시작되고, 1차 열교환기에서 1차 냉각이 이루어지면 압축기로 진입하여 터빈효율을 얻기 위해 압축된다. 압축되면서 발생된 열에너지는 2차 열교환기를 거치면서 냉각된 후 터빈에서 급팽창되면서 이슬점 부근까지 온도가 급강하한다. 이때 발생한 응집된 수분들을 수분분리기에서 제거하고 믹싱 체임버로 넘어가 조종석이나 객실 사무장이 선택한 존(zone)별 설정온도에 반응해서 트림 에어 밸브의 열림량이 조절되어 공급온도가 결정된다.

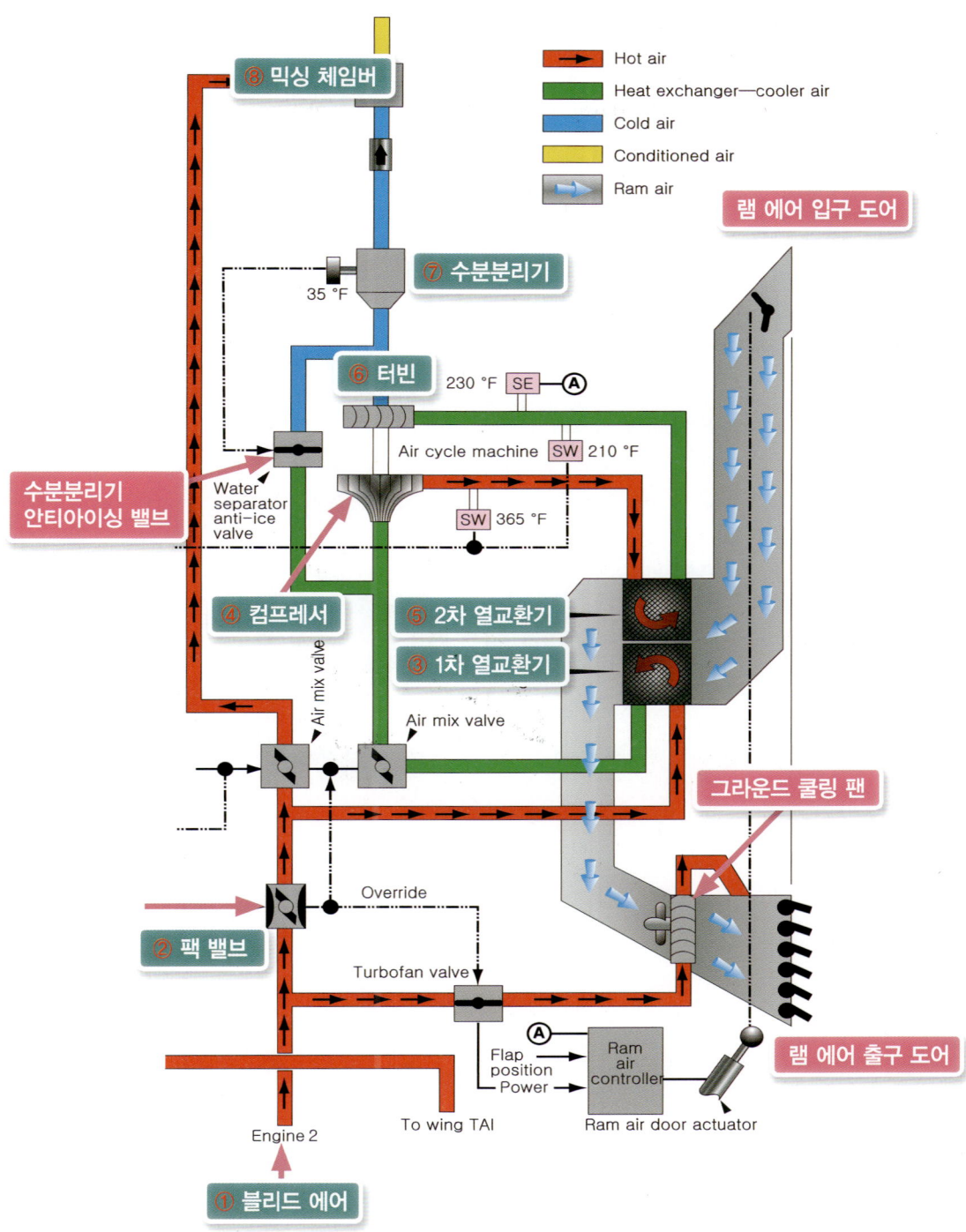

[그림 3-26] 에어컨디션계통의 공기공급경로

3.5.3 팩 밸브의 기능

조종사나 정비사가 에어컨 작동을 위해 스위치를 on으로 하면 엔진 블리드 에어를 ACM 계통 내로 흐르는 길을 열어 주는 팩 밸브가 동작되도록 되어 있다. 이때 전기 시그널이 전달되어 밸브가 열리도록 솔레노이드가 작동하며, 블리드 에어가 공급되어 필요한 양만큼 열림(open)과 닫힘(close) 사이를 지속적으로 움직이면서 요구량에 반응한다. 상황에 따라서 정비사가 수동으로 작동하는 오버라이드(override) 기능이 적용된다.

> **핵심 Point** **Pack Valve**
> 조종석 스위치의 선택에 의해 매니폴드 블리드 에어(manifold bleed air)를 공기순환(air cycle) 에어컨디션계통(air conditioning system)으로 조절해서 보내 주는 역할을 한다.

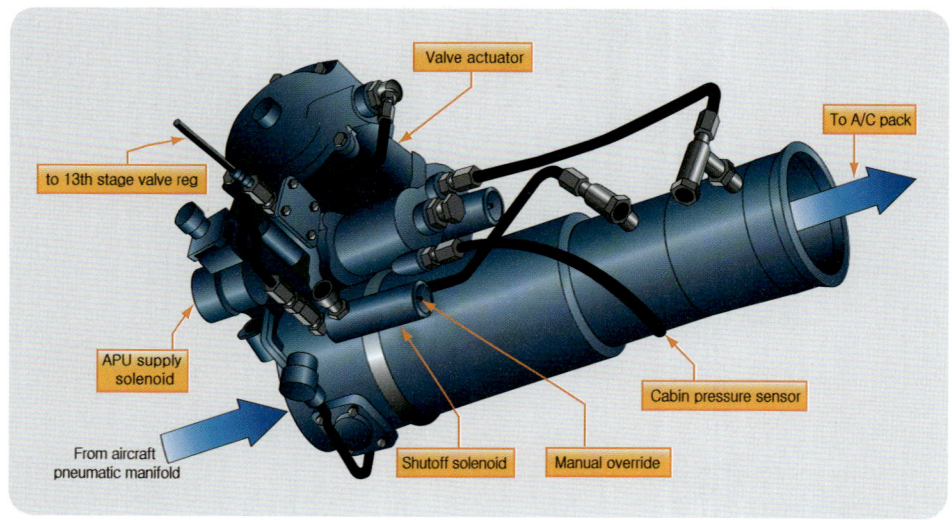

[그림 3-27] 팩 밸브

3.5.4 열교환기의 기능

동체 배면에는 램 에어가 지나가고 컴프레서를 지난 뜨거운 공기가 통과하는 열교환기(heat exchanger)가 장착되어 있다. ACM과 면해 장착된 열교환기는 알루미늄합금으로 만들어져 크기에 비해 무게가 가벼운 것이 특징이다. 얇은 박판으로 구성되어 있어 램 에어가 지나가는 공간에 외부 물질에 의한 막힘현상이 발생되면 열교환기 효율이 떨어진다. 정비현장에서 여름철 성수기가 다가오면 열교환기를 일시점검하고 세척 및 교환 작업을 통해 여름철 에어컨기능을 확보하는 활동을 수행한다.

　전방 동체 옆구리에 장착된 램 에어 인렛(inlet)은 블리드 에어로부터 열에너지를 흡수해서 열교환기를 거쳐 배면의 배출구를 통해 흘러 들어가는 공기의 진입을 허용한다. 겨울철 외지에서 정비지원작업을 할 경우 간혹 정비사들이 배기구 부분에 다가가 추위를 피하는 경우도 있는데 열교환기가 여러 오염원이 되므로 주의해야 한다.

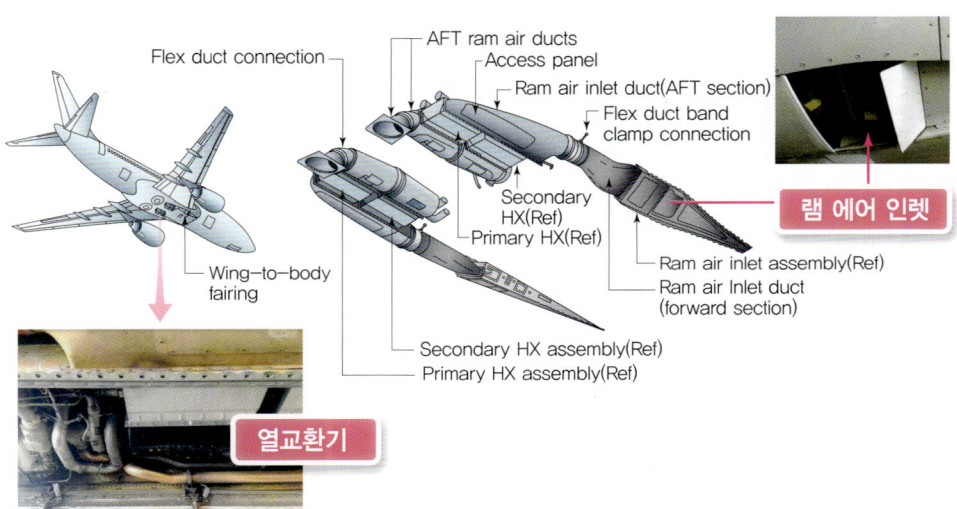

[그림 3-28] 에어컨디션계통을 위한 램 에어 장치

3.5.5 에어 사이클 머신의 기능

달팽이 모양의 ACM(Air Cycle Machine)은 작은 공간을 차지하면서 효과적인 기능을 할 수 있도록 압축된 모양을 하고 있으며 열교환기와 연결되어 장착된다. 에어컨계통의 가장 핵심적인 구성품으로 압축기와 터빈으로 구성되며 유입된 블리드 에어를 압축·팽창시키면서 물리현상을 통해 유입공기의 온도를 낮춰 주는 역할을 수행한다. 흔히 여름철 에어컨 성능을 이야기하는데 이 ACM의 관리가 관건이라 할 수 있다.

　ACM은 내부에 고속회전 베어링을 갖고 있어 적정량의 오일이 공급되고 주기적인 관리가 필요하며, 장착된 상태로 오일보급을 할 경우 접근이 어려워 주사기를 사용하여 공급하는 방법을 사용하기도 한다. ACM 점검 시 정확한 양의 오일보급이 주요 확인 포인트 가운데 하나이다.

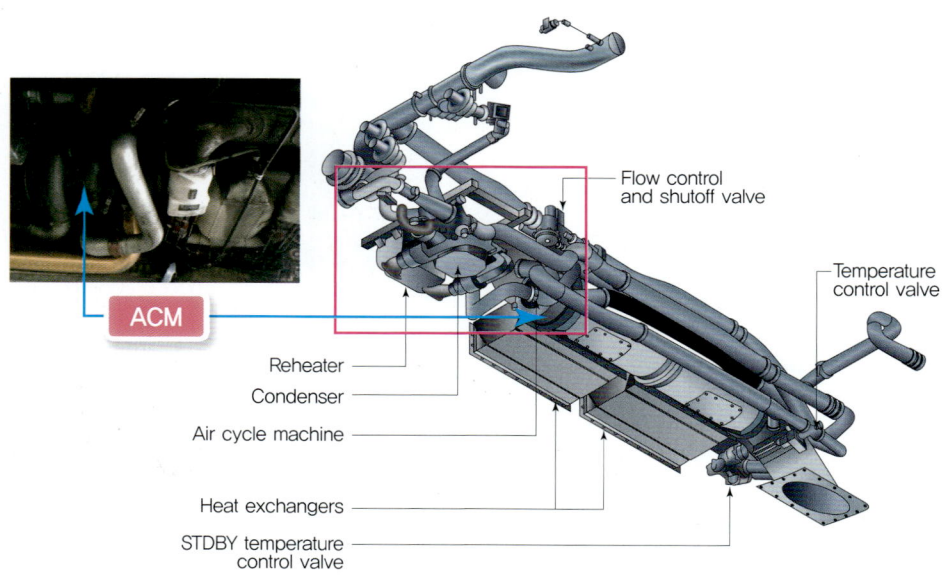

[그림 3-29] 에어컨디션 패키지 구성

3.5.6 수분분리기의 기능

터빈을 떠난 공기가 충분히 냉각되었을 때 응집된 수분이 기내로 유입되지 않도록 수분분리기를 거쳐 믹싱 체임버(mixing chamber)로 공급된다. 수분분리기(water separator)는 원심력을 이용하며, 세탁기의 탈수기와 같은 원리가 적용된다.

 공기진입 부분에 나선형 회전날개 구조물이 장착되어 있어 진입속도만큼의 회전력이 발생되고, 회전력에 의해 무게가 있는 수분은 외부로 분산되는 효과가 발생한다. 외측으로 날려간 수분입자는 유리섬유 커버에 흡착되어 드레인 라인(drain line)을 통해서 배출한다. 이때 수분분리기가 정상적으로 작동하지 않으면 기내 승객들 머리 위로 물방울이 떨어지는 현상이 발생하기도 한다. 또한 공기진입 부분 중앙에 바이패스 밸브(bypass valve)를 두어 유리섬유 부분이 얼거나 오염되어 막히는 경우 압력 차로 열리게 함으로써, 막힘현상에도 불구하고 수분이 포함되더라도 공기의 공급은 확보될 수 있도록 대체구조가 적용되기도 한다.

> **핵심 Point** **Water Separator(수분분리기)**
> 냉각(cooling)된 공기의 수분을 제거하기 위해 사용되며 유리섬유커버(fiberglass sock)를 통해 수분이 걸러지고 물 입자로 바꾸어 배출(drain)된다.

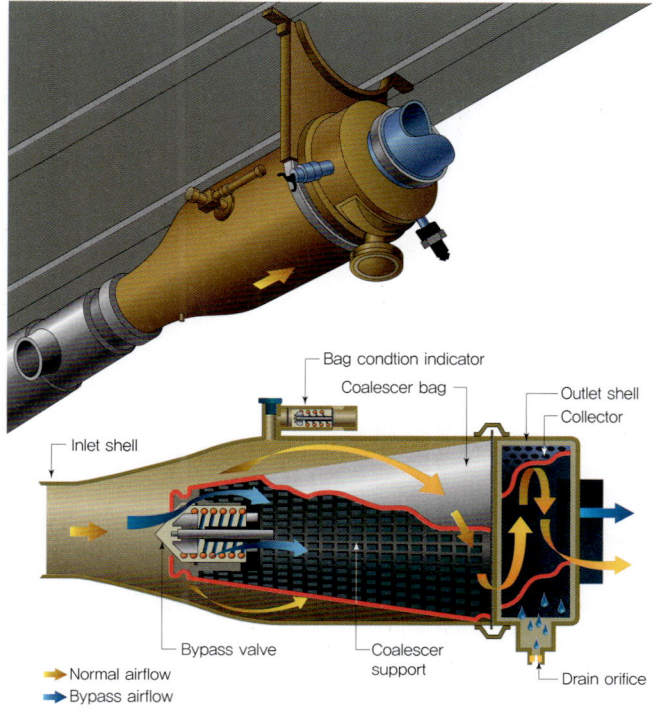

[그림 3-30] 수분분리기

3.5.7 그라운드 쿨링 팬과 스프레이 노즐의 기능

지상에서 램 에어가 공급되지 않을 경우 열교환기의 정상작동을 유도하기 위해 쿨링 팬을 작동시켜 열교환기 냉각을 위한 공기흐름을 만들어 주고, 수분분리기에서 배출시킨 수분을 열교환기 외부에 분무시켜 냉각효과를 높여 주는 구조를 적용한다. 그라운드 쿨링 팬(ground cooling fan)은 지상에서 작동될 때 열교환기의 작동을 원활하게 하기 위해 냉각공기를 강제적으로 흐르게 하는 역할을 한다. [그림 3-31]에서처럼 통로의 절반 가량의 열린 부분으로 팬을 통해 불어내어 뒤쪽의 상대적으로 넓은 공간의 공기가 빨라진 속도에 의해 압력이 낮아져 업스트림(upstream) 쪽의 공기가 쉽게 빨려 내려올 수 있는 제트펌프(jet pump) 원리를 적용하고 있다.

스프레이 노즐(spray nozzle)은 수분분리기에서 만들어진 수분을 램 에어 속도에 의한 흡입압력을 이용해 빠른 공기흐름 속에 노즐을 노출시킴으로써 자동분사될 수 있는 구조로 만들어지며, 생성된 수분을 열교환기 표면에 뿌려 줌으로써 기화 시 발생하는 냉각효과를 통해 열교환기의 효과를 극대화하도록 구성되어 있다.

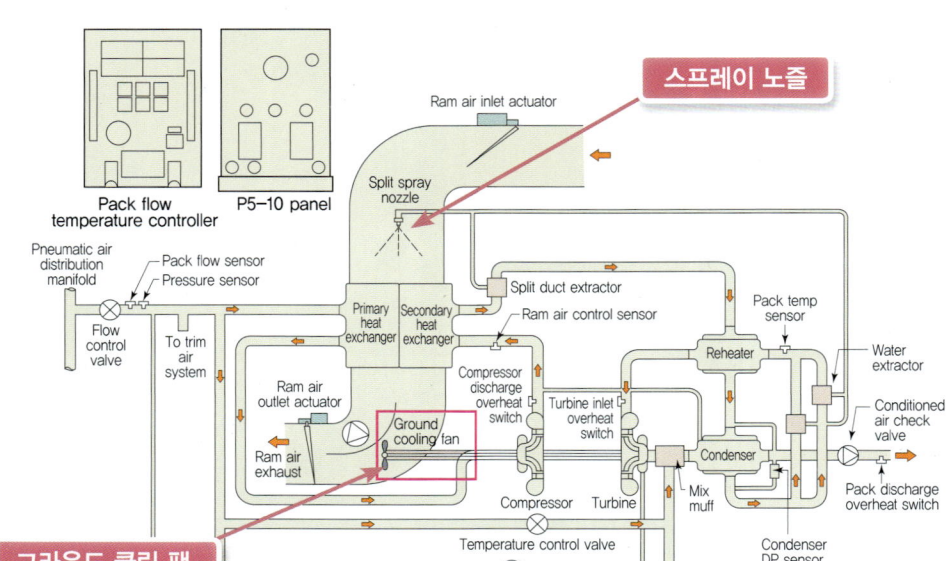

[그림 3-31] 에어컨디션 패키지 구성표

3.5.8 존별 온도(zone temperature) 조절기능

블리드 에어는 플로 컨트롤 셧오프 밸브(flow control shutoff valve)라고 불리는 팩 밸브를 지나 두 갈래 흐름으로 진행하는데, 하나의 흐름은 트림 에어로 사용되고 나머지 하나의 흐름은 ACM을 통과하며 냉각되어 메인 분배 매니폴드(main distribution manifold)로 공급된다. 조종석의 선택에 의해 메인 분배 매니폴드로 보내진 차가운 공기를 조종석, 객실에서의 요구에 걸맞은 온도를 만들어 주기 위해 트림 에어 레귤레이팅 밸브(trim air regulating valve)가 작동하고, 존별로 선택된 온도를 조절하기 위해 트림 에어 밸브(trim air valve)가 작동한다.

> **핵심 Point Cabin Temperature Control(객실온도조절)**
>
> 조종석(cockpit)에 있는 셀렉터(selector)를 통해 요구되는 온도를 설정할 수 있으며, 온도조절기(temperature controller)라는 컴퓨터를 통해 객실(cabin), 조종석, 덕트온도(conditioned air ducts, distribution air ducts temperature)를 모니터하고 조절한다.

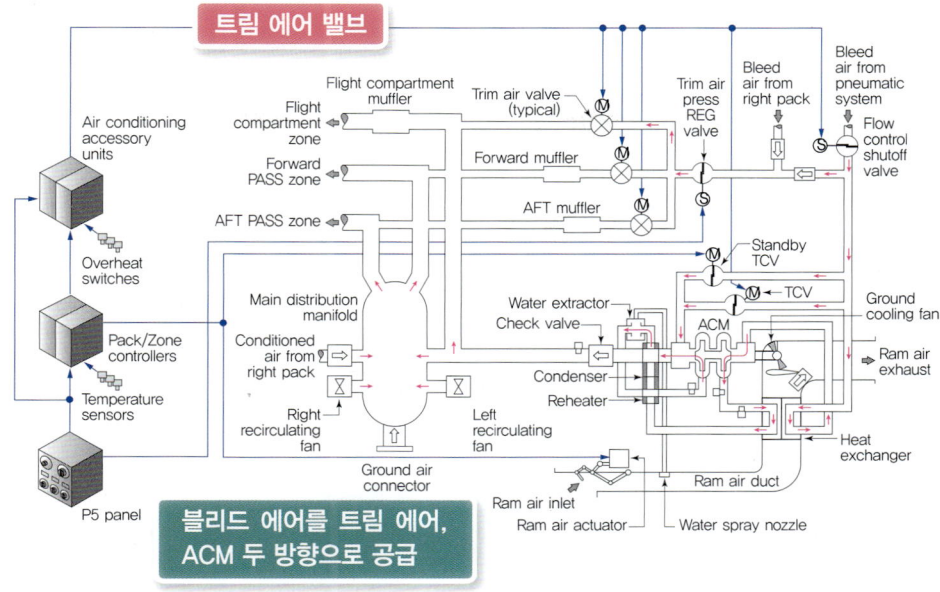

[그림 3-32] 트림 에어 밸브

3.6 산소계통

항공기의 비행고도가 증가하고, 고고도에서 산소량과 산소압력이 산소의 혈액포화도를 충분히 유지시킬 수 없게 될 때 발생가능한 저산소증 예방을 위해 산소계통이 필요하다.

지구의 대기를 구성하는 혼합가스인 공기의 대부분은 질소로 이루어지고 산소 21%가 포함되어 있다. 산소는 생명체의 가장 중요한 기본요소이며 산소 없이는 사람 또는 동물이 살아갈 수 없다. 산소공급량의 감소는 신체기능, 사고기능, 지각능력에 영향을 미치며 산소공급이 불충분하면 신체와 정신이 이완되는 저산소증(hypoxia)이 발생한다. 평균 해발고도 10,000feet(3,048m)에서 산소의 혈액포화도는 정상의 90%에 그치며 10,000feet 고도에서 장시간 체류 시 저산소증 증상인 두통과 피로를 경험할 수 있다. 평균 해발고도 15,000feet(4,572m)에서 산소포화도는 81%까지 떨어지며 졸음, 두통이 발생하고 입술과 손톱이 파랗게 변하며 맥박과 호흡이 가파르게 증가하고 시력이 약화된다. 25,000feet(7,620m)에서는 5분 이상 체류 시 산소포화도가 떨어져 의식불명의 원인이 된다.

항공기가 정상적인 작동상태에서는 여압계통 작동으로 산소계통 등 도움이 필요하지 않지만 비상시에는 산소계통의 도움이 필요할 수 있다.

> **핵심 Point** **Air**
>
> 대기를 구성하고 있는 혼합가스를 공기(air)로 통칭하며, 78%의 질소, 21%의 산소 그리고 소량의 다양한 가스로 이루어져 있다.

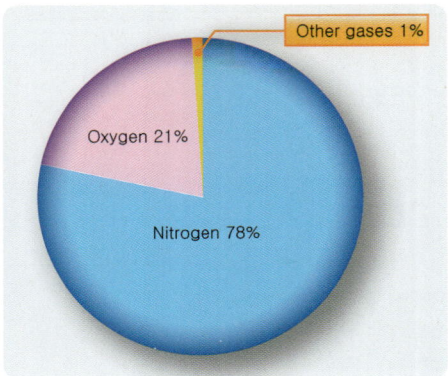

[그림 3-33] 공기의 성분

고고도비행 시 신체활동에 부족한 산소가 혈액에 공급되게 하는 방법으로 산소의 압력을 증가시키거나 공급량을 증가시키는 방법이 사용된다. 대형 운송용 항공기는 기내환경조절계통을 통해 객실에 공기를 지속적으로 공급하면서 가압으로 산소의 비율을 유지하고 승객이 정상적인 호흡을 할 수 있도록 산소포화도를 유지시켜 준다. 기내공기조절계통이 장착되지 않은 항공기들은 산소의 양을 증가시키는 공급장치를 구비하고 있다.

이 장에서 공부하는 산소계통은 대형 운송용 항공기가 기내환경조절계통의 이상으로 인해 산소량을 확보해야 하는 상황에서 사용할 수 있도록 장착된 비상계통으로서의 산소계통을 포함하고 있다.

> **핵심 Point** **산소량 확보**
>
> 해당 비행고도에서 대기압의 감소로 인한 영향을 극복하기 위한 방법이 필요하다.
> - 산소압력을 증가시키는 방법
> - 산소의 양을 증가시키는 방법

3.6.1 산소의 종류

산소는 정상대기온도와 대기압 상태에서 무색, 무취, 무미의 가스이며, 항공기에 사용되는 종류는 기체, 액체, 고체 산소로 구분한다.

　기체산소는 순수한 산소만을 가스상태로 녹색 고압실린더에 보관하며, 연소방지를 위해 연료, 오일, 그리스로부터 격리시켜야 한다. 정비작업 시 깨끗한 손으로 작업해야 하고 사용되는 공구도 청결한 상태에서 다루어야 한다.

　액체산소는 엷은 파랑색 액체로, 기체산소를 −183℃ 이하로 낮추고 고압으로 압축하여 액체상태로 2중 진공용기에 보관한다. 기체산소에 비해 작은 용기에 많은 양의 산소를 공급할 수 있으나 보관상의 어려움, 위험 등으로 민간항공기보다는 군용항공기에 주로 사용한다.

　고체산소는 염소산나트륨($NaClO_3$)이 연소하면서 발생한 산소를 필터를 거쳐 공급하는 장치를 갖고 있으며, 비상시 10~20분 동안 사용가능하도록 제작되어 비상상황이 해제될 수 있는 고도까지 사용할 수 있는 양을 제공하도록 만들어진다.

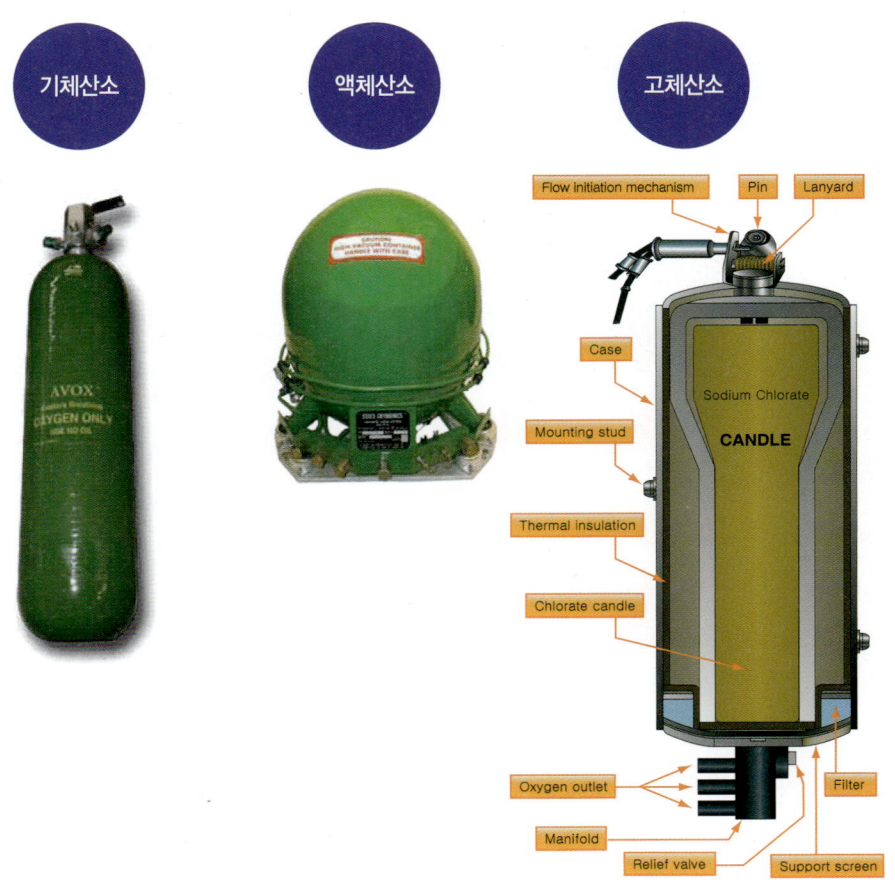

[그림 3-34] 산소의 종류

3.6.2 저장실린더

기체산소계통 산소저장실린더는 보통 1,850psi로 충전되며 최고 2,400psi 이상까지 견딜 수 있도록 제작하고 주기적인 검사가 수행된다. 산소저장실린더는 수명이 정해져 있어 주기적인 수압 테스트를 통해 사용가능 여부를 판단해야 하고, 이상이 없을 경우 사용연한까지 [표 3-1]과 같이 인가받은 종류에 따라 관리해야 한다.

반복 · 충전하여 사용하며, 산소저장실린더는 내부압력이 50psi 이하로 떨어질 때 완전히 사용한 것으로 다루는데, 수분침투로 인한 부식방지를 위해 최소한의 압력이 남아 있도록 관리한다.

> **핵심 Point** **Oxygen Bottle(산소통)**
>
> 고압(high pressure)으로 충전되어 있고, 주기적으로 수압 테스트를 수행해야 하며, 비어 있는(empty) 상태일 때 50psi 압력을 유지하여 부식(corrosion) 발생을 예방해야 한다.

[표 3-1] 산소탱크의 기준

Certification Type	Material	Rated pressure (psi)	Required hydrostatic test	Service life (years)	Service life (fillings)
DOT 3AA	Steel	1,800	5	Unlimited	N/A
DOT 3HT	Steel	1,850	3	24	4,380
DOT-E-8162	Composite	1,850	3	15	N/A
DOT-SP-8162	Composite	1,850	5	15	N/A
DOT 3AL	Aluminum	2,216	5	Unlimited	N/A

3.6.3 산소공급튜브

기체산소계통의 구성품은 스테인리스 재질과 알루미늄 재질의 튜브(tube)가 사용되며, 육안점검 시 확인가능하도록 인식 띠가 사용된다. 산소저장실린더로부터 마스크 사용 부분까지 연결된 경로상에 보통 다섯 종류의 밸브가 사용된다. 이 중 차단밸브(shutoff valve)는 천천히 열리도록 설계되는데 그 이유는 고속으로 흐르는 산소경로상에서 발화점을 넘어 화재 또는 폭발을 초래할 수 있기 때문에 산소가 흐르는 속도를 제한하기 위함이다. 정비사가 산소저장실린더를 교환할 때도 각종 밸브를 천천히 열어야 한다.

> **핵심 Point Color Code**
>
> 고압(high pressure)부분에는 스테인리스 스틸 튜브(stainless steel tube), 저압(low pressure)부분에는 알루미늄 튜브(aluminum tube)가 사용되며 산소계통 인식을 위해 인식띠(identified code)가 사용된다.

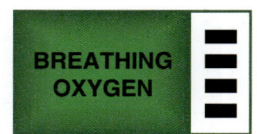

[그림 3-35] 산소계통 컬러 코드

3.6.4 실린더 폭발 방지를 위한 안전장치

조종실의 승무원은 산소저장실린더에 저장된 고압기체산소를 필요 시 사용할 수 있는데, 모든 조종석에는 좌석마다 마스크가 장착되어 있으며, 화물실 등의 원거리에 장착된 저장실린더로부터 튜브를 통해 연결되어 있다.

고압상태의 산소는 저장실린더에 저장되고, 온도상승으로 인한 폭발사고를 예방하고자 방출계통을 갖고 있으며, 고온으로 임계압력을 넘어서면 연질의 막이 찢겨지면서 드레인 라인(drain line)을 통해 배출되도록 만들어져 안전장치 역할을 한다. 정비사가 외부점검 시 저장부위에 장착된 실린더를 직접 확인하지 않더라도 외부점검 시 산소저장실린더의 상태를 판단할 수 있도록 그린 디스크(green disk)를 장착해 두고 있으며, 고온으로 인한 방출압력에 의해 디스크가 떨어져 나가면 내부에 이상이 있는 것을 인식하도록 설계되어 있다.

추가적으로 앞서 설명했던 것처럼 산소계통을 다룰 때에는 오일계통의 격리가 중요하다는 사실을 주지해야 한다.

저장실린더에 충전된 산소는 차단밸브가 열리면 압력조절장치에서 감압되어 조종사의 마스크로 공급되는 구조로 되어 있다.

산소저장실린더의 차단밸브가 닫혀 있는 상태에서 충전압력을 확인할 수 있도록 실린더 헤드 부분에 게이지가 장착되어 있고 실린더에 걸린 과압으로 인한 폭발의 위험을 제거하기 위해 연질의 릴리프 디스크(relief disk)가 막고 있지만 열팽창으로 인해 과압이 발생하면 릴리프 디스크를 찢고 동체 외피를 막고 있던 그린 디스크(green disk)를 통해 방출되는 구조를 적용한다.

정상적으로 차단밸브가 개방되면 계통 내의 압력이 조종석에 전달될 수 있도록 트랜스듀서(transducer)가 장착되어 있고, 그 하단에 감압밸브가 있어 실제 사용자의 요구사항이나 선택에 따라 공급이 가능하도록 설계된다.

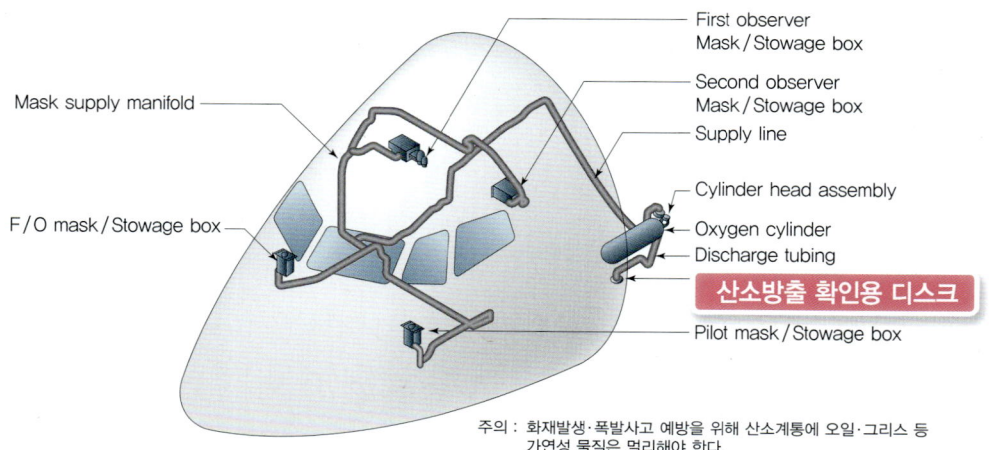

[그림 3-36] 산소계통의 구성

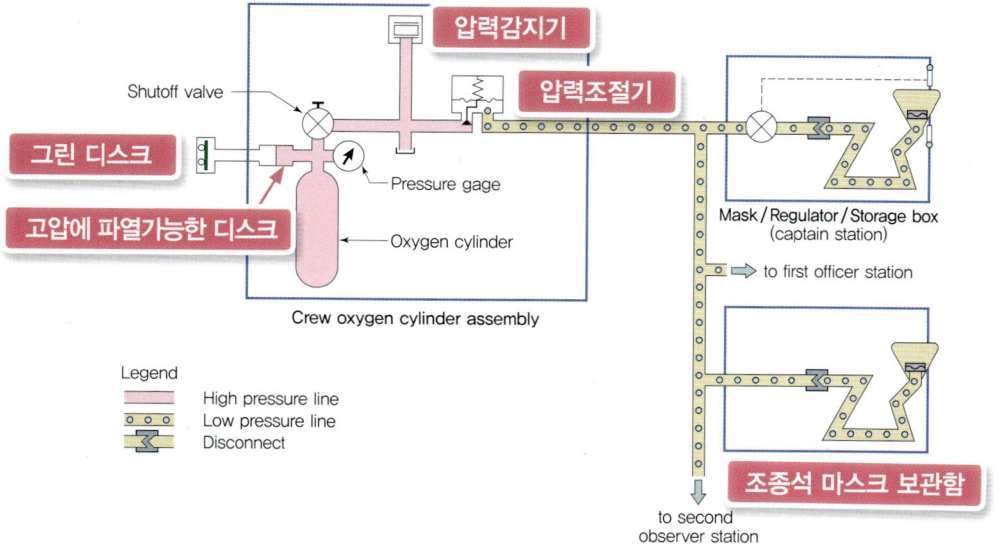

[그림 3-37] 조종사를 위한 산소계통

저장실린더에 충전된 산소가 정상적으로 사용가능한지 비행 전 점검 등에서 쉽게 확인할 수 있도록 그린 디스크가 적용되기도 한다. 앞서 설명한 것처럼 저장실린더의 산소저장압력은 1,850psi로 충전되고, 열팽창 등을 위해 2,600psi에서 찢어지는 릴리프 디스크를 장착하며, 찢어진 릴리프 디스크를 통해 배출하는 산소압력에 의해 표식인 그린 디스크를 밀어내고 외부로 산소가 방출되도록 한다. 따라서 정비사와 조종사가 외부점검 시 동체 표면의 그린 디스크 유무를 확인함으로써 산소저장실린더의 상태를 판단할 수 있다.

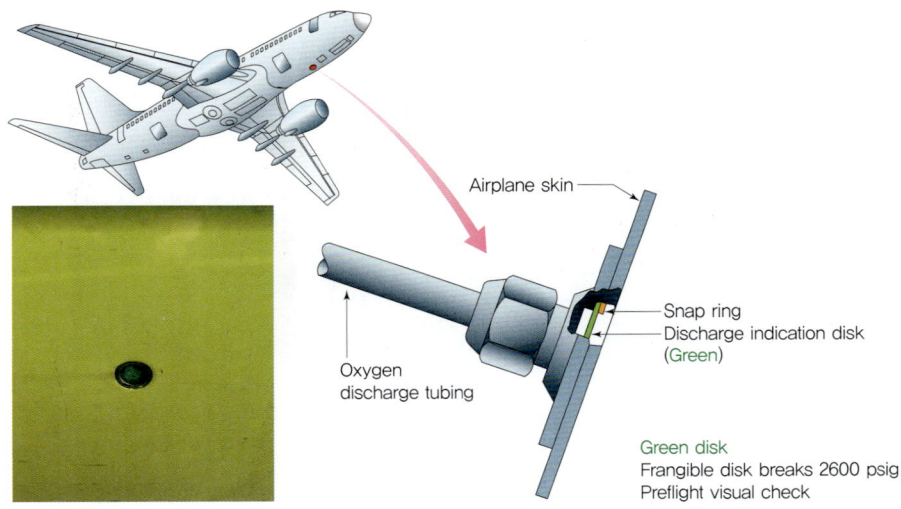

[그림 3-38] 산소탱크의 상태 확인장치, 그린 디스크

3.6.5 마스크

조종석에는 비상상황 발생 시 손쉽게 사용할 수 있도록 마스크가 장착되어 있다. 저장박스 안에 들어 있는 마스크는 손잡이 부분을 잡아당기면 산소가 공급되면서 쉽게 머리에 쓸 수 있도록 부풀어 오른다. 비행을 위해 차단밸브(shutoff valve)를 열어 둔 상태에서 비행 중 비상상황이 발생하면 손잡이만 잡고 당기면 착용하기 쉽도록 부풀어 오르는 하네스(harness)가 장착되어 있으며, 마스크 착용상태에서 교신가능한 마이크 장치가 내장되어 있다.

정비사는 매일 비행 전후 검사 때마다 산소계통의 상태확인 절차를 통해 마이크 테스트를 실시해야 한다. 손잡이 부분에는 산소의 공급방법을 호흡할 때에만 공급되는 모드와 지속적으로 공급되는 모드를 선택할 수 있는 노브가 장착되어 있으며, 화재발생 시 사용가능한 고글 타입의 마스크 사진도 확인할 수 있다.

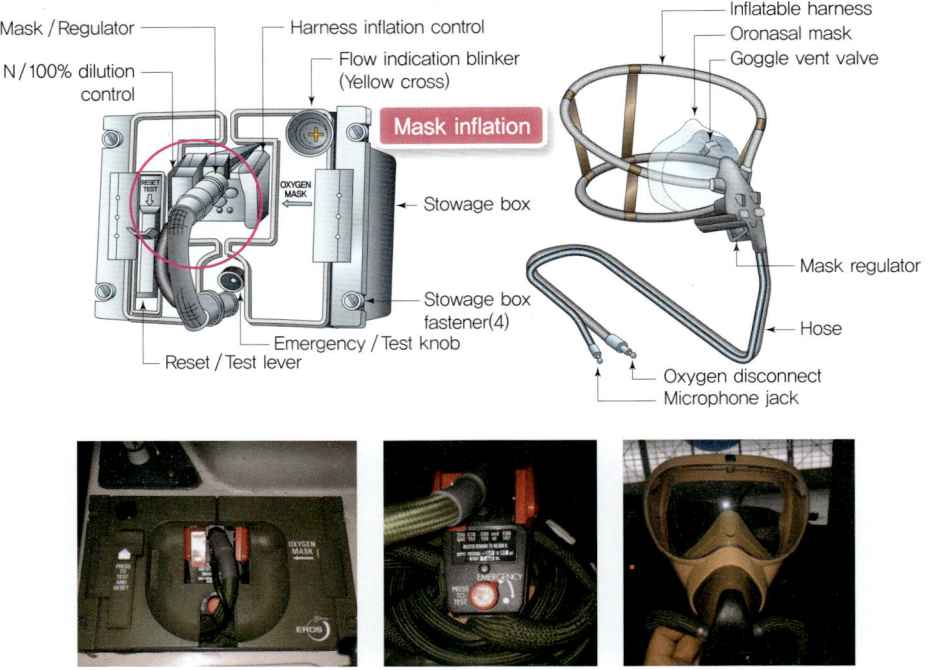

[그림 3-39] 조종사를 위한 산소마스크

    객실에는 비상시 탑승자들이 사용할 수 있도록 승객 좌석 윗부분, 승무원 좌석, 화장실에 고체산소 발생장치가 장착되어 있으며, 항공기가 정상작동하는 평상시에는 보이지 않게 보관되어 있다가 비상상황이 발생하면 마스크가 떨어져 사용가능 상태로 된다. 승객이 비행기 탑승을 완료하면 승무원들이 출발 전 안전교육을 실시한다. 이때 유심히 보면 머리에 마스크를 쓰는 시범을 보여 주는데 평상시에는 마스크가 숨겨져 있는 것을 알 수 있다.

    항공기 기체에 이상이 발생하여 여압이 빠져나가 14,000feet(4.3km)의 객실고도를 감지하면 자동으로 전 좌석의 마스크가 떨어져 내려온다. 만일 감지기 이상으로 객실 내부 압력이 떨어진 상태에서 마스크가 떨어져 내려오지 않으면 조종석에서 조종사가 스위치를 활용해서 강제로 떨어뜨릴 수 있도록 대체방법이 마련되어 있다.

    탑승자가 PSU(Pax Service Unit) 내부에 장착된 고체산소와 연결된 마스크를 힘껏 잡아당기면 격발장치가 작동하여 연소가 시작되고 10~20분간 사용가능한 산소가 발생된다. 산소는 필터를 거쳐 배출구에 연결된 보관 주머니에 충전됨으로써 승객이 마스크를 통해 호흡할 수 있도록 설계되어 있다.

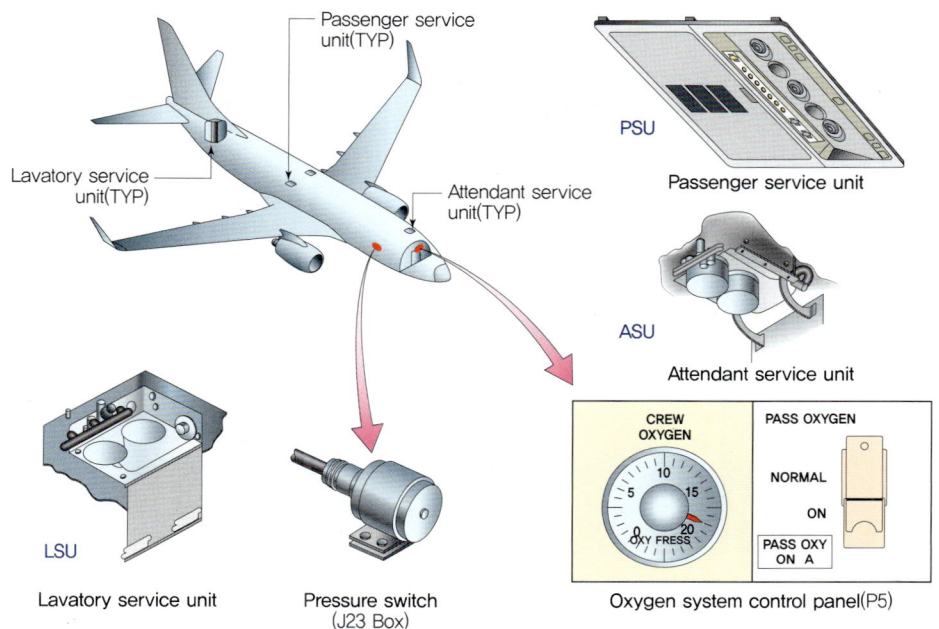

[그림 3-40] 산소마스크 작동장치

    고체산소는 연소과정을 거치면서 산소가 발생되며 이때 연소로 인해 고온의 열이 발생하므로 화상의 위험이 있다. 따라서 한 번 연소가 시작되면 정지시킬 수 없기 때문에 정비를 위한 장탈(removal) · 장착 및 이동 시 안전핀을 장착하는 등 조심해서 다루어야 한다. 고체산소가 연소되어 사용되면 이때 발생한 열에 의해 산소발생기 외부에 부착된 인식 띠의 색상변화 확인을 통해 사용 유무를 판단할 수 있다. 고체산소의 산소발생장치는 충격을 주거나 떨어뜨리지 않도록 조심해야 하고 격발장치는 분리하지 못하도록 제한하고 있다.

    승객용 마스크는 좌석의 열 수보다 많이 장착되는데, 동반한 유아를 위한 여유분이 장착된다. PSU 안의 마스크는 도어가 열리면 자동으로 떨어질 수 있도록 접는 방법을 제공하며, 관련 교육을 이수한 자가 작업해야 한다. 그리고 저장백에 저장된 산소를 들이마시는 행동이 있을 때에만 밸브가 열려 효과적인 산소소비를 할 수 있도록 설계되어 있다.

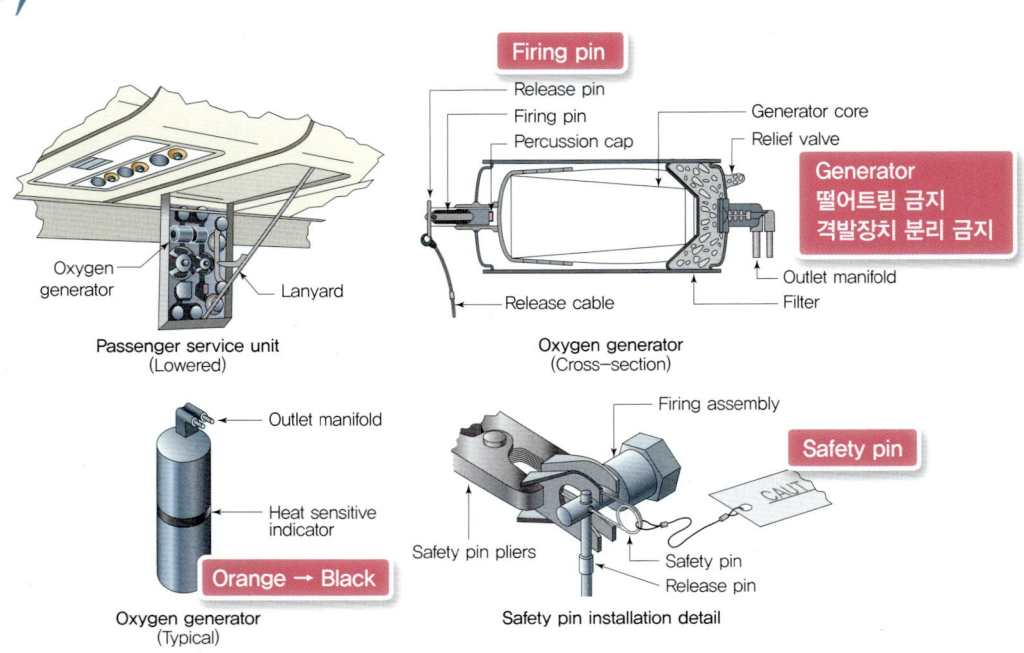

[그림 3-41] 고체산소, 산소발생장치

　또한 객실에는 발생한 구급환자를 위해 사용가능한 이동용 산소저장실린더가 구비되어 있고, 소화기 주변의 보관상자 안에 PBE(Protecting Breathing Eguipment, 호흡보호장비)가 마련되어 있어 화재발생 시 진화용으로 사용가능하다. 법적으로 두 장비는 완벽하게 관리되어야 하고 PBE의 경우 보관상자 봉인이 제거되면 사용할 수 없도록 관리하고 있다.

　산소계통을 다룰 때는 항상 화재와 폭발의 위험을 고려해야 하고, 작업장 주변을 청결하게 유지해야 하며, 깨끗하게 손과 의복을 관리해야 한다. 산소계통의 작업 시에는 절대 금연이 요구되며 화염에 노출되지 않도록 해야 하고, 산소저장실린더 보관 시 석유제품, 열원으로부터 격리시켜야 하며, 환기가 잘되고 서늘한 장소에 보관하여야 한다. 또한 산소저장실린더의 압력이 완전히 계통으로부터 배출될 때까지는 다음 작업을 수행하지 말아야 한다.

　산소계통의 배관은 작동부위, 전기배선으로부터 2인치(5.1cm) 이상 여유공간을 두어야 하고 뜨거운 덕트 등 열원으로부터 적당한 거리를 유지해야 한다. 정비작업 후에는 누설점검을 수행해야 하는데, 이때 인가된 용제만 사용해야 한다.

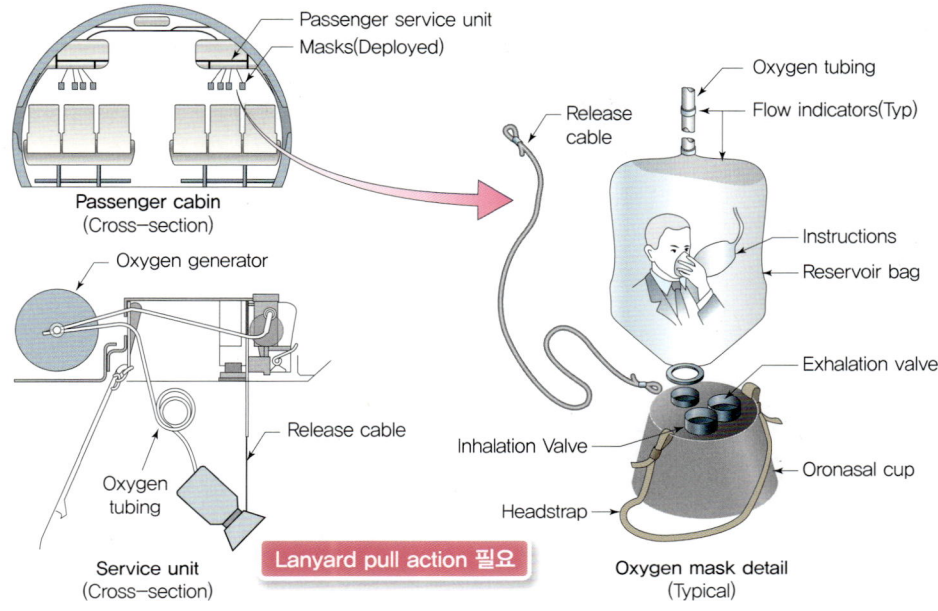

[그림 3-42] 승객용 산소마스크

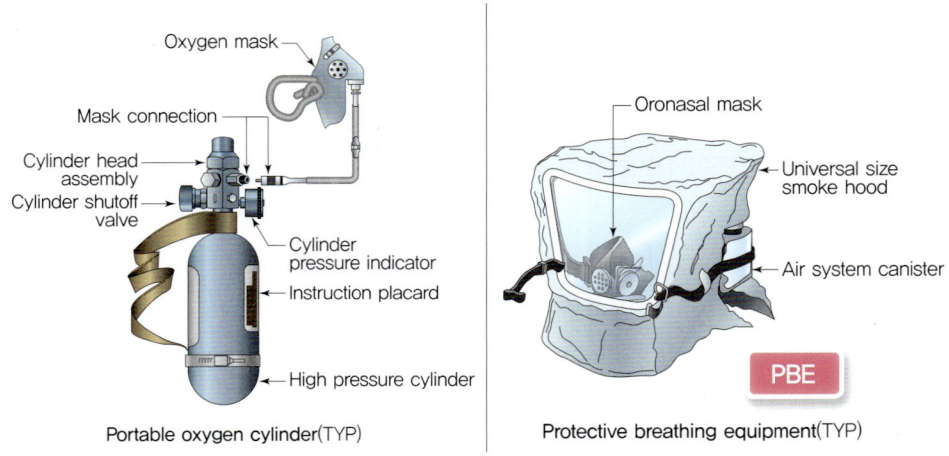

[그림 3-43] 이동용 산소마스크

제3장 확인학습: 연습문제 및 해설

공압계통의 구성, 기내환경조절계통

1 다음 중 ATA 36에 해당하는 공기압계통의 소스로 맞지 <u>않는</u> 것은?

① engine bleed air
② pneumatic ground connection air
③ APU bleed air
④ conditioned air

해설 공압계통의 소스를 활용해 conditioned air로 만들어져 기내에 공급된다.

2 다음 중 ATA 36의 유저계통에 해당하지 <u>않는</u> 것은?

① fuel tank ventilation
② wing thermal anti-icing
③ engine starting
④ nitrogen generation system

해설 fuel tank ventilation 계통은 대기와 오픈된 구조를 갖고 있는 물리적인 구조시스템이다.

3 다음 중 블리드 에어의 효율적인 사용을 위한 조절기능은 어느 것인가?

① source control   ② pressure control
③ temperature control   ④ mix control

해설 엔진의 작동상태에 따라서 저압압축기와 고압압축기의 토출압력을 결정하는 기능으로 엔진성능의 유지와 관계가 깊다.

4 다음 중 엔진이 정상순항 파워로 작동할 경우 close되는 밸브는 어느 것인가?

① 5th check valve   ② high stage valve
③ PRSOV   ④ pack valve

정답 1. ④   2. ①   3. ①   4. ②

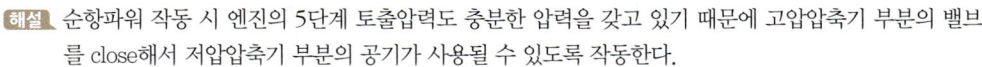

해설 순항파워 작동 시 엔진의 5단계 토출압력도 충분한 압력을 갖고 있기 때문에 고압압축기 부분의 밸브를 close해서 저압압축기 부분의 공기가 사용될 수 있도록 작동한다.

5 다음 중 ATA 21 air conditioning system의 sub 기능에 해당하지 <u>않는</u> 것은?

① pressurization
② equipment heating
③ temperature control
④ heating

해설 전자장비실의 냉각기능을 equipment cooling system으로 분류한다.

기내환경조절계통의 필요성

6 다음 중 대형 운송용 항공기가 비행하는 대기는 어느 것인가?

① 대류권　　　　　　　　② 대류권계면
③ 성층권　　　　　　　　④ 열권

해설 대형 운송용 항공기는 지구의 표면 위로 약 38,000feet(11.6km)까지의 범위인 대류권을 비행한다.

7 다음 중 표준대기를 표현한 것으로 거리가 <u>먼</u> 것은?

① 14.7atm　　　　　　② 29.92inHg
③ 1013.2hPs　　　　　④ 1013.2mb

해설 표준대기를 1atm, 14.7psi로 규정하고 있다.

8 다음 중 왕복엔진에서 주로 활용하는 압축공기 공급원은 어느 것인가?

① jet pump　　　　　　② compressor turbine
③ turbo charger　　　　④ compressor

해설 왕복엔진의 기내압력을 공급해 주기 위한 소스는 연소가스와 격리된 공기를 활용하는 터보 차저가 활용된다.

정답 5. ② 6. ① 7. ① 8. ③

❾ 다음 중 기내압력 조절을 위한 신호에 의해 공기의 흐름량을 조절하는 outflow valve에 대한 설명으로 맞는 것은?

① 보통 한 대의 비행기에 한 개의 valve가 장착된다.
② outflow valve는 정상비행 중 오토 모드로 작동한다.
③ outflow valve는 동체 상부에 장착된다.
④ outflow valve는 open/close 모드로 작동한다.

[해설] 아웃플로 밸브가 정상적인 작동상태에서 오토 모드로 작동하다가 스탠바이 모드로 전환되고 그 기능마저 멈추면 매뉴얼 모드로 조절가능하도록 대체방법이 적용된다.

❿ 다음 중 기내압력이 설정값 이상으로 높아질 경우 작동하도록 만들어진 안전장치는 어느 것인가?

① outflow valve
② pressure regulator
③ positive relief valve
④ pressure sensor

[해설] 객실압력이 규정값 이상으로 올라가면 탑승하고 있는 승객들의 안전과 기체구조의 안전을 위해 과압을 제거하도록 positive relief valve가 작동한다.

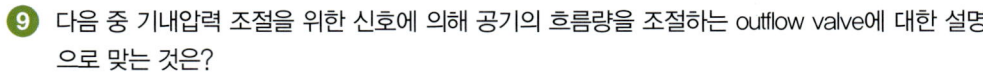

⓫ 다음 중 VCM(Vapor Cycle Machine)에 대한 설명으로 맞는 것은?

① 주요 구성품으로 컴프레서와 터빈을 갖고 있다.
② 저압/고압 압축기를 선택적으로 사용한다.
③ 엔진 블리드 에어를 소스로 사용한다.
④ 터빈엔진을 장착하지 않은 항공기에 사용한다.

[해설] ①, ②, ③은 ACM의 특징을 설명하고 있다.

⓬ 다음 중 ACM(Air Cycle Machine)의 구성품이 아닌 것은?

① 냉매   ② 열교환기
③ 수분분리기   ④ 램 에어 도어

[해설] ACM 계통은 블리드 에어를 소스로 사용하며 냉매는 사용되지 않는다.

정답 9. ② 10. ③ 11. ④ 12. ①

13 다음 중 ACM의 컴프레서 아웃렛과 직접 연결되는 구성품은 어느 것인가?

① 팩 밸브 ② 2차 열교환기
③ 터빈 ④ 수분분리기

해설 ACM의 공기흐름은 팩 밸브-1차 열교환기-컴프레서-2차 열교환기-터빈-수분분리기-믹싱 체임버 순으로 진행된다.

14 다음 중 수분분리기에 대한 설명으로 적당한 것은?

① 수분분리기는 열에너지에 의해 작동한다.
② 얼음이 발생할 경우 바이패스 경로를 갖고 있다.
③ 2차 열교환기 다음에 장착된다.
④ 수분분리기에서 분리된 수분은 저장탱크로 보내진다.

해설 수분분리기 내부에 얼음이 얼거나 불순물이 들어올 경우 원활한 흐름을 확보하기 위해 바이패스 밸브가 작동한다.

15 다음 중 ACM 계통의 그라운드 쿨링 팬에 대한 설명으로 맞는 것은?

① 지상에서 ACM의 냉각
② 지상에서 열교환기로 흐르는 냉각공기의 공급
③ 그라운드 쿨링 팬은 전기파워에 의해 작동
④ 블리드 에어 흐름라인 안에 장착

해설 그라운드 쿨링 팬은 지상에서 ACM 작동 시 열교환기로 흐르는 램 에어의 흐름을 만들어 주기 위해 장착되며 ACM 터빈에 물려 작동된다.

정답 13. ②   14. ②   15. ②

AIRCRAFT SYSTEMS

제4장

유압계통

AIRCRAFT SYSTEMS

4.1 유압계통의 필요성

4.2 유압계통의 구성

4.3 유압계통 구성품의 기능

4.4 대형항공기 유압계통

4.5 유압계통을 사용하는 주요 계통

요점정리

| 유압계통의 필요성 |

1. 비압축성 유체의 즉각적인 반응, 힘의 증폭 등의 특성을 활용하여 조종석에서 스위치 또는 작동 레버를 조작하는 작은 움직임이 하중이 큰 부품의 움직임을 가능케 한다.
2. 항공기 유압계통의 기본적인 구성은 작동매체, 파워생성 부분, 파워전달 구성품, 동작(actuating) 부분으로 구성된다.

| 항공기 유압계통 |

1. 유압계통으로 들어가는 오염원의 관리는 장비를 정비하고 운용하는 정비사의 책임이 크다. 예방법은 정비, 수리 그리고 유압유 보급 시 오염을 최소화하도록 관리하는 것이다.
2. 항공기 유압계통은 공급라인, 압력라인, 케이스 드레인 라인, 리턴 라인으로 구성된다.

| 유압계통의 구성품 |

1. 유압계통의 센서들은 조종실로 유압유의 압력, 온도, 용량을 지시해 주며, 추가적으로 비정상 작동상태를 판단할 수 있도록 위험상황을 알려 주는 지시기능을 수행한다.
2. 기본유압시스템(basic hydraulic system)과 다르게 실제 항공기에서는 안전성 확보를 위하여 엔진구동펌프, 전기모터구동펌프, 공기압구동펌프 등 다양한 소스로 유압유가 공급될 수 있도록 만들어져 있다.
3. 유압시스템이 지속적으로 작동할 수 있도록 유압펌프의 윤활과 냉각에 사용된 유압유를 냉각시켜 주기 위해 열교환기(heat exchanger)가 활용된다.

| 대형항공기 유압계통 정비작업 |

1. 유압계통 관련 정비작업 수행을 위한 매뉴얼에는 정비작업 중 발생할 수 있는 안전사고를 예방하기 위해 WARNING, CAUTION, NOTE 사항을 명시하고 있다.
2. 정상적인 계통유지를 위해 정비사는 지상에서 유압유의 잔량을 확인하고 필요한 경우 하나의 공급구를 이용해 전체 레저버에 정상유량만큼 보급을 해 준다.

| 유압계통을 사용하는 주요 계통 |

1. 대형항공기에서 사용하는 유압은 크게 비행조종계통, 랜딩기어계통, 엔진역추력장치계통에 활용된다.

사전테스트

1. 항공기 날개의 구성품을 움직이는 데 액체(fluid)가 사용된다.

> **해설** 항공기 날개 중 움직이는 부분에 액추에이터가 장착되어 있고 그 내부에 액체 또는 기체가 들어 있다.
>
> 정답 ○

2. 유압작동의 원리는 파스칼의 원리가 적용된다.

> **해설** 밀폐된 공간에 가해진 힘이 단위면적당 일정한 힘으로 반응한다는 파스칼의 원리가 적용된다.
>
> 정답 ○

3. 보급된 액체는 영구적으로 사용된다.

> **해설** 시스템 내에 보급된 유압유는 정기적으로 유지·관리되며 보충되고 교환된다.
>
> 정답 ×

4. 항공기 유압계통은 지상에서만 사용가능하다.

> **해설** 항공기 유압계통은 항공기가 지상활주할 때, 비행 중 그리고 착륙 시 중요한 역할을 담당하고 있다.
>
> 정답 ×

5. 유압계통을 구성하는 유압라인은 네 가지 경로로 작동한다.

> **해설** 공급라인, 압력라인, 펌프냉각을 위한 케이스 드레인 라인, 리턴 라인으로 작동한다.
>
> 정답 ○

6. 유압계통의 이상 유무를 압력센서(pressure sensor)에만 의존한다.

> **해설** 유압계통은 유압유의 양, 작동압력, 작동온도를 감지하는 센서를 갖고 있다.
>
> 정답 ×

4.1 유압계통의 필요성

항공기가 살아서 움직이려면 연료가 공급되어 에너지원으로서 사용되고, 이 에너지원을 활용한 전기파워(electric power), 공기압파워(pneumatic power), 유압파워(hydraulic power)를 공급할 수 있어야 한다. 이러한 파워(power)들은 엔진이 작동하면서 만들어진 회전력을 통해서 생산·공급된다.

항공기에서 유압계통은 큰 힘을 요구하는 항공기 구성요소의 작동을 위해 사용되는 효율적인 수단이다. 랜딩기어(landing gear), 비행조종면(flight control surface), 브레이크(brake)의 작동은 대부분 유압계통으로 이루어진다. 물론 공기압을 이용하는 항공기도 있지만, 유압만큼 효과를 제공하지 못하기 때문에 일부 한정된 작동 부분에 사용된다. 최신 개발 항공기의 경우 전기작동 브레이크가 적용되기도 한다.

[그림 4-1] 항공기가 살아나기 위한 파워 공급장치-엔진

항공기가 살아서 움직인다는 것은 지상에서 자력으로 이동하고, 활주로를 달려 날아올라 정해진 항로를 따라 목적지 상공까지 조종한 대로 지속적인 움직임을 통해 비행한 후 목적지 공항에 안전하게 착륙하여 정해진 장소에 정지하는 등의 활동을 할 수 있다는 것이다. [그림 4-2]의 활주로 끝에서 진입하고 있는 비행기처럼, 항공기가 살아서 움직이는 동안 달리거나, 서거나 선회하거나 상승 또는 하강 비행을 할 경우 조종사의 의지대로 항공기가 움직이려면, 기본적으로 엔진에서 생산된 추력 이외에 우리 신체의 신경과 같은 전기계통(electric system), 호흡기 역할을 하는 공압계통(pneumatic system), 일을 할 때 움직임을 전달해 주는 근육 역할을 하는 유압계통(hydraulic system)이 필요하다.

기본적으로 이 세 가지 요소는 정상적으로 작동하는 엔진으로부터 만들어진다.

항공기가 살아서 움직이는 것은 엔진에 의지하고 있지만 항공기기술기준에서는 비행 도중 비상상황으로 엔진이 정지하여 동시에 세 가지 모두가 작동하지 않을 경우 대체방법을 마련하도록 요구하고 있다.

[그림 4-2] 착륙 후 유도로에 진입 중인 항공기

4.1.1 물리적 특성

파스칼(Pascal)의 원리에 의한 비압축성 유체의 즉각적인 반응과 힘의 증폭 등의 특성을 활용하여 조종석에서는 스위치 또는 레버를 조작하는 작은 움직임이지만 원거리에 위치한 하중이 큰 작용부분을 거뜬하게 작동시킨다.

항공기 유압계통의 원리를 쉽게 '파스칼의 원리'로 설명하는데, 예컨대 손에 고무공을 쥐고 힘을 주면 고무공 내부의 압력은 힘을 준 만큼의 크기로 고르게 작용한다. 유압계통이 정상적으로 작동하려면 이처럼 밀폐된 계통을 이루고 있어야 한다. 주어진 힘이 밀폐된 계통 내부에 동일한 힘으로 작용하고 이때 움직일 수 있는 피스톤이 장착되어 있다면 힘을 준 만큼의 압력이 피스톤에 작용할 것이며, 이때 피스톤 단면적의 크기에 따라 전달되는 힘의 크기가 결정된다.

입력과 출력에 해당하는 단면적의 변화에 비례해서 최종 작동하는 힘의 크기가 결정되는데, 브레이크 페달을 밟는 사람의 발힘으로 시속 100km로 달리던 자동차를 급하게 정지시키거나, 운전석에 탑승한 운전자의 레버 작동만으로 단단한 땅을 파헤치는 포클레인의 힘이 단적인 예이다. 자동차, 포클레인을 유심히 들여다보면 여러 개의 피스톤, 즉 액추에이터(actuator)라 부르는 작동기를 발견하게 될 것이다.

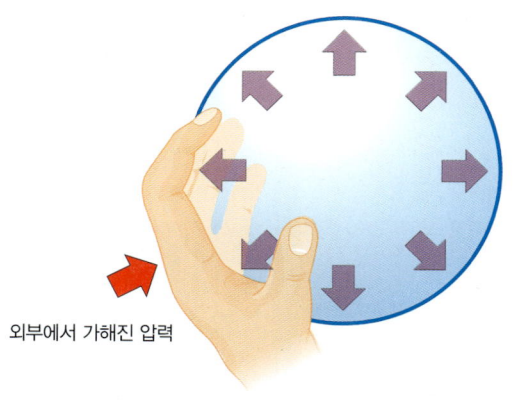

외부에서 가해진 압력

밀폐된 공간 속의 유체에 압력을 주면, 그 힘은 공간 내부의 모든 방향으로 동일하게 작용

[그림 4-3] 파스칼의 원리

4.1.2 공·유압계통의 구성품

항공기 유압계통은 주 계통이 고장나더라도 지속적인 유압계통의 작동을 확보해야 하므로 중복기능성(redundancy)과 신뢰성을 얻기 위해 몇몇 하부계통(subsystem)으로 이루어져 있다. 각각의 하부계통은 동력발생장치, 즉 펌프(pump), 레저버(reservoir), 축압기(accumulator), 열교환기(heat exchanger), 여과장치(filtering system) 등을 갖추고 있다.

   항공기 유압계통(hydraulic system)의 기본적인 구성은 [그림 4-4]와 같이 크게 네 가지 영역의 구성품으로 나눌 수 있다. 즉, 가장 기본이 되는 계통 내부 충전물질인 비압축성 유체, 그 유체에 압력을 만들어 주는 펌프들, 압력이 형성된 유체가 전달될 수 있도록 통로 역할을 하는 튜브와 각종 밸브들, 그리고 압력에너지를 기계적인 일로 변환시키는 일을 하는 액추에이터로 이루어진다.

   고속으로 작동하는 엔진에 의해 가압되는 작동유는 엔진성능에 걸맞은 화학적 특성을 가져야 하고, 유압계통을 사용하는 유저계통(user system)을 개수만큼 충분하게 커버할 수 있는 용량을 공급할 수 있는 펌프, 만들어진 압력을 원활하게 사용처까지 전달해 줄 수 있는 기밀이 유지되는 튜브와 연결구성품, 그리고 적절한 힘의 크기와 작동속도가 조절된 액추에이터가 요구된다.

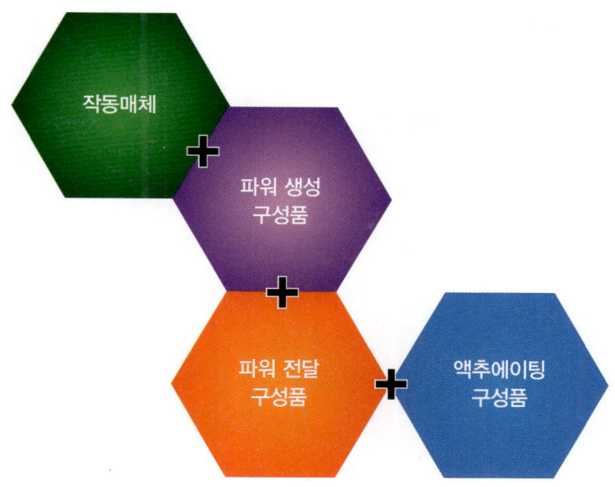

[그림 4-4] 유압계통의 구성요소

4.1.3 공압과 유압

공·유압계통의 비교 시 유압계통의 장점은 경량, 장착의 용이, 검사의 간소화, 그리고 정비의 용이함 등에 있다. 공·유압계통은 동일한 작동파워(actuating power)로서의 기능을 수행한다. 하지만 공압과 유압의 작동파워로서의 기능을 동일한 기준하에 비교한다면, 유압계통이 좀 더 많은 장점을 갖고 있다.

  엔진으로부터 공급된 뜨거운 공기를 작동부분까지 전달하기 위한 구성품, 즉 원거리까지 연결된 크고 무거운 튜브, 흐름을 조절하기 위한 각종 밸브 등 공압계통의 구성품들은 얇은 튜브로 연결된 유압계통과 비교할 때 많은 면에서 뒤처진다.

  엔진 기어박스를 출발한 유압유가 전달되는 유체의 이동경로상에 장착된 각종 구성품의 장·탈착이 용이한 것도 큰 장점이다. 또한 원거리의 액추에이터(actuator)까지 연결된 경로상에 발생된 결함으로 인해 유체가 새는 경우, 유압계통은 작동유가 샌 흔적을 쉽게 발견할 수 있다. 공압의 경우 무색무취의 압축가스를 육안검사로 찾아낼 방법이 없지만, 유압은 누설(leak) 흔적을 쉽게 발견할 수 있어 점검이 용이한 것도 장점이다. 또한 비압축성 유체의 특성상 바로바로 힘이 전달되는 신속성을 갖고 있으며, 유압작동(hydraulic operation)은 유체마찰(fluid friction)로 인한 손실이 매우 적어 거의 100%의 전달효과를 낼 수 있어 효율이 높다.

4.1.4 유압유의 관리

유압장치(hydraulic device)에 사용되는 유압유는 구성품의 동작조건, 작동에 필요한 양, 온도, 압력, 부식의 가능성 등을 고려하여 가장 알맞은 특성을 가진 유압유를 사용하도록 권고하고 있다. 유압계통에 사용되는 작동매체인 유압유는 유압계통(hydraulic system)이 정상적으로 작동하기 위한 특성을 지속적으로 유지할 수 있어야 한다.

유압계통을 개발하던 초기에 식물성·동물성 기름으로부터 추출하여 사용되던 유압유가 현재 석유계에서 만들어진 광물성 유압유를 거쳐 화학적 조성의 결합으로 만들어진 합성유로 발전하기까지는 유압유가 노출되는 높은 온도와 압력이 큰 영향을 주었다. 이러한 높은 온도와 압력 속에서도 유압유의 성질이 변하지 않아야 유압계통에 사용될 수 있다.

이처럼 항공기에 사용되는 유압유(hydraulic fluid)는 극한조건에서 장시간 작동하면서도 고유의 성질을 유지할 수 있는 성능이 요구된다. 유압유의 가장 중요한 성질 중 한 가지는 점성이며, 점성은 흐름에 대한 내부저항을 말한다. 점성은 온도가 저하할 때 증가하고 온도가 올라가면 감소한다. 유압계통에서 만족스러운 유압유는 펌프, 밸브, 그리고 피스톤에서 누출되지 않아야 하며, 흐름에 저항을 일으켜서 구성품에 과부하 및 마모가 발생되지 않을 정도의 점도가 필요하다.

또한 화학적 안정성은 유압유를 선택하는 데 점성과 더불어 매우 중요한 요소이다. 화학적 안정성은 높은 온도와 장시간 사용에도 산화와 품질저하에 영향을 받지 않는 유압유의 성질을 말한다.

인화점(flashing point)이란 액체에 불길이 가해졌을 때 순간적으로 점화하기에 충분한 증기(vapor)가 방출되는 온도를 말하며, 발화점(firing point)이란 액체가 불길(flame)에 노출되었을 때 계속해서 연소하기에 충분한 양의 증기를 방출하는 온도이다. 유압유는 안전을 위해 높은 인화점, 발화점이 요구된다.

정상적 계통운용(system operation)을 유지하고, 유압계통의 패킹 등 비금속부품에서의 손상을 방지하기 위해 유압유는 제작사에서 지정한 것을 사용하여야 한다.

유압유의 변천사를 보면 초기에는 피마자유, 고래기름 등 구하기 쉬운 동·식물성 유압유가 사용되다가 엔진의 작동환경 변화에 따라 석유계에서 추출한 광물성 유압유가 각광을 받았으나 화재의 위험이 대두되었다. 이러한 광물성 유압유의 문제점을 극복하기 위해 화재에 대한 저항성을 향상시킨 합성물질의 유압유 'skydrol'이 개발되었으며, [그림 4-5]에서 보는 것처럼 각각의 유압유는 고유 색상이 착색되어 있어 구분하기 쉽도록 만들어진다.

[그림 4-5] 항공기에서 사용되는 유체의 샘플

　유압유가 오염되었을 경우 유압계통의 고장은 피할 수 없으며, 작동계통의 오염 정도에 따라 간단한 작동불량 또는 구성요소의 완전한 기능상실이 발생한다. 유압유(hydraulic fluid)의 오염은 크게 두 가지로 나눌 수 있는데, 계통 내 금속부품의 파손이나 금속부품의 녹 발생 등 마모성 물질에 의한 오염과 고무재질 패킹의 마모 입자나 오일 산화에 의한 부산물이 일으키는 비마모성 오염으로 나눌 수 있다. 어떤 오염이든 유압계통에는 치명적일 수 있기 때문에 오염을 방지하기 위한 필터가 장착되어 있으며 주기적인 점검을 실시한다.

　유압계통으로 들어가는 오염원(contamination source)의 크기와 양의 제어는 장비를 정비하고 운용하는 사람의 책임이다. 예방법은 정비, 수리 및 보급 시에 오염을 최소화하도록 주의를 기울이는 것이다. 유압계통(hydraulic system)의 오염은 부적절한 정비활동에 의해 발생하는 경우가 대부분이기 때문에 작업공간의 청결상태 유지는 가장 기본적인 준수사항이며, 따라서 작업 시 사용하는 작업대와 시험장비는 항상 깨끗하게 유지·활용되어야 한다.

　항공기에서 장탈(removal)된 구성품은 적절한 용기에 보관되어야 하고, 부품을 장탈하기 전 오염물질의 침투를 예방하기 위해 클리닝(cleaning) 작업이 적절하게 실시되어야 하며, 개봉된 튜브와 연결부분은 정확한 크기의 마개로 밀봉(capping)되어야 한다. 장탈된 부품을 보관할 경우 적절한 부식방지유를 보급한 상태에서 보관하여야 내부 구성부품의 손상이나 퇴화를 예방할 수 있다. 장착 시 사용될 패킹은 제작사 매뉴얼에 근거한 정확한 재질과 크기의 패킹이 사용되어야 장착 후 누설(leak)의 결함이 발생하지 않는다. 최종 튜브 연결작업 시 각각의 피팅(fitting)에는 정확한 토크가 적용되어야 하고 나사산이 손상되지 않도록 주의해야 한다. 주요 구성품의 교환·장착 후 실시되는 작동점검을 위한 장비는 청결이 확보되어야 하며, 청결유지에 실패한 장비의 사용은 항공기 유압계통 전체의 결함으로 번질 수 있다.

　유압필터의 검사 또는 유압유의 채취검사에서 유압유가 오염되었다고 판정되면 유압계통의 플러싱(flushing, 세정)작업이 필요하며, 플러싱은 제작사 지침서에 의거하여 수행해야 한다. 플러싱작업 시 계통의 오염을 방지하기 위하여 깨끗하게 정리된 유압검사장비(hydraulic test stand)를 유압계통 지상장비 연결부분(ground connector)에 연결한다. 이때 항공기에 사용되는 동일한 종류의 유압유인지 확인하는 것이 중요하다. 시스템 내부의 필터를 교환하고 검사장비를 작동시켜 유압유가 순환할 수 있도록 공급하고 정상적인 유압유의 순환이 이루어지도록 작동부분을 작동시킨다. 파워 제거 후 필터의 상태를 점검하여 오염물질이 발견되지 않을 때까지 반복한다. 이때 오염물질이 발견된 필터는 폐기하고 새로운 필터를 장착한다. 여러 번의 반복작동 후 더 이상 오염물질이 발견되지 않으면 장비를 분리하고 적정량의 유압유를 보급한 다음 작업을 마무리한다.

　유압유(hydraulic fluid)에 반복적으로 오랫동안 노출되면 피부염 등 피부에 문제가 발생할 수 있다. 유압계통 사용으로 인해 정비사는 항상 유압유에 노출될 수 있으며 강한 산성을 가진 유압유가 튀어 눈에 들어갈 경우 따가움과 고통이 심하다. 뿐만 아니라 합성유의 특성상 피부의 지방성분을 용해시켜 피부 가려움이나 발진의 원인이 되기도 한다. 정비작업 시 신체의 피해를 예방하기 위해 보호크림을 바르거나 필요 시 방독면과 보안경을 사용하여야 한다. 가압된 상태의 누출로 인한 연무상태의 유압유에 노출되면 즉시 그 자리를 피하고 전원을 차단한 후 연무상태의 유압유가 완전히 가라앉은 상태에서 접근하도록 한다.

4.1.5 공압계통이 작동파워로 사용되는 곳

과거 일부 항공기는 3,000psi 고압의 공기를 이용해서 시스템에 동력을 전달하는 공압계통(pneumatic system)을 장착하였다. 공압계통은 유압유 대신 공기를 쓰는 것을 제외하고는 유압시스템 구조와 구성품과 기능에서 유사한 기능을 수행한다. 전투기를 비롯한 과거 일부 항공기에서 유압계통과 비슷한 기능을 수행하는 공압계통을 사용하였다. 가압된 공기를 공급하기 위해 컴프레서(compressor)를 장착하고 마련된 고압탱크(air bottle)에 공기를 충전하였다가 사용하는 방식이 일반적으로 사용되었다. 이러한 공압계통은 [그림 4-6]과 같이 비상계통 등 일부 시스템에 적용된다. 유압계통이 정상작동 중일 경우 대기상태(stand-by)를 유지하지만 비상상황 발생으로 인해 조종사가 비상계통을 선택하면 공압이 진입하여 브레이크를 작동시킬 수 있는 제한적 파워로 활용되거나, 고압으로 충전된 고압탱크(gas bottle) 충전압력을 활용하여 비상장비품의 신속한 팽창을 요할 때 요긴하게 사용된다. 최근 작동파워로서의 공압계통은 일부 출입문의 긴급상황 발생 시 신속한 작동을 위한 예비파워로 사용되거나 비상시 유압펌프를 구동하는 동력이나 시동기를 구동시키는 동력으로 활용되는 보조 역할을 주로 담당한다.

>  **Pneumatic System(공압계통)**
> 유압계통(hydraulic system)의 유압유(fluid) 대신 공기를 사용하여 작동파워로 활용한다.

[그림 4-6] 공압계통의 사용처

4.2 유압계통의 구성

4.2.1 기본유압계통(Basic Hydraulic System)

소형항공기는 비교적 비행조종면의 하중(load)이 작기 때문에 조종사는 팔힘으로 비행조종을 할 수 있다. 유압계통은 초기 항공기의 제동장치(brake system)에 사용되기 시작했다. 항공기가 더욱 빠르게 비행하고, 대형화되면서 조종사는 더 이상 자신의 힘만으로 조종면을 움직일 수 없어서 유압시스템을 활용하게 되었다.

항공기 유압계통은 지상에서 활주 중이거나 비행 중 그리고 활주로에 착륙하는 동안에 필요한 각종 제어를 위해 필요한 시스템이다. 정지상태에 있던 항공기가 움직이기 시작하여 방향전환을 하고, 목적지에 도착하거나 신호대기를 위해 정지할 경우 브레이크를 밟는 등의 작동이 유압으로 이루어진다. 하지만 공중을 비행하고 있는 경우에는 조금 더 고려해야 할 사항이 늘어난다. 항공기가 시속 800km로 비행할 때 속도에 의한 공기저항을 고려해 보면 엄청난 저항을 이기고 작동할 수 있어야 한다. 이러한 어려운 환경에서 항공기를 원활하게 조종하기 위해서는 각종 조종면을 움직일 수 있는 큰 힘이 필요한데 파스칼의 원리가 적용된 유압이 그 역할을 한다.

기본적인 유압계통의 구성은 [그림 4-7]과 같이 비압축성 유압유를 보관하는 레저버(reservoir, 저장소), 밀폐된 계통으로 유압유를 압송해서 압력을 형성해 주는 펌프, 조종사의 요구에 따라 유압유의 흐름방향을 조절해 주는 각종 밸브, 원하는 부분의 움직임을 위한 작동기(actuator) 부분으로 구성된다.

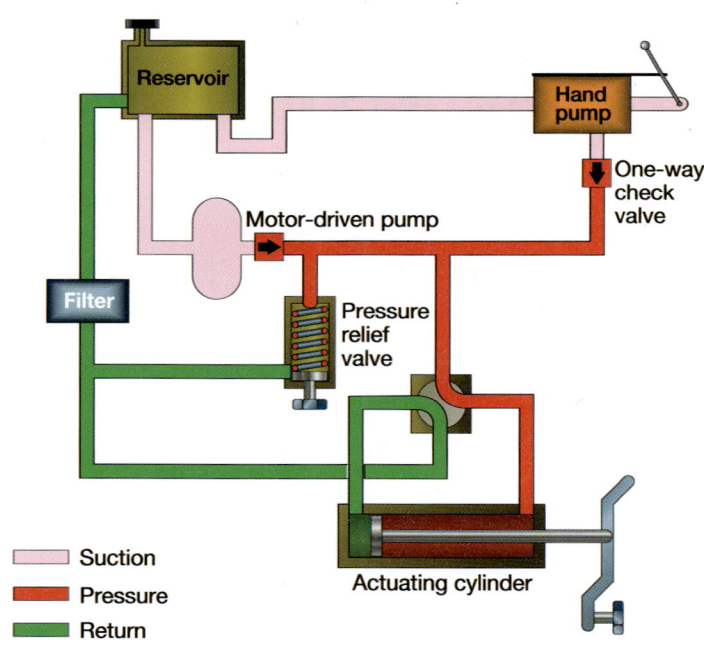

[그림 4-7] 유압계통의 기본적인 구성요소

4.2.2 유압라인의 종류

기본적으로 유압계통은 펌프, 레저버, 방향밸브(directional valve), 체크 밸브(check valve), 압력릴리프 밸브(pressure relief valve), 선택밸브(selector valve), 액추에이터(actuator), 필터로 이루어져 있다. 기본적인 유압계통 구성품들 각각의 기능도 중요하지만 전체적인 유압계통의 구성을 먼저 살펴본 후 개별 구성품의 기능을 알아야 좀 더 빠르게 유압계통을 이해할 수 있다.

앞서 확인했던 것처럼 항공기가 고속, 대형화됨에 따라 항공기가 비행 중 마주하게 되는 공기력은 조종사의 근력으로 조종하기에는 버겁게 되었고, 이러한 물리적인 힘의 크기를 감당하기 위해 파스칼의 원리에 의한 힘의 증폭현상을 적용한 유압계통을 구현하게 되었다.

이러한 유압계통은 비압축성 유압유를 저장하고 있다가 펌프를 통해 압력을 형성해서 목표로 하는 액추에이터까지 전달하여 압력이 기계적인 일로 작용하게 한 후, 할 일을 다한 유압유는 다시 튜브를 통해 레저버로 되돌리는 경로를 구성하여 제한된 유압유를 지속적으로 사용할 수 있는 순환계통을 이루고 있다.

일반적으로 유압계통은 보통 케이스 드레인 라인을 제외한 네 개의 라인(line)으로 설명된다. 정비사와 정비사, 정비사와 조종사, 정비사와 엔지니어 간에 정비작업에 대한 논의가 이루어질 경우 보다 원활하게 의사소통이 될 수 있도록 특정 구성품을 기준으로 각각의 라인을 구분 짓는다.

> **핵심 Point** **Hydraulic system 상태 확인**
>
> 갓난아이가 계속해서 울자 엄마는 답답하여 급히 응급실로 달려가는 상황이다. 응급실에서는 말이 통하지 않는 아이의 상태를 확인하기 위해 어떤 조치를 취할까? 병원에서 아이의 상태를 확인하기 위해 먼저 하는 일은 체온과 혈압 측정이다.
> 이처럼 항공기도 유압계통이 정상인지 비정상인지의 상태를 확인하기 위해 조종석 계기판 system의 정상 여부를 확인하는데, 이를 쉽게 판단할 수 있도록 overheat light가 발광한다. light의 발광을 통해 위험 여부를 알려주는 temperature sensor가 4가지 유압 라인 중 케이스 드레인 라인(case drain line)에 주로 장착되어 있다.

[그림 4-8]과 같이 가압을 위한 공기압력(pressurized air), 공급(supply), 압력(pressure), 리턴라인(return line)으로 구분하는 것이 일반적이지만, 실제 파란색의 'pressurized air'는 유압이 아니고 계통가압을 위한 공압(pneumatic pressure) 공급라인으로 메인 유압계통의 라인으로 표현하기는 애매하다. 이 분류법보다는 실제 항공기 유압계통의 정상적인 작동상태와 관련이 큰 케이스 드레인 라인(case drain line)을 추가하여 구분하는 것이 유압계통을 이해하는 데 더욱 유용하다.

유압유 저장공간인 레저버(reservoir)에서부터 계통 내 압력 형성을 위한 엔진구동펌프(EDP, Engine Driven Pump), 보조펌프(auxiliary pump)까지의 튜브를 공급라인(supply line)이라 한다.

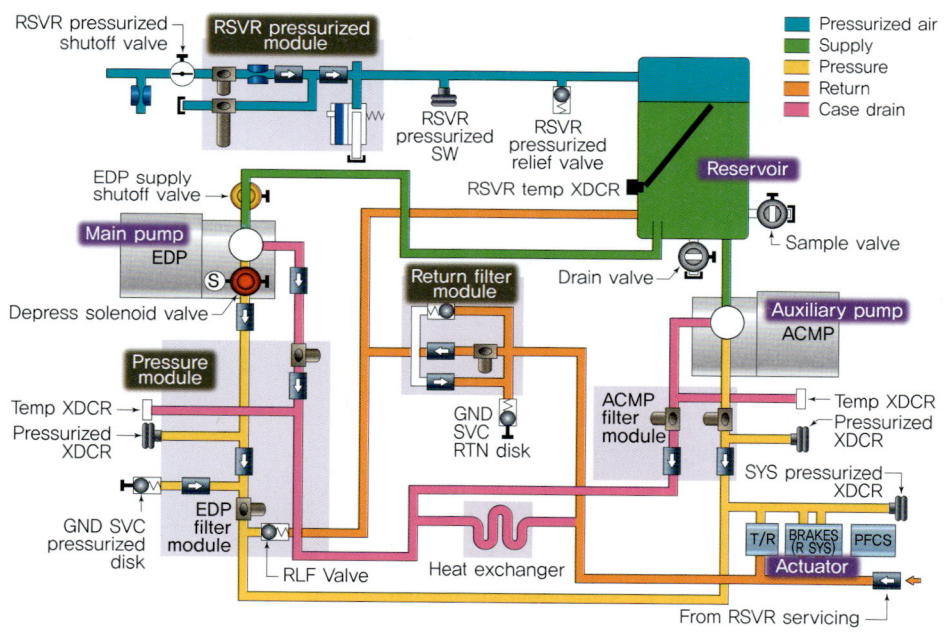

[그림 4-8] 대형항공기의 일반적인 유압계통

항공기에는 안전성 확보를 위해 여러 개의 유압계통(hydraulic system)을 장착하는데 한 개의 시스템에 한 개의 유압유 저장공간을 확보하고 있으며 여기에 저장된 유압유는 해당 시스템을 벗어날 수 없고 그 시스템 안에서만 순환하도록 만들어져 있다. [그림 4-9]에서 녹색 튜브로 그려진 부분이 펌프까지 유압유를 보내 주는 공급라인(supply line)으로서, 항공기가 정상비행 시 사용하는 엔진에 의해 구동되는 메인 펌프(main pump)까지 연결되어 있고, 만약, 어떤 이유에서건 메인 펌프가 작동하지 않을 경우를 대비해 보조기능을 수행하기 위해 장착된 보조 펌프, ACMP까지 유압유를 공급할 수 있는 경로를 추가로 구성하고 있다. 상부의 파란색 튜브는 공압계통으로서 저장공간인 레저버의 상부를 지속적으로 가압해 줌으로써 원거리에 위치한 펌프까지 유압유가 원활하게 공급될 수 있도록 밀어 주는 역할을 한다.

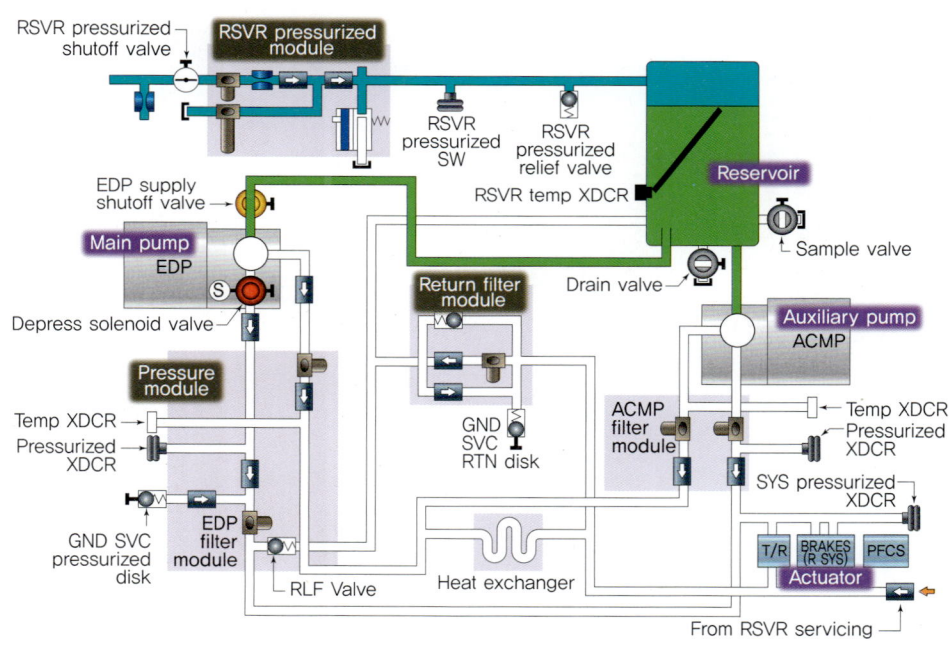

[그림 4-9] 공급라인

엔진구동펌프(EDP), 보조펌프로부터 출발한 압력에너지를 가진 유압유 대부분이 계통 내 튜브를 통해 기동을 위해 각각의 액추에이터까지 이동한다.

[그림 4-10]에 표현된 것처럼 이렇게 만들어진 압력에너지가 전달되는 오렌지색 튜브를 압력라인이라 부르며, 작동이 필요한 액추에이터에 기계적 일이 수행될 수 있는 힘을 전달하는 경로 역할을 한다.

압력라인 경로상에 정상 압력조절을 위한 pressure module과 filter module이 장착된다.

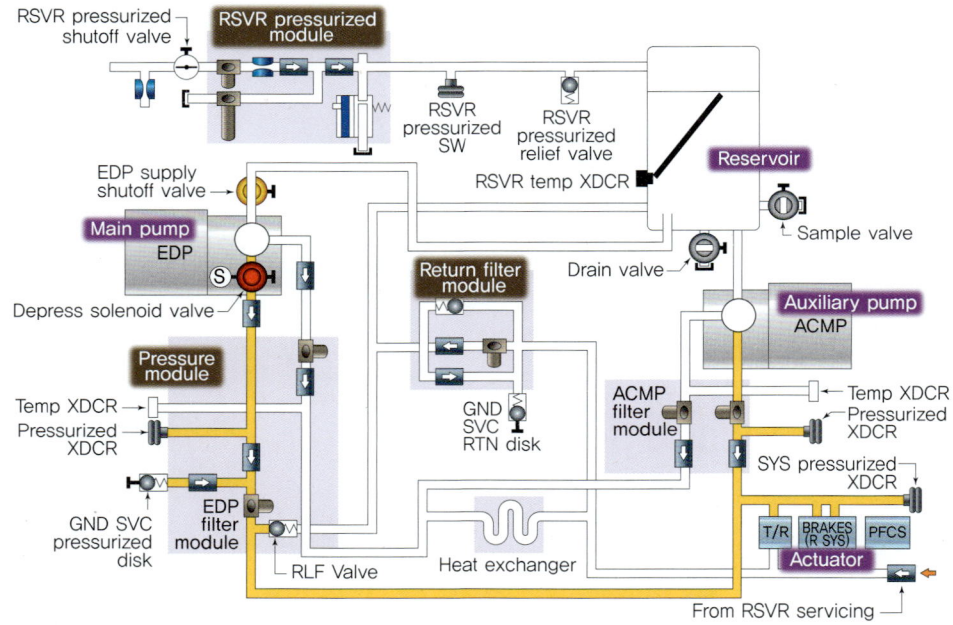

[그림 4-10] 압력라인

이때 펌프를 출발한 일부 유압유는 [그림 4-11]처럼 열교환기를 지나 레저버로 돌아가는 경로를 따라 움직이고, 이 경로를 케이스 드레인 라인(case drain line)이라고 한다. 유압계통에 사용되는 펌프는 계통 내 공급된 유압유가 윤활유로 사용되고 냉각유로도 사용된다. 금속재질의 펌프 구성품들이 고속으로 회전하는 엔진에 물려 작동하기 때문에 마찰에 의한 심각한 온도상승 환경에 노출된다. 이때 적절한 냉각이 이루어지지 않으면 펌프는 작동을 멈추고 계통 내 유압공급은 정지할 수밖에 없다. 온도상승으로 인한 심각한 상황을 막기 위해 각각의 펌프로 공급된 대부분의 유압유가 압력에너지 생성을 목적으로 활용되고 있지만, 일부 유압유는 펌프 구성품의 냉각과 윤활을 목적으로 펌프 케이스 내부를 순환한다. 이때 전달받은 열에너지를 연료탱크 내부에 장착된 열교환기를 거쳐 차갑게 온도를 낮춰 준 후 다음번 작동을 위해 레저버로 돌아간다. 케이스 드레인 라인은 계통 중 가장 높은 온도에 노출되는 부분으로 계통의 정상작동 여부를 판단할 수 있는 온도센서가 장착되기도 한다.

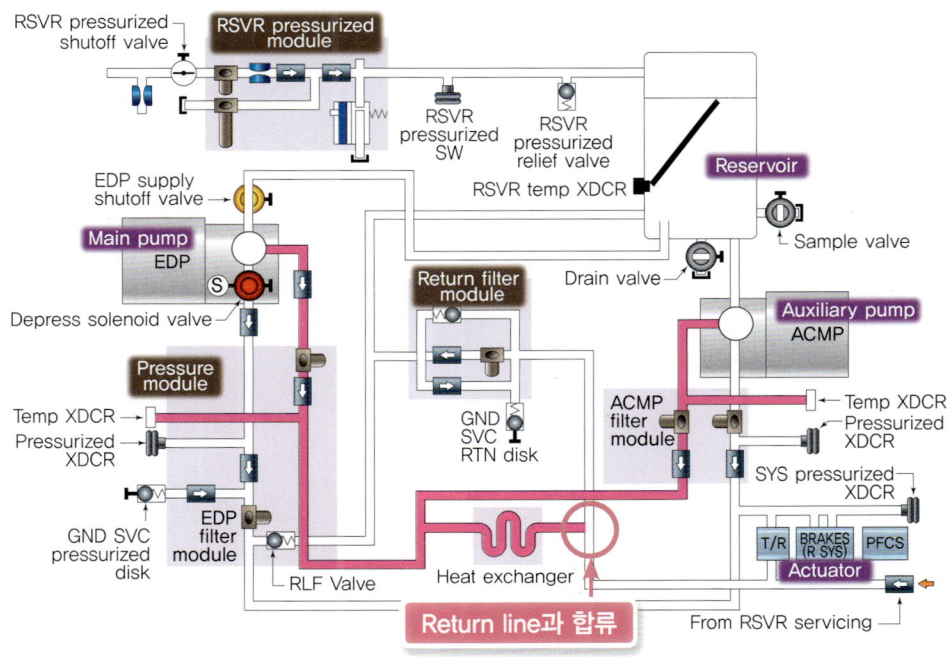

[그림 4-11] 케이스 드레인 라인

[그림 4-12]처럼 각각의 액추에이터가 선택밸브의 위치에 따라 작동면을 움직이고 나면, 사용된 유체는 레저버로 복귀하게 되는데, 이때 지나는 경로를 리턴 라인(return line)이라고 한다.

유압계통은 유압유가 계통 내부를 순환하면서 각각의 액추에이터를 움직여 기계적인 일을 수행하고 나면 다시 저장공간인 레저버로 귀환한다. 이때 레저버로 되돌아가는 경로상에 순환이 끝난 유압유에 포함된 불순물을 걸러, 계통 내부를 순환하는 유압유의 오염으로 인한 작동부분의 손상이나 계통의 정지와 같은 사고가 발생하지 않도록 하는 기능도 포함하고 있다.

이렇게 유압계통은 네 개의 주요 라인을 따라 유압유가 순환하는 순환시스템으로 정의할 수 있고, 유압계통에 이상이 발생했을 경우 특정 구성품을 기준으로 시작되는 각각의 라인을 체크하며 대화를 나누게 된다. 이때 항공기 형식에 따라 약간의 차이는 있을 수 있겠지만, 'supply line, pressure line, case drain line, return line'으로 구분하는 것이 정확한 의사전달에 유용하다.

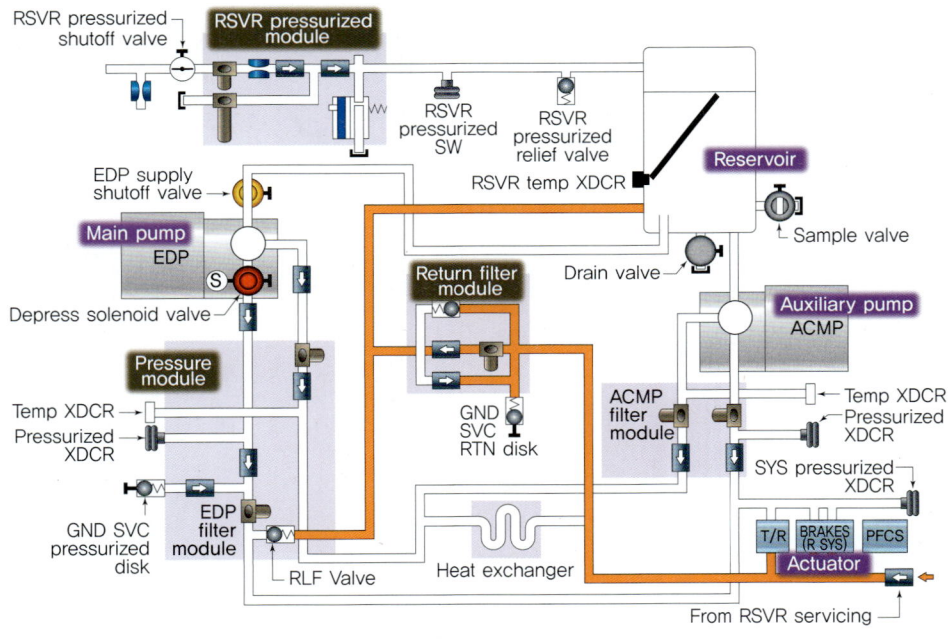

[그림 4-12] 리턴 라인

4.2.3 유압계통의 지시계통

유압계통의 센서(sensor)들은 조종실 계기판으로 유압유의 압력, 온도, 유량 정보를 전달하여, 정상 작동상태, 비정상 작동상태를 판단할 수 있도록 지시기능을 수행한다.

조종석에서 유압계통의 정상적인 작동상태를 확인할 수 있도록 각종 센서들은 비행하는 동안 지속적으로 상태를 지시해 준다. 유압계통의 경우 적정량의 유압유가 계통 내에 남아 있는지 여부를 판단할 수 있게 유량을 지시해 주는 센서와 펌프가 정상적인 기능을 다하고 있는지, 계통 내 튜브의 손상이나 그로 인해 압력유지에 문제는 없는지 등을 판단하기 위해 각각의 압력(pressure)센서가 작동하고 있다.

보통 복잡한 조종석 내에서 유압계통과 관련된 이상상황 발생 시 빠르게 인지할 수 있도록 펌프 저압경고(low pressure warning) 라이트, 과열경고(overheat warning) 라이트의 점등을 통해 이상상황을 표시한다.

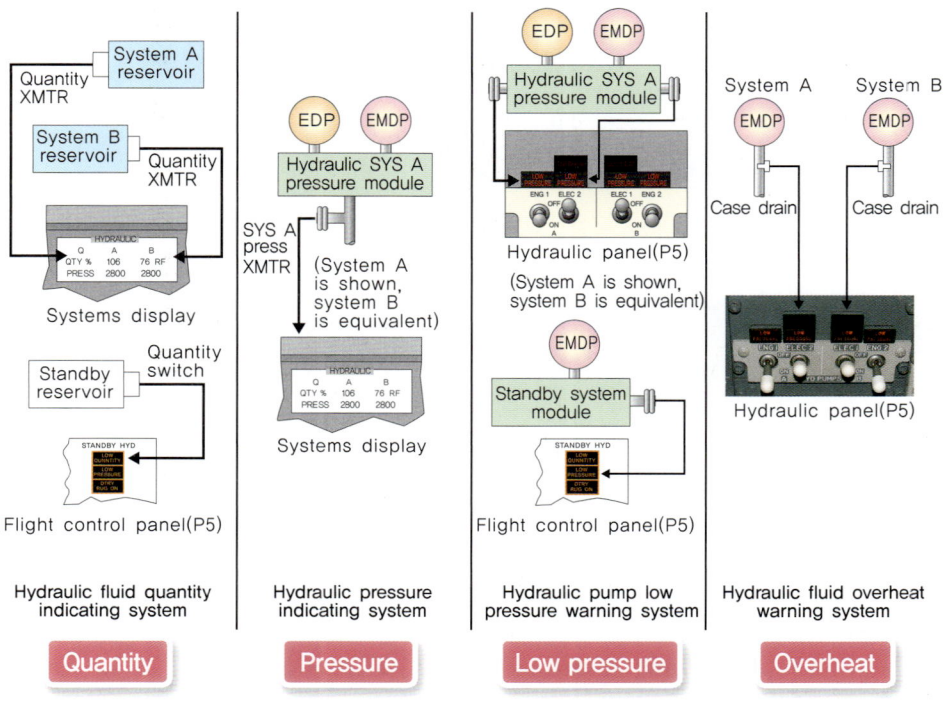

[그림 4-13] 유압계통의 지시장치

4.3 유압계통 구성품의 기능

4.3.1 레저버

레저버(reservoir)는 유압계통에서 사용될 유압유를 저장하는 탱크 역할을 한다. 저장공간으로서의 역할 이외에도 여유공간 확보 등 다양한 기능을 수행한다. 유압계통의 시작부분이라고 할 수 있는 레저버는 저장공간 역할, 여분의 유압유를 탑재하고 있으면서 계통 내 압력이 충분하게 유지될 수 있도록 추가 소요분의 유압유를 공급해 주는 역할을 수행한다. 보통 [그림 4-14]에서처럼 레저버 상부의 정상 공급범위 이상의 공간은 물리적으로 채울 수 없도록 만들어 계통 내 온도가 급하게 올라가는 등 갑작스러운 상황변화에 대응할 수 있는 팽창공간 역할을 한다.

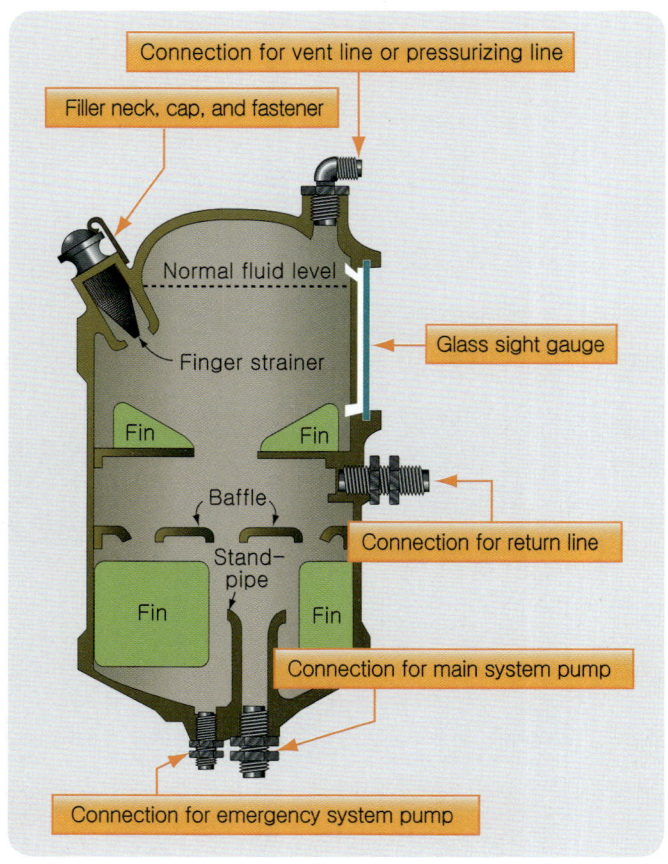

[그림 4-14] 레저버의 구성

레저버 상부에는 공압계통에서 공급된 공기압력을 연결하는 가압라인(pressurizing line)을 두고 있으며 계통이 작동되고 있는 동안 지속적으로 상부를 가압함으로써 원거리에 장착된 펌프까지 유압유 이동을 원활하게 해 준다. 또한 계통 내로 불필요한 공기의 유입을 방지하기 위해 항공기가 비행 중 기체의 움직임에 따라 레저버 내부 유압유의 유동에 따른 거품발생을 가능한 억제하기 위해 핀, 배플(fin & baffle)을 장착하고 있으며, 리턴 라인의 장착부위를 평균유면 하부에 장착함으로써 되돌아온 유압유의 낙차로 인한 거품발생도 줄여 주는 설계를 채택하고 있다.

레저버 하부에 장착된 두 개의 유로는 정상 작동펌프로 연결되는 스탠드 파이프(stand pipe)와 계통의 손상으로 인해 유압유가 유출되었을 때, 스탠드 파이프 입구 밑부분에 남아 있는 유압유를 비상용 펌프로 공급할 수 있는 유로인 비상라인(emergency line)을 갖고 있다.

스탠드 파이프는 메인 펌프를 지난 하부에 장착된 튜브 또는 구성품의 손상으로 인해 계통 내 유압유가 외부로 유출될 경우에도 스탠드 파이프의 높이만큼의 유압유는 레저버 안에 남아 있을 수 있는 구조로 만들어지며, 비상시 제한된 부분에 공급할 수 있을 만큼의 유압유를 확보하는 역할을 한다. 항공기가 정상작동이 가능한 상태에서는 필요에 따라 전기모터 펌프 등에 연결되어 지상작업 시 유압을 공급해 주는 등 공급라인 역할을 한다.

정비사가 유압유를 보급할 때는 정비지침서에 따라야 하며, 유량레벨을 점검할 때나 레저버에 유압유를 보급할 때는 항공기의 자세 및 상태가 정비 매뉴얼에 명시된 조건으로 유지되어야 한다. 요구되는 항공기의 상태가 유지되지 않은 조건에서 유압유를 공급하게 되면 레저버가 과보급될 수 있으며, 요구되는 항공기의 상태(configuration)는 기종에 따라 서로 다를 수 있다.

항공기에 여러 개의 유압계통(hydraulic system)이 장착되어 있어서 정비사가 찾아다니며 각각의 레저버에 유압유를 공급하는 것은 불편하고 비효율적이다. 레저버의 숫자가 여럿이라 할지라도 정비사가 접근해서 유압유를 공급하기 용이하도록 한곳에서 전체 레저버로 유압유를 공급할 수 있도록 하나의 공급구를 이용해 전체 레저버를 공급하는 시스템이 적용되어 있다.

계통 내부에는 적당한 양의 유압유가 공급되어야 하며, 정비사가 유압유를 보급할 때 잉여의 유압유가 발생하여 과보급상태가 되지 않도록 각종 조종면은 중립위치에 있는지 확인하고 보급절차를 진행해야 한다.

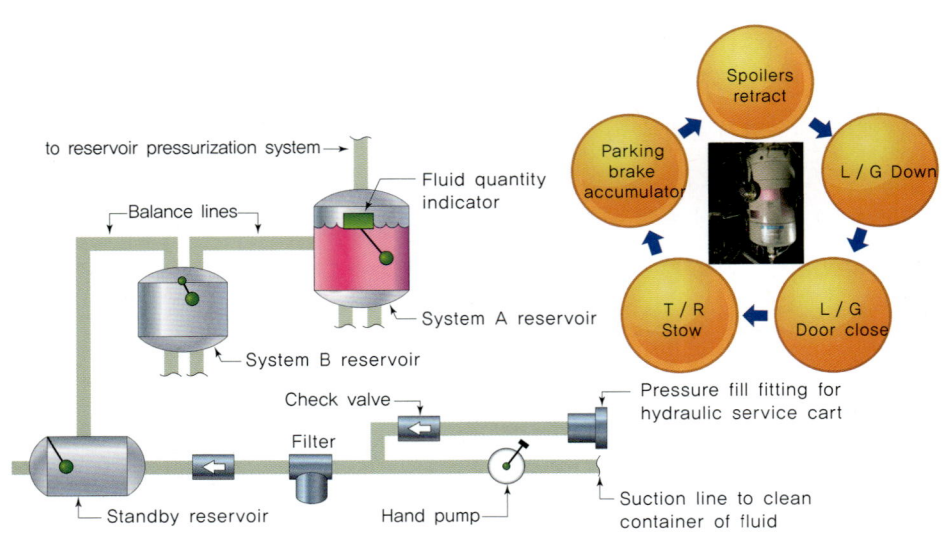

[그림 4-15] 유압유의 공급을 위한 준비

4.3.2 필터

필터(filter)는 유압유 보급과정에서 생길 수 있는 이물질 및 유압계통 내에서 마모에 의해 발생하는 이물질을 걸러 주는 역할을 한다. 유압계통 구성품들은 작은 이물질로 인한 막힘 현상으로 작동기의 움직임이 멈출 수 있는 위험성이 항상 존재하기 때문에 계통을 순환하는 유압유의 청결상태 유지는 아무리 강조해도 지나치지 않다. 따라서 각각의 계통을 지나가는 중간중간에 필터가 장착되어 있으며 정비사는 주기적으로 필터를 열어서 오염 여부를 점검하기도 하고 매일매일의 비행 전 육안검사를 통해 주요 부분의 필터 오염 상태를 확인·점검한다.

[그림 4-16]처럼 필터는 헤드 어셈블리(head assembly), 보울(bowl) 그리고 그 내부의 엘리먼트(element)로 구성된다. 필터 내부가 오염물질로 인해 막힌다 하더라도 유압유 공급이 차단되지 않도록 옆으로 돌아가는 우회경로(bypass-valve)를 통해 일단은 공급되도록 하고, 이렇게 우회한 경우 정비사가 육안점검 시 오염상황을 판단할 수 있도록 차압지시기(differential pressure indicator)가 장착되기도 하는데, 빨강색 핀이 돌출되어 있을 경우 내부 필터의 오염을 의심할 수 있다. 그리고 랜딩기어 휠웰 내부의 수많은 튜브 중 찾고 있는 계통의 튜브를 쉽게 확인할 수 있도록 인식표(decal)를 갖고 있으며, 유압계통(hydraulic system)의 경우 노랑/파랑색으로 표시된다.

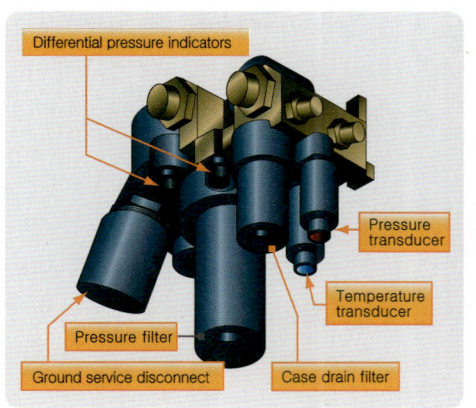 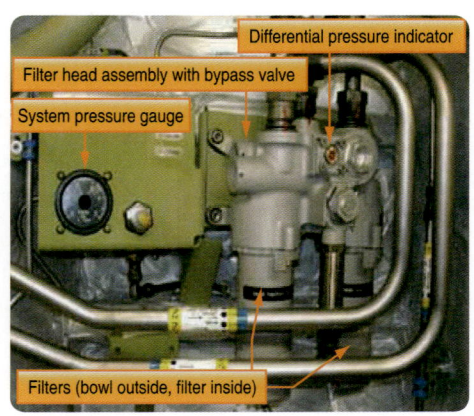

[그림 4-16] 필터 모듈

4.3.3 펌프

유압계통에 사용되는 펌프의 종류에는 형태에 따라 기어(gear)형, 제로터(gerotor)형, 베인(vane)형 및 피스톤(piston)형이 있다. 1,500psi 이하의 낮은 압력에는 기어형, 제로터형, 베인형을 사용하며, 3,000psi의 높은 압력에는 일반적으로 피스톤형 펌프를 사용한다.

많은 교재에서 펌프를 소개할 때 네 가지 형태의 펌프로 분류하고 있는데, 형태는 달라도 압력형성 원리는 동일하게 입구와 출구를 통해 흡입하여 배출하는 유압유의 강제이동 방식이 적용된다는 것이다. 네 가지 형태의 펌프는 각각의 흡입·배출 특성을 갖고 있어 선택적으로 사용된다. 흡입과 배출의 연속현상 진행을 통해 유압유의 이동량을 증가시키고 증가된 유압유의 양은 밀폐된 공간에서 압력을 형성한다.

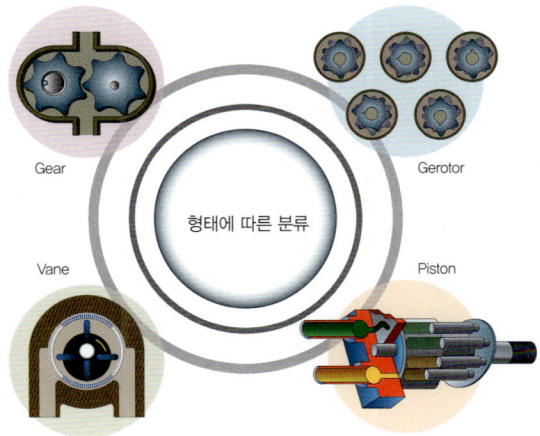

[그림 4-17] 유압펌프의 종류

또 다른 분류방법은 공급되는 유량의 변화 유무에 따라 구분하는데, 크게 일정용량식 펌프(constant displacement pump)와 가변용량식 펌프(variable displacement pump)로 분류한다. 대부분 항공기에서는 더 진화한 형태의 가변용량식 펌프가 주로 사용된다.

일정용량식은 펌프축이 1회전 하는 동안 언제나 같은 양을 이동시킨다. 예컨대 200mL 우유팩을 쌓는다고 하면 한 바퀴 회전할 때 한 개의 우유팩을 이동시키는 것으로, 분당 회전수로 계산하여 1분에 2,000바퀴 회전하는 펌프라면 2,000개의 우유팩만큼을 이동시킬 수 있다.

가변용량식의 경우 1회전 하는 동안 이동시킬 수 있는 양이 매번 다르며, 단위시간당 원하는 만큼 이동시킨다는 장점이 있다. 1분 동안 2,000개 분량을 이동시키기 원한다면, 엔진에 물려 회전하는 회전숫자가 1분에 2,000바퀴를 회전하든 1,000바퀴를 회전하든 상관없이 1분 동안 2,000팩을 이동시킬 수 있도록 컴펜세이터(compensator, 펌프보정기)에 의해 자체 행정거리를 조절하여 요구에 맞는 양을 배출한다.

일정용량식의 경우 계통의 요구압력에 관계없이 회전수에 따라 일정량의 유압유를 공급하기 때문에, 일정한 압력유지가 필요한 유압계통에 사용하려면 추가적으로 압력조절기가 장착되어야 한다.

가변용량식 펌프는 유압계통의 필요압력에 맞춰 유압유 배출량이 변화하는데, 펌프의 송출량은 피스톤 내의 컴펜세이터에 의해 자동적으로 변화된다. 컴펜세이터는 회전속도가 빨라짐에 따라 경사면이 평형을 이루도록 하는 원리를 적용하였으며, 보통 출구(outlet)에 생성된 고압의 압력을 회전판을 수평으로 만들 수 있는 조절압력으로 사용하여 회전판을 수평으로 만들면서 피스톤의 행정거리를 짧게 조절한다. 결국 요크 앵글(yoke angle)의 변화를 이용해서 피스톤의 행정거리 변화를 유도하여 출구포트(outlet port)로 나오는 압력을 조절한다(그림 4-18 참조).

> **핵심 Point 일정용량식 펌프의 필수 구성품**
>
> 가변용량식 펌프의 경우 HYD system 내에 설계된 내압에 맞게 조절되는 기능이 포함되어 있지만, 일정용량식 펌프의 경우에는 이러한 조절기능이 적용되지 않아서 펌프 다운 스트림(down stream)에 압력조절기(pressure regulator)가 반드시 장착되어야 한다.

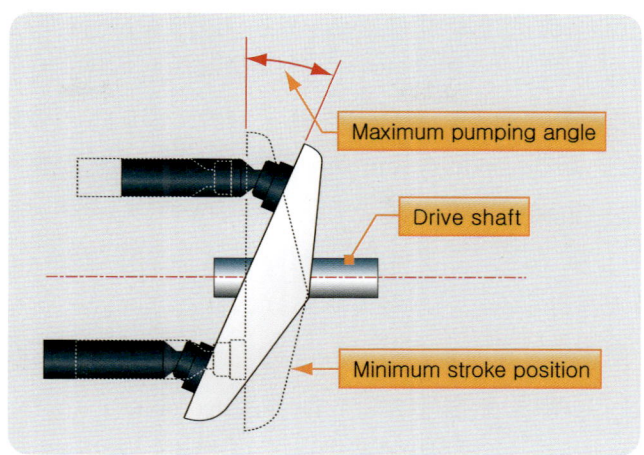

[그림 4-18] 펌프 배출량의 조절

    모든 항공기 유압계통은 1개 이상의 동력구동펌프(power driven pump)를 갖고 있고, 대표적인 동력구동펌프인 엔진구동펌프(engine driven pump)가 작동되지 못할 때 압력을 공급하기 위한 보조펌프를 갖추고 있다. 유압계통의 심장과 같은 역할을 하는 펌프는 [그림 4-19]와 같이 하나의 펌프가 멈추더라도 대체가능하도록 엔진구동펌프(EDP, Engine Driven Pump), 전기모터펌프(EMDP, Electric Motor Driven Pump), 공기압구동펌프(ADP, Air Driven Pump) 등 다양한 소스로 유압유가 공급될 수 있도록 여러 개의 펌프가 장착된다.

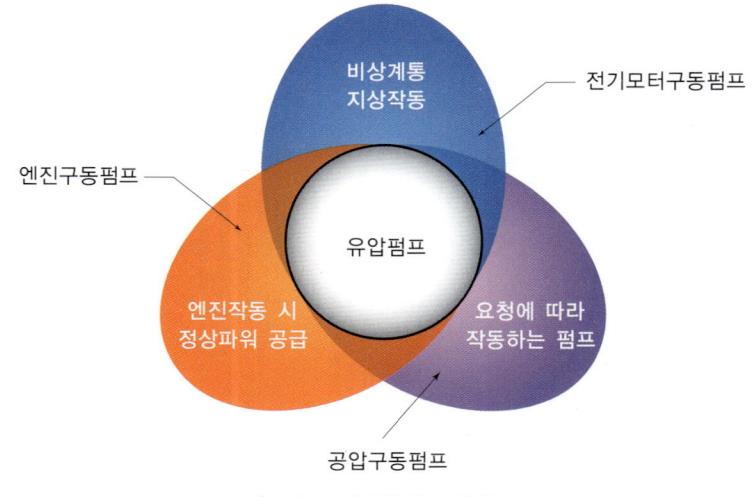

[그림 4-19] 유압펌프의 종류

항공기가 정상적으로 비행 중일 경우에는 엔진 기어박스에 물려 구동되는 EDP가 메인 펌프 역할을 수행한다. 메인 펌프가 정상적인 유압을 발생시키지 못하거나 사용계통이 많아져 유압이 추가로 필요할 경우, 선택적으로 또는 자동으로 유압을 공급해 주는 디맨드 펌프(demand pump)를 항공기 운용사가 원하는 형태로 선택하여 장착할 수 있는데, 메인 펌프의 고장으로 인해 유압공급이 불가능할 경우 비상펌프로 사용할 수 있다. 또한 전기모터펌프는 지상에서 엔진이 작동하지 않을 경우 전기파워에 의해 구동되어 작동면을 움직이거나 브레이크를 잡는 등 지상정비작업이나 지상작동을 위한 파워로 사용된다.

일부 항공기는 비행 중 엔진이 정지하고 유압(hydraulic), 공압(pneumatic), 전기파워(electric power)가 상실되었을 경우 최소한의 조종면 작동을 위한 유압(hydraulic power)을 공급할 수 있도록 RAT(Ram Air Turbine)를 장착하고 있으며, 유사시 조종사는 활공하는 항공기 속도에 의한 풍차효과를 이용해 전기파워와 유압을 만들어 사용한다.

앞에서 기술한 기본유압계통(basic hydraulic system)에서와 다르게, 실제 항공기에서는 안전성 확보를 위하여 엔진구동펌프(EDP), 전기모터펌프(EMDP), 공기압구동펌프(ADP) 등 다양한 소스로 유압유가 공급될 수 있도록 펌프를 채택한다. [그림 4-20]이 다소 복잡해 보일 수 있지만, 앞에서 살펴본 기본유압계통 회로도를 복사하여 붙인 것처럼 동일한 구성품으로 이루어진 개별 유압계통이 여러 개 모여서 해당 항공기의 유압계통을 구성하고 있는 것이 일반적이다.

장착된 엔진의 숫자에 맞추어 No.1, No.2, No.3, No.4 형태로 개별 유압계통을 명명하기도 하고, 그림에서처럼 좌측유압계통(left hydraulic system), 우측유압계통(right hydraulic system), 중앙유압계통(center hydraulic system)이라고 부르기도 하며, 항공기 제작사에 따라서는 BLUE, GREEN, YELLOW 등의 색깔로 구분하여 사용하기도 한다. 정리하면 각각의 시스템에 메인 펌프와 대체펌프(alternate pump)로 중복 장착하여 대체방법을 마련하고 있으며, 한정된 부분에는 최후의 수단인 RAT를 장착하여 조종력을 전달할 수 있도록 구성하기도 한다.

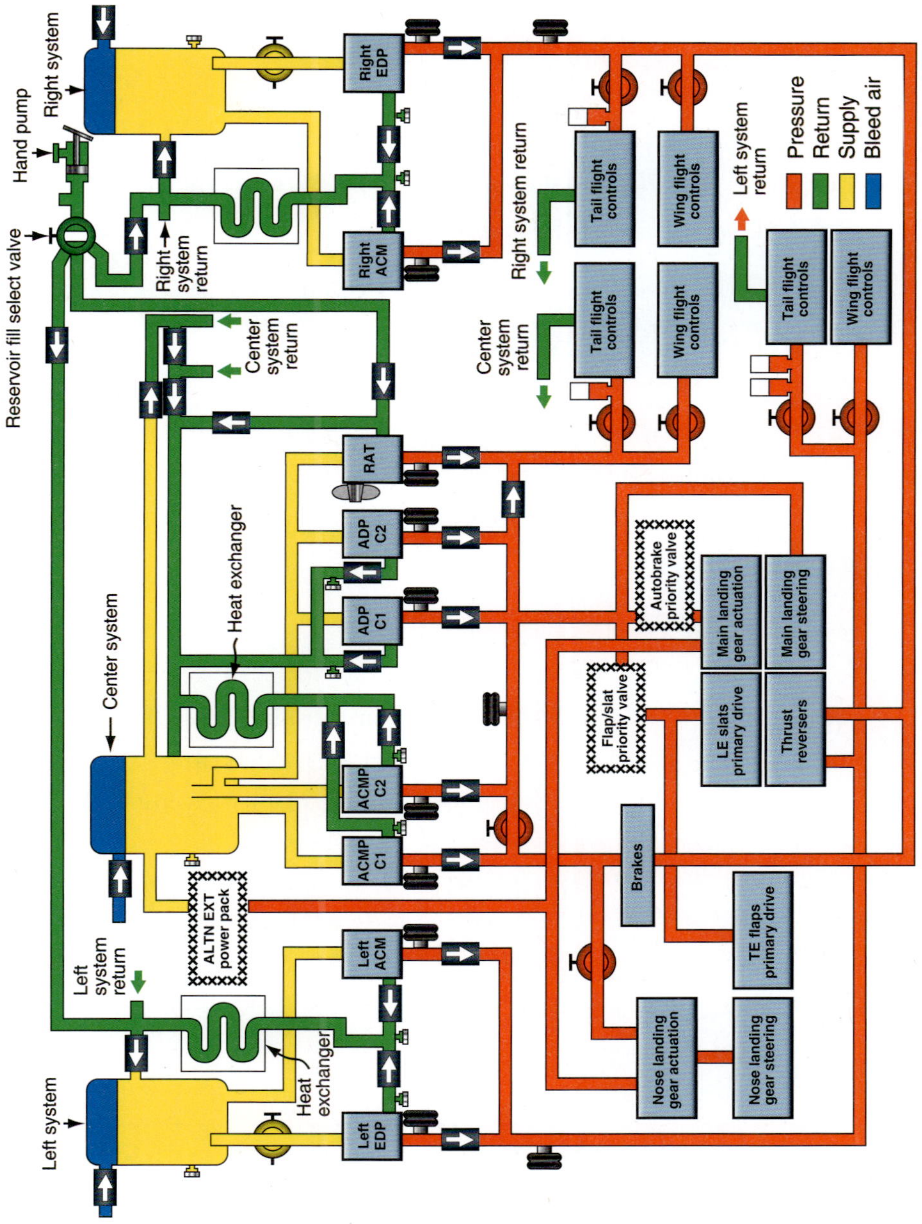

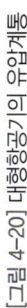

[그림 4-20] 대형항공기의 유압계통

4.3.4 조절밸브

유량제어밸브는 유압계통에서 유체흐름의 속도 또는 방향을 제어한다. 선택밸브(selector valve), 체크 밸브(check valve), 시퀀스 밸브(sequence valve), 우선순위밸브(priority valve), 셔틀 밸브(shuttle valve), 퀵 디스커넥트 밸브(quick disconnect valve), 유압퓨즈(hydraulic fuse) 등이 주로 사용된다.

선택밸브는 조종석에서 조종사가 선택한 스위치의 움직임에 따라 명령을 수행하기 위해 유압유의 흐름방향을 제어해 주는 가장 빈번하게 사용되는 밸브이다.

체크 밸브는 계통 내에 장착되어 유압유의 흐름방향을 한쪽으로만 흐르도록 제한된 흐름을 만드는 밸브이며, 흐름이 허용된 방향과 반대방향으로의 제한된 흐름을 허용하는 오리피스 체크 밸브(orifice check valve)를 사용하기도 한다. 예를 들어 랜딩기어의 내림/올림 속도의 차이를 두고자 할 때 내리는 속도를 상대적으로 작게 하기 위해 오리피스 체크 밸브를 채택하곤 한다.

시퀀스 밸브는 유압시스템 회로에서 두 개의 구성품이 작동하여 순서(sequence)를 제어하는데, 시퀀스 밸브 사용의 대표적인 예로 랜딩기어 작동순서를 들 수 있다. 시퀀스 밸브는 조종사가 랜딩기어의 작동레버를 업 포지션(up position)으로 들어올리면 랜딩기어도어(landing gear door)는 랜딩기어가 올라가기 전에 열려야 하며, 도어가 완전히 열리면 랜딩기어가 올라가기 시작하고 랜딩기어가 완전히 올라가 고정되면 도어가 다시 닫히는 순서를 유지한다.

우선순위밸브(priority valve)는 특정 유압계통 내의 압력이 정상작동 시보다 낮을 경우 상대적으로 중요한 작동부분의 계속적인 작동을 확보해 주기 위해, 낮은 압력에서 공급될 수 있도록 유로를 형성해서 상대적으로 높은 압력에서 작동하는 덜 중요한 부분으로의 흐름을 제한하여 준다.

> **핵심 Point 기능에 따른 밸브의 종류**
>
> 1. 선택밸브 : 액추에이터의 작동방향 조절
> 2. 체크 밸브 : 한쪽 방향으로의 흐름만 허용
> 3. 시퀀스 밸브 : 하나의 구성품의 작동이 완성된 후 다음 움직임을 허용(랜딩기어계통)
> 4. 우선순위밸브 : 유압계통 내 낮은 압력(system low pressure) 발생 시 중요도가 있는 시스템에 우선순위 부여

4.3.5 유압퓨즈

유압퓨즈(hydraulic fuse)는 퓨즈를 지난 유압유 흐름부분의 유압튜브가 깨지거나 터지는 결함이 발생하여 정상적인 흐름에서 유압유의 갑작스런 증가를 감지하면, 흐름압력에 의해 내부의 구성품이 흐름방향으로 따라 움직여 유압유의 흐름을 차단함으로써 저장소의 유압유 전부가 소실되는 것을 막아 준다.

유압퓨즈는 계통이 터져 나가 유압유 전체가 유실되는 것을 방지하기 위한 구성품으로 브레이크와 스러스트리버서 등 작동 시 큰 파워가 적용되는 부분에 사용되며, 동일한 퓨즈가 사용되더라도 정해진 역할에 따라 브레이크 시스템 퓨즈, 스러스트리버서 시스템 퓨즈로 명명된다. 유압퓨즈는 리셋(reset)기능이 가능한 레버가 달린 타입과 리셋기능이 없는 타입으로 나뉜다. [그림 4-21]에서 보는 것처럼 유압퓨즈 장착 시 설치되는 방향을 반드시 확인해야 원래의 기능을 수행할 수 있다.

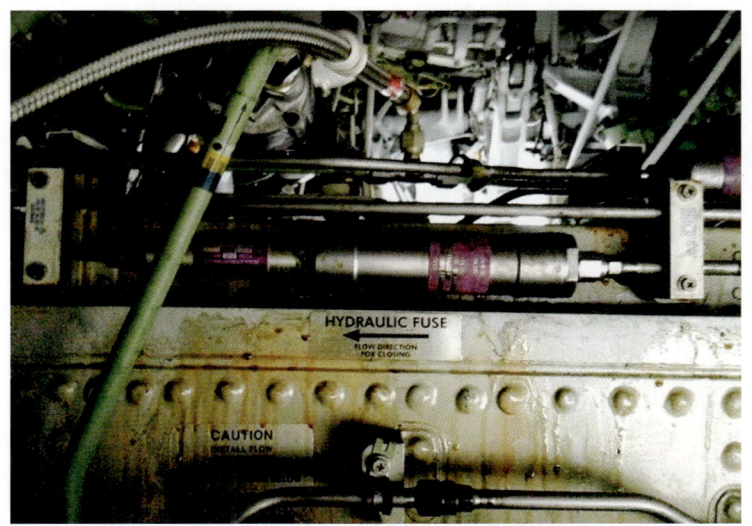

[그림 4-21] 유압퓨즈

4.3.6 액추에이터

유압액추에이터(hydraulic actuator)는 가압된 유압유를 받아 기계적인 운동으로 변환시키는 장치로, 운동형태에 따라 직선운동액추에이터(linear actuator)와 유압모터(hydraulic motor)를 이용한 회전운동액추에이터(rotary actuator)로 구분한다.

액추에이터는 조종석에서 요구된 일을 수행하기 위해 생성되어 전달된 유압유의 압력을 기계적인 일로 변환해 주는 장치이다. 작동부분의 움직임에 따라 직선형과 회전형으로 구성할 수 있으며, 항공기에서는 필요한 부분에 따라 선택적으로 적용된다. 액추에이터는 단방향액추에이터, 양방향액추에이터로 만들어지며, 직선액추에이터처럼 단방향의 경우 복귀는 스프링 힘에 의해 작동한다. 양방향액추에이터는 두 개의 공간에 압력이 적용되며, 전달되는 힘의 크기가 차이가 나는 언밸런스(unbalance)형과 동일한 힘의 크기가 전달되는 밸런스(balance)형으로 구분되고, 힘의 증폭의 원리가 적용된 피스톤의 단면적 변화로 요구되는 힘의 크기를 조절한다.

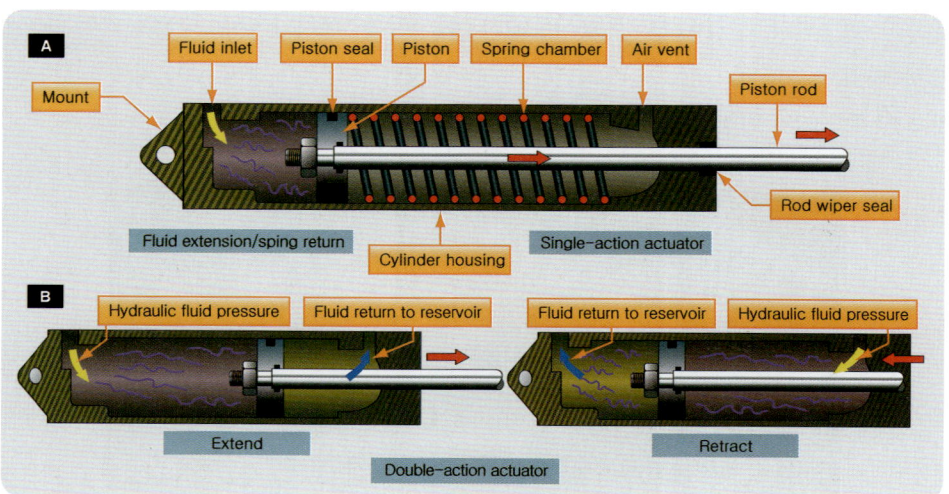

(a) 직선작동기

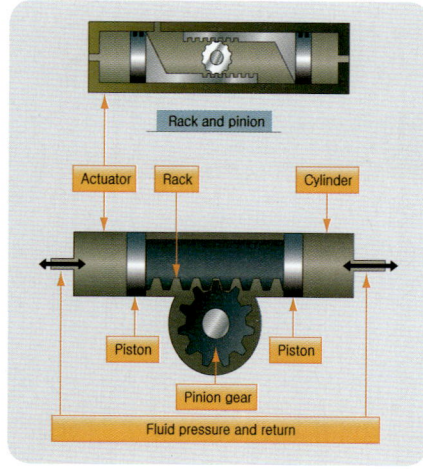

(b) 회전작동기

[그림 4-22] 유압액추에이터

4.3.7 열교환기

케이스 드레인(case drain) 라인의 유압유는 펌프를 윤활하고 연료탱크에 장착된 열교환기(heat exchanger)를 거쳐 냉각시킨 후 레저버(reservoir)로 되돌아간다. 항공기에 장착된 유압펌프는 고속으로 회전하는 금속 간의 마찰로 인해 높은 열에 노출되기 때문에 정상작동과 내구성 확보를 위해 윤활과 냉각이 필요하다. 윤활유와 냉매 역할을 위해 공급된 유압유 일부가 사용되며, 펌프 케이스 내부를 순환하며 열교환을 한 유압유는 전달받은 열에너지와 함께 리턴 라인(return line)을 따라 레저버로 이동한다. 이때 고열의 유압유가 바로 레저버로 들어갈 경우 얼마 지나지 않아 계통 전체가 과열상태(overheat condition)에 노출될 수 있다. 이러한 위험한 상황을 피하기 위해 열에너지를 머금고 있는 유압유를 윙 탱크(wing tank) 안의 차가운 연료 사이를 지나면서 냉각시킬 수 있는 열교환기를 통과하여 흐르게 한다. [그림 4-23]에서처럼 윙 탱크 낮은 부분에 장착된 열교환기는 유압유의 온도를 낮춰 주면서 탱크 내부의 연료온도는 높여 주는 효과가 있다. 이러한 이유로 유압펌프 작동 시 관련된 계통의 연료탱크 내부가 일정 이하의 연료량일 때에는 유압펌프 작동을 금지하도록 정비교범(manual)에 명시하고 있다.

> **핵심 Point** 지상에서 Hydraulic system 작동 전 확인사항
>
> Case drain line을 통과하는 유압유의 냉각을 위해 연료탱크 내부에 장착된 열교환기가 연료 유면 밑에 잠겨 있어야 하는 조건을 기억하고, EMDP 작동 전 반드시 minimum 연료량을 확인하여야 한다.

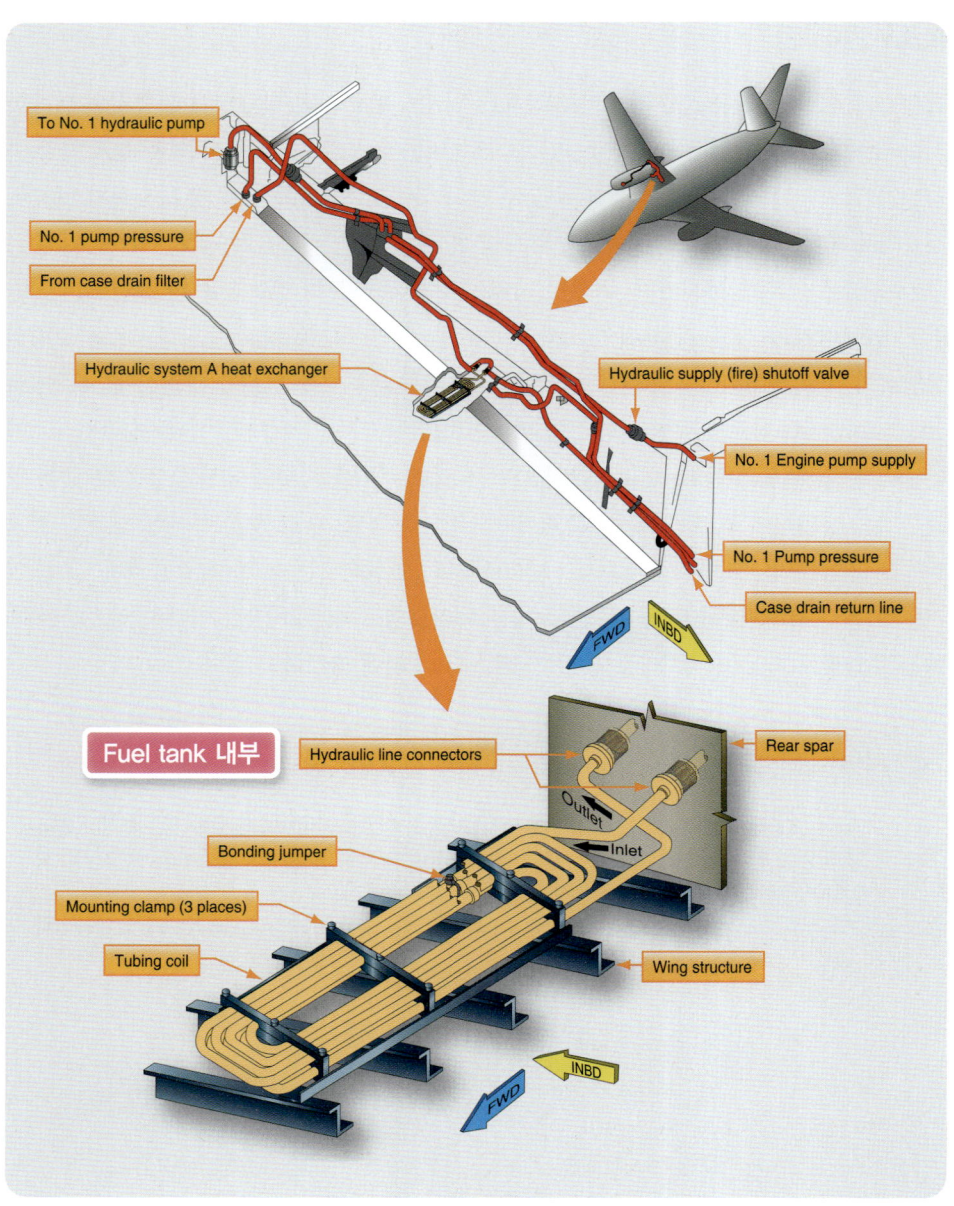

[그림 4-23] B737 항공기 연료탱크 내부의 열교환기

4.4 대형항공기 유압계통

대형항공기 노즈부분(nose section)부터 수직안정판에 이르기까지 유압시스템의 활용은 광범위하게 이루어진다. [그림 4-24]는 Boeing 737 NG 항공기의 유압계통 전체 구성품을 한 장의 그림으로 설명하고 있다. 그림에서 보듯이 노즈(nose)부분부터 테일(tail)부분까지 유압시스템이 사용되지 않는 곳이 거의 없다. 이렇듯 항공기가 살아 움직이는 데 유압계통은 큰 몫을 하고 있으며, 대형항공기 유압계통의 특징은 주유압계통(main hydraulic system)이 제 기능을 못할 경우 대체할 수 있는 백업(backup) 구조를 취하고 있다는 것이다.

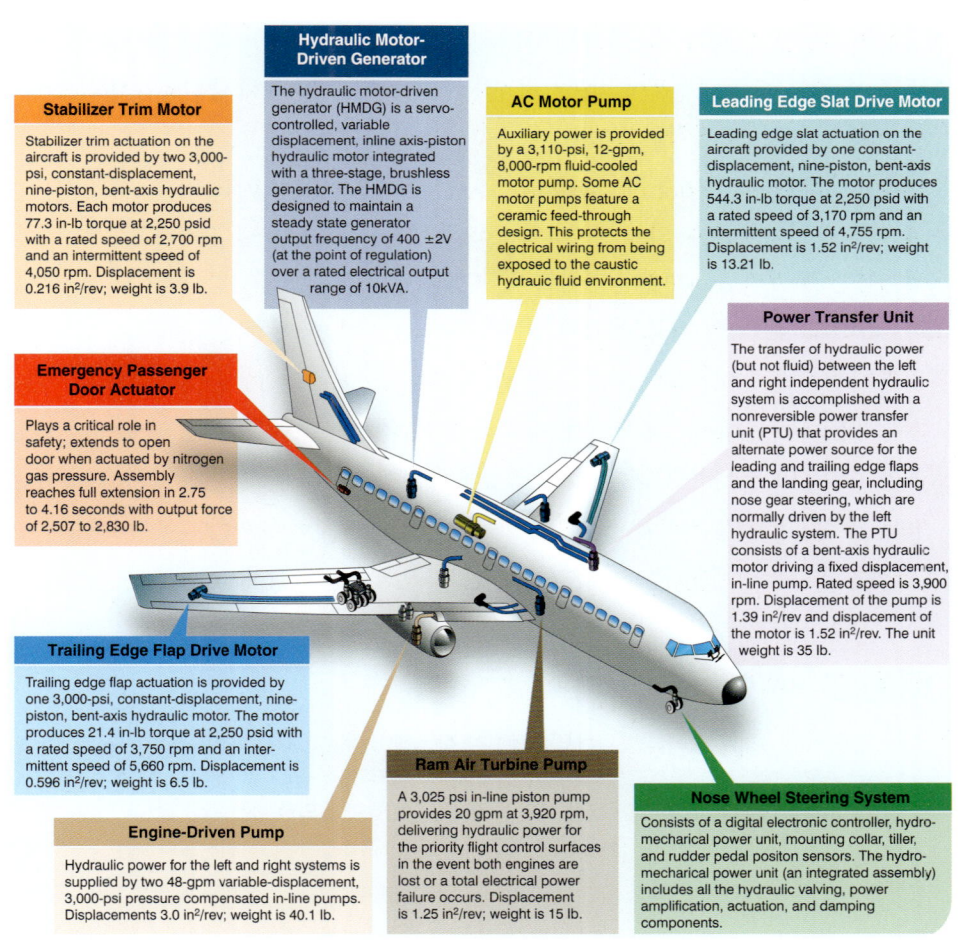

[그림 4-24] 대형항공기의 유압계통

엔진구동펌프(engine driven pump)가 그 기능을 하지 못하면 AC 모터 펌프가 그 기능을 대신하고, 또 AC 모터 펌프가 제 기능을 못한다면 동력전달장치(power transfer unit)가 기능을 수행할 수 있도록 구조화하고 있으며, 만일의 경우 장착된 두 개 엔진 모두가 작동을 못하여 기능상실이 발생할 것에 대비해서 램 에어 터빈 펌프(ram air turbine pump)를 장착하고 있다.

4.4.1 고장 시 대체기능

대형항공기는 비행 중 주요 구성품의 작동정지에 대비하여 [그림 4-25]처럼 이중 삼중의 방책을 마련하고 있으며, 비상상황에서 펼쳐지는 RAT(Ram Air Turbine)에 의해 유압동력을 공급할 수 있다. 두 개의 엔진을 장착한 항공기이지만 비행 중 발생할 수 있는 조종면 등 주요 계통 구성품이 작동하지 않는 상황을 피하기 위해 중앙유압계통(center hydraulic system)을 장착하고 있다.

좌측유압계통(left hydraulic system), 우측유압계통(right hydraulic system)은 엔진에 의해 구동되는 EDP 외에 전기파워에 의해 작동하는 ACMP를 장착하고 있고, 중앙유압계통은 두 개의 ACMP를 장착하고 있다. 또한 추가적으로 엔진압축공기로 작동하는 ADP가 두 개 장착되어 있고, 거기에 전기파워(electric power)가 상실되었을 때 사용가능한 RAT이 장착되어 있다.

유저계통(user system) 입장에서 보면 좌측유압계통과 우측유압계통이 같은 역할을 공유하고 있으며, 중앙유압계통의 경우 동일한 유저계통을 백업계통과 공유하고 있다.

비행 중 조종면이 움직이지 않는다면 최악의 상황에 빠질 수 있기 때문에 이중 삼중으로 안전을 위한 유압계통기능을 대체할 수 있는 백업계통을 적용하고 있다.

> **핵심 Point** **RAT(Ram Air Turbine)**
>
> 항공기가 살아서 움직이기 위해서는 엔진이 작동하고 엔진의 회전력에서 생성된 전기·유압·공압 에너지가 필수요소이다. 엔진이 비행 중 정지하면 항공기는 어떻게 주요 에너지를 공급받을 수 있을까? 이러한 극한 상황에 대비해 풍차효과에 의한 회전력을 이용해 전기·유압 에너지를 생성하는 RAT을 장착한다.

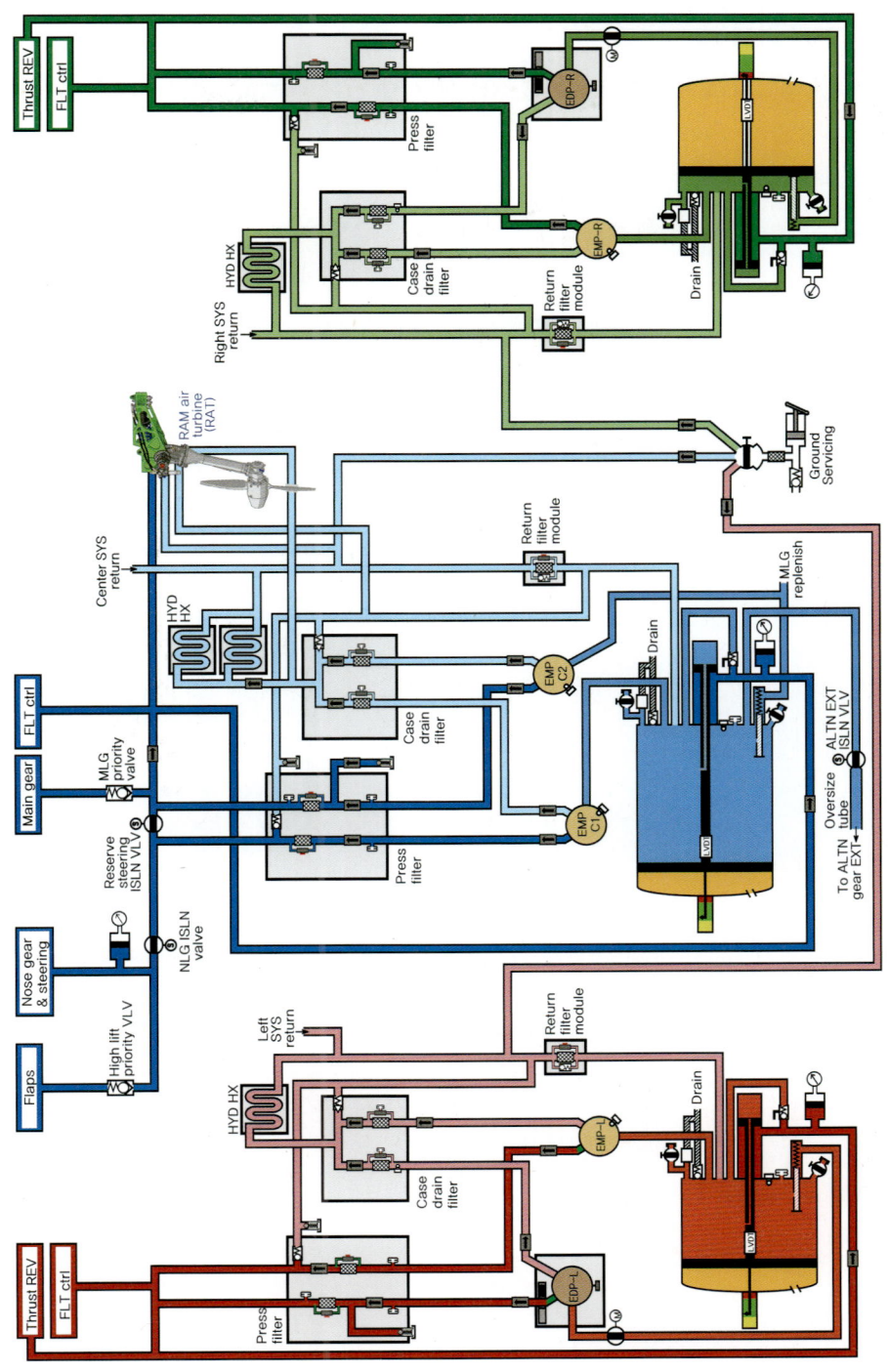

[그림 4-25] B787 항공기의 유압계통

4.4.2 조종패널과 지시

유압계통의 정상적인 작동을 위해 조종사나 정비사가 쉽게 접근할 수 있는 곳인 조종석 오버헤드 패널(overhead panel)에 유압패널(hydraulic panel)과 비행제어패널(flight control panel)이 장착되어 있다.

유압패널에는 펌프작동을 위한 스위치와 각각의 시스템이 정상작동하는지를 가늠하기 위한 저압경고등(low pressure)과 과열경고등(overheat light)이 장착되어 있다.

비행제어패널에는 비상상황에서 작동하기 위한 대기시스템(standby system) 스위치가 장착되어 있고, 글레어실드 패널(glareshield panel)에는 주경고장치등(master caution annunciator)이 장착되어 있다. 시스템 디스플레이(system display)는 저장장치인 레저버의 유압유 유량을 보여 주고 있으며, 이러한 지시(indication)를 통하여 지속적으로 유압계통의 작동상황을 모니터할 수 있도록 시스템 설계를 적용한다.

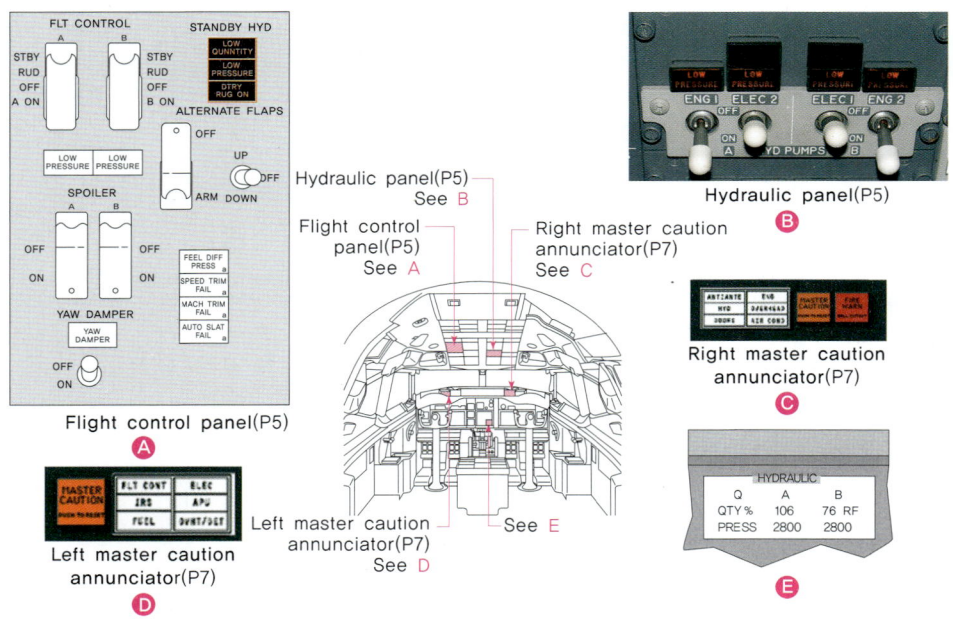

[그림 4-26] 유압계통 작동과 지시

4.4.3 유압계통 정비작업 시 주의사항

유압계통 작업절차 수행 전 필수 확인사항으로 WARNING, CAUTION 그리고 NOTE 사항이 명시되어 있다. 정비사가 유압계통 관련 해당 작업을 수행할 경우 작업절차 첫 머리에 굵은 글씨로, 작업과 관련해서 인명의 손상발생 가능한 위험요인에 대한 경고의 의미로 WARNING, 장비의 치명적인 손상발생 가능한 위험요인에 대한 경고의 의미로 CAUTION, 그리고 해당 작업에 필요한 필수장비나, 작업순서에 대한 팁(tip) 전달을 위한 의미로 NOTE를 명시하고 있다. WARNING, CAUTION 사항을 준수하지 않을 경우 치명적인 손상이 발생할 수 있고, NOTE 사항을 미준수할 경우 작업진행 중 어려움을 겪을 수 있다.

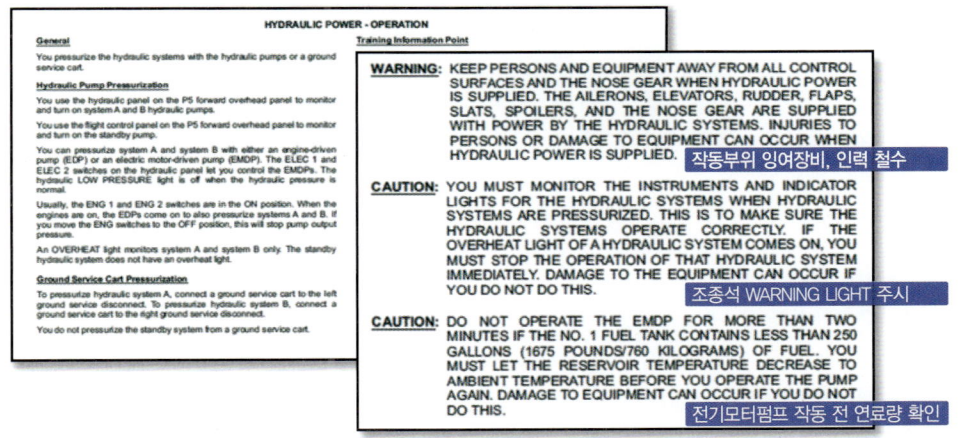

[그림 4-27] 유압계통 작동 시 주의사항

4.4.4 유압유 공급방법

정상적인 유압계통 작동을 위해 조종석에서 유압유의 양을 확인하고, 지상에 있을 때 공급구(servicing point)에서 유압유를 보급해 준다. 유압계통의 정상적인 작동유지를 위해 정비사가 가장 기본적으로 수행해야 할 일은 적정보급량을 확인하고 부족할 때 보급을 해 주는 것이다. [그림 4-28]에서처럼 각각의 항공기는 저마다의 지상보급 방법을 갖고 있다. 공통점은 원 포인트 서비스시스템(one point servicing system)을 채택하고 있으며, 정해진 한곳에서 항공기 여러 부분에 장착된 저장장소인 레저버(reservoir)에 유로를 선택해서 보급할 수 있도록 하고 있다.

무엇보다 중요한 것은 명세서에 기록된 종류의 유압유를 정상보급 수준까지 보급하는 것으로 보급방법은 원하는 시스템 넘버(system no.)를 선택하고 인 포트(in port)를 유압유 컨테이너(fluid container)에 삽입한 후 핸드 펌프(hand pump)를 작동시켜 보급한다. 일부 항공기에서는 보급구에 펌프가 포함된 유압유 공급장치를 연결하여 공급하는 방법을 적용하기도 한다.

[그림 4-28] 유압유 보급펌프

4.5 유압계통을 사용하는 주요 계통

유압계통(hydraulic system)의 주요 사용처(user system)는 비행조종계통, 랜딩기어, 엔진의 역추력장치로서 비행조종면과 랜딩기어의 움직임, 엔진 브레이크 사용으로 나눌 수 있다.

  비행조종계통은 비행속도에 의한 공기저항을 이기고 원하는 만큼의 움직임을 각각의 조종면에 전달해야 하며, 해당 조종면은 비행방향 조종을 위한 1차 조종면인 보조익(aileron), 엘리베이터(elevator), 방향타(rudder)와 2차 조종면인 고양력장치 플랩 및 슬랫(flap and slat), 고항력장치 스포일러(spoiler)가 포함된다.

  랜딩기어계통은 항공기가 지상이동 시 앞바퀴의 방향조종, 이륙 후 랜딩기어를 들어 올리는 움직임과 착륙을 위해 랜딩기어를 내리는 움직임, 그리고 착륙 후 3.5km 남짓한 활주로상에서 안전하게 정지하기 위한 브레이크 시스템이 포함된다. 이때 엔진계통에 짧은 활주로에서 효과적으로 정지하려고 할 때 필요한 힘을 제공하기 위한 역추력장치가 포함된다.

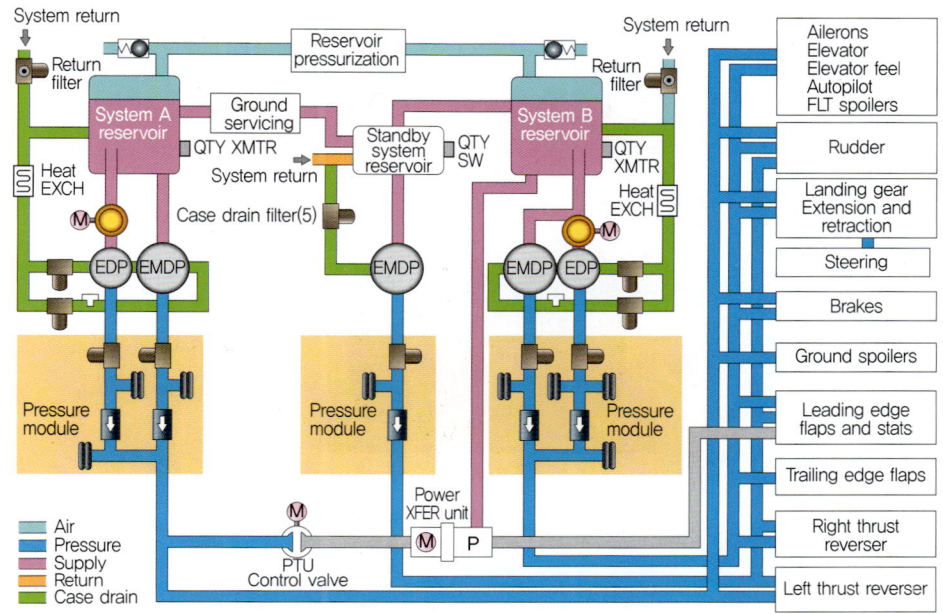

[그림 4-29] 유압계통과 유저계통

4.5.1 랜딩기어계통

랜딩기어를 접어넣었다가 펴는 작동, 지상에서의 방향전환과 브레이크를 작동하기 위해 유압계통은 반드시 필요하며, 랜딩기어계통은 지상에서 이동할 때, 이륙 후, 착륙 전, 활주로에 착륙한 후에도 사용된다.

무게가 육중한 랜딩기어를 안전하게 휠웰(wheel well) 내부로 접어넣을 때, 그리고 비행을 계속하는 동안 접고 있던 랜딩기어를 비행고도를 하강한 후 착륙준비를 하는 중간에 휠웰 외부로 펼쳐 내릴 때 일부 유압이 사용된다.

지상에서 활주 중 조종사가 방향전환 페달을 밟거나 스티어링 휠(steering wheel)로 바퀴를 좌우로 움직여 비행기를 원하는 방향으로 이동할 수 있도록 하는 기능도 유압의 힘으로 작동한다. 시속 250km 속도로 착륙활주 중인 항공기를 3.5km 내 활주로를 벗어나지 않고 정지시키려면 강력한 힘이 필요하다.

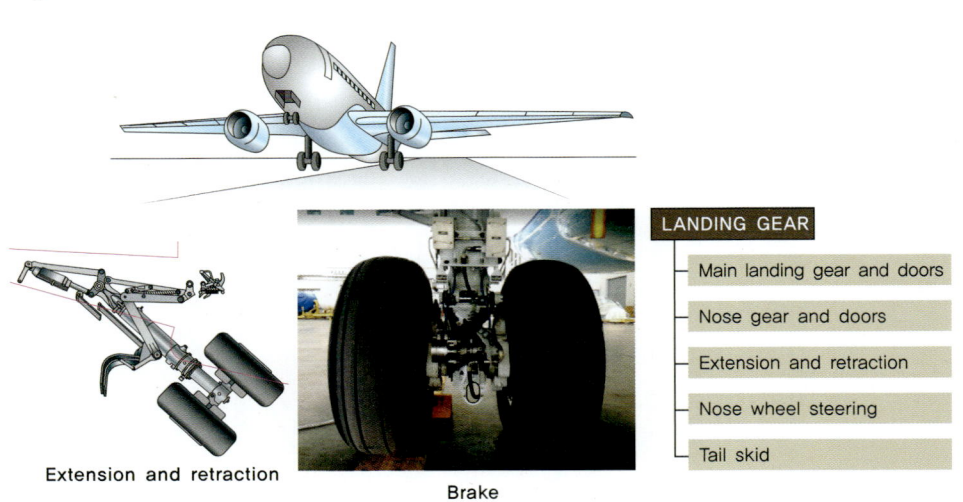

[그림 4-30] 유압계통의 유저계통, 착륙장치

4.5.2 조종계통

항공기 조종을 위한 1차 조종면, 비행을 돕는 2차 조종면을 작동하려면 유압계통이 필요하다. 작게는 1시간, 많게는 14시간 정도를 비행하는 동안 항공기를 원하는 하늘 길, 즉 항로를 따라 비행할 수 있도록 움직임을 조정해 주는 조종면을 작동시키는 힘이 필요하다.

 항공기에는 시속 800km 속도로 비행하는 동안 맞바람과 싸워야 하고, 기류변화 등 대기상태에 저항하면서 원하는 길을 가야 한다. 이때 조종사의 힘만으로는 조종하기가 불가능하고 상대적으로 강화된 힘이 필요한데, 이 힘은 파스칼의 원리를 적용한 힘의 증폭을 통해 조종면을 제어하는 데 사용된다.

 [그림 4-31]에서 보는 것처럼 항공기 비행자세를 조절해 주는 3축 운동을 담당하는 1차 조종면을 움직이거나, 항공기에 추가적인 양력을 발생시키고 항력을 증가시키는 2차 조종면의 움직임을 확보하는 데 유압이 사용된다.

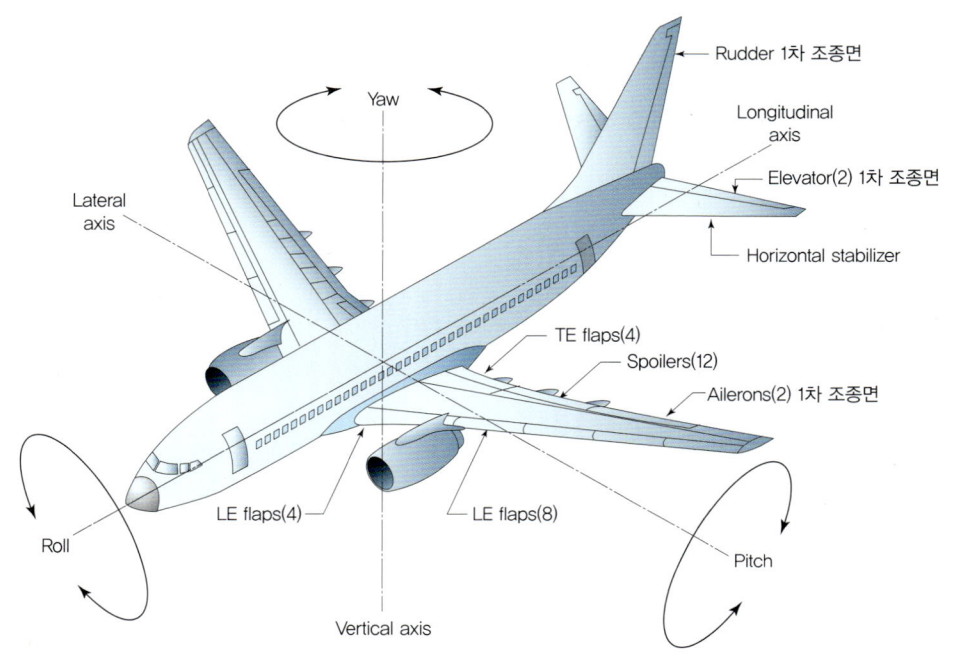

[그림 4-31] 유압계통의 유저계통, 조종장치

4.5.3 역추력장치계통

유압계통은 착륙활주 중 착지와 동시에 펼쳐지는 엔진 역추력장치가 실수 없이 작동할 수 있도록 힘을 전달한다. 각각 26,000파운드(11,793kg)의 힘을 낼 수 있는 엔진을 장착한 항공기가 착륙과 동시에 3.5km 내 활주로에 착륙하기에는 브레이크만으로는 불안하며, 이때 활주로의 상태와 상관없이 작동할 수 있는 역추력장치가 사용된다.

 이 역추력장치는 엔진 뒷부분의 카울(cowl)이 슬리브(sleeve)를 따라 뒤로 움직이면서 중간에 개방된 공간을 형성함으로써, 배기구를 따라 흐르는 엔진 후방의 공기흐름의 방향을 전방으로 향하도록 공기역학적인 움직임을 만들어 준다. 따라서 이 강력한 힘에 대응하기 위한 파워가 필요한데 이 강력한 힘은 유압으로 해결된다. 상부, 중간, 하부에 장착된 액추에이터의 움직임을 따라 슬리브가 뒤로 움직이고, 블록 도어(block door)가 후방으로 흐르던 공기의 길을 막아 주는 역할을 하는데 이 움직임도 유압에 의해 작동된다.

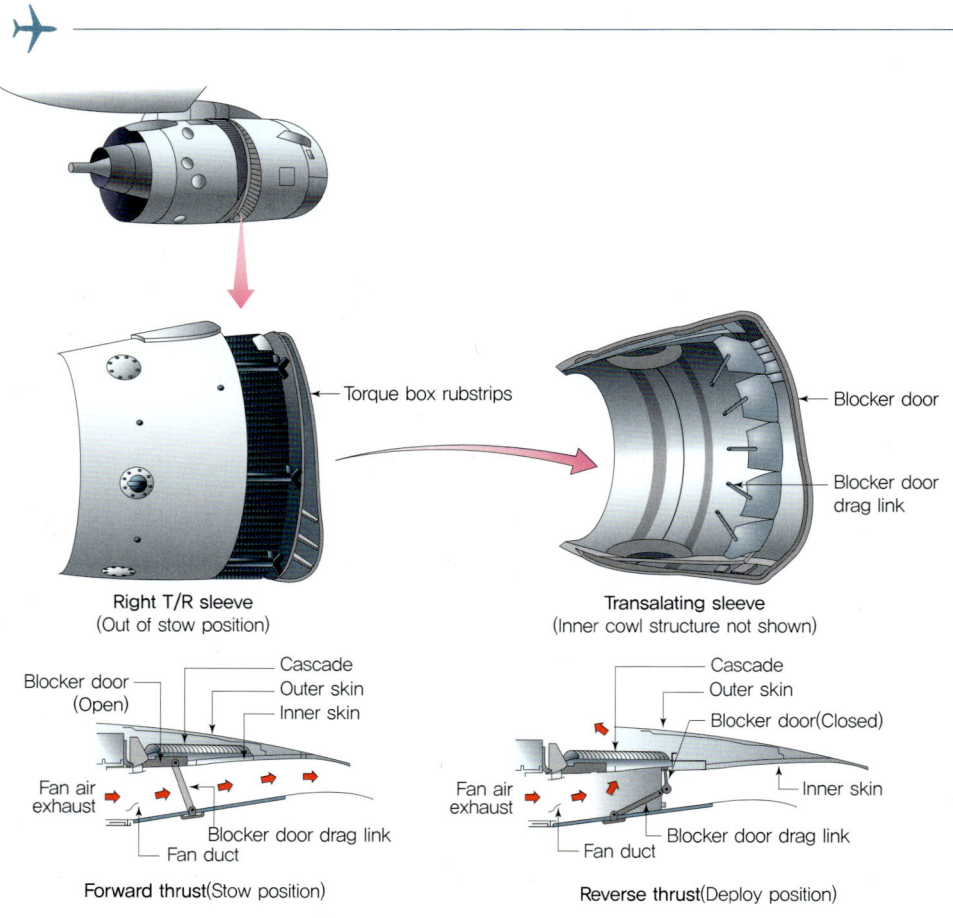

[그림 4-32] 유압계통의 유저계통, 역추력장치

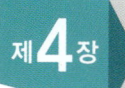

제4장 확인학습: 연습문제 및 해설

> 유압의 필요성

1 항공기가 살아서 움직이려면 기본적으로 필요한 power system으로 거리가 먼 것은?
   ① electric power
   ② pneumatic power
   ③ hydraulic power
   ④ ground power

   해설 엔진에서 공급되는 electric, pneumatic, hydraulic power가 필요하다.

2 다음 중 파스칼의 원리가 적용된 시스템은 어느 것인가?
   ① electric system
   ② hydraulic system
   ③ anti-ice system
   ④ pressurization system

   해설 밀폐공간에 가해진 힘은 해당 공간에 일정한 압력으로 작용한다는 원리가 hydraulic system의 작동원리로 설명된다.

3 항공기 유압계통의 기본적인 구성으로 알맞지 않은 것은?
   ① fluid 생성 구성품
   ② power 생성 구성품
   ③ power 전달 구성품
   ④ actuating 구성품

   해설 항공기 hydraulic system은 작동매체, power 생성 구성품, power 전달 구성품, actuating 구성품으로 구성된다.

4 다음 중 공유압계통을 비교할 때 유압계통의 특징으로 적당한 것은?
   ① 경량이다.
   ② 장착이 불편하다.
   ③ 점검이 불편하다.
   ④ 효율이 낮다.

   해설 유압계통은 공압계통에 비해 경량이고 장착이 용이하며, 점검이 편리하고 효율이 높은 특징이 있다.

정답 1. ④ 2. ② 3. ① 4. ①

5 다음 중 유압필터 중 service life가 가장 짧은 것은 어느 것인가?

① pressure line filter
② return line filter
③ supply line filter
④ case drain line filter

해설 작동온도가 가장 높은 case drain line filter의 교환주기가 가장 짧다.

항공기 유압계통

6 항공기 유압계통을 이루고 있는 유압유 라인 중 가장 온도가 높은 것은 어느 것인가?

① supply line
② pressure line
③ case drain line
④ return line

해설 유압펌프를 보호하기 위해 냉각기능을 담당한 유압유가 순환하고 배출되는 case drain line의 온도가 가장 높다.

7 다음 중 공급라인(supply line)의 시작과 끝에 위치한 구성품으로 맞게 짝지어진 것은?

① reservoir – pump
② pump – actuator
③ pump – heat exchanger – reservoir
④ actuator – reservoir

해설 레저버에서부터 원거리에 장착된 펌프까지의 경로를 말한다.

8 항공기 유압계통의 비정상상황을 알려 주기 위한 overheat sensor가 장착되는 곳으로 적당한 것은?

① standby reservoir
② supply line
③ pressure module
④ case drain line

해설 펌프의 작동상태를 판단하기 위해 case drain line에 temperature sensor가 장착되어 있다.

정답 5. ④   6. ③   7. ①   8. ④

9 레저버(reservoir) 내부의 유압유가 전부 빠져나가는 것을 방지하고 비상용 유압유 확보를 목적으로 하는 구성품은 어느 것인가?

① fin
② baffle
③ stand pipe
④ return connection

해설 stand pipe는 main pump로 연결되며, 계통손상으로 인한 유압유의 손실발생 시 stand pipe 하부의 유압유를 비상용으로 사용가능하게 만든 구조물이다.

10 다음 중 유압펌프 중 3,000psi의 높은 압력에 일반적으로 사용하는 펌프는 어느 것인가?

① gear pump
② gerotor pump
③ piston pump
④ vane pump

해설 저압용으로 기어, 지로터, 베인 타입이 사용되고 고압용으로 피스톤 타입 펌프가 사용된다.

유압계통을 사용하는 서브시스템

11 항공기 유압계통 pressure line에 장착되어 있으면서 한 방향으로만 유압유 흐름을 허락하는 기능을 하는 밸브는 어느것인가?

① 선택밸브(selector valve)
② 체크 밸브(check valve)
③ 시퀀스 밸브(sequence valve)
④ 우선순위밸브(priority valve)

해설 체크 밸브는 계통 내에 장착되어 유압유의 흐름방향을 한쪽으로만 흐르도록 제한흐름을 만드는 밸브이다.

12 다음 중 축압기의 기능과 거리가 먼 것은?

① supply line에 장착된다.
② pressure line의 서지를 완화해 준다.
③ 동력펌프를 보조해 준다.
④ 예비압력을 저장한다.

해설 축압기는 pressure line에 장착된다.

정답 9. ③ 10. ③ 11. ② 12. ①

13 항공기 유압계통 case drain line을 통해 공급된 유압유를 냉각시켜 주는 heat exchanger에 대한 설명으로 맞는 것은?

① return line에 연결되어 있다.
② hydraulic fluid와 cold air가 열교환을 한다.
③ 엔진 입구에 장착되어 있다.
④ 장착부분의 연료량과 상관없이 기능을 수행한다.

[해설] hydraulic fluid와 cold fuel이 열교환을 하고, 날개 뿌리 쪽 wing tank 하면에 장착되며, 과열과 폭발 방지를 위해 최소한의 잔류 연료량을 필요로 한다.

14 엔진의 power 모두가 상실되었을 때 hydraulic power를 공급해 주기 위한 대체 구성품은 어느 것인가?

① EDP(Engine Driven Pump)
② ACMP(AC Motor Pump)
③ ADP(Air Driven Pump)
④ RAT(Ram Air Turbine)

[해설] 장착된 엔진 모두가 power 공급능력을 상실했을 때 사용되는 것으로 제한된 부분에 RAT가 electric power, hydraulic power를 공급한다.

15 다음 중 작업 관련 매뉴얼 내용 중 작업자가 상해를 입을 수 있는 위험을 알려 주는 주의사항은 어느 것인가?

① WARNING   ② CAUTION
③ NOTE   ④ GUIDE

[해설] 매뉴얼 초입에 명시되어 있는 안전 관련 사항으로, 인명의 손상과 관련된 경고의 의미인 WARNING, 장비의 치명적인 고장을 유발할 수 있는 위험요인에 대한 경고의 의미인 CAUTION, 작업의 원활한 진행을 돕기 위한 NOTE 등 세 가지 용어가 사용된다.

정답 13. ① 14. ④ 15. ①

제5장
랜딩기어계통

AIRCRAFT SYSTEMS

5.1 랜딩기어계통의 필요성
5.2 랜딩기어의 구분
5.3 랜딩기어의 기능
5.4 랜딩기어의 구성
5.5 휠과 타이어
5.6 랜딩기어의 작동
5.7 기능점검 절차

요점정리

| 랜딩기어계통의 필요성 |

1. 항공기 랜딩기어계통(landing gear system)은 항공기가 지상에 정박해 있는 동안, 지상이동 그리고 힘차게 활주로를 달리거나 착륙할 때 필수적인 역할을 한다.

| 랜딩기어계통의 구성 |

1. 유압(hydraulic power)을 사용하는 랜딩기어계통은 ATA Chapter 32로 분류되며, 도어의 개폐, 랜딩기어의 올리고 내림, 방향전환, 브레이크 기능을 포함한다.
2. 항공기 운항 중 공기저항으로 발생하는 유해항력을 해결하기 위해 랜딩기어를 동체 안으로 접어 넣어 유선형의 동체를 만들기 위해 랜딩기어 작동기능이 활용된다.

| 랜딩기어의 구조 |

1. 대부분의 항공기 앞바퀴는 조종실에서 조종할 수 있는 조향장치를 갖고 있으며, 지상이동 시 항공기의 방향을 전환하는 데 사용한다.
2. 주 시스템에 정상파워 공급원(normal power source)이 없을 경우 비상시 브레이크 사용을 위해 어큐뮬레이터(accumulator, 축압기)는 저장된 유압(hydraulic pressure)을 공급해 준다.
3. 항공기가 지상에 있는 동안 업/다운 기능의 오작동 방지를 위해 랜딩기어 로크 핀(lock pin)을 장착해야 한다.
4. 브레이크 계통은 유압에 의해 작동되며, 비상시 사용을 위한 대체방법을 갖고 있다.

| 랜딩기어계통의 기능 |

1. 파워 브레이크 계통을 적용한 항공기는 브레이크가 잡힌 상태로 타이어가 지면에 끌리는 현상을 방지하기 위해 안티스키드 시스템(anti-skid system)을 사용한다.
2. 브레이크 작동유에 포함된 공기방울은 스펀지 현상을 유발하고, 스펀지 현상을 제거하기 위해 브레이크 블리딩(brake bleeding) 절차를 수행한다.

사전테스트

1. 항공기 개발 초기에 랜딩기어는 없었다.

> **해설** 아주 간단한 썰매 다리 모양의 랜딩기어가 장착되었다.
>
> 정답 ×

2. 모든 항공기는 비행하는 동안 랜딩기어를 동체 안으로 집어넣고 운항한다.

> **해설** 접어 올리고 내리는 복잡한 기계작동을 요하지 않는 소형항공기는 고정식 랜딩기어를 사용한다.
>
> 정답 ×

3. 메인 랜딩기어는 착륙거리 단축을 위한 브레이크 기능을 갖고 있다.

> **해설** 제한된 활주로에 정확하게 정지하기 위해 성능 좋은 브레이크가 필수적이다.
>
> 정답 ○

4. 대형항공기는 철새들이 날아갈 때처럼 랜딩기어를 숨기고 비행한다.

> **해설** 유선형 동체의 외부로 돌출된 부분은 비행 중 공기저항에 의한 유해항력이 발생하여 이를 방지하기 위해 동체 내부로 랜딩기어를 집어넣은 상태로 비행한다.
>
> 정답 ○

5. 대형항공기는 비행을 위해 랜딩기어를 동체 안으로 집어넣는 데 전기모터의 힘을 이용한다.

> **해설** 크고 무거운 랜딩기어가 공기저항을 이겨 내고 접혀 들어가야 하기 때문에 상대적으로 힘이 센 유압(hydraulic power)을 활용해 작동시킨다.
>
> 정답 ×

6. 대형항공기 메인 랜딩기어 쇼크 스트럿(main landing gear shock strut)은 공기와 액체의 성질을 이용해 충격을 흡수한다.

> **해설** 공기의 압축성과 액체의 비압축성을 이용해 충격을 흡수한다.
>
> 정답 ○

7. 대형 운송용 항공기 타이어 안쪽에는 큰 튜브가 들어 있다.

> **해설** 대형 운송용 항공기는 무게감소와 강도가 증가된 튜브리스 타이어(tubeless tire)를 사용한다.
>
> 정답 ×

8. 대형 운송용 항공기는 무게감소와 강도가 증가된 알루미늄 휠을 사용한다.

> **해설** 항공기 무게감소를 위해 가벼운 알루미늄합금 휠을 사용한다.
>
> 정답 ○

9. 대형항공기에 사용하는 바퀴에는 열팽창으로 인한 터짐현상을 방지하는 장치가 있다.

> **해설** 타이어 내부의 온도상승으로 인한 폭발현상을 막기 위해 서멀 플러그(thermal plug)가 장착되어 있다.
>
> 정답 ○

10. 대형항공기 랜딩기어의 업/다운(up & down)은 전기파워(electrical power)에 의해 작동한다.

> **해설** 항공기가 대형화·고속화되면서 강한 힘이 필요하게 되어 랜딩기어 작동파워는 유압(hydraulic power)이 사용된다.
>
> 정답 ×

11. 운송용 항공기의 방향전환을 위한 스티어링(steering) 기능은 노즈 랜딩기어(nose landing gear)에만 적용된다.

> **해설** 대형항공기의 경우 좁은 곳에서의 항공기 선회를 효과적으로 하기 위해 일부 보디기어(body gear)에도 스티어링(steering) 기능을 적용한다.
>
> 정답 ×

12. 대형항공기 랜딩기어는 과도하게 브레이크가 잡히는 것을 풀어 주는 시스템이 사용된다.

> **해설** 타이어가 터지는 현상 등 손상을 방지하고 브레이크의 효과적인 작동을 위해 안티스키드(anti-skid) 기능을 적용한다.
>
> 정답 ○

5.1 랜딩기어계통의 필요성

인간이 똑바로 서고, 걷거나 달리고 높은 곳에서 뛰어내리는 일련의 활동이 가능한 것은 적절하게 충격을 흡수하고, 필요한 만큼의 힘을 신체 각부에 전달하는 기능을 갖고 있기 때문이다. 항공기도 이와 같이 지상에 정박해 있는 동안, 그리고 서서히 움직이고, 힘차게 활주로를 달리고 비행을 마친 후 활주로에 사뿐히 내려앉아 활주로에 안착할 때까지의 활동을 수행하기 위해 랜딩기어계통(landing gear system)을 갖고 있다.

항공기는 자기부양처럼 계속해서 공중에 떠 있는 것이 아니고 지상에 있을 때에는 항상 다리를 펴고 설 수 있어야 하며, 지상이동을 위해서는 구름베어링 역할을 하는 바퀴와 구름운동을 정지시킬 수 있는 브레이크기능을 갖추어야 한다. 항공기가 가장 위험한 시간은 이륙 후 3분과 착륙 전 8분으로 약 11분 동안이라고 한다. 이때 항공기의 안전과 관련해서 큰 역할을 하는 시스템이 랜딩기어계통이다.

영화 「설리: 허드슨 강의 기적(*Sully*, 2016)」에서는 항공기가 강물 위로 착수하는 장면을 담고 있는데 조종사들은 만의 하나 발생가능한 상황에 대비해 많은 훈련을 수행하고 있으며, 이 훈련에는 랜딩기어의 비정상적인 작동과 관련한 과정도 포함되어 있다. 지금 학습하는 랜딩기어계통은 시스템과 관련된 비상상황이 발생하지 않도록 점검과 유지·관리에 각별한 주의가 필요한 부분이다.

[그림 5-1] 랜딩기어 점검

5.2 랜딩기어의 구분

랜딩기어계통은 항공기가 이륙하거나 착륙할 때, 지상에서의 무게를 지탱하는 이외에도 항공기가 저속 또는 고속으로 움직일 때 제동을 위한 브레이크 작동계통(brake system)과 이동 시에 필요한 방향전환(steering system) 장치 등을 포함하고 있다.

항공기의 종류와 비행목적이 다양하기 때문에 그에 따라 효율적인 랜딩기어를 채택하고 있다. 운송용 항공기는 제한된 활주로 길이 내에서 안전하게 이륙하는 데 필요한 속도를 내기 위해 구름베어링 역할을 하는 휠과 타이어(wheel & tire)를 장착한 랜딩기어를 채택하고 있다. 헬리콥터의 경우는 어디에서나 이륙과 착륙을 하기 위해 스키드(skid)를 장착하거나 고급기종의 헬리콥터의 경우 운송용 항공기처럼 휠과 타이어가 장착된 접개들이식 랜딩기어를 장착하고 있다. 스키드 장착 헬리콥터의 경우 지상이동을 위해 토잉(towing)을 위한 휠 키트(wheel kit)를 갖고 있어 편리하게 장·탈착하여 가볍게 이동시킬 수 있도록 운용하고 있다.

극지방이나 눈이 많이 오는 지역에서는 다져진 눈 위에서 이착륙할 수 있도록 스키(ski)가 장착된 랜딩기어를 채택하고 있으며, 섬이나 강을 끼고 있는 지역 등에 운항이 잦은 항공기들은 물 위에서 이착륙이 가능하도록 물에 뜰 수 있는 플로트(float)를 장착한 랜딩기어를 채택하고 있다.

(a) 바퀴 타입

(b) 스키드 타입

(c) 스키 타입

(d) 플로트 타입

[그림 5-2] 랜딩기어의 종류

5.2.1 형태에 따른 구분

항공기의 형식에 따라 고정식(fixed type), 접개들이식(retractable), 충격흡수식(shock absorbing)과 비충격흡수식(none shock absorbing) 타입으로 구분한다.

   고성능 항공기에는 유해항력을 제거하여 효율적인 비행을 도모하고 유선형의 동체를 유지하기 위해 랜딩기어를 접어 올리는 접개들이식(retractable type)이 적용된다. 상대적으로 규모가 작고 저성능의 항공기의 경우 간단하고 튼튼하며 유지관리가 편리하면서 비행 중 항공기 동체에 돌출된 형태로 움직임이 없는 고정식의 랜딩기어를 채택하고 있다.

   항공기의 크기에 상관없이 비행목적에 따라 이착륙 시 발생하는 큰 하중을 버틸 수 있도록 충격을 흡수할 수 있는 충격흡수식을 채택하기도 하고, 기체 전체적으로 하중이 분산되도록 허용하는 비충격흡수식을 채택하기도 한다.

   충격흡수장치는 판스프링 타입(leaf-type spring gear), 철제관으로 만든 타입(rigid), 고무줄로 묶는 타입(bungee cord), 완충버팀대 타입(shock strut) 등이 사용되고 있다. 운송용 항공기에는 착륙 시 발생된 충격에너지를 열에너지로 바꾸어 흡수하는 방식의 쇼크 스트럿 타입 랜딩기어(shock strut type landing gear)를 가장 많이 채택하고 있다.

(a) 판스프링 타입

(b) 강철관 타입

(c) 고무줄 타입

(d) 도넛 타입

[그림 5-3] 랜딩기어 충격흡수장치의 종류

5.2.2 배열에 따른 구분

랜딩기어의 배열(arrangement)은 장착 위치에 따라 후륜식(tail type), 앞뒤로 배치된 탠덤식(tandem type), 전륜식(tricycle type)으로 구분된다. [그림 5-4]에서 구분한 세 가지 배열방법은 항공기 개발 초기에 적용된 후 현재도 사용되고 있으며, 각각의 특징을 갖고 있다.

후륜식 랜딩기어를 장착한 항공기는 항공기 개발 초기 왕복엔진을 장착하고 프로펠러의 효율에 의지했던 항공기에 주로 사용된 방법이다. 프로펠러의 효율을 높이기 위해 긴 프로펠러를 장착하였고, 프로펠러가 지면에 닿지 않을 만큼 충분한 높이를 확보해야 했기 때문에, 뒷바퀴를 방향조종에 사용하고 프로펠러가 장착된 항공기 앞부분이 높이 치켜든 형태로 만들어졌다. 따라서 랜딩기어가 무게중심 전방에 위치해 빠른 속도로 지상 활주 시 뒤집어지는 사고가 빈번하게 발생하므로 착륙속도가 상대적으로 낮은 항공기에 적합한 타입의 랜딩기어 배치방법이다.

탠덤식은 항공기 날개의 성능을 최대한으로 끌어올리기 위해 동체에 랜딩기어를 장착하는 타입으로 활공기, 수직이착륙 항공기와 일부 군용항공기에 적용된다. 항공기의 안정된 주기를 위해 지지용 기어를 가지고 있다.

전륜식 랜딩기어는 메인 랜딩기어(main landing gear)와 노즈 랜딩기어(nose landing gear)를 갖고 있으며, 빠른 착륙속도에서 지상에서 뒤집어짐 없이 큰 제동력을 사용할 수 있는 장점이 있다. 후륜식 랜딩기어 항공기와 비교할 때 조종사의 시야 확보가 유리한 장점이 있다.

[그림 5-4] 랜딩기어의 종류와 장착형태에 따른 분류

5.3 랜딩기어의 기능

유압을 사용하는 랜딩기어계통은 도어의 개폐, 랜딩기어의 올리고 내림, 방향전환 등으로 구성된다. 항공기에 장착된 랜딩기어계통은 ATA 32로 분류되어 있고, 그 하부에 [그림 5-5]에서 보는 것처럼 유해항력을 줄이기 위해 동체 내부로 랜딩기어를 접어넣을 때 선행작동으로 도어가 열리고 닫힐 수 있도록 작동하는 기능과 비행순서에 따라 랜딩기어를 올리고 내리는 기능, 지상착륙 후 활주 중에 방향전환을 위한 휠 스티어링(wheel steering)을 위한 작동, 항공기를 정지시키기 위한 브레이크 기능을 포함하고 있다.

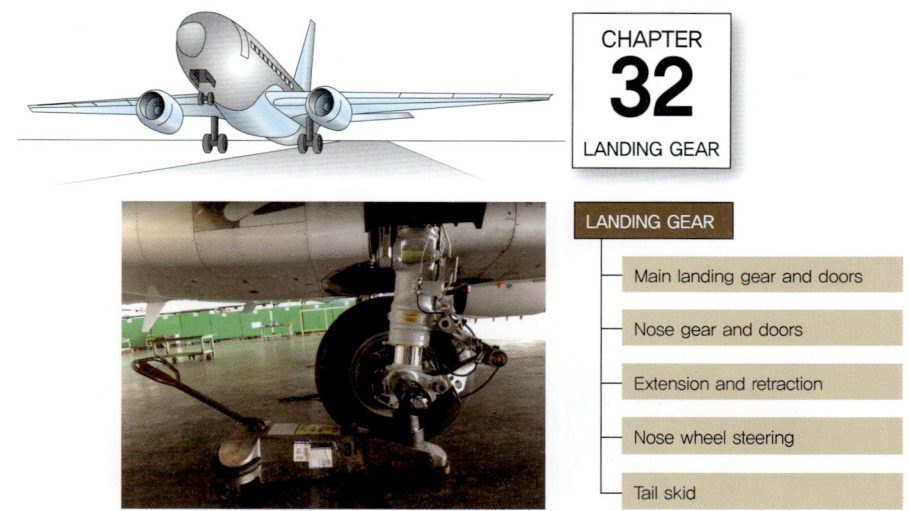

[그림 5-5] 랜딩기어계통의 구성

5.3.1 충격흡수기능

쇼크 스트럿(shock strut), 즉 완충버팀대는 지상에 있는 동안 항공기를 지탱하고 착륙 시 기체구조를 보호하는 독립식 유압장치(self contained hydraulic unit)로서, 활주로에 착륙 시 발생하는 접지충격의 충격에너지를 열에너지로 전환하여 충격을 흡수한다. 항공기가 비행을 마친 후 활주로에 착륙을 하기 위해 비행고도를 낮추며 진입할 때는 시속 250km가 넘는 속도와 100톤이 넘는 무게가 합쳐져 엄청난 충격하중을 받게 된다. 이렇게 큰 충격하중을 흡수하기 위해 개발된 랜딩기어가 쇼크 스트럿 타입(shock strut type)이다. 사람이나 동물이 높은 곳에서 뛰어내릴 때 충격을 흡수하기 위해 무릎을 구부렸다 펴면서 최대한 충격을 덜 받게 동작하는 것처럼, [그림 5-6]에 보이는 실린더 내부의 구성품을 활용하는 방법이 연구되었다. 두 그림에서처럼 상부와 하부 실린더로 나뉘진 피스톤 모양의 상하부 실린더 내부에 미터링 핀(metering pin)과 오리피스(orifice)를 장착하여 항공기가 착륙하면서 발생하는 하중에 영향을 받아 상하 실린더가 압축되면 오리피스를 통해 하부 실린더에 담겨 있던 유압유가 위로 올라가면서 상부의 질소가스를 압축한다. 이때 미터링 핀과 오리피스를 통과하면서 발생하는 저항으로 충격이 흡수되며 유압유의 온도도 상승한다. 상승한 온도는 실린더 벽면을 통해 발산되며, 이때 착륙의 충격으로 상하 움직임이 발생하면 미터링 핀과 오리피스 사이의 간격이 변하여 두 구성품의 사이를 통과하는 유체의 양이 조절된다. 오른쪽의 노즈 랜딩기어 내부의 모습도 메인 랜딩기어와 같은 모양으로 만들어지며 캠 어셈블리(cam assembly)와 같은 추가적인 구성품이 장착되는데 이는 뒷부분에서 다루기로 한다.

쇼크 스트럿의 독립식 유압장치는 항공기시스템에서 다루어지는 ATA 29 유압계통(hydraulic system)과는 별개로 쇼크 스트럿 내부에 충전된 유압유(MIL-H-5606)에 의해 충격흡수가 이루어진다.

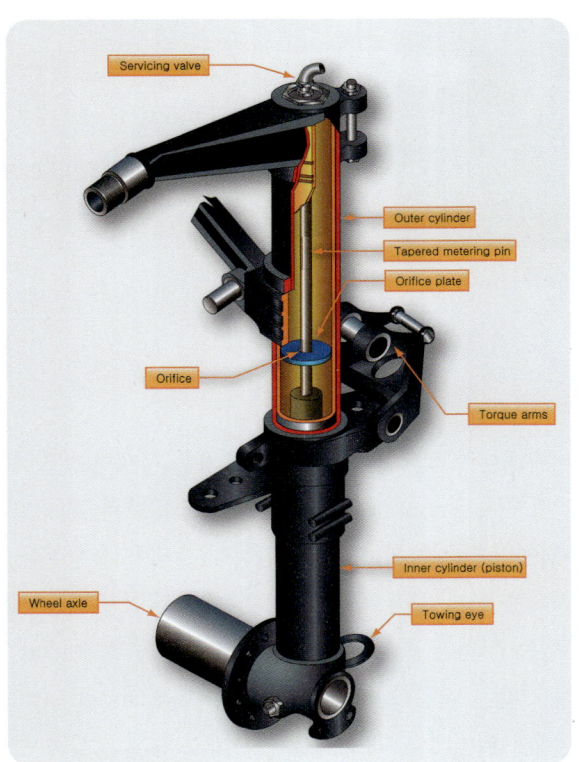
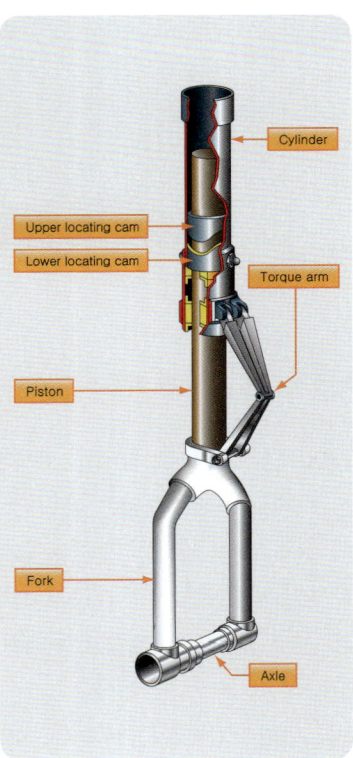

[그림 5-6] 랜딩기어의 쇼크 스트럿

5.3.2 하중의 지지기능

항공기는 다수의 바퀴를 장착하여 무게를 분산하여 지지하며, 항공기 작동 중 한 개의 타이어(tire)가 손상되어도 안전여유(safe margin)를 갖도록 하중을 충분히 분산시킬 수 있어야 한다. 대형항공기는 각각의 메인 랜딩기어에 네 개 이상의 휠 어셈블리(wheel assembly)를 장착한다.

항공기는 착륙 시의 강력한 하중에 견디고 무게를 지지하기 위해 충분한 숫자의 휠 어셈블리를 장착하는데, 항공기 형식에 따라서 랜딩기어의 개수를 증가시키거나 각각의 랜딩기어에 장착되는 휠 어셈블리의 숫자를 6개, 8개 이상 장착하여 충분한 하중분산을 고려한 디자인을 적용하고 있다.

[그림 5-7] 랜딩기어 타이어 장착형태

5.3.3 도어 개폐기능

항공기는 운항 중 공기저항으로 발생하는 유해항력을 해결하기 위해 랜딩기어를 동체 안으로 접어 들여 유선형의 동체를 만들어 항력을 줄여 준다. 대형항공기의 랜딩기어계통은 항공기의 대형화로 인해 크기가 커졌고, 항공기 속도가 빨라져 조종사의 힘에 의한 작동이 불가능하여 힘의 증폭의 원리를 이용한 유압파워(hydraulic power)를 이용해 작동시킨다. 랜딩기어의 펼쳐내림(extension)과 접어올림(retraction)의 정확한 작동은 매우 중요한데, 기본적으로 EDP(Engine Driven Pump)에 의해 작동되고, 고장에

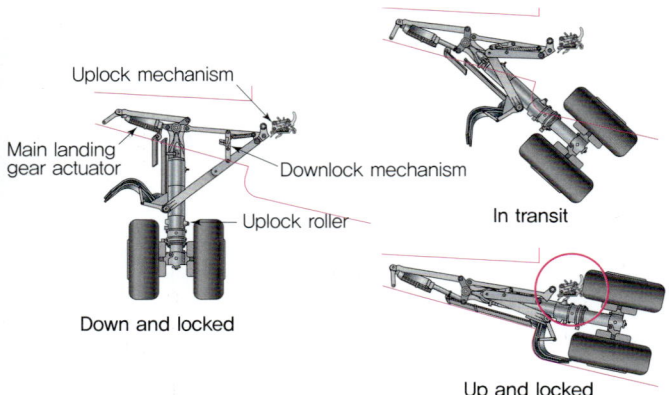

[그림 5-8] 랜딩기어의 작동

대비하여 전기펌프(electrical pump)가 작동하도록 대안을 준비하고 있다. 그럼에도 불구하고 동력전달이 불가능할 경우 랜딩기어를 내릴 수 있도록 하기 위해 비상펼침계통(emergency extension system)을 두고 있다.

랜딩기어 작동시스템은 랜딩기어가 내려가기(down) 전 도어(door)가 열리고 랜딩기어가 완전히 내려가고 난 후 도어가 닫히게 되는 일련의 순서를 갖고 있다.

5.3.4 랜딩기어의 업/다운 기능

항공기 랜딩기어계통의 정상작동을 유지하기 위해서는 필요에 따라서 계통의 실제 움직임을 시현해 보면서 점검해야 한다.

랜딩기어 작동점검을 위해서는 항공기가 비행 모드를 유지해야 하기 때문에 메인 잭(main jack)을 활용하여 항공기를 들어 올린 상태에서 실시한다. 이때 항공기의 수평상태를 잘 유지하며 잭 설치가 진행되어야 하며, 간혹 정상적인 잭 설치가 이루어지지 않으면 항공기 동체를 잭이 뚫고 들어가는 사고가 발생하기도 한다. 이러한 사고를 방지하기 위해 휠웰에 장착된 경사계(inclinometer)를 기준 삼아 항공기의 수평을 맞추는 작업이 선행되어야 한다.

자체 동력으로 랜딩기어의 작동이 불가능하기 때문에 지상지원 장비를 활용해야 하며, 지상의 잉여 장비나 인력의 정리를 통해 접촉사고의 위험요인을 제거해야 한다.

[그림 5-9] 랜딩기어 작동을 위한 지상장비

5.3.5 랜딩기어 스티어링 기능

대부분의 항공기 앞바퀴는 조종실에서 조종할 수 있는 조향장치(nose steering system)가 있으며, 지상이동 시에 항공기의 방향을 전환하는 데 사용한다. 대형기는 항공기의 무게와 수동조종에 대한 필요성으로 인하여 앞바퀴 스티어링을 위해 유압을 활용한다. 랜딩기어계통은 항공기가 활주로에 접지하면서 고속활주, 유도로 활주 등 지상이동 중에 필요한 방향전환을 위한 시스템을 갖추고 있으며, [그림 5-10]과 같은 모양의 실린더에 의해 작동한다. 앞서 설명한 것처럼, 항공기 성능이 향상되어 항공기의 크기가 증가하고 이동속도가 빨라진 만큼 이에 대응할 수 있는 힘이 필요하며, 이를 해결하기 위하여 유압 파워가 조향장치 작동에 사용된다. 대형항공기의 경우 노즈 기어의 기능만으로 충분한 방향전환이 어려워 메인 기어에 부분적인 방향전환 기능을 추가하기도 한다.

스티어링 시스템(steering system)은 이륙과 착륙과 같은 고속으로 활주하는 동안에는 조종석의 페달에 의해 작동하고, 저속으로 이동 중 큰 각도의 회전이 필요할 경우 조종석에 장착된 스티어링 핸들(steering handle)에 의해 조종되고 작동된다.

[그림 5-10] 노즈 랜딩기어 스티어링

5.3.6 브레이크 기능

대부분의 항공기는 브레이크 기능을 갖추고 있으며, 브레이크계통(brake system)의 정상적인 작동은 항공기의 안전한 착륙에 절대적이라고 할 수 있다. 브레이크계통은 항공기의 속력을 늦추고 적당한 시기에 정지시키는 기능을 요구한다. 항공기 개발 초기에는 항공기의 성능이 그리 좋지 않아 지금 사용되고 있는 일반적인 형태의 브레이크는 존재하지 않았다. 비포장 활주로에 활주 중 속도를 줄이기 위해 테일 스키드(tail skid)에 의한 마찰력을 이용하는 수준이었지만, 포장된 활주로를 이용하게 되면서 성능이 좋은 브레이크의 필요성이 대두되었다.

브레이크계통은 항공기가 착륙 중 속도를 줄여 주고 정지시키는 기능을 수행하며, 항공기가 엔진시동을 할 때 정지상태를 유지하는 기능을 담당한다. 소형항공기의 경우 각각의 브레이크의 조작에 따라 방향전환을 하기도 한다. 대부분의 운송용 항공기는 메인 랜딩기어에는 브레이크를 장착하고 있으나 노즈 랜딩기어는 브레이크를 갖고 있지 않다.

일반적으로 브레이크계통은 조종석에서 조종사가 페달을 밟으면 기계장치를 통해 해당 브레이크유압계통(brake hydraulic system)의 밸브를 조절해 유압파워(hydraulic power)에 의해 브레이크가 작동하게 되며, 브레이크의 작동은 운동에너지에 의한 마찰을 통해 열에너지로 전환되어 항공기 속도를 줄이거나 정지시킨다.

[그림 5-11] 랜딩기어 브레이크

5.3.7 랜딩기어의 안전장치

가장 일반적인 안전장치는 항공기가 지상에 있는 그라운드 모드(ground mode) 동안 랜딩기어가 접혀 들어가지 않도록 보호하는 것이고, 랜딩기어 위치등(position light)은 또 다른 안전장치로서 항상 각각의 독립적인 랜딩기어의 위치상태를 조종사에게 알리기 위해 사용된다.

스쿼트 스위치(squat switch)는 메인 랜딩기어 쇼크 스트럿의 신장 또는 압축에 따라 열림과 닫힘의 위치가 정해진 스위치로 [그림 5-12]와 같이 지상에 정박하고 있는 상태로 쇼크 스트럿(shock strut)이 압축되어 있는 상태에서 보호회로가 열리도록 하고, 랜딩기어 레버를 물리적으로 작동시킬 수 없는 상태가 되도록 로크-핀(lock-pin)이 작동되고 있어 오작동으로 인해 랜딩기어가 접히는 항공기 손상사고를 예방한다.

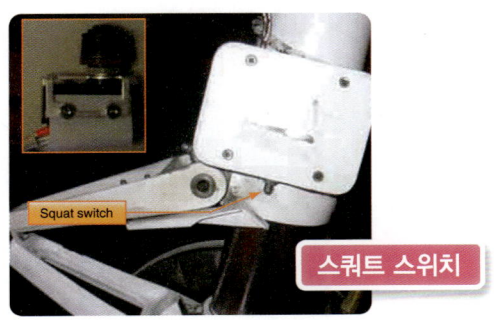

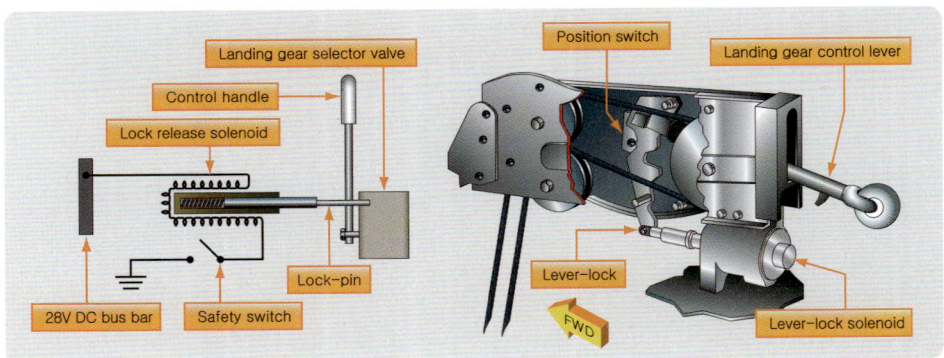

[그림 5-12] 랜딩기어 안전스위치

대형항공기에서는 일반적으로 기어위치 안전스위치 작동을 위해 근접감지기(proximity sensor)를 사용한다. 전자기감지기(electromagnetic sensor)는 스위치에 전도성 표적의 근접에 따라 기어논리연산장치로 다른 값의 전압을 발생시켜 작동한다. 근접감지기는 특히 가동부와 연결된 스위치가 활주로와 유도로로부터의 이물질과 습기에 의해 오염될 수 있는 이착륙 환경에 유용하다. 정비사는 근접감지기가 정확한 지점에 장착되었는지 확인하는 것이 필요하고, 정확한 장착을 위해 고-노 고 게이지(go-no go gauge)를 사용한다.

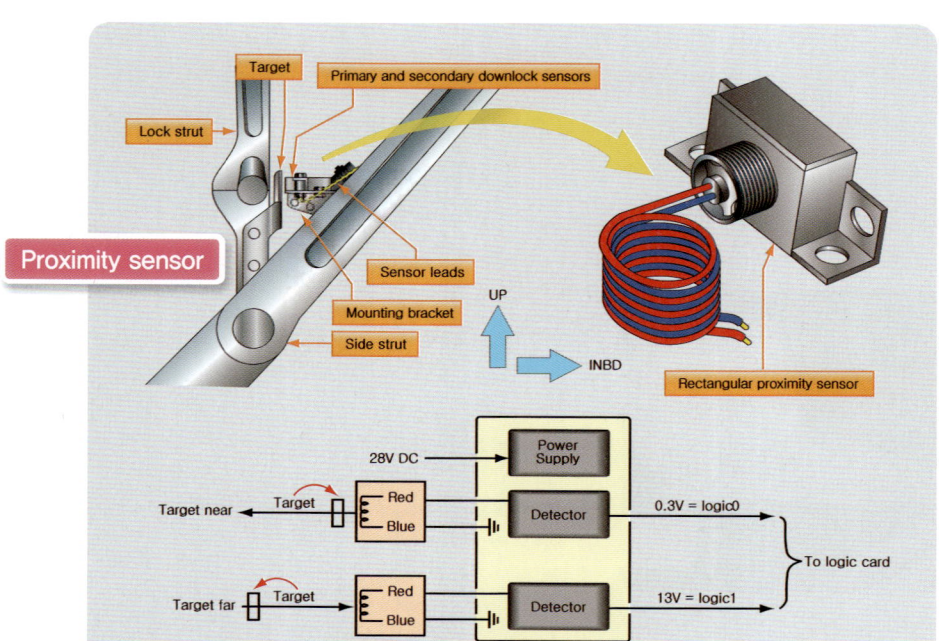

[그림 5-13] 랜딩기어 포지션 센서

5.4 랜딩기어의 구성

대형항공기의 랜딩기어는 수많은 부품의 조립으로 이루어진다. 구성품은 공기/오일완충 버팀대(air/oil shock strut), 기어정렬장치(gear alignment unit), 하중을 지지하는 구성품, 랜딩기어를 접고 펴는 기능을 하는 구성품과 안전장치, 바퀴 및 브레이크 등을 포함한다. 대형항공기는 많은 사람과 화물을 빠르게 목적지까지 이동시키기 위해 대형화되고, 고속으로 비행할 수 있도록 진화를 거듭해 왔다. 랜딩기어는 [그림 5-14]에서 보는 것처럼 큰 몸체와 그 안에 실린 유상하중(payload)을 포함한 무게를 지탱할 수 있도록 여러 구성품의 조합으로 이루어지는데, 지지대는 착륙충격으로 랜딩기어가 구조부로부터 떨어져 나가지 않도록 충격의 방향에 대응한다. 또한 착륙 시 충격하중으로 인해 쇼크 스트럿이 동체를 뚫고 들어가지 않도록 충격을 흡수하고, 지상에서 브레이크를 잡거나 방향전환을 할 수 있는 여러 기능을 수행해야 하는데, 이러한 기능이 원활하게 이루어질 수 있도록 각각의 구성품들이 유기적으로 조합되어 하나의 완성된 랜딩기어를 형성한다.

[그림 5-14] 랜딩기어 작동

5.4.1 쇼크 스트럿의 외부 구성품

항공기 전체 무게를 지지하고 충격하중을 견뎌 내기 위해 랜딩기어는 동체의 메인 뼈대에 해당하는 구조부분에 단단히 고정되며, 고유의 기능수행을 위해 쇼크 스트럿(shock strut), 휠/타이어(wheel & tire), 토션 링크(torsion link)와 같은 연결 구성품으로 이루어진다.

충격흡수를 위해 상부실린더(upper cylinder)와 하부실린더(lower cylinder)로 조합된 내부에 질소가스와 광물성 유압유가 충전되어 있고, 실린더 내부 구성품의 고정을 위해 노란색으로 도색된 글랜드 너트(gland nut)가 장착되어 있다. 비행 중 타이어와 브레이크의 자중에 의해 밑으로 내려온 하부실린더와 상부실린더를 잡아 주는 토션 링크가 장착되어 있으며, 토션 링크를 잡아 주는 부분에 지상활주 중 좌우로 흔들리는 진동을 잡아 주는 시미 댐퍼(shimmy damper)가 장착되어 있다.

항공기가 지상에 정박하거나 활주 및 이동 중 무게를 지지하는 타이어와 휠 안쪽에는 브레이크가 하부실린더에 장착되어 있는 차축(axle)에 고정되어 타이어와 조립된다. [그림 5-15]에서는 브레이크 장·탈착 시 차축의 손상방지를 위해 장착된 축 보호장치(axle protector)의 모습을 확인할 수 있다.

[그림 5-15] 메인 랜딩기어 구성품

5.4.2 업/다운 기능을 위한 구성품

랜딩기어계통에는 랜딩기어를 접고 펼치는(extension & retraction) 작동을 위한 구성품과, 원하는 위치로 움직인 후 랜딩기어를 고정시키기 위한 구성품들이 장착되어 있다.

항공기가 활주로를 박차고 올라가면 조종사는 랜딩기어 레버를 위쪽(up) 방향으로 선택하고, 이에 따라 유압파워가 메인 기어 액추에이터(main gear actuator)를 작동시켜 동체 구조부에 랜딩기어를 튼튼하게 장착하기 위해 만들어진 트러니언[trunnion, 이축(耳軸)]을 회전축으로 쇼크 스트럿을 들어올린다. 메인 기어 액추에이터가 정확한 기능을 수행할 수 있도록 워킹 빔(walking beam)이 지지대 역할을 하게 되고 액추에이터와 워킹 빔의 합력으로 스트럿이 들어올려진다. 드래그 스트럿(drag strut)은 트러니언과 하부 스트럿을 잡아 주어 전후방향으로 작용하는 하중을 지지하는 역할을 한다.

들어올려진 상부 스트럿에 장착된 업로크 롤러(uplock roller)는 구조부에 장착된 업로크(uplock)에 고정된다. 완벽한 고정을 위해 업로크 액추에이터(uplock actuator)가 힘을 보태고, 번지 스프링(bungee spring)이 고정상태를 유지하도록 힘을 가하는 구조이다. 반대로 랜딩기어가 하향(down)으로 선택되면 동일한 작동이 일어난 후 다운로크(downlock)가 그 역할을 대신하여 다운로크 상태를 유지하도록 힘을 가한다.

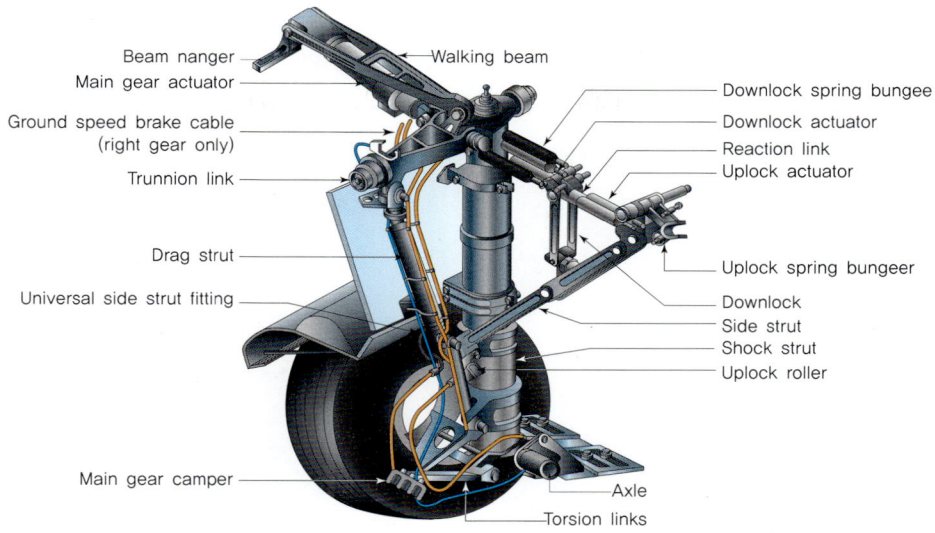

[그림 5-16] 메인 랜딩기어 주요 구성품

5.4.3 충격흡수를 위한 쇼크 스트럿

올레오식(oleo type) 쇼크 스트럿은 접지충격의 충격에너지가 열에너지로 전환되었을 때 정확한 충격흡수(shock absorption)가 일어난다. 쇼크 스트럿은 지상에 있는 동안 항공기를 지탱하고 착륙 시 충격흡수를 통해 기체구조를 보호하는 독립식 유압장치(self contained hydraulic unit)이다. 쇼크 스트럿은 유압유(hydraulic fluid)와 질소가스(nitrogen gas)가 충전된 체임버(chamber) 내부의 한정된 공간에서 가해진 충격력에 의한 질소가스의 압축성과 유압유의 비압축성 특징을 응용해서, 가해질 때의 충격의 크기에 비례해서 압축효과를 달리하고 이때 동반 발생한 열에너지를 방출하면서 충격을 흡수한다.

항공기 형식별로 정해진 압력과 적정량의 유압유를 서비스 밸브(servicing valve)를 통해 충전하고, 내부실린더(inner cylinder)에 장착된 미터링 핀(metering pin), 정확하게는 테이퍼(taper, 양측면의 대칭적인 경사)진 핀이 외부실린더(outer cylinder)에 장착된 오리피스(orifice)를 통과하면서 상부의 질소가스를 압축시킴으로써 충격을 흡수한다. 이때 발생된 열에너지는 스트럿 표면을 통해 발산되면서 소멸된다. 항공기 형식에 따라서 외부실린더는 상부실린더(upper cylinder), 내부실린더는 하부실린더(lower cylinder)로 표현된다.

[그림 5-17] 오른쪽의 크롬 플레이트(chrome plate)는 내부실린더 표면인데 외부실린더 내부로 왕복운동을 하는 부분으로 내부의 유체(fluid)와 가스 누출의 원인을 제공하기도 한다. 이러한 원인 제거와 정확한 상태점검을 위해 정비사는 매 비행 후 크롬 플레이트의 세척 및 누설[leak(oil의 누출 현상)] 점검을 실시한다.

크롬 플레이트의 길이측정을 통해 쇼크 스트럿의 상태점검이 가능하며, 항공기 형식에 따라 설정된 길이를 'dimension X'라 부르며, 보통 휠웰 도어(wheel well door)에 부착된 온도 보정표와 비교하여 정상 여부를 판정한다.

[그림 5-17] 랜딩기어 내부 구성품, 외부 구성품

글랜드 너트(gland nut)는 상부실린더와 하부실린더 사이에 슬라이딩 조인트(sliding joint)를 고정시키기 위해 쓰이고, 외부실린더의 끝단에 장착되며, 와이퍼 링(wiper ring)은 하부 베어링에 있는 홈에 장착된다. 쇼크 실린더(shock cylinder) 내부에 충전된 질소 가스와 유압유의 누출을 막기 위해 외부실린더와 내부실린더가 만나는 결합(join)부분에는 기밀작용과 오염방지 목적의 실(seal)이 장착된다. 액티브 실(active seal)은 현재 기밀기능을 수행하는 실이다. 액티브 실은 시간이 지남에 따라 기능을 상실하게 되는데 이때 사용할 수 있는 예비 실(spare seal) 한 쌍이 마련되어 교환작업 시 공정단축을 통한 기회비용을 줄일 수 있어 해당 랜딩기어의 신뢰성을 높이고 있다.

또한 내부실린더가 외부실린더 내부를 왕복하면서 외부의 오염물질 침투가 가능한데 이를 방지하기 위해 스크래퍼 링(scraper ring)이 장착되어 있어 외부로 노출된 크롬 플레이트 세척기능을 담당한다.

백업 링(backup ring)은 고무재질의 실(seal)이 움직임이나 가해지는 압력 등에 의해 밖으로 밀려 나가는 것을 방지하기 위하여, 테플론(teflon) 재질 등 상대적으로 딱딱한 몸체로 실을 지지하는 기능을 한다.

장착되는 실의 몸체 역할을 하는 베어링을 잡아 주는 용도로는 글랜드 너트(gland nut)가 하부에 고정장치로 사용되며, 앞서 언급한 'dimension X' 의 기준으로 사용되곤 한다.

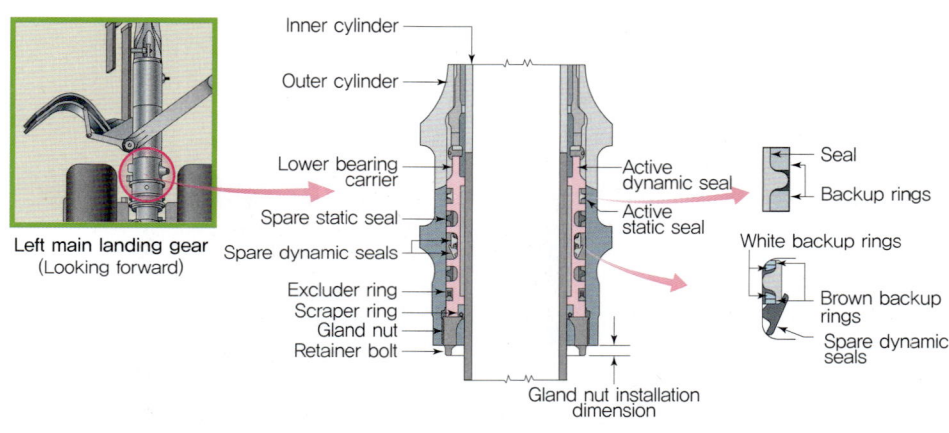

[그림 5-18] 메인 랜딩기어 실(seal)

5.4.4 쇼크 스트럿 지지대

랜딩기어 스트럿(landing gear strut)은 1차 구조부재인 스파(spar)와 같은 강한 부재에 장착되며, 착륙 시 발생하는 강력한 충격하중에 버틸 수 있도록 지주(support)를 장착하여 지지력을 향상시킨다. 랜딩기어는 주기적으로 교환작업이 수행되고 쇼크 스트럿뿐만 아니라 쇼크 스트럿을 지지하는 각종 스트럿들이 함께 교환된다.

착륙 시 발생되는 강한 충격에 항공기 동체를 뚫고 나가지 않도록 스트럿은 1차 부재에 장착되며, 힘이 가해지는 항공기 진행방향과 뒤쪽 방향의 힘을 지지하는 드래그 스트럿(drag strut)을 장착하는데, 분리형으로 제작되기도 하고 외부실린더와 한 몸으로 제작되기도 한다. 사이드 스트럿(side strut)은 랜딩기어가 펼침상태(extension position)에 있을 때 고정하는 역할을 하며, 랜딩기어가 들어간(retraction) 상태에서는 접혀 있다.

안전핀(safety pin)이 장착된 스트럿은 랜딩기어의 펼치고 접어들임(extension &

retraction)에 따라 움직여야 하기 때문에 접힘이 가능하도록 만들어져 있는데, 지상에서 오작동으로 인해 랜딩기어가 접히는 사고를 예방하기 위해, 접히지 못하도록 물리적인 제한장치인 안전핀을 삽입하여 움직임을 제한한다. 안전핀은 비행 전에는 반드시 제거하여야 한다. 최근 비행 전 마지막 점검에서 안전핀이 제거되지 않고 비행이 시작되었고, 공중에서 랜딩기어가 접히지 않는 상황이 발생하여 비행을 포기하고 회항한 사례도 있었다.

[그림 5-19] 오른쪽의 토션 링크(torsion link)는 일반적으로 상하 두 조각으로 조립되어 있는데, 좁은 공간에서 큰 각도로 토잉(towing)을 해야 하는 경우 간단하게 핀을 제거하여 분리할 수 있으며, 이때 내부실린더는 360° 회전이 가능하다.

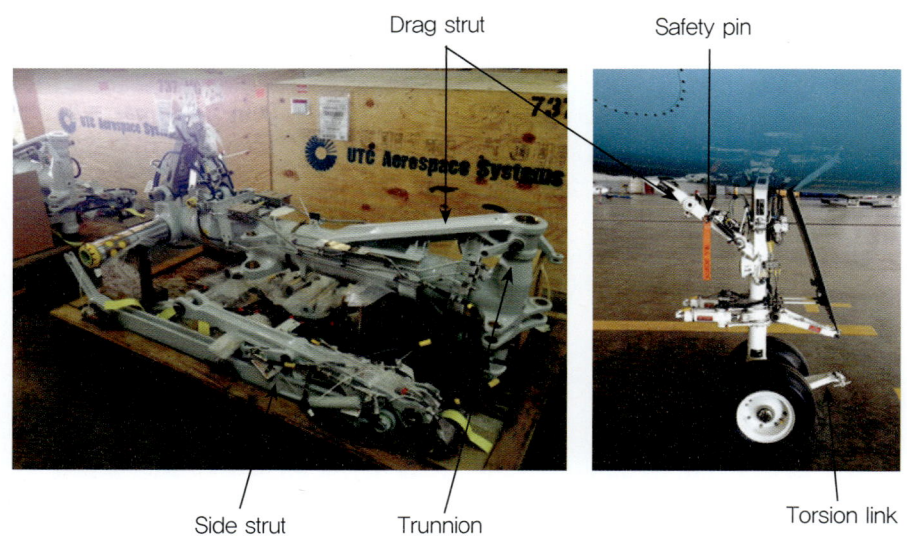

[그림 5-19] 랜딩기어 구성품

5.4.5 트러니언

접개들이식 랜딩기어를 장착한 대형항공기의 대부분은 트러니언(trunnion)에 의해 장착되고, 트러니언은 랜딩기어 전체 기어 어셈블리가 움직이게 하는 베어링 장착과 함께 외부실린더의 고정부 역할을 하며, 비행 시 접혀 들어간 위치에서 착륙과 활주를 위하여 랜딩기어를 다운시킬 때 자연스럽게 회전축이 된다. 즉, 트러니언은 접개들이식 랜딩기어를 장착한 항공기의 필수 구성요소로서 비행모드에 따라 랜딩기어가 접히고 펴질 수 있는 회전축 역할을 수행한다. 베어링은 회전축 역할을 원활히 하는 데 사용되며, 강한 충격에도 견딜 수 있을 정도의 강도와 지지력이 필요하다. [그림 5-20]에서 보는 것처럼 회전축을 형성하는 베어링의 윤활이 중요하며 정확하고 꼼꼼한 그리스(grease)의 보급이 이루어져야 한다. 아울러 랜딩기어 교환장착 시에는 정해진 절차를 준수해야 하며, 지정된 특수공구(special tool)를 적절하게 활용하여야 한다.

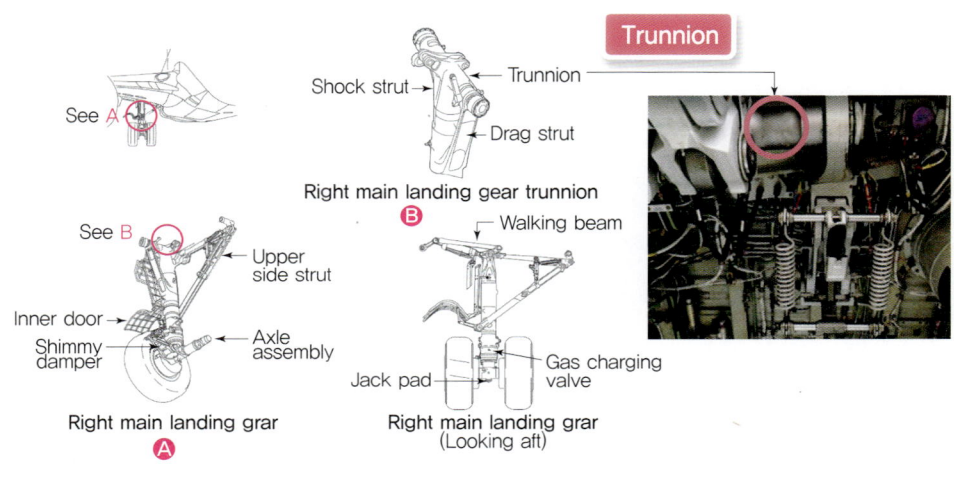

[그림 5-20] 랜딩기어 구성품

5.4.6 업/다운 로크

랜딩기어는 정상작동 모드에 따라 결정된 위치에 고정될 수 있도록 고정장치가 장착되어 있고, 확실한 고정을 위해 해당 잠금장치(lock mechanism)가 장착되어 있다. 즉, 선택된 위치에 랜딩기어가 고정될 수 있도록 잠금장치가 마련되어 있고, 유압파워가 제거된 상태에서도 랜딩기어가 오작동에 의해 접히는 것을 방지하기 위해 번지 스프링(bungee spring) 장착과 오버 센터(over center) 기능이 적용되기도 한다. 로크(lock)를 풀어 주기 위해 액추에이터(actuator)가 장착되어 있어 다음번 움직임을 가능하게 하는데, 항공기 형식에 따라 명칭을 달리 사용하고 있다. 그리고 보통 지상에서 정박 중인 항공기에는 랜딩기어 안전핀을 장착한다. 다운 로크 메커니즘(down lock mechanism)의 오버센터 부분에 마련된 고정된 구멍에 안전핀을 삽입해 물리적으로 접히지 않도록 만들어 사고를 예방한다.

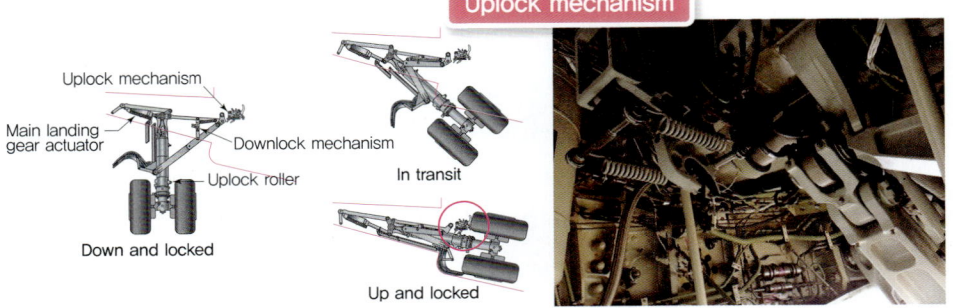

[그림 5-21] 랜딩기어 고정장치

5.4.7 토크 링크

외부실린더(outer cylinder)와 내부실린더(inner cylinder)를 고정 및 정렬시키기 위해 쇼크 스트럿(shock strut)은 토크 링크(torque link) 또는 토크 암(torque arm)을 갖추고 있으며, 항공기 기종에 따라 토션 링크(torsion link) 또는 토크 링크(torque link)로 명명된다. 토크 링크의 한쪽 부분은 상부실린더 하부에, 다른 한쪽 부분은 하부실린더(lower cylinder) 하단에 장착되어 타이어 정렬에 관여하며, 상부와 하부 실린더가 회전하지 않도록 잡아 주는 역할을 한다. 또 좌우로 흔들림을 잡아 주는 역할을 하고 심한 진동을 제어하기 위한 시미 댐퍼(shimmy damper)가 장착되기도 한다.

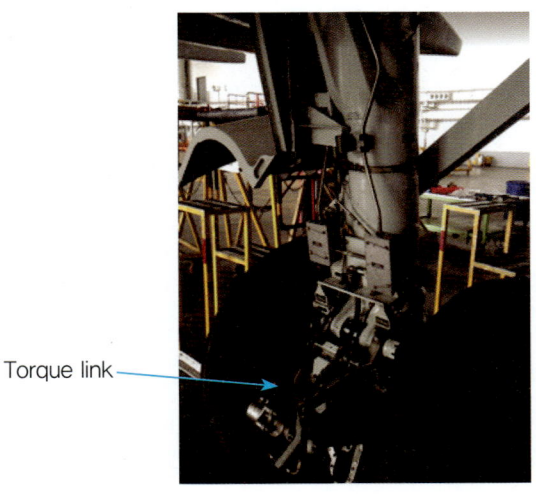

[그림 5-22] 랜딩기어 구성품, 토크 링크

5.4.8 댐퍼

쇼크 스트럿의 상부실린더와 하부실린더를 연결시킨 토크 링크는 일정 속도 이상으로 빠르게 진동하거나 심하게 흔들거리는 상황에서는 랜딩기어를 보호하기에 충분하지 못한데, 이 진동은 시미 댐퍼의 사용을 통하여 제어한다. 시미 댐퍼는 장착된 토션 링크가 충분하게 흔들림을 잡아 주지 못하는 경우, 즉 항공기가 고속활주 중이거나 브레이크를 심하게 사용할 때 발생하는 내부실린더와 외부실린더의 진동을 감소시켜 주기 위해 사용되며, 표면제동효과가 적용된 비유압 시미 댐퍼(non hydraulic shimmy damper)가 사용되기도 한다.

[그림 5-23] 랜딩기어 구성품, 시미 댐퍼

5.4.9 액추에이터

액추에이터(actuator)는 랜딩기어의 펼침(extension)과 접어들임(retraction) 등 육중한 무게의 랜딩기어를 움직이는 데 사용된다. 각각의 액추에이터는 유압파워에 의해 작동되며, 들어 올려질 때(retraction)는 정상속도에 의해 올라가고, 내려질 때(extension)는 천천히 내려옴으로써 트러니언 부근의 구조부와 장착된 부재들에 충격하중이 발생하지 않도록 리턴 라인(return line) 쪽에 제한기(restrictor)를 장착하여 작동속도를 제어한다.

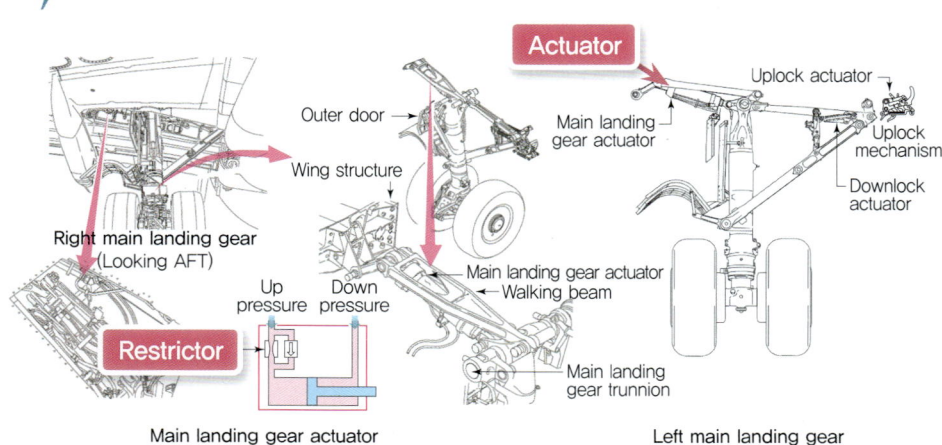

[그림 5-24] 랜딩기어 구성품, 작동기

5.4.10 밸브

조종석의 랜딩기어 레버에 의한 명령은 기계식 및 전기식 연결을 통하여 조절밸브(control valve)의 유로를 선택해서 액추에이터의 피스톤 움직임을 만들어 랜딩기어를 접어 올리거나 펼쳐 내려지게 한다. 각각의 밸브는 조종사의 선택에 의해 유압유의 흐름을 제어하여 원하는 방향으로의 움직임을 만들어 낸다. 대형항공기에는 슬라이드 타입 밸브(slide type valve)가 많이 사용되며, 'up, off, down' 등 세 개의 포지션이 있으며, 수동펼침(manual extension)을 위한 우회경로(bypass) 기능을 적용하기도 한다.

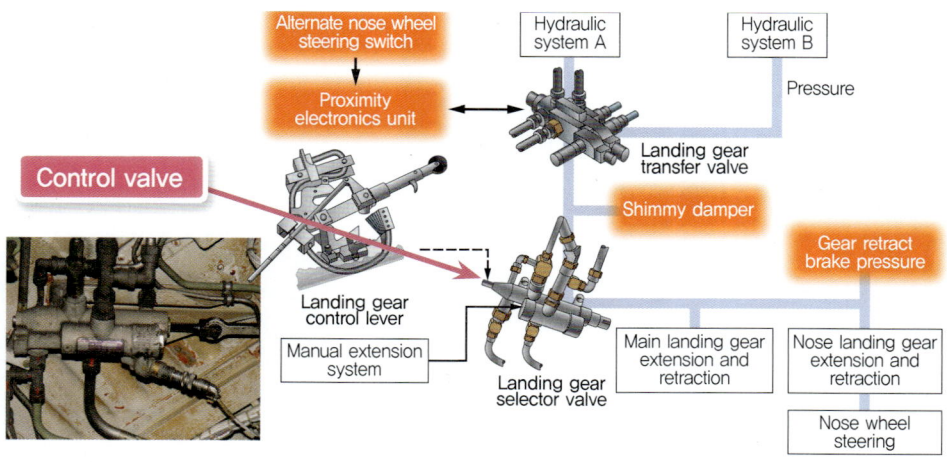

[그림 5-25] 랜딩기어 구성품, 조절밸브

5.4.11 어큐뮬레이터

메인 시스템에 정상파워 소스(normal power source)가 없을 경우 비상시 브레이크 사용을 위해 어큐뮬레이터(accumulator)는 저장된 유압을 공급해 준다. 앞서 유압계통에서 학습한 것처럼 어큐뮬레이터는 비상시 사용할 목적으로 장착된다.

비상시 사용에 목적이 있기 때문에 평상시 점검이 필요하며, 매 비행 전 정비사와 조종사는 어큐뮬레이터 게이지가 정상범위(normal range)에 있는지 확인하는 절차를 거친다. 만약 게이지가 규정값 이하를 지시할 경우 정비사는 어큐뮬레이터 상태점검을 실시하고 구조적인 이상이 없으면 질소가스를 충전하는 것으로 마무리하지만, 질소 주입구를 열었을 때 유압유가 새어 나올 경우 어큐뮬레이터를 교환해야 한다.

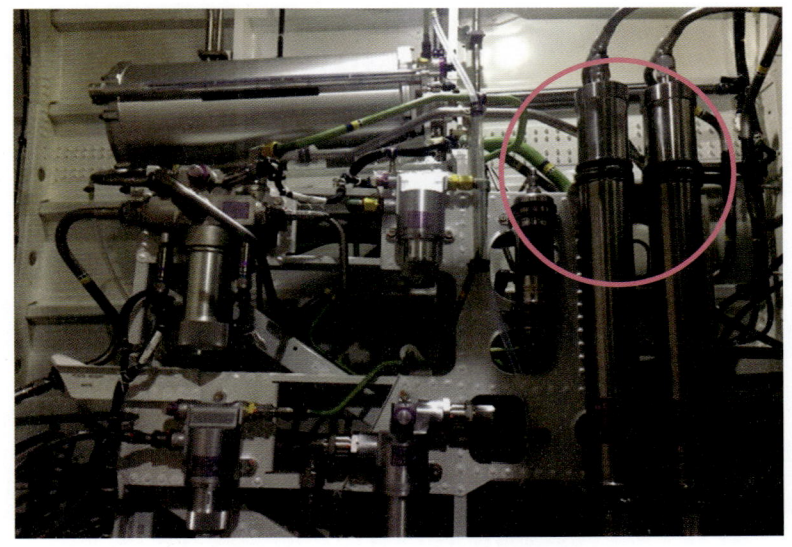

[그림 5-26] 랜딩기어 구성품, 어큐뮬레이터

5.5 휠과 타이어

항공기 바퀴는 랜딩기어계통의 주요 구성품으로 항공기에 장착된 타이어는 지상활주, 이륙과 착륙 시 항공기의 무게와 하중을 지탱한다. 항공기 정비현장에서 타이어 교환은 아주 빈도가 높은 작업이며, 항공종사자들은 '타이어를 교환한다'는 말을 사용한다. 시중에서 판매되고 있는 교재들은 휠 따로, 타이어 따로 소개하고 있지만 현장에서는 보통 휠과

[그림 5-27] 랜딩기어 구성품, 휠과 타이어

타이어가 조립된 것을 타이어라 부른다. 비행 중 가해지는 수많은 하중을 담당하는 주요 구성품인 만큼 다양한 기능이 포함되어 있다.

5.5.1 휠

항공기 휠(wheel)은 튼튼하면서 경량이 요구되기 때문에 보통은 알루미늄합금으로 만들어지고, 내륜(inner wheel)과 외륜(outer wheel)으로 구성된다. 휠은 알루미늄합금으로 만들어져 강도는 높으면서 무게는 가볍게 디자인된다. 보통 휠은 두 조각으로 분리되도록 제작하며, 외부점검 시 허브캡을 바라볼 수 있는 부분이 아우터 휠, 브레이크 회전키(brake rotate key)와 만나는 부분이 이너 휠로 명명된다.

  이너 휠에는 액슬(axle, 축)에 장착된 브레이크의 회전키(rotator key) 홈과 맞물리는 키가 장착되어 있고, 과도한 브레이크 사용으로 온도가 상승하여 타이어 안의 공기가 팽창했을 때, 상승한 온도에 의해 코어(core)가 녹아 타이어 내부의 공기를 배출함으로써 타이어가 터지는 손상을 막는 서멀 플러그(thermal plug)가 장착된다. 이너 휠과 아우터 휠의 접합은 타이 볼트(tie bolt)와 너트(nut)의 결합으로 이루어지며, 볼트 장착 전 비파괴검사를 통해 안전성을 확인한 후 조립·장착한다. 휠 중앙에는 베어링이 장착되어 있는데, 타이어 교환장착 작업 도중에 베어링이 떨어지지 않도록 조심해서 다루어야 한다.

  휠과 타이어를 조립하는 과정에서 회전 중 발생할 수 있는 진동을 제거하기 위해 자동차 타이어 밸런스(tire balancing) 절차를 수행하는 것처럼 동일한 검사를 수행하고 필요할 경우 밸런스 웨이트(balance weight)를 장착하기도 한다. 매 비행준비를 할 때, 타이어 점검절차에 포함해서 밸런스 웨이트 흔들림 상태를 점검한다.

항공기 지상활주 속도측정을 위한 속도감지기(speed transducer)는 액슬 허브(axle hub)에 장착되어 있으며, 타이어 교환 장착의 마지막 절차로 허브 캡(hub cap)을 장착한다.

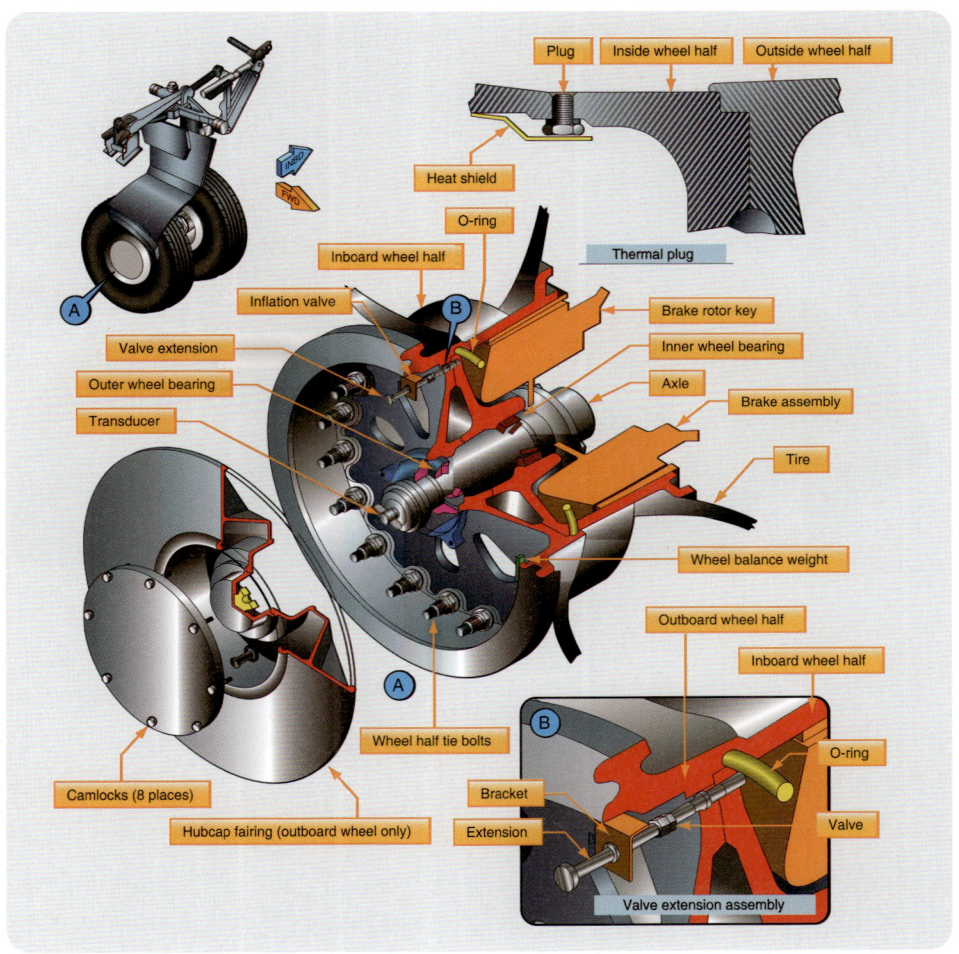

[그림 5-28] 랜딩기어 휠의 구조

5.5.2 타이어

운송용 항공기에 사용하는 타이어의 종류는 바이어스 타이어(bias tire)와 성능이 개선된 레이디얼 타이어(radial tire) 두 가지가 대표적으로 사용된다. 항공기 성능이 향상되고 대형화됨에 따라 항공기에 장착되는 타이어의 성능도 개선되었고, 현재 두 종류의 대표적인 타이어가 항공기 운용사들의 선택에 의해 사용되고 있다.

바이어스 타이어는 휠과 맞물리는 부분의 비드 토(bead toe)를 중심으로 패브릭(fabric)을 대각선 방향으로 감싸 방향을 바꾸어 가면서 한 층 한 층 쌓아 타이어의 강도를 증가시킨 것이다. 무게 경감 등의 성능개량을 통해 등장한 레이디얼 타이어는 기본적인 구성은 그대로 유지하면서 타이어 회전방향의 90° 각도로 파이버(fiber) 층을 원주방향으로 겹겹이 쌓아 올려 강도를 증가시키는 방법을 적용함으로써 비드 토까지 감싸는 패브릭의 무게와 비드의 수량을 감소시켜 효율을 향상시켰다. 두 종류의 타이어를 비교하면 같은 강도가 요구되는 동일조건에서 상대적으로 레이디얼 타이어의 무게가 현저하게 줄어들어 항공기 운용에 이점을 주고 있다.

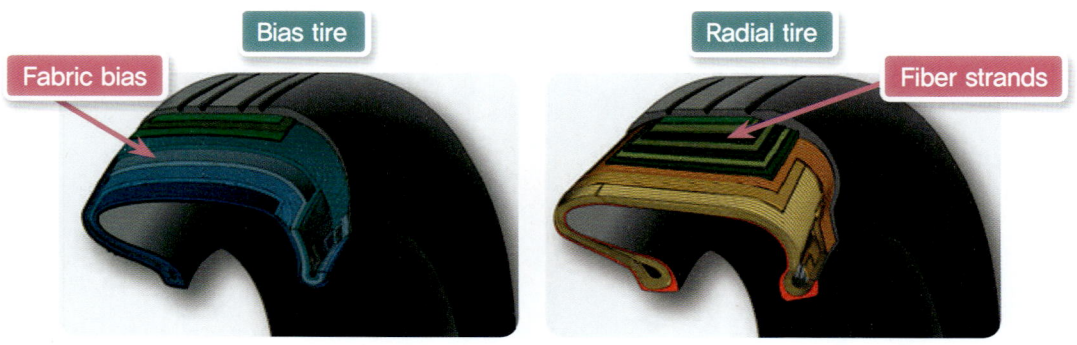

[그림 5-29] 랜딩기어 구성품, 타이어

타이어는 큰 충격과 큰 하중에도 견뎌야 하는 요구조건을 충족시키기 위해 비드(bead)를 비롯한 다양한 구성요소들로 구성된다. 지면 마찰력을 이용해 지상 구름과 정지를 가능하게 하는 타이어의 지면과 접촉하는 부분을 트레드(tread)라 부르고, 트레드와 트레드 사이의 움푹 패인 홈을 그루브(groove)라고 한다. 트레드는 지면과의 적절한 마찰력을 확보해야 하는데, 젖은 활주로나 비가 오는 상황에서 지상활주 중인 항공기 타이어는 지면과 직접 닿지 못하고 물 위를 미끄러지는 수막현상(hydroplaning)이 발생할 수 있다. 그루브는 이를 방지하기 위해 하중에 의해 타이어가 눌리면 바닥면의 수분이 빠져나갈 수 있는 물길을 만들어 주는 역할을 한다.

보강플라이(reinforcing ply)는 트레드의 강도를 증가시키는 역할을 위해 상대적으로 강도가 높은 플라이(ply)를 적층한다. 사이드월(sidewall)은 각종 보강재가 적용되지 않는 부분으로 정비사가 타이어 점검 시 좀 더 세밀한 체크가 필요한 부분이며, 예외범위 없이 작은 손상에도 타이어를 교환해야 한다. 비행을 막 마치고 도착한 항공기는 착륙하면서 브레이크 사용으로 온도가 올라갈 수 있으며 만약의 폭발사고로 인명의 손상이 발생하지 않도록 매뉴얼에서 접근방법을 제시하고 있다. 타이어 점검을 위해 접근할 때에는 사이드월 쪽을 피하고 트레드를 바라보며 앞, 뒤쪽에서 접근하여 점검하도록 가이드하고 있다. 플라이 층이 감겨 마무리되는 비드는 휠 부분과 직접 접촉하는 부분으로 가장 하중이 크게 작용하는데 타이어에 질소가스를 보급할 경우 압력이 높아질수록 타이어와 휠이 더 단단하게 고정된다.

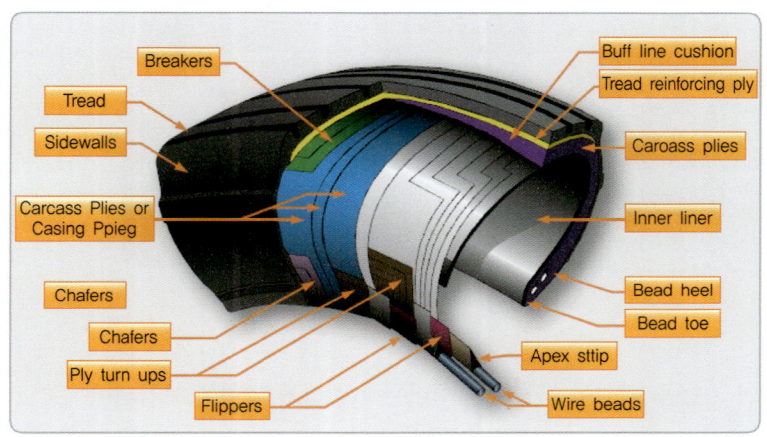

[그림 5-30] 랜딩기어 구성품, 타이어의 구조

5.5.3 타이어 사이즈의 구분

대형항공기 타이어 사이즈(size)의 구분방법은 세 개의 숫자군으로 구성된다. 자동차의 경우 차종에 따라 각각 휠과 타이어의 사이즈가 다르다는 사실을 우리는 알고 있다. 항공기의 타이어도 마찬가지로 식별을 위한 표시를 활용하고 있는데, [그림 5-31]에서처럼 세 개의 숫자군으로 표현한다. 첫째 숫자는 타이어의 직경, 둘째 숫자는 타이어 폭, 셋째 숫자는 타이어가 장착되는 림(rim)의 직경을 표시한다. 추가적으로 첫 번째 숫자 앞에 B 또는 H가 표기되기도 하는데 이는 림과 만나는 비드 토(bead toe)의 테이퍼(taper) 각도를 표현하는 것으로 B: 15°, H: 5°와 같이 표현한다. 둘째 숫자와 셋째 숫자 사이의 대시(-)는 바이어스 타이어를, 그리고 R은 레이디얼 타이어를 말한다.

해당 형식의 항공기에 알맞은 타이어 장착을 위해서는 타이어의 외부에 표현된 표식을 보고 판단할 수 있어야 한다. 물론 타이어 교환 전 실물 타이어와 매뉴얼의 Part No.를 확인하는 것이 중요하다.

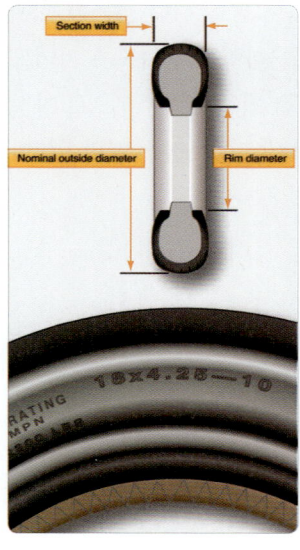 

[그림 5-31] 타이어 사이즈 구분

    정상적인 기능을 위해서 항공기 타이어는 적절하게 압력이 보급되어야 하고, 정확한 타이어 압력(tire pressure)의 확인이 필수이다. 설계 당시의 적정압력이 유지되지 않을 경우 어떠한 사고로 이어질지 모를 정도로 중요하기 때문에 정비사와 조종사는 확실하게 타이어의 압력을 확인하는 절차를 밟고 있다.

    [그림 5-32]는 타이어 생산공정 중 조립을 완료한 후 공기를 보급하고 있는 사진으로, 팽창포트(inflation port)를 통해서 폭발 및 부식 방지를 위해 건조한 질소가스를 보급한다. 이렇게 생산된 타이어는 건조하고 직사광선이 없는 저장창고에 보관되어 출고를 기다린다. 출고된 타이어는 항공기에 장착된 후 매 비행 전 각각의 타이어에 충전된 압력을 확인하고, 부족한 양은 채워 주는 절차를 거친다. 과거에는 각 타이어의 팽창포트를 통해 수동으로 압력게이지(pressure gage)를 활용해 측정하였으나, 최근 항공기들은 TPIS(Tire Pressure Indication System)의 센서를 통해 조종석에 지시한다. 시스템이 발전하였어도 여전히 가스부족분은 정비사가 질소가스 탱크를 가지고 다니면서 일일이 보급해 주고 있다.

    보급 후 누설검사(leak check)를 위해 스누프(snoop)라고 하는 비눗물을 뿌려 거품이 일어나는지를 보고 누설 여부를 판단하는데, 겨울철에 비눗물의 결빙으로 인한 타이어 내부 질소가스의 누출을 방지하려면 이때 뿌린 비눗물의 제거에 힘써야 한다.

[그림 5-32] 타이어 질소 보급

5.5.4 타이어 교환방법

항공기 타이어의 교환절차(tire remove and installation)는 제작사 매뉴얼에 따라 작업하여야 하며, 적절한 도구와 장비가 사용되어야 한다. 어떠한 이유에서건 항공기 타이어를 교환할 경우에는 제작사에서 제시한 정비교범을 준수해야 하며, 작업시작 전 WARNING, CAUTION, NOTE 사항을 반드시 확인하여야 한다.

교환작업 시 교환할 타이어의 액슬 하부 잭 포인트(jack point)에 알맞은 잭을 정확하게 위치시키고 잭의 펌프로 항공기를 적절한 높이로 들어올려 타이어의 장탈과 장착 시 어려움이 없도록 조치해야 한다. 보통 타이어 교환 시 사용하는 잭은 공기압력(air pressure)으로 펌핑이 가능한데, 타이어 교환 시에는 장탈하고 있는 타이어 내의 압력을 활용하여 펌핑작업을 한다. 잭업 시 펌핑압력은 정해져 있기 때문에 적정압력을 유지해야 한다. 과거 잭의 펌프가 과도한 압력으로 인해 파손되면서 항공기가 손상된 사례가 있어 [그림 5-33] 속 잭처럼 펌프를 감싼 형태로 생산되고 있다. 타이어 교환장착 마무리 과정에서 액슬 너트(axle nut)의 토크(torque)도 정확하게 적용해야 한다.

[그림 5-33] 타이어 교환을 위한 잭, 잭 포인트

5.5.5 타이어 손상 정도 판단방법

타이어의 압력, 트레드 마모 상태, 사이드월 상태 등 적절한 타이어 성능을 보장하기 위해서는 주기적인 점검이 필요하다. 적절한 타이어 압력은 이착륙 시 항공기의 안전과 직접적으로 관련이 있으므로 매 비행 전 체크리스트(check list)를 통해 점검하고 있다. [그림 5-34]에서 보는 것처럼 타이어 적정압력의 유지는 타이어의 마모에도 영향을 미친다. 과도한 압력하에서는 타이어의 트레드 부분의 지면접촉 부분이 좁아져 최상부가 가장 빠르게 닳아 없어진다. 반대로 압력이 부족한 타이어는 항공기 무게에 의해 짓눌려 튀어나온 타이어의 가장자리 부분에 마찰이 많이 발생하여 다른 부분보다 빠르게 닳는다. 이처럼 타이어의 외형을 점검하면서 타이어 압력의 적정 여부를 판단할 수 있지만, 육안으로 충전된 압력을 확인하기란 쉽지 않다. 따라서 주기적으로 압력게이지(pressure gage)에 의한 측정이 요구된다.

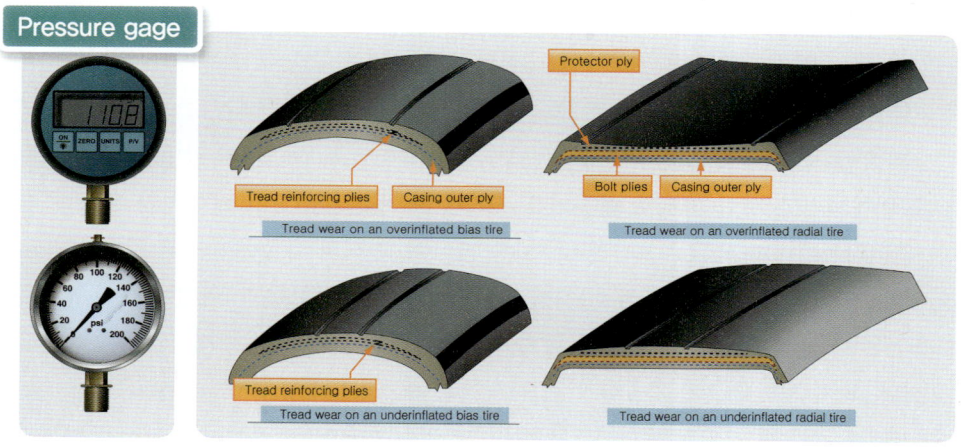

[그림 5-34] 공기압 조건에 따른 타이어 상태

항공기 운용 중 타이어에 발생하는 손상의 종류는 다양하고, 정도에 따라서 제한적으로만 사용하거나, 즉시 교환해야 하는 경우가 발생한다. [그림 5-35]는 타이어 점검 중 발견되는 대표적인 결함으로, 플랫 스폿(flat spot)은 착륙절차 수행 중 브레이크가 잡혀 있는 상태에서 지면과 접촉하면서 발생하는 현상으로 해당 항공기 형식에 정해진 한계 이내이면 제한적인 비행을 계속할 수 있으나, 벗겨진 플라이 층이 보강플라이(reinforcing ply)까지 손상된 경우는 타이어를 교환해야 한다. 이러한 결함이 발생하지 않도록 브레이크계통에 보호(protection)기능이 적용되지만 항공산업 현장에서 가장 빈번하게 발견할 수 있다.

　셰브론 커트(chevron cut)는 V모양의 수많은 상처들이 덩어리져 만들어진 형상으로 나타나며, 활주로 노면의 불균일한 상태와 접촉했을 때 발생한다. 트레드 하부 깊은 곳까지 손상이 발생한 정도 등을 확인한 후 계속 사용이나 교환을 결정한다.

　FOD(Foreign Object Damage)에 의한 손상은 [그림 5-35(c)]에서 보는 것처럼 나사못 등이 박힌 것으로, 항공기 정비현장에서 쉽게 노출될 수 있다. 기본적으로 작업현장의 정리 정돈이 필요하며, 불완전한 기체상태로 활주로상을 달리던 항공기에서 탈락된 부품에 의해 FOD가 발생하기도 한다. 최근 탈락된 부품에 의해 타이어 조각이 떨어져 나가 항공기 동체를 손상시키는 사례가 발생하는 등 위험사례가 보고되고 있다.

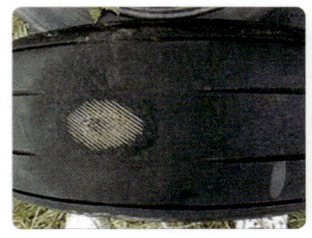

(a) Flat spot　　　　　　(b) Chevron cut　　　　　　(c) FOD

[그림 5-35] 타이어의 대표적인 손상

　고무재질로 만들어진 항공기 타이어는 정해져 있는 장소에 정해진 방법에 따라 보관되어야 한다. 위험요인에 노출되면 화학적 성질이 변화하고 퇴화 및 손상의 원인이 된다. 우리가 생활하는 주변에는 '신발보다 싼 집'이라는 타이어가게 간판을 많이 보게 되는데, 노상에 적재되어 있는 수많은 타이어를 보면 인상이 찌푸려진다. 항공기 정비를 통해 배우고 익혔던 내용과 반대되는 현상을 보기 때문이다. 항공기에 사용하는 타이어의 중요성에 대해서는 앞서 여러 번 다루었다. 조립된 타이어를 보관하는 방법 자체를 항공기 정비행위의 일부라고 생각해야 한다.

　타이어는 평평한 지면에 지지대를 세워 보관해야 한다. 약간의 변형도 허용되지 않기 때문인데, 타이어를 눕히고 여러 개 쌓아 올려 보관하는 방법은 허용되지 않는다. 타이어 주요 구조부분인 비드(bead)의 변형을 초래할 수 있기 때문이다. 그리고 외부공기와 통기되는 곳, 이물질이 없고 서늘하며 건조하고 어두운 곳에 보관할 것을 권장하고 있다. 형광등, 수은등, 전동기, 배터리 충전기, 전기용접장비, 발전기 등 오존이 발생되는 설비

[그림 5-36] 타이어의 오존에 의한 변형

를 항공기 타이어 부근에서 작동하는 것을 피해야 하는데, 오존(O_3)이나 산소(O_2)는 항공기 타이어에 사용된 천연고무 화합물의 퇴화를 촉진하기 때문이다.

5.5.6 브레이크

브레이크는 항공기의 속력을 늦추고 적당한 시기에 정지시키는 역할을 한다. 또 엔진시동 시 정지상태의 항공기를 잡아 주고, 활주 시에 항공기 방향전환을 돕는다. 대부분 항공기는 주 바퀴가 브레이크계통(brake system)을 갖추고 있다. 브레이크는 항공기 정지를 위해 사용되며, 조종석의 방향타 페달과 연결된 유압 액추에이터(hydraulic power actuator)와 연동하여 제동효과를 만들어 낸다. 항공기 형식에 따라서 싱글 디스크(single disc), 듀얼 디스크(dual disc), 멀티 디스크 브레이크(multi disc brake)가 일반적으로 사용된다. 마모특성은 향상시키고 무게는 감소시키기 위해 카본 디스크 브레이크(carbon disc brake)가 사용되기도 한다.

여러 종류의 브레이크가 있지만 결국 회전력을 회전자와 고정자의 접촉에 의한 마찰력을 증가시킴으로써 항공기를 정지시키는 원리를 적용하고 있으며, 이를 가능하게 하기 위해 유압파워가 가장 활발하게 사용되고 있다. 최근 B787 항공기 등에는 전기파워에 의해 작동되는 브레이크가 개발되어 적용되고 있다.

[그림 5-37]에서 보는 것처럼 멀티 디스크 브레이크에는 로터(rotor, 회전자)와 스테이터(stator, 고정자)를 번갈아 장착하여 작동 시 브레이크 어셈블리 배킹 플레이트(brake assembly backing plate)에 서로 밀착시켜 제동력이 작용한다. 대형항공기에서 일반적으로 사용되고 있는 멀티 디스크 타입 브레이크는 브레이크 하우징(brake housing)에

장착된 토크 튜브(torque tube)에 물려 있는 스테이터와 그 사이사이에 삽입된 로터의 키 홈이 타이어에 물려 회전할 때, 하우징에 장착된 여러 개의 유압파워에 의해 작동하는 피스톤이 압력판(pressure plate)을 밀면 배킹 플레이트(backing plate)에 의해 저지되면서 로터와 스테이터의 마찰에 의해 브레이크가 작동한다.

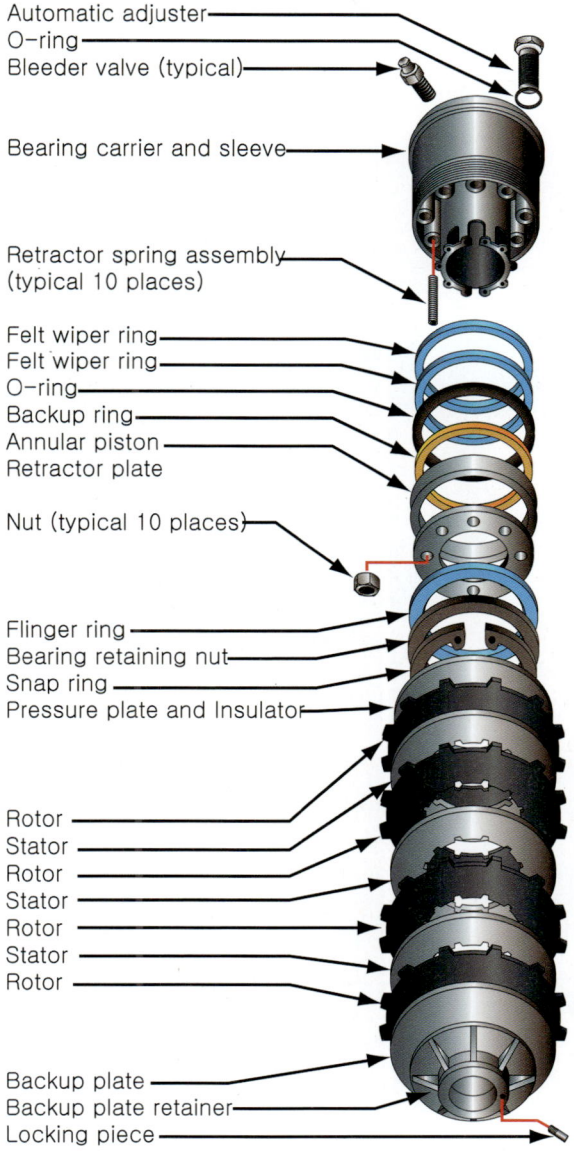

[그림 5-37] 멀티디스크 브레이크의 구조

블리드 포트(bleed port)는 브레이크에서 진동이 발생하거나 브레이크 교환 후 유압라인(hydraulic line) 내에 포함된 공기를 제거하는 블리딩(bleeding)을 위해 사용되며, 마모지시기(wear indicator)는 브레이크 교환시기를 확인하기 위해 장착된다.

최근 복합소재를 활용한 카본 디스크가 사용되는 항공기가 늘어나고 있으며, 같은 성능의 브레이크와 비교할 때 40% 정도의 무게감소 효과가 있다.

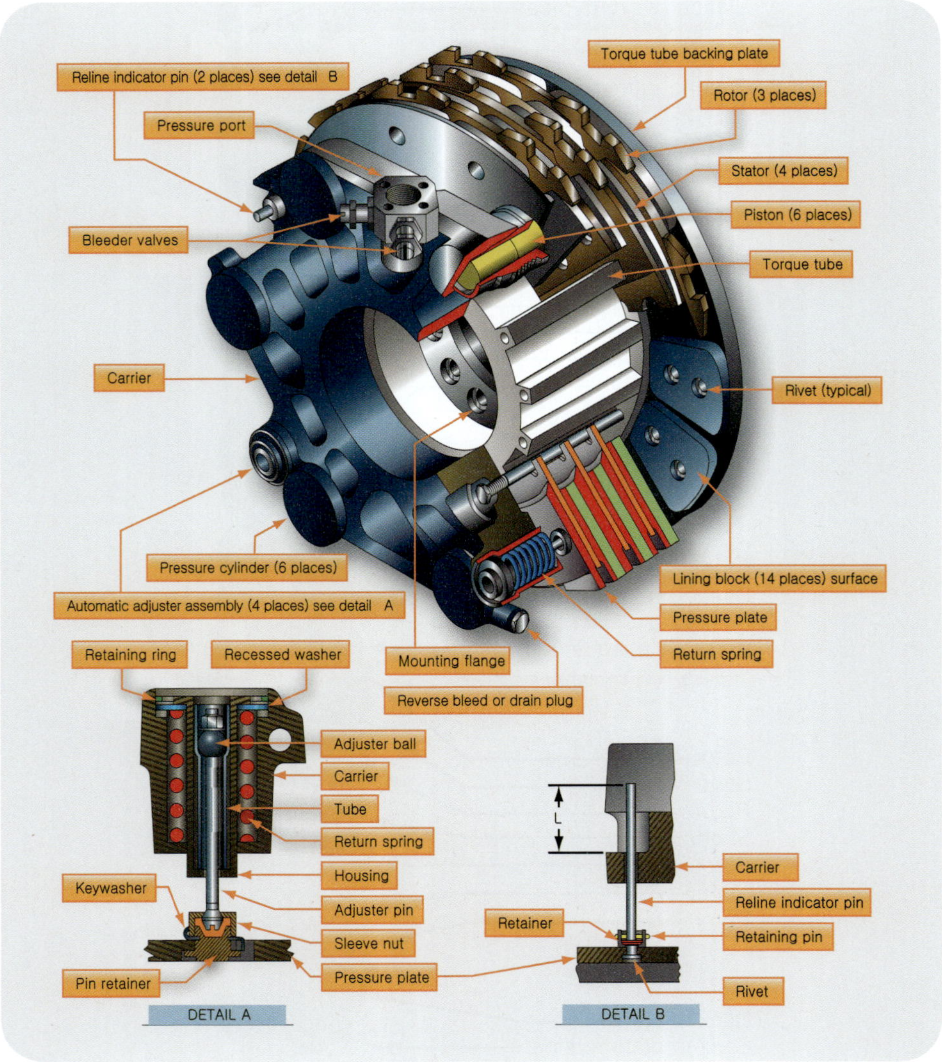

[그림 5-38] 브레이크 마모지시기

온도센서(temperature sensor)는 브레이크의 정상작동 여부를 모니터링하기 위해서 장착된다. 브레이크는 마찰운동에 의해 발생한 열에너지 방출을 통해 브레이크 기능을 수행하는데, 이때 발생한 열이 높아지면 원래의 제동성능을 유지할 수 없기 때문에 과도한 열발생 시 충분히 냉각시킬 수 있어야 한다. 이를 위해 브레이크에 발생하는 온도를 측정하는 센서가 장착된다. 브레이크 교환 시 새 브레이크는 센서가 장착되지 않은 상태에서 공급되므로 교환작업 시 교환되는 브레이크로부터 센서를 먼저 장탈해서 동일한 위치에 장착 후 교환작업을 진행하여야 한다.

브레이크의 온도가 올라가 한계(limit)를 넘어서면 충분한 브레이크 냉각(brake cooling)을 실시해야 하는데 과거에 정비현장에서는 센서에 차가운 물을 뿌려 빨리 냉각시키곤 했다. 이는 잘못된 방법으로 상온에서 냉각시켜야 금속의 성질변화로 인한 2차 손상을 예방할 수 있다. 그런데 상온에서는 냉각시간이 많이 소요되기 때문에 최근 현장에서는 타이어를 감쌀 수 있는 크기의 냉각장비를 비치하여 사용하고 있다.

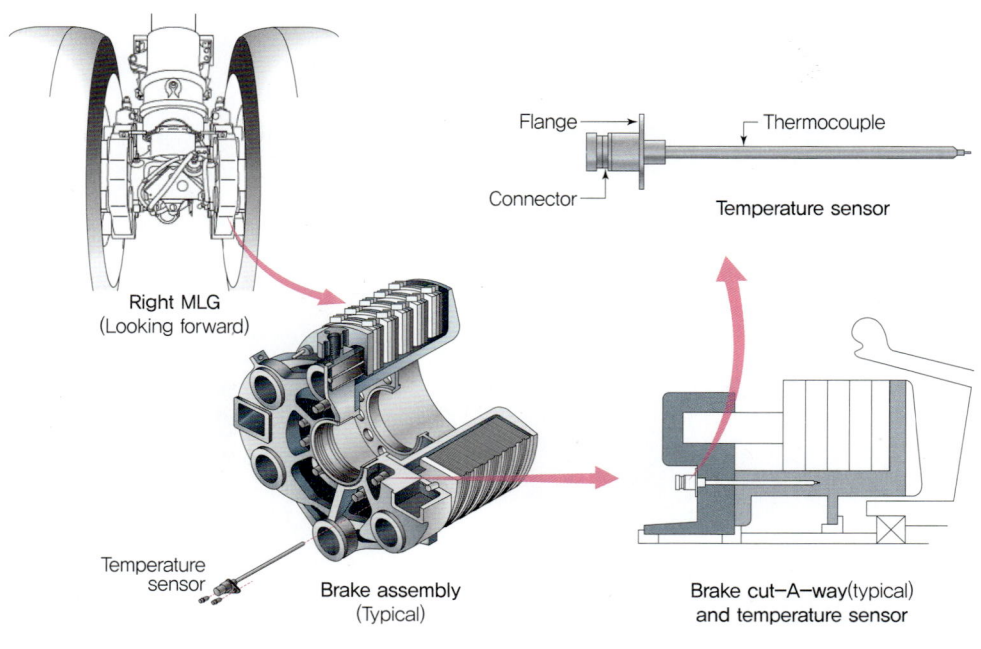

[그림 5-39] 브레이크 온도센서

5.6 랜딩기어의 작동

대형항공기 랜딩기어의 업/다운(up & down) 기능은 유압파워의 공급에 의해 이루어지며, 랜딩기어와 랜딩기어 도어의 업/다운 기능이 순차적인 작동을 하도록 설계되었다. 접개들이식이라고 설명했던 펼침(extension)과 접음(retraction) 기능을 갖고 있는 랜딩기어계통은 큰 하중을 이기고 작동이 가능해야 하기 때문에 대부분의 항공기가 유압파워를 활용한다.

랜딩기어의 업/다운 작동은 순서대로 이루어진다. 즉, 조종석의 조종레버의 다운(down) 작동신호를 시작으로 도어가 열리면 랜딩기어가 내려가고, 완전히 내려가면 도어가 다시 닫힌다. 물론 랜딩기어의 업(up) 작동도 동일하게 도어가 열리면 랜딩기어가 올라가고, 완전히 올라가면 도어가 닫힌다. 이러한 순서를 밟는 이유는 항공기가 비행하면서 발생하는 유해항력을 줄이기 위한 것이고, 기본적으로 랜딩기어 도어는 닫혀 있는 상태가 정상(normal)이다. 지상에서 정비, 점검을 목적으로 한 열림(open)상태 유지는 선택적으로 가능하다.

[그림 5-40] 순서에 따른 랜딩기어의 작동

5.6.1 업/다운 기능

유압파워에 의한 랜딩기어 펼침/접음 시스템(extenton and retraction system)은 작동기(actuating cylinder), 선택밸브(selector valve), 업 로크(up lock), 다운 로크(down lock), 순차밸브(sequence valve), 우선순위밸브(priority valve), 튜브(tube) 등으로 구성된다. 조종석에 위치한 랜딩기어 조종레버를 'up'이나 'down' 방향으로 작동시키면, 유압파워를 갖고 있는 유압유가 원하는 방향으로 흐를 수 있도록 유로를 결정해 주는 것이 선택밸브이다. [그림 5-41]에서는 랜딩기어 조종레버가 기어 업 포지션(gear up position)에 있는 상황이라고 설명하고 있다.

업(up) 방향으로 공급된 유압유는 세 개 방향으로 공급된다. 두 개의 메인 기어 액추에이팅 실린더(actuating cylinder)와 노즈 기어 액추에이터(nose gear actuator) 방향으로 유압유가 공급되는데, 경로상에 랜딩기어 다운 로크(down lock)를 풀어 주는 방향으로 파워를 제공한다. 다운 로크가 해제(release)된 랜딩기어는 오리피스 체크 밸브를 통해 메인 기어 액추에이팅 실린더를 'up' 방향으로 작동하도록 실린더 상부를 밀어낸다. 메인 기어 액추에이팅 실린더 피스톤이 'up' 방향으로 완전히 내려왔을 때 'C' 기어 도어 시퀀스 밸브('C' gear door sequence valve) 상부의 포핏(poppet)을 기계적으로 누르면 스프링 압력에 의해 닫혀 있던 볼 밸브(ball valve)를 눌러 대기하고 있던 유압유의 흐름을 허용하면서 기어 도어 액추에이터 피스톤이 'close' 방향으로 움직이게 한다. 동시에 기어 도어 액추에이터 피스톤 상부의 메인 기어 시퀀스 밸브는 볼 밸브의 누름상태를 해제하여 메인 기어 액추에이팅 실린더 리턴 라인(return line)의 흐름을 차단하면서 일련의 작동을 마무리한다. 조종레버의 선택위치가 'down'으로 바뀔 경우 역순으로 작동되며, 메인 기어 액추에이팅 실린더 상부의 오리피스 체크 밸브는 제한적 흐름을 허용하면서 메인 기어 액추에이팅 실린더의 작동속도를 'up'의 경우보다 늦추도록 설계되어 있다. 이러한 설계는 랜딩기어가 올라가는 동작은 신속하게 하고, 반면 내려갈 때는 속도가 빨라 추락하듯 떨어져 기체구조에 무리를 줄 수 있는 상황을 방지하기 위해 속도 조절기능을 적용한 것이다.

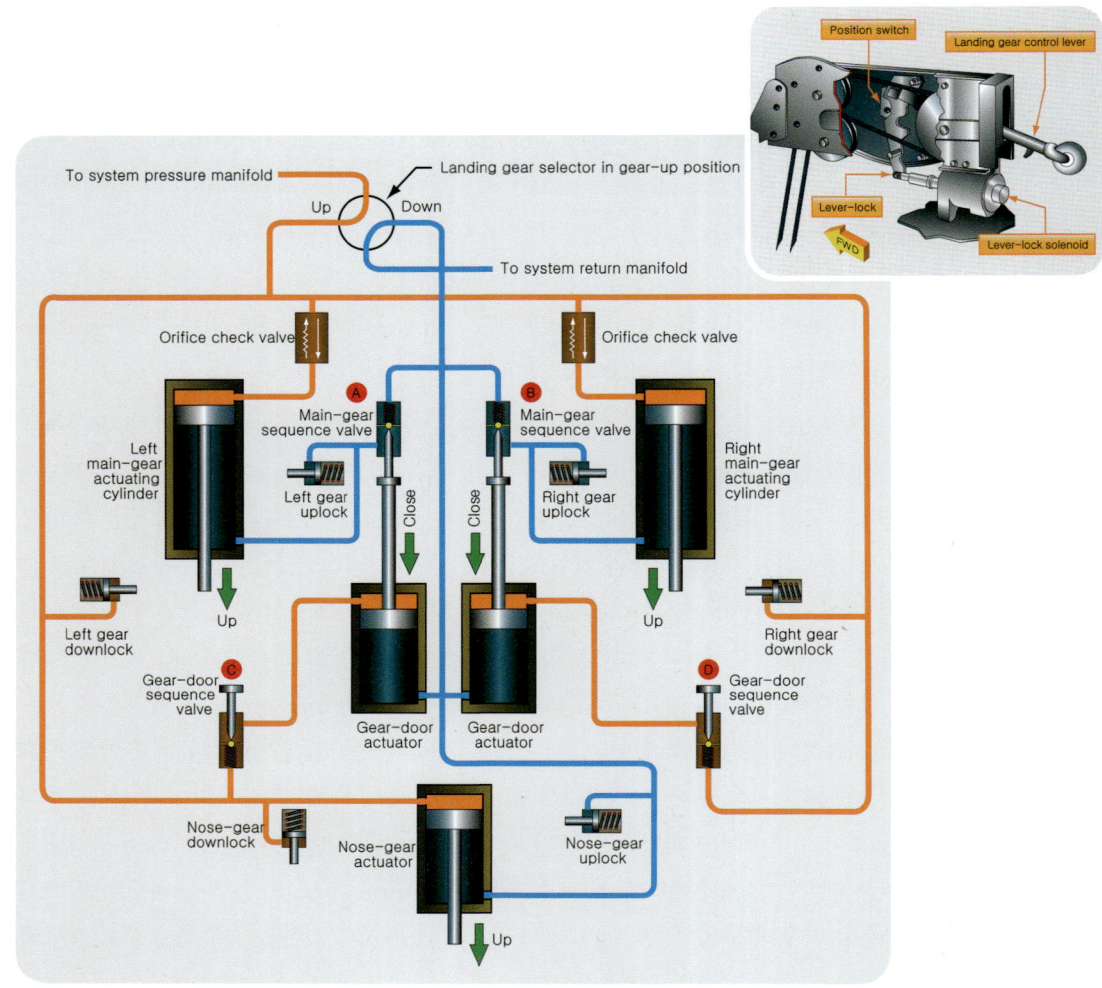

[그림 5-41] 랜딩기어 작동 시퀀스 시스템

5.6.2 스티어링 기능

항공기가 그라운드 모드(ground mode)에서 랜딩기어의 오작동으로 인해 주저앉는 사고를 예방하기 위해서는 랜딩기어 안전핀[landing gear safety pin(lock pin)]을 장착한다. [그림 5-42]처럼 항공기가 지상에 정박해 있거나 정비작업을 수행하고 있을 때 랜딩기어가 접혀 들어가 항공기 동체가 주저앉는 사고를 간혹 경험하게 된다. 지상에서 유압파워가 공급되고 있는 상황에서 조종레버를 잘못 작동시키면 유압파워에 의해 랜딩기어가 접혀 올라갈 수 있다. 이러한 위험성 때문에 대부분의 항공기가 지상에서 장시간 정박할 경우 물리적으로 움직이지 못하도록 가로막는 역할을 하는 핀을 사용하고 있다. 그러나 안전을 위해 만들어 놓은 핀이 도리어 화를 부를 수도 있다.

항공기가 비행을 시작하기 전에 안전핀을 제거하도록 매뉴얼에도, 체크리스트에도 기록해 두고 정비사가 확인하고, 또 조종사가 확인하도록 중복확인 절차를 만들어 두었음에도 불구하고 핀이 제거되지 않은 사례가 빈번하게 발생한다. 이러한 이유로 조종석 뒤편에 안전핀을 보관하는 박스를 설치하고, 최종 개수를 실물로 확인하는 방법이 적용되기도 한다. 안전핀이 제거되지 않으면 제한된 비행을 해야 하거나, 장거리 비행의 경우 허락되지 않을 정도로 항공기의 안전과 직결되기 때문에 반드시 확인해야 한다. 그럼에도 불구하고 안전핀이 제거되지 않은 상태에서 비행을 시작했다가 곧바로 회항을 해야 했던 사건의 경우 정부로부터 과징금이 부과된 사례가 있다.

[그림 5-42] 랜딩기어 안전핀 장착

대부분 항공기의 노즈 랜딩기어는 조종실에서 조종할 수 있는 노즈 랜딩기어 스티어링 휠을 갖고 있으며, 지상이동 시 항공기 방향을 전환시킨다. 대부분의 소형항공기는 [그림 5-43]의 왼쪽 사진처럼 푸시-풀 로드(push-pull rod)에 의해 작동하는 기계식(mechanical type) 스티어링이 사용되고, 대형항공기의 경우 무게와 스피드 등 큰 힘이 필요하여 유압파워를 사용한다. 방향전환을 위해 페달을 밟거나 스티어링 휠을 움직이면, 그 움직임이 기계적인 연결, 전기식 연결 또는 유압식 연결에 의해 제어밸브(control valve)의 유로를 선택해 주고 전달된 신호만큼의 움직임을 허용한다.

(a) Mechanical type sreeting

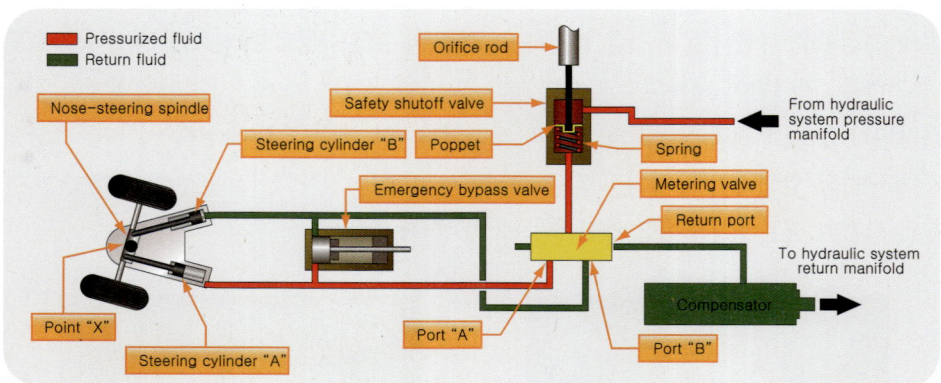

(b) Hydraulic power steering

[그림 5-43] 랜딩기어의 방향조종, 스티어링 시스템

　대형항공기의 스티어링계통은 작동명령을 하는 입력(input)이 전달되는 구성품과 그 전달된 요구량만큼 움직이는 힘을 주는 유압파워 작동 구성품으로 이루어진다. [그림 5-44]에서 보는 것처럼 스티어링계통의 입력은 두 가지 방법이 사용된다. 조종사의 발 아래에 위치한 방향타 페달(rudder pedal)은 항공기가 고속으로 달리고 있는 동안의 스티어링을 위한 작동을 가능하게 하고, 스티어링 휠은 항공기가 지상에서 저속으로 이동하는 동안 큰 반경으로 선회를 할 때 사용된다. 방향타 페달의 입력은 상호연결장치(interconnection mechanism)를 통해 제어 케이블로 전달된다. 견인차단밸브(towing shutoff valve)를 통과한 유압유는 케이블로 전달된 입력을 서밍 레버(summing lever)를 통해 미터링 밸브(metering valve)를 제어함으로써, 조절된 유압유를 스티어링 액추에이터(steering actuator)로 흐르도록 허용한다.

　견인 바이패스 밸브(towing bypass valve)는 항공기가 엔진의 힘에 의한 자력이동이 아니라 견인트럭(towing truck)에 의해 정해진 장소를 이동할 때, 살아 있는 유압파워와 견인트럭 간의 힘의 충돌로 인해 항공기가 손상되는 것을 방지하기 위해 유압파워를 차단하는 역할을 한다.

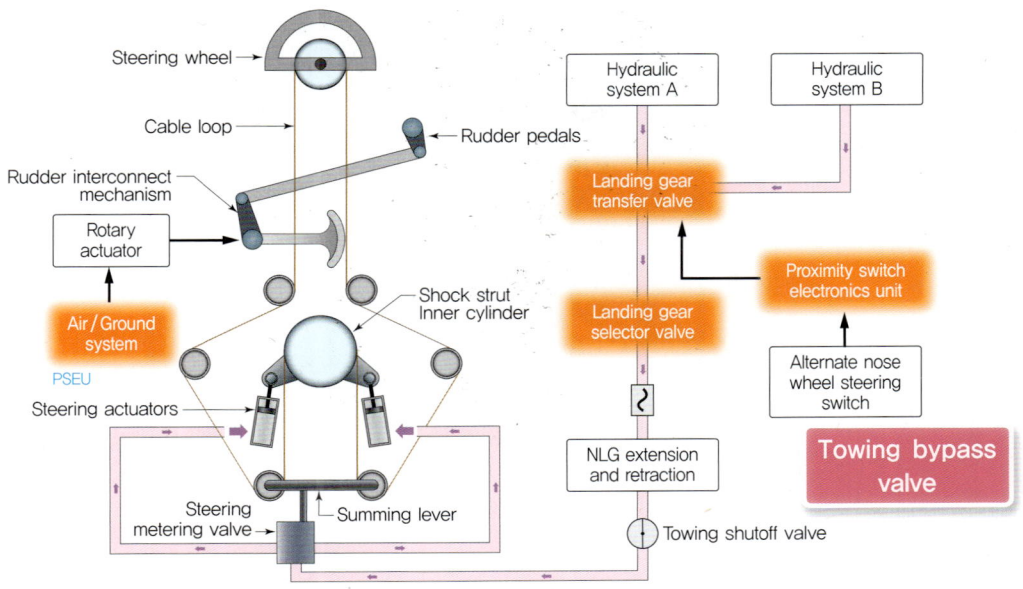

[그림 5-44] 랜딩기어 스티어링 시스템

    항공기 견인(towing) 시 유압유의 흐름을 차단하는 밸브를 달아 주기 위해 노즈 랜딩기어 스티어링 장치에 견인 바이패스 레버(towing bypass lever)가 장착되어 있으며, 항공기 견인 전 확인해야만 하는 항목 중의 하나가 견인 바이패스 핀(towing bypass pin)의 장착이다. 견인 바이패스 핀의 장착은 스티어링계통에 공급되는 유압유를 귀환라인 쪽으로 돌려보내 유압파워에 의한 방향조종이 이루어지지 않도록 하기 위함이다. 만약 유압파워가 살아 있는 상태에서 견인 도중 페달을 찰 경우 견인차가 진행하는 방향과 반대방향으로의 힘이 부딪히게 되면 랜딩기어 구조부에 큰 결함이 발생할 수 있다. 이 때문에 견인을 시작하기 전에 반드시 바이패스 핀(bypass pin)의 장착을 확인하도록 하고 있다.

    일반적인 견인은 노즈 랜딩기어에 토바(towbar, 견인봉)를 연결한 후 견인하도록 되어 있지만, 좁은 공항 내에서 속도제한으로 인해 가끔씩 답답한 상황이 벌어지곤 한다. 최근 도입된 토바 없는 견인 트랙터(towbarless towing tractor)는 제한속도가 빨라 효과적으로 활용되고 있으며, 노즈 랜딩기어를 견인 트랙터에 얹고 달리는 모습을 볼 수 있다. 달리는 상황에서 조종석의 탑승자가 유압파워가 살아 있는 상태에서 페달을 밟을 경우 동일한 사고가 발생할 수 있기 때문에 견인 바이패스 핀(towing bypass pin)의 장착확인은 필수적이다.

[그림 5-45] 견인 바이패스 장치

5.6.3 브레이크 기능

항공기 랜딩기어에 장착된 브레이크는 유압파워에 의해 작동하며 항공기의 속력을 늦추고 적당한 시기에 정지시킨다. 항공기 브레이크계통은 기계적인 입력을 유압파워로 작동시키는 구조를 갖고 있다. 조종석의 페달을 밟으면 케이블에 의해서 미터링 밸브로 힘이 전달되고, 전달된 힘은 미터링 밸브의 흐름방향을 선택하여 안티스키드 컨트롤 밸브(anti-skid control valve)를 거쳐 각각의 해당 브레이크 어셈블리로 유압유를 보내 주어 브레이크의 피스톤을 밀어냄으로써 역할을 수행한다. 브레이크 부근에 장착된 유압퓨즈(hydraulic fuse)는 과도한 브레이크의 작동으로 브레이크 라인이 터져 유압유의 유출이 발생하면, 갑작스럽게 늘어난 유압유의 양으로 인해 튜브가 차단되게 함으로써 더 이상의 유압유 유출을 막는 안전장치 역할을 한다.

어큐뮬레이터(accumulator)는 유압라인에 연결되어 있는 체임버(chamber)와 질소가스가 충전되어 있는 체임버의 압축성 효과를 이용해 비상시 사용할 수 있는 압력을 확보하고, 메인 소스가 기능을 하지 못하는 경우 1회 브레이크의 작동을 가능하게 한다. 물론 정상작동 중 유압의 출렁거림을 잡아 주는 기능도 수행한다.

셔틀 밸브(shuttle valve)는 강한 힘을 받는 부분으로 슬라이딩되는 기능을 갖는 밸브이다. 정상적인 유압파워가 공급 중일 때에는 비상유로를 막고 브레이크가 유압유에 의해 작동하도록 유로를 형성하지만, 유압이 기능을 못할 경우 조종사의 선택에 따라 비상계통의 압력밸브를 열면 그 압력에 의해 슬라이딩 밸브(sliding valve)가 비상유로를 열어 브레이크가 작동할 수 있도록 기능을 한다.

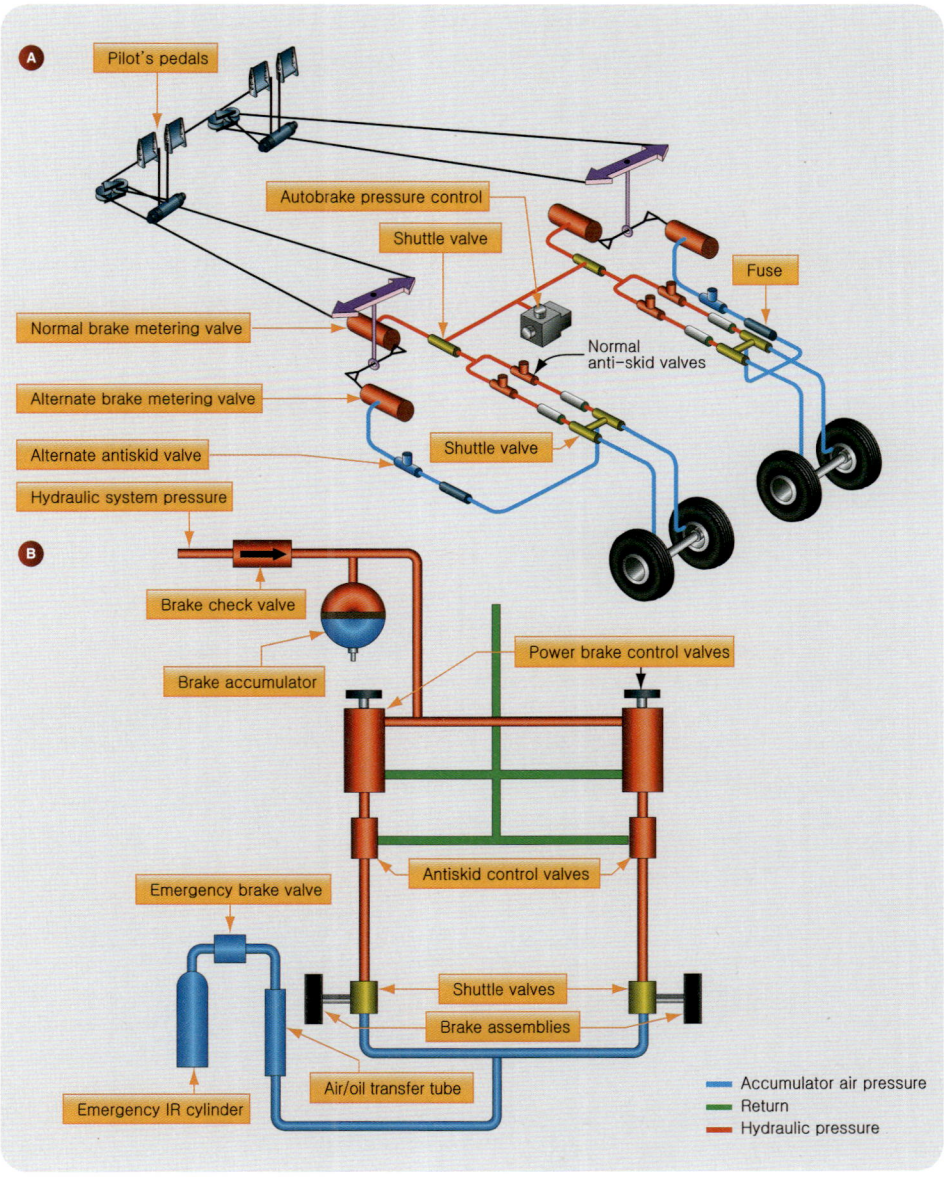

[그림 5-46] 기본적인 브레이크 시스템

항공기 브레이크계통은 유압파워에 의해 작동하며 이중 삼중의 대체방법을 갖고 있다. [그림 5-47]에서 보는 것처럼, 브레이크 계통은 정상 브레이크(normal brake), 대체 브레이크(alternate brake) 기능으로 나뉘지며, 'A' system power, 'B' system power의 공급경로를 중복되게 갖고 있어 이송밸브(transfer valve)를 통해 각각의 시스템 공급이 중단될 경우 남아 있는 다른 시스템의 유압파워를 공급할 수 있도록 경로설계를 해 놓는다. 제공된 모든 파워 공급계통이 기능을 잃으면, 어큐뮬레이터에 확보된 압력을 공급원으로 브레이크 작동을 가능하게 한다.

미터링 밸브(metering valve)는 유압유의 방향과 흐름을 제어하고, 안티스키드 밸브(anti-skid valve)는 브레이크 어셈블리 앞에 장착되어 각각의 브레이크에 공급되는 유압유를 조절한다. 셔틀 밸브는 정상(normal) 및 대체압력브레이크(alternate pressure)에 반응하여 유로를 허락하는 밸브 기능을 수행하고, 퓨즈는 과도한 브레이크 작동으로 라인이 파손되었을 때 유압유의 손실을 정지시키는 역할을 한다.

파킹 브레이크(parking brake)는 항공기를 정박할 때 사용하는 브레이크로 리턴 라인으로 유압유의 흐름을 막아 브레이크가 해제(release)되지 못하도록 잡아 주어 제동기능을 수행하도록 한다.

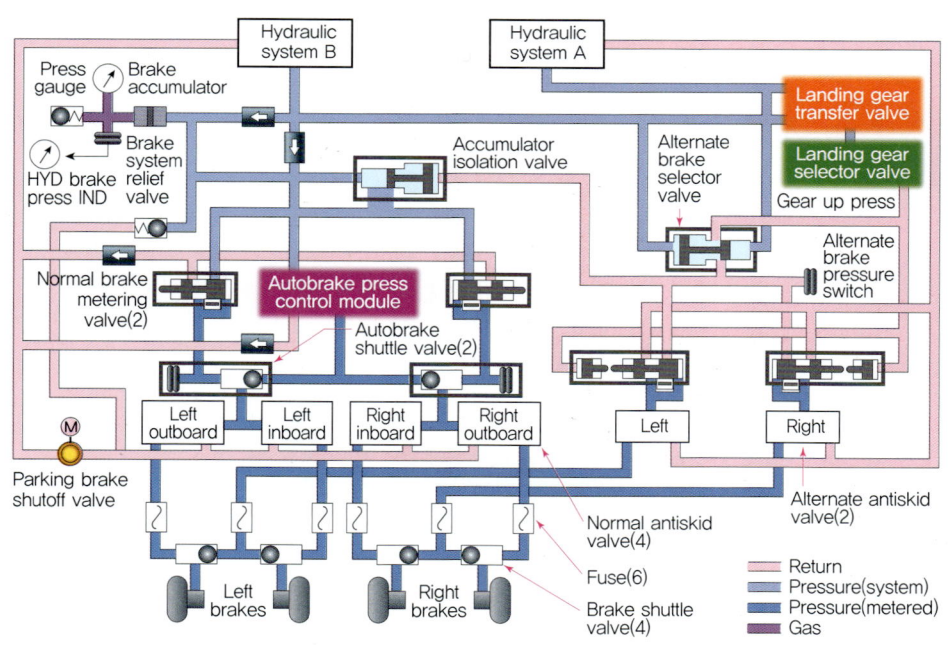

[그림 5-47] 대형항공기의 브레이크 시스템

5.6.4 안티스키드 기능

파워 브레이크 시스템(power brake system) 장착 대형항공기는 브레이크가 잡혀 있는 상태로 타이어가 지면에 끌리는 현상을 방지하기 위한 안티스키드 시스템을 갖고 있다. 항공기가 착륙활주하는 동안이 비행 중 가장 위험한 시간으로 소개했던 11분에 포함되는 이유는, 잘못하면 항공기가 활주로를 벗어나거나 활주로상에서 뒤집어지는 등의 대형사고가 빈번하게 발생했던 것으로 설명될 수 있다. 안티스키드 시스템(anti-skid system)은 착륙활주 중인 바퀴가 회전을 멈추고 미끄러지는 상황을 제거하기 위해 마련된 시스템으로 항공기의 안전확보에 필요한 계통이다.

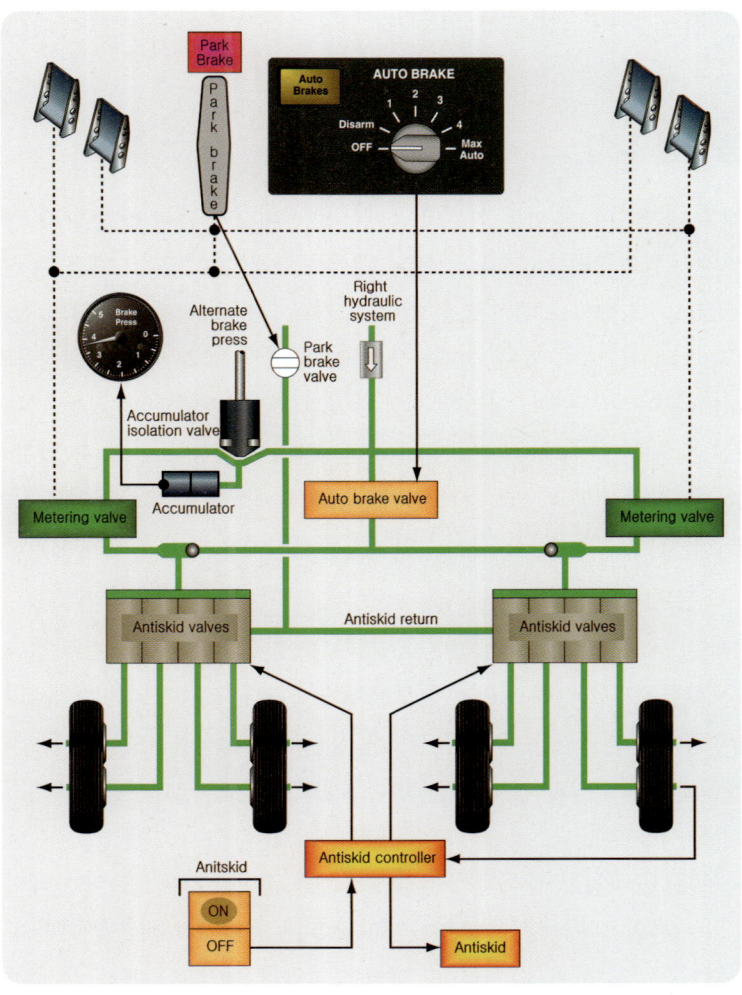

[그림 5-48] 안티스키드 시스템, 구성품

안티스키드는 브레이크가 잡힌 상태로 타이어가 바닥에 끌리다가 터져 버리는 현상을 방지하기 위해 브레이크 압력을 풀어 주는 역할로, 이러한 미끄러짐이 수정되지 않는 상태가 지속되면 빠르게 타이어 펑크가 일어날 수 있고 항공기에 손상은 물론이고 항공기 제어의 상실로 인해 대형사고로 이어질 수 있다.

주요 구성품은 휠 속도센서(wheel speed sensor)와 안티스키드 제어장치(anti-skid control unit), 안티스키드 컨트롤 밸브(anti-skid control valve)이며, 각 바퀴의 실제 회전속도를 비교하여 미끄러짐이 예상되는 바퀴의 브레이크 압력을 릴리스해 주는 기능을 한다. 또한 항공기 착륙 시 브레이크가 잡혀 있는 상태에서 접지하는 경우, 한 개의 랜딩기어에 장착된 바퀴의 속도 차이, 각각의 랜딩기어 바퀴군의 속도 차이 등 다양한 비교 기능을 통해 혹시 발생할지도 모를 타이어가 터지는 현상을 방지하는 기능을 담당한다.

5.7 기능점검 절차

브레이크계통 내 유압유에 있는 기포의 존재는 브레이크 페달을 밟았을 때 스펀지를 밟는 것과 같은 느낌의 원인이 된다. 기포는 단단한 브레이크 페달 느낌을 복원하기 위해 블리딩(bleeding) 작업으로 제거될 수 있다. 브레이크를 밟는 동안 유압의 힘이 바로 전달되지 않고 스펀지를 누른 듯한 상태를 보이면서 브레이크가 잡히는 현상을 스펀지 현상(feel sponge)이라 부르며, 이러한 현상은 브레이크의 비정상적 작동으로 판단한다. 이는 정해진 활주로 길이 내에서 정지하는 것 자체를 불가능하게 할 수 있기 때문에 상당히 위험하다. 따라서 브레이크 관련 정비활동과 함께 조종사의 브레이크 사용 시 이상 현상 등이 있을 경우 블리딩(bleeding) 절차를 수행하여 스펀지 현상을 제거하도록 하고 있다.

또한 브레이크 교환작업을 수행하면 유압튜브를 분리하고 연결하는 작업이 진행되는데, 이때 유입된 공기로 인해 스펀지 현상이 발생하거나, 조종사의 비행 후 리포트에 의해 확인된 항공기의 흔들림 등에 대한 정보를 접수하게 되면 블리딩 작업을 실시한다. 블리딩 방법은 크게 중력식과 압력식 방법이 소개되고 있으나, 대부분 대형항공기에서는 압력식 방법을 사용한다.

실제 유압펌프를 작동한 상태에서 블리딩 절차를 준비한 정비사들이 브레이크계통 내를 채우고 있는 유압유에서 공기 방울이 제거된 맑은 유압유가 배출될 때까지 블리딩 밸브를 열고 닫기를 반복하면서 브레이크 페달을 밟았다 놓기를 반복해 실시한다. 블리딩

작업을 실시한 후에는 블리딩 작업 중 배출된 양만큼의 유압유를 보충하여 적정량의 유압유가 유지되도록 해야 한다.

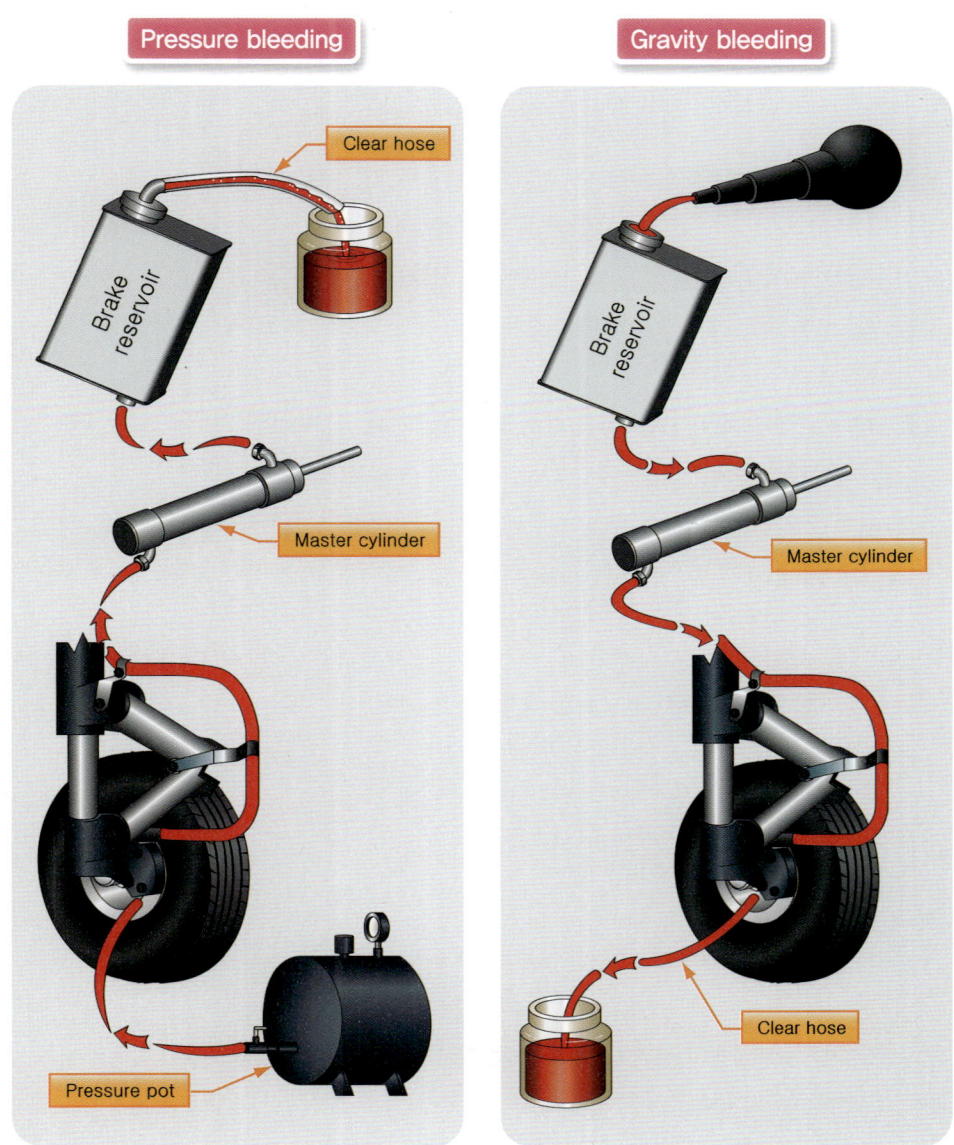

[그림 5-49] 브레이크 블리딩 절차

제5장 확인학습: 연습문제 및 해설

착륙장치의 필요성

1 다음 중 대형항공기에서 사용하는 랜딩기어 타입은 어느 것인가?
① skid type
② wheel type
③ ski type
④ float type

해설 고속주행, 고속비행이 가능한 대형항공기는 wheel type landing gear를 활용한다.

2 다음 중 지상전복의 위험이 적고, 강한 브레이크의 적용이 가능한 랜딩기어 타입은 어느 것인가?
① tricycle type
② bungee type
③ tandem type
④ tail wheel type

해설 전륜형인 tricycle type landing gear 항공기가 고속활주 중 강한 브레이크 적용에도 불구하고 지상전복(ground looping) 현상이 적어 대형항공기에 가장 보편적으로 사용된다.

3 운송용 항공기 ATA 32 sub chapter로 맞지 않는 것은?
① nose skid
② landing gear extension and retraction
③ nose wheel steering
④ main landing gear operation

해설 ATA 32 landing gear system sub chapter는 landing gear & door operation, extension & retraction, nose wheel steering, brake, tail skid 등이 포함된다.

4 랜딩기어 operation 기능에 대한 설명으로 거리가 먼 것은?
① 조종석 landing gear lever에 의해 작동한다.
② landing gear 작동상태를 지시해 준다.
③ 보통 manual down 기능을 갖는다.
④ 지상에서 landing gear up/down 작동은 불가능하다.

정답 1. ② 2. ① 3. ① 4. ④

해설 지상에서 작동실수를 방지하기 위해 안전핀(safety pin)을 활용해야 한다.

5 다음 중 랜딩기어계통 안전장치 중 shock strut의 compression 상태에 따라 open/close가 결정되는 것은 어느 것인가?

① squat switch
② proximity sensor
③ indication light
④ gear lock pin

해설 squat switch는 main landing gear shock strut의 신장 또는 압축에 따라 열림과 닫힘의 위치가 정해지는 스위치이다.

착륙장치의 구조 Ⅰ

6 다음 중 대형 운송용 항공기에서 사용하는 landing gear type은 어느 것인가?

① leaf type
② rigid type
③ bungee cord type
④ shock strut type

해설 항공기 성능이 향상되고 대형화되면서 충분한 충격흡수가 필요하여 충격흡수 효과가 우수한 shock strut type이 사용된다.

7 다음 중 shock strut type landing gear의 구성품 중 항공기 동체 구조부재와 장착되는 부분은 어느 것인가?

① trunnion
② lower cylinder
③ torsion link
④ axle

해설 대형 운송용 항공기 랜딩기어는 접개들이식 랜딩기어로, 기체구조 부재와 접합되더라도 움직임이 가능해야 하기 때문에 트러니언(trunnion)이라는 구성품을 활용하여 지지부와 회전축 역할을 동시에 추구한다.

정답 5. ① 6. ④ 7. ①

8 다음 중 랜딩기어를 extension, retraction시켜 주기 위한 구성품 중 고정장치 역할을 하는 bungee spring을 release시켜 주는 기능을 하는 구성품은 어느 것인가?

① walking beam ② downlock actuator
③ trunnion link ④ uplock roller

해설 해당 lock position에 hydraulic pressure의 공급 없이도 장착상태를 유지하기 위해 bungee spring이 사용되고, lock 상태를 해제하기 위해 hydraulic pressure에 의해 작동하는 lock actuator가 사용된다.

9 dimension X의 확인과 관련된 설명으로 적당한 것은?

① 항공기 탑재 유상하중의 적정상태를 점검한다.
② 항공기 형식별로 정해진 X값이 고정되어 있다.
③ 보통 지면으로부터 gland nut까지 높이를 측정한다.
④ shock strut 내부 충전 air/oil의 적정량 점검을 한다.

해설 shock strut 내부 air/oil의 적정량을 점검하여 얼마나 shock strut이 압축되었는지를 확인하는 절차로, 그날의 온도변화에 따라 적정 dimension X를 확인 후 비교한다.

10 다음 중 extension position에서 랜딩기어를 고정시켜 주는 구성품은 어느 것인가?

① side strut ② drag strut
③ walking beam ④ reaction link

해설 side strut은 랜딩기어가 extension되어 있을 때 extension position에 고정시켜 주는 역할을 하고 retraction 시에는 접혀 있다.

착륙장치의 구조 Ⅱ

11 다음 중 대형 운송용 항공기에서 사용하는 휠 구성품 중 회전 중 발생하는 진동을 잡아 주는 구성품은 어느 것인가?

① inflation valve ② tie bolt
③ speed transducer ④ balance weight

해설 휠과 타이어의 balance 검사 후 보정해 주기 위해 balance weight가 사용된다.

정답 8. ② 9. ④ 10. ① 11. ④

12 다음 중 과도한 브레이크 사용으로 인한 타이어의 폭발을 방지하기 위해 휠 내부에 장착된 구성품은 어느 것인가?

① inner wheel
② thermal plug
③ bearing
④ speed transducer

해설 낮은 온도에서 녹을 수 있는 금속을 충전제로 사용한 플러그를 장착하여 과도한 브레이크 사용으로 인한 온도상승으로 타이어가 손상되는 것을 예방하고 있다.

13 다음 중 대형 운송용 항공기에 많이 사용되는 타이어로 타이어 회전방향의 90° 방향으로 플라이(ply)를 적층한 형태의 타이어는 어느 것인가?

① bias tire
② redial tire
③ tube type tire
④ hard type tire

해설 무게감소, 강도증가를 위해 진화한 레이디얼 타이어가 회전방향의 90° 방향으로 플라이를 적층한 형태를 갖고 있다.

14 다음 중 타이어 구조 부분 중 휠과 직접 맞닿으며 하중을 받는 구성품은 어느 것 인가?

① tread
② groove
③ reinforcing ply
④ bead toe

해설 플라이 층의 마무리를 위해 감싸고 도는 와이어(wire) 다발이 위치한 부위로 air pressure가 충전될수록 휠과 강하게 접촉하면서 큰 하중이 발생한다.

15 다음 중 타이어 보관방법에 대한 설명으로 맞는 것은?

① 산소(O_2), 오존(O_3) 발생장치는 타이어 부근에서 사용금지
② 타이어 보관은 수평상태로 보관
③ 햇볕이 잘 드는 양지에 보관
④ 변형 방지를 위해 따뜻한 공간에 보관

해설 통풍이 잘되면서 서늘하고 건조하며, 어두운 장소에 보관해야 한다. 특히 산소발생장치와는 멀리 떨어진 곳에 보관·관리한다.

정답 12. ② 13. ② 14. ④ 15. ①

착륙장치의 기능

16 다음 중 대형 운송용 항공기 랜딩기어가 down될 때 천천히 내려오도록 속도조절을 하는 구성품은 어느 것인가?

① selector valve　　　　② down lock
③ door actuator　　　　④ orifice check valve

[해설] 본래의 check valve의 기능에 추가적으로 반대방향으로의 흐름을 조절할 수 있도록 orifice를 갖고 있다.

17 다음 중 노즈 랜딩기어 방향조종계통에 대한 설명으로 적당한 것은 어느 것인가?

① 저속주행 중 방향전환을 위해 브레이크 페달을 사용한다.
② 토잉 바이패스 밸브를 갖고 있다.
③ 전기신호에 의해 방향조종 작동기를 움직여 준다.
④ 브레이크를 잡는 압력조절로 방향을 조종한다.

[해설] 토잉 시 유압을 차단하기 위해 바이패스 밸브를 사용한다.

18 다음 중 대형 운송용 항공기 브레이크계통 구성품과 거리가 먼 것은 어느 것인가?

① accumulator
② bypass valve
③ fuse
④ shuttle valve

[해설] 브레이크는 비상시 사용가능해야 하기 때문에 accumulator, fuse, shuttle valve를 계통 구성품으로 갖추고 있다.

19 다음 중 브레이크계통의 구성에 대한 설명으로 부적당한 것은 어느 것인가?

① 하나의 브레이크에 복수의 유압소스를 공급한다.
② 비상작동을 위해 셔틀 밸브를 사용한다.
③ 과도한 작동으로 인한 파손에 대응하는 퓨즈를 장착한다.
④ 각각의 브레이크에 독립된 유압만을 공급한다.

[해설] 개별 브레이크에 복수의 유압을 공급할 수 있도록 하여 비상시에 대비한다.

정답　16. ④　17. ②　18. ②　19. ④

20 다음 중 안티스키드 시스템에 대한 설명으로 맞는 것은?

① 과도한 브레이크 작동으로 인한 타이어 손상을 방지한다.
② 브레이크가 잡히지 않은 바퀴에 유압을 공급하여 속도를 맞춘다.
③ 브레이크에 장착된 온도센서의 신호를 바탕으로 작동한다.
④ 활주로에 접지하는 순간의 위험을 피하는 것이 주목적이다.

해설 과도한 브레이크 작동으로 인한 타이어 끌림 현상으로 폭발하는 것을 예방하기 위해 스피드 센서에 의해 반응하고, 브레이크의 유압을 릴리스시켜 속도를 맞춰 주며, 착지하는 순간뿐 아니라 활주 중의 여러 조건을 반영하여 작동하도록 프로그램되어 있다.

정답 20. ①

AIRCRAFT SYSTEMS

제6장
스러스트 리버서계통

AIRCRAFT SYSTEMS

6.1 스러스트리버서계통의 필요성

6.2 스러스트리버서의 종류

6.3 스러스트리버서의 구성

6.4 스러스트리버서의 조종계통

6.5 스러스트리버서의 지시계통

요점정리

| 스러스트리버서계통의 필요성 |

1. 하이드로플래닝(hydroplaning, 수막현상) 등 활주로 상태와 관계없이 착륙거리 단축을 위해 스러스트리버서(역추력장치)를 활용한다.

| 스러스트리버서의 종류 |

1. 대형항공기에서 사용하는 역추력장치는 크게 기계적 차단방식과 공기역학적 차단방식으로 구분할 수 있다.

| 스러스트리버서의 구성 |

1. 항공기 역추력장치계통은 'thrust reverser, control system, indicating system'으로 구성된다.
2. 공기역학적 차단방식의 역추력장치는 엔진 배출공기의 흐름방향을 바꾸어 주는 역할을 하는 슬리브, 블록 도어, 캐스케이드로 구성된다.
3. 팬을 지난 많은 양의 공기를 항공기 제동력으로 사용하기 위해 방향을 바꾸어 주는 역할을 캐스케이드가 수행한다.

| 스러스트리버서의 조종계통 |

1. 착륙활주와 동시에 정확한 역추력장치의 작동을 위해서는 선택 스위치의 움직임과 작동파워, 작동기의 움직임, 그 상태를 확인하기 위한 센서 그리고 각각의 센서들로부터 받은 정보를 통합·분석하는 컴퓨팅 기능이 필요하다.
2. 역추력장치의 정상작동 상태를 판단하기 위한 지시계통이 마련되어 있으며, 이상발생 시 조종사에게 명확한 인식을 주기 위한 경고 라이트를 갖고 있다.

사전테스트

1. 대형항공기의 역추력장치는 엔진출력을 높여 항공기를 후진시키는 목적으로 사용한다.

> **해설** 항공기의 착륙 시 정지거리를 단축시키기 위해 사용한다.
>
> 정답 ✗

2. 대부분의 항공기 역추력장치는 유압의 힘에 의해 작동한다.

> **해설** 항공기가 대형화되고 고속성능이 향상되어 정지력을 높이는 데 유압의 힘이 사용된다.
>
> 정답 ○

3. 대형항공기 역추력장치는 기계적 방식 역추력장치가 일반적으로 사용된다.

> **해설** 대표적인 역추력장치는 기계적 방식, 공기역학적 방식이 있으며, 이 중 공기역학적 방식이 운송용 항공기에 주로 사용된다.
>
> 정답 ×

6.1 스러스트리버서계통의 필요성

항공기가 착륙할 때 빠른 속도와 대형화에 따라 무게가 증가하여 착륙 후 정지하는 것이 문제가 되곤 한다. 많은 경우에 착륙 후 일정거리 내에서 항공기의 속도를 줄이는 것을 항공기 브레이크에만 더 이상 의존할 수 없게 되었다.

시간이 지남에 따라 항공기의 기능은 향상되었으나 공항시설은 상대적으로 동일한 속도로 변화하지 않았다. 3.5km 정도의 제한된 길이로 건설된 활주로 내에서 안전하게 정지해야 하는 항공기는 기본적으로 유압으로 작동되는 브레이크를 사용하며, 추가적으로 기상조건 등 환경의 변화에 따라 안전하게 정지하기 위해 역추력장치(thrust reverser)가 사용된다. 항공기가 활주 진행방향과 반대방향으로 계속해서 힘을 사용할 경우 브레이크의 기능은 약화될 수밖에 없기 때문에 엔진 배출공기의 방향을 진행방향 쪽으로 변경하여 분사해서 항공기가 앞으로 나아가려는 힘을 줄여 주는 방법을 사용한다. 랜딩기어에 장착된 브레이크는 지면과 마찰에 의해 브레이크 효과가 결정되기 때문에 활주로 노면이 젖거나 얼어 있는 상태에서는 효과가 떨어질 수밖에 없는데, 역추력장치의 경우 노면의 마찰과 상관없이 사용할 수 있는 장점이 있다.

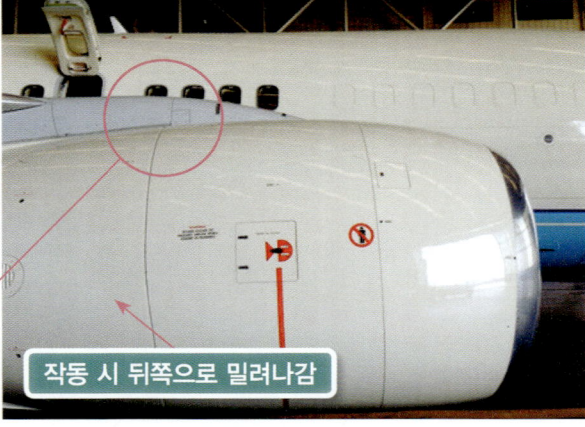

(a) 착륙 시 사용상태 (b) 닫혀 있는 상태

[그림 6-1] 역추력장치의 작동

6.2 스러스트리버서의 종류

대형항공기에 사용하는 역추력장치는 기계적 차단방식(mechanical-blockage)과 공기역학적 차단방식(aerodynamic-blockage)으로 나눌 수 있다. [그림 6-2]는 엔진의 뒷부분, 배기노즐 부분을 보여 준다.

　기계적 차단방식은 배기가스 흐름 속에서 움직일 수 있는 방해물을 노즐의 약간 뒤에 장치하는 것으로, 배기가스는 배기가스를 반대방향으로 흐르게 하기 위하여 장착된 반원이나 조개 모양의 콘(cone)에 의해 기계적으로 차단되어 적당한 각도로 역류하게 된다.

　공기역학적 차단방식은 배기덕트(duct)의 길이방향에 캐스케이드 베인(cascade vane)을 장착하고 공기흐름 경로를 막을 수 있는 블록 도어를 만들어 작동시킬 경우 공기가 캐스케이드 베인을 지나 항공기 진행방향과 역방향으로 분사되도록 구조화되어 있다. 과거 MD-80과 같은 소형항공기에는 기계적 차단방식이 활용되었으나 최근 항공기들은 공기역학적 차단방식을 주로 사용한다.

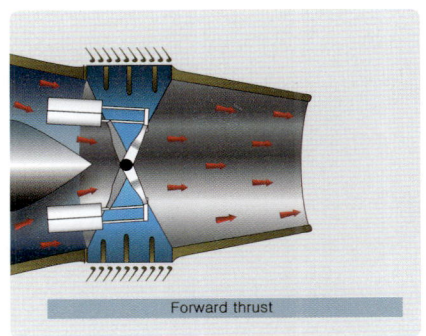
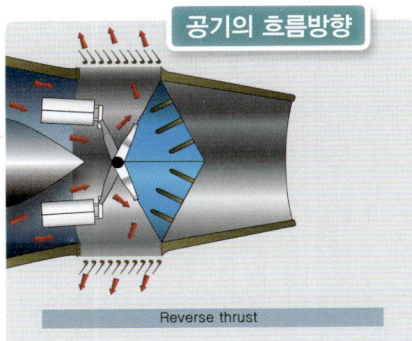

(a) 기계적 차단방식

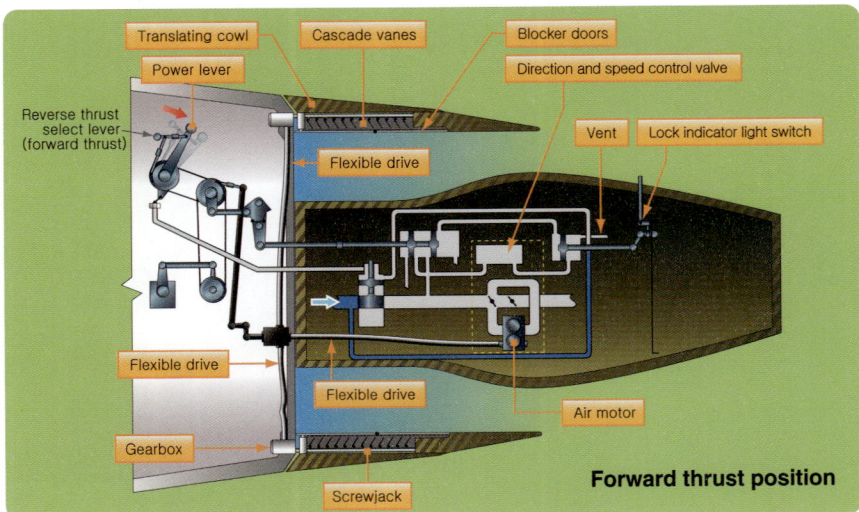

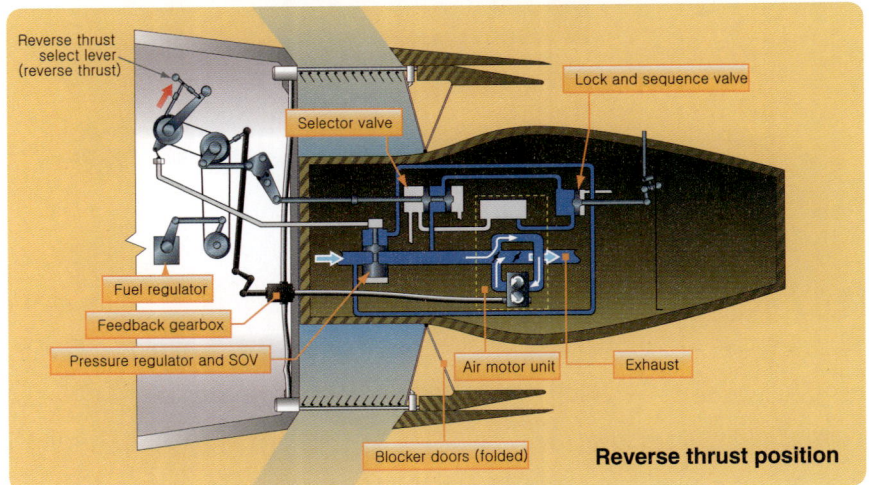

(b) 공기역학식 차단방식

[그림 6-2] 역추력장치의 종류

6.3 스러스트리버서의 구성

대형항공기 역추력장치계통의 구성은 역추력장치(thrust reverser), 조절시스템(control system), 지시시스템(indicating system)으로 구성된다.

역추력장치의 하부시스템은 추력과 역추력을 조절하기 위해 작동되는 스러스트 리버서(thrust reverser)와 전기파워, 유압파워를 조절해 주는 제어시스템 그리고 조종석에 작동상태를 보여 주기 위한 지시장치(indicating system)로 구성된다. 지시장치는 곤충의 감각기관에 해당하는 더듬이 역할을 하는 구성품으로서 센서라고 지칭되며, 센서가 인식하는 값에 따라 작동상태 및 이상상태를 지시해 준다. 역추력장치는 항공기 착륙 후, 이륙중지(takeoff reject)를 시도하는 동안 항공기 속도를 줄여 주는 역할을 한다.

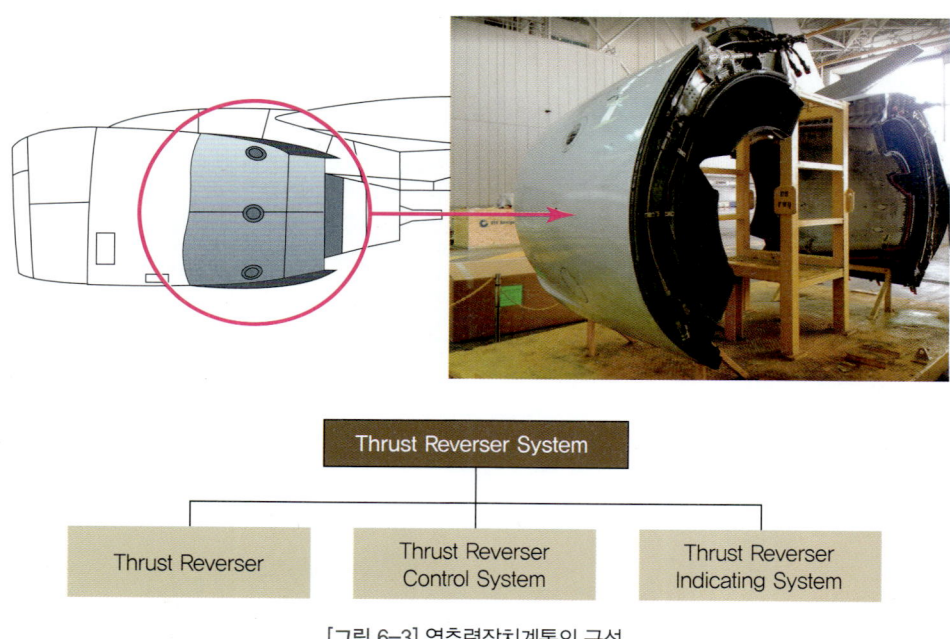

[그림 6-3] 역추력장치계통의 구성

역추력장치는 엔진의 외형을 이루며 필요에 따라 작동 시 앞뒤로 움직이고, 엔진 배출 공기의 흐름방향을 바꾸어 주는 역할을 하는 슬리브(sleeve), 블록 도어(blocker door), 캐스케이드(cascade)로 구성된다. 역추력장치를 구성하는 물리적인 구성품들은 크게 엔진의 껍데기 역할을 하는 카울(cowl, 리버서 카울이라 부른다)과 카울이 작동파워에 의해 뒤쪽으로 움직이기 위한 트랙이 장착된 카울의 끝부분에 해당하는 슬리브, 그리고 슬리브가 트랙을 따라 뒤쪽으로 밀려나면서 모습을 나타내는 검정색의 구조물인 캐스케이드 베인(cascade vane), 비행방향에서 유입되어 흘러 나가는 엔진 통과 공기의 흐름을 막아 방향을 바꿀 수 있도록 하는 블록 도어, 그리고 이러한 물리적인 구성품들을 움직일 수 있도록 기계적인 힘을 전달해 주는 액추에이터로 구성된다.

[그림 6-4]에서 'translating sleeve'로 표현된 부분이 껍데기인 카울에 해당하며, 이 카울은 항공기가 비행 중 동체와 날개로부터 돌출되어 장착된 상태이기 때문에 기본적인 형상으로 인해 발생하는 유해항력을 줄여 주기 위해 유선형의 커버를 장착한다. 그러나 이 장에서 학습하는 리버서 카울은 가동형으로 만들어져 있으며 액추에이터에 의해 역추력장치를 작동시키면 뒤쪽으로 움직이고, 다시 닫힘위치로 선택하면 제자리를 찾아 유선형의 엔진 커버 역할을 한다.

기본적으로 이 슬리브는 좌우 두 쪽으로 나누어져 있으며 슬리브가 작동하려고 하면 각각의 슬리브 상부, 중부, 하부에 장착된 액추에이터의 움직임이 필요하다. 고속으로 활주하고 있는 상태에서 사용되기 때문에 각각의 액추에이터가 움직이는 속도는 동기(synchro)되어야 한다.

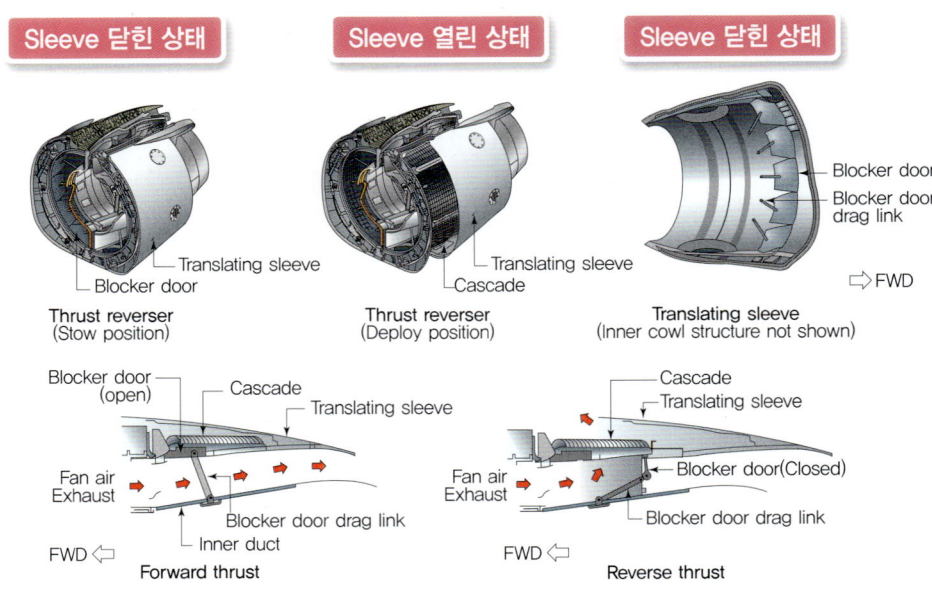

[그림 6-4] 역추력장치의 작동

6.3.1 슬리브

역추력장치를 움직이기 위해 필요한 동력은 유압을 이용하며, 전달된 압력을 기계적인 일로 변경해 주는 액추에이터가 사용된다. 이 액추에이터의 힘에 의해 상부와 하부에 장착된 트랙을 따라 앞뒤 방향으로 움직인다. 슬리브 작동을 위한 액추에이터들은 내부에 장착되어 보이지 않는다. 오픈 액추에이터는 정비작업이나 점검 시 사용되며 항공기 형식에 따라 전기식으로 작동되거나 수동펌프의 작동으로 움직인다. 급할 경우 여러 사람이 힘을 합쳐 열기도 하는데, 자칫 고정장치 등의 고장으로 인해 떨어지는 경우 작업자가 사망할 수도 있기 때문에 액추에이터의 고정장치 장착 등은 조심해서 관리해야 할 부분이다.

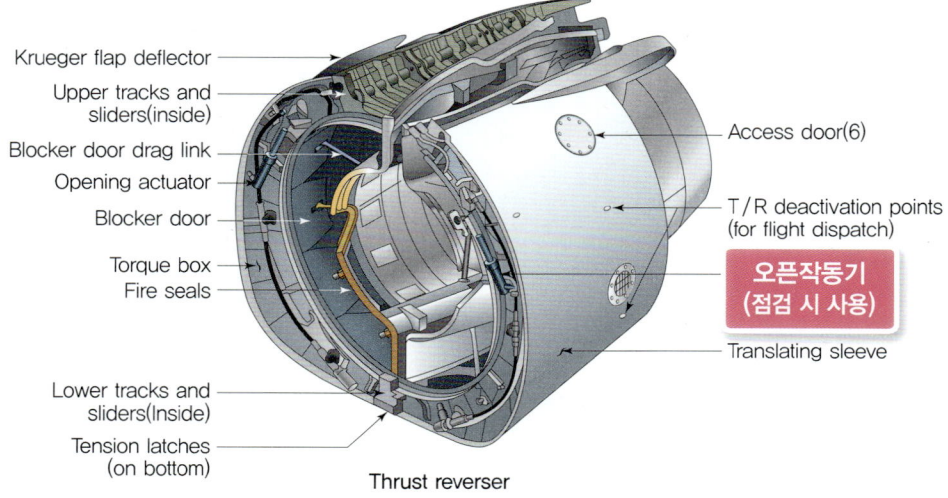

[그림 6-5] 역추력장치의 구성품

6.3.2 액추에이터

역추력장치는 선택 스위치에 의해 전달된 유압을 기계적인 힘으로 변경해 주는 액추에이터에 의해 움직임이 이루어지며, 좌우 슬리브의 작동에 시간 차가 없어야 하기 때문에 이를 위한 싱크로 로크(syncho lock)를 갖추고 있다.

슬리브가 뒤쪽으로 이동하기 위해서는 동력이 필요한데, 역추력장치에서 주로 사용되는 동력은 유압으로, 만약을 대비한 대체(redundancy)방법으로 어큐뮬레이터(accumulator)를 계통 내에 장착해 둘 만큼 중요하게 다루어진다.

[그림 6-6]에서처럼 역추력장치가 양쪽으로 열릴 수 있는 구조를 갖고 있기 때문에 각각의 슬리브에는 충분한 힘으로 슬리브를 작동시키기 위해 세 개의 액추에이터를 갖고 있다. 각각의 액추에이터는 목적에 따라 작동상태에서 고정될 수 있는 장치를 갖고 있거나 액추에이터 기능만 수행하기도 한다. 슬리브에 장착된 액추에이터의 움직임이 동시에 이루어져야 하기 때문에 싱크로 로크에 의해 연결되어 있고, 정비사가 양쪽의 작동속도를 맞춰 주기 위한 조절작업을 싱크로 로크에서 수행한다.

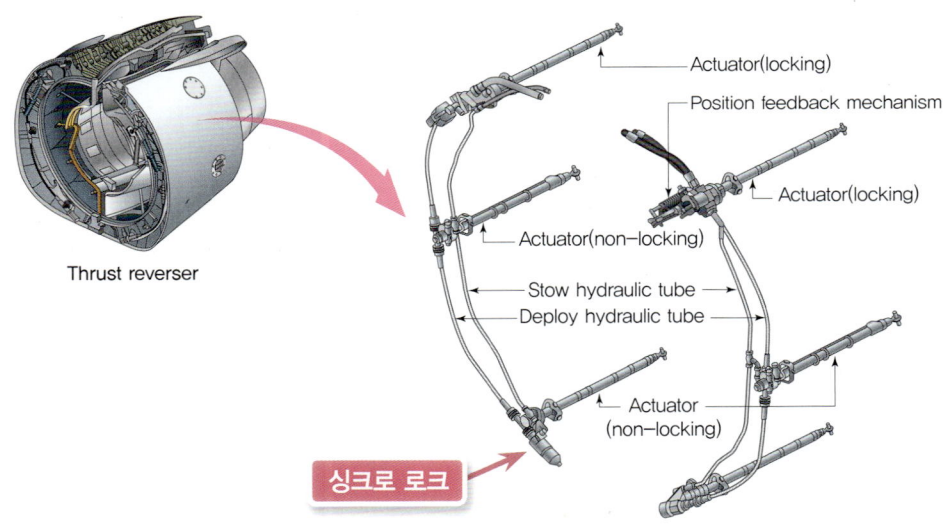

[그림 6-6] 역추력장치 액추에이터

6.3.3 블록 도어

엔진을 통과하는 공기는 팬을 통과한 공기와 연소실을 통과한 연소가스로 구분되는데, 역추력장치는 이 공기의 방향전환을 통해 제동력을 높이는 방법을 사용한다. 운송용 항공기에서 주로 사용되는 방법은 팬을 통과한 공기의 방향을 항공기 진행방향으로 바꾸어 주는 블록 도어를 활용하는 것이다.

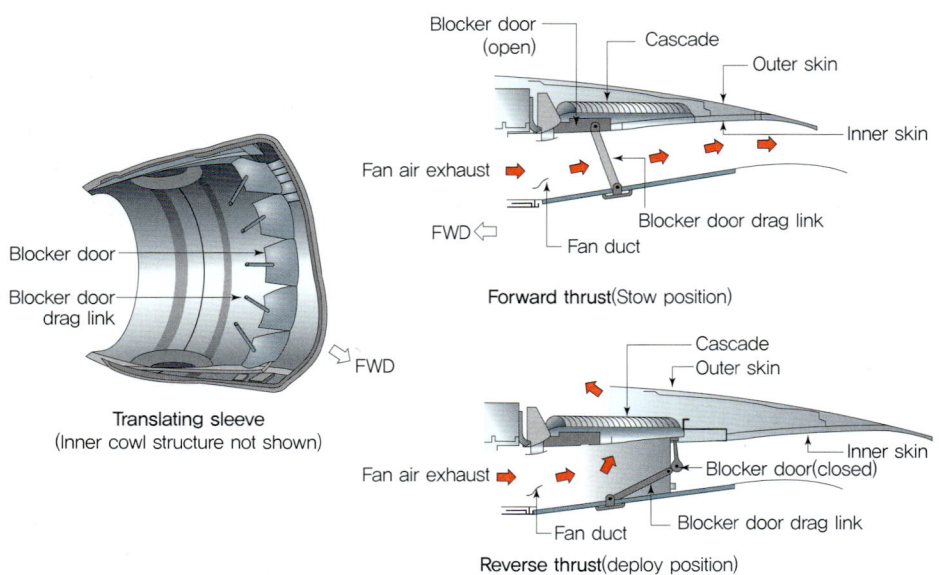

[그림 6-7] 역추력장치 작동 시 블록 도어의 움직임

6.3.4 캐스케이드

캐스케이드(cascade)는 팬을 지난 많은 양의 공기를 항공기 제동력으로 사용하기 위해 방향을 바꾸어 주는 역할을 수행한다.

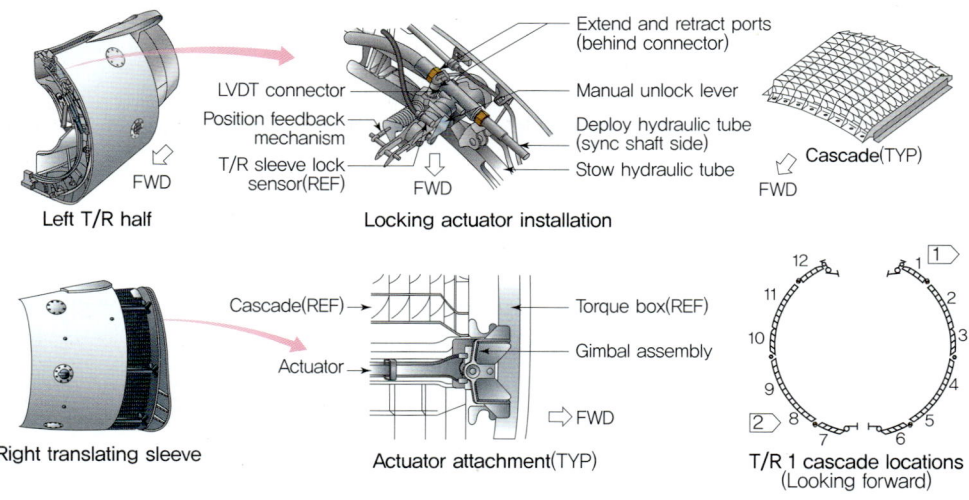

[그림 6-8] 역추력장치의 구성품 – 캐스케이드

[그림 6-8]은 캐스케이드가 사용되는 것을 설명하고 있으며 슬리브가 뒤쪽으로 밀려 나면 캐스케이드의 외형이 나타나고 각각의 캐스케이드가 각기 다른 방향으로 공기의 진행방향을 바꾸어 준다. 때문에 정비사가 캐스케이드를 장착할 경우에는 장착위치를 정확하게 맞추어야 한다. 생김새는 모두 같게 보이지만 실제 베인(vane)의 각도가 정해져 있기 때문에 파트 넘버 확인도 필수적이다.

6.3.5 슬리브 오픈장치

역추력장치의 수리·점검을 위해 슬리브를 열기 위해서는 오픈 액추에이터를 사용한다.

항공기 운항지원을 위한 정비현장에서는 빈번하게 엔진의 리버서 카울을 열고 닫는다. 최근 일본 공항에서는 문제가 발생하여 지원작업을 하던 정비사가 갑자기 내려온 리버서 카울에 머리부분을 부딪혀 심하게 다친 사고가 발생하기도 하였다.

항공기 형식에 따라서 리버서 카울의 open & close는 전기적인 힘이나 유압의 힘에 의해 작동하는 방법이 주로 사용되는데, [그림 6-9]에서는 핸드 펌프를 활용해 여닫는 리버서 카울의 형태를 보여 주고 있다. 앞서 말한 것과 같은 안전사고가 발생하지 않으려면 오픈 액추에이터가 열려 있는 상태에서 슬리브가 흘러 내려오지 않도록 안전장치의 정확한 장착이 필요하다.

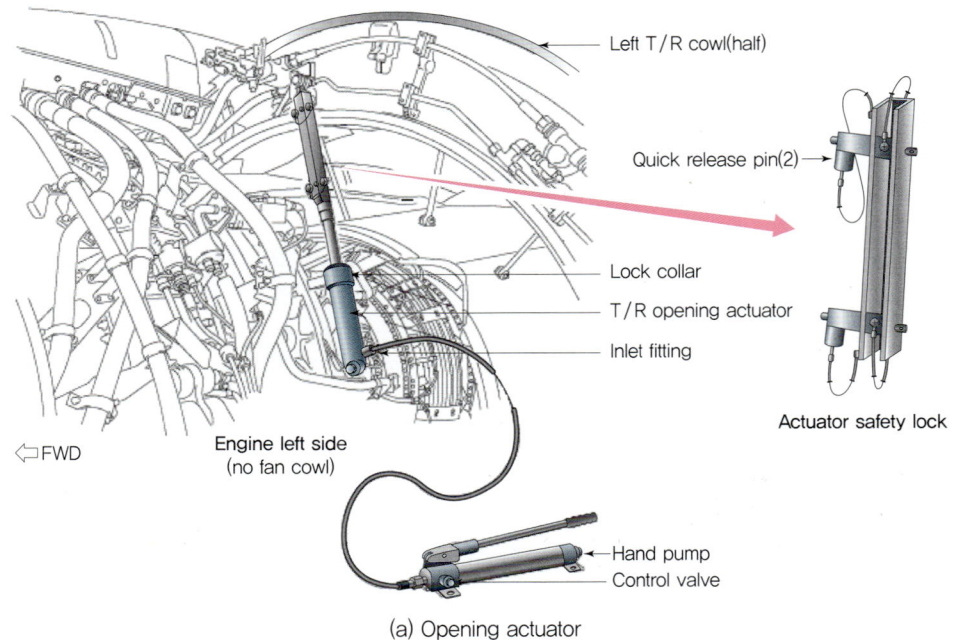

(a) Opening actuator

[그림 6-9] 역추력장치 슬리브의 오픈(계속)

(b) 오픈된 카울

[그림 6-9] 역추력장치 슬리브의 오픈

6.3.6 스러스트리버서 레치

역추력장치는 리버서 카울이 비행 중 열리지 않도록 잡아 주는 역할을 하는 고정장치를 갖고 있다.

    정비사가 역추력장치 관련 부품에 접근하려면 양쪽의 슬리브를 꽉 잡아 주고 있는 고정장치를 열어 주어야 하며, 각각의 항공기 형식에 따라 고정장치의 열고 닫는 순서가 정해져 있다. [그림 6-10]에서처럼 강하게 고정하고 있어야 하기 때문에 텐션 래치(tension latch)라고 하며, 강한 힘으로 잡아 주고 있어서 닫을 경우 공구를 사용할 것을 권고하고 있다. 매 비행 전후 고정장치를 점검하는데, 꼼꼼하게 점검해야 비행 중 문제가 발생하지 않는다.

[그림 6-10] 역추력장치 슬리브 고정장치

6.4 스러스트리버서의 조종계통

착륙활주와 동시에 정확한 역추력장치의 작동을 위해서는 선택 스위치의 움직임과 작동 파워, 액추에이터의 움직임과 그 상태를 확인하기 위한 센서 그리고 각각의 센서들로부터 받은 정보를 통합·분석하는 컴퓨팅 기능이 필요하다.

역추력장치의 작동은 정상적인 유압계통과 전기계통이 작동하고 있는 상태에서 조종사의 리버서 핸들 작동으로부터 시작되며, 작동가능 상태에 대한 정보를 취합한 제어장치(control unit)의 통제하에서 이루어진다. 리버서 핸들 아래에 장착된 각종 스위치의 선택에 따라 유압의 유로를 형성해 주기 위한 선택밸브의 동작이 이루어지며, 허가된 흐름을 통해 액추에이터가 슬리브를 움직여 준다. 작동상태는 슬리브에 장착된 해당 센서들을 통해 제어장치와 피드백을 주고받으며 조종석에 알려 준다.

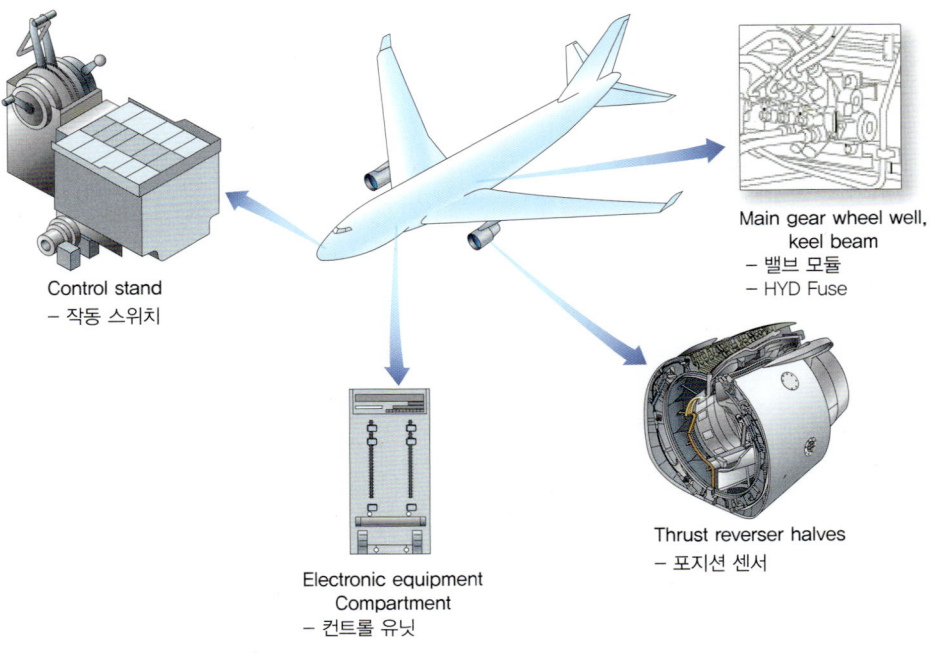

[그림 6-11] 역추력장치계통의 구성품

6.5 스러스트리버서의 지시계통

역추력장치에는 정상작동 상태를 판단하기 위한 지시계통이 마련되어 있으며, 이상발생시 조종사에게 명확한 인식을 주기 위한 경고 라이트를 갖추고 있다. 짧은 활주로에서 고속으로 착륙하는 항공기에 제동력을 제공하는 기능을 담당하는 역추력장치의 신뢰성은 여러 번 강조해도 지나치지 않기 때문에, 확인하고 또 확인하기 위한 기능들이 포함되어 있다.

[그림 6-12] 왼쪽 하단의 그림처럼 작동명령에 의한 작동상황을 판단할 수 있도록 움직임을 알려 주는 지시가 상태에 따라 색깔로 표현된다. 또한 명령과 실제 움직임 사이에 이상이 있을 경우 호박색으로 'REV' 문자를 지시하고, 정상일 때는 녹색으로 지시한다. 실제 발생된 이상은 'REVERSER' 라이트로 표시되며, 'ENGINE CONTROL' 라이트가 함께 켜져 역추력장치의 결함상태를 강하게 인식시켜 준다.

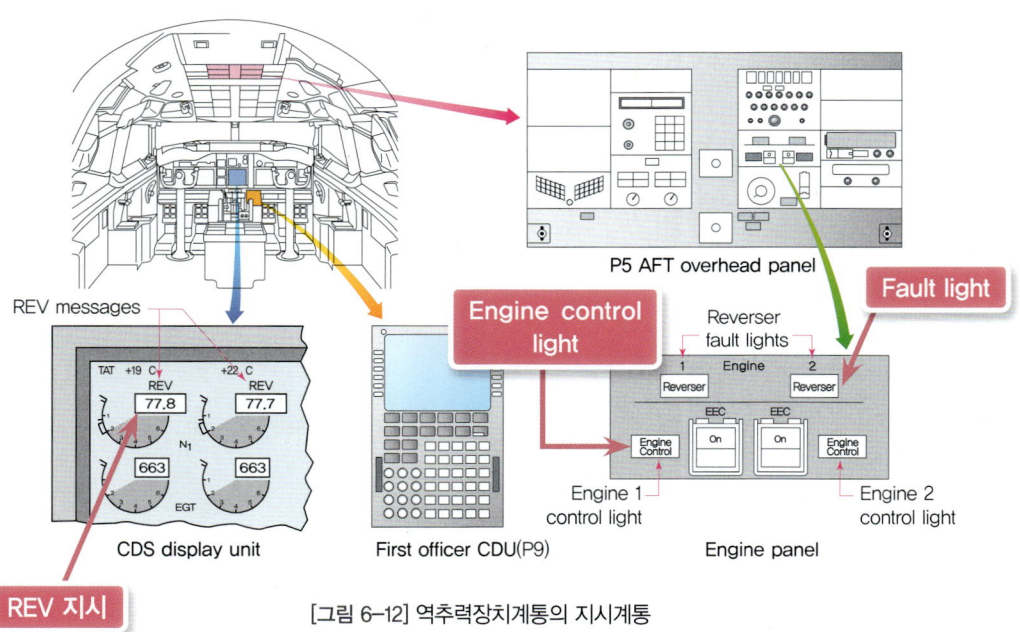

[그림 6-12] 역추력장치계통의 지시계통

확인학습: 연습문제 및 해설

역추력장치

1 다음 중 대형항공기에서 주로 사용하는 역추력장치는 어느 것인가?
① 지면 브레이크 로프 방식
② 기계적 차단방식
③ 유압 브레이크방식
④ 공기역학적 차단방식

해설 대형운송용 항공기의 경우 팬 에어의 흐름 방향을 바꾸어 주는 공기역학적 차단방식을 가장 많이 사용한다.

2 다음 중 공기역학적 차단방식의 역추력장치에 대한 설명으로 적당한 것은 어느 것인가?
① 배기가스의 흐름방향을 가로막는다.
② 슬리브가 뒤쪽으로 움직이면서 캐스케이드가 노출되며 작동한다.
③ 슬리브가 작동하면서 블록 도어가 열린다.
④ 좌우 슬리브의 작동속도는 상황에 따라 자동조절된다.

해설 팬 배출공기의 흐름통로를 막고, 슬리브의 움직임과 동시에 블록 도어가 닫히면서 노출된 캐스케이드를 통해, 적절한 각도로 방향이 전환되며 좌·우측의 슬리브의 움직임 속도는 동기화되어 있어야 한다.

3 다음 중 대형항공기 공기역학적 차단방식의 역추력장치 구성품과 거리가 먼 것은 어느 것인가?
① 슬리브   ② 클램 셸
③ 캐스케이드   ④ 블록 도어

해설 공기역학적 차단방식의 역추력장치 구성품은 양쪽으로 나누어진 슬리브와 유입공기의 흐름방향을 막아주는 블록 도어, 막힌 공기가 적절한 방향전환을 할 수 있도록 가이드하는 캐스케이드, 그리고 이러한 움직임을 만들어 주는 작동기로 구성된다. 클램 셸은 기계적 차단방식의 주요 구성품이다.

정답 1. ④ 2. ② 3. ②

4 다음 중 대형항공기에 사용되는 공기역학적 차단방식의 역추력장치 구성품 중 좌, 우 슬리브의 움직임 속도를 조정해 주는 구성품은 어느 것인가?

① non locking actuator
② locking actuator
③ deploy tube
④ synchro lock

해설 하나의 엔진에 장착된 역추력장치의 움직임이 원활한 기능을 하기 위해서는 좌·우로 나뉜 슬리브가 동시에 움직여야 하는데 동기화에는 싱크로 로크가 사용된다.

5 역추력장치 구성품 중 캐스케이드에 대한 설명으로 맞는 것은?

① 장착된 각각의 캐스케이드의 파트넘버는 다르다.
② 캐스케이드의 베인 각도는 상황에 따라 조절된다.
③ 캐스케이드는 슬리브를 따라 움직인다.
④ 캐스케이드와 슬리브의 동기화는 아주 중요한 조절 포인트이다.

해설 캐스케이드는 무게감소를 위해 복합소재로 만들어지며 장착 포지션에 공기배출 각도가 설정되어 있어 정비사는 장착 시 매뉴얼에 근거한 장착위치를 반드시 확인하여야 한다. 위치가 바뀌어 장착될 경우 역추력장치의 효과를 떨어뜨릴 수 있다.

정답 4. ④ 5. ①

제 7 장

화재방지계통

AIRCRAFT SYSTEMS

7.1 화재방지계통의 필요성

7.2 감지계통

7.3 화재의 등급

7.4 감지계통의 종류

7.5 비치용 소화기

7.6 화재감지계통의 구성

요점정리

| 화재방지계통의 필요성 |

1. 비행 중 발생하는 화재는 치명적인 사고로 발전할 수 있기 때문에 적절하게 예방되어야 하고, 발생 시 확실한 진화를 할 수 있어야 한다. 이를 위해 엔진, APU, 조종석, 객실, 화물실 및 바퀴실 등에 화재방지계통을 적용하고 있다.
2. 항공기에 발생할 수 있는 화재 또는 과열상태를 감시하고 탐지하기 위해 열감지기, 화염감지기, 연기감지기 등 다양한 방법이 활용된다.

| 화재의 등급 |

1. 화재의 종류는 종이·목재 등 일반화재를 A급, 각종 유류에 의한 화재를 B급, 전기에 의한 화재를 C급, 금속에 의한 화재를 D급으로 구분하고 있다.

| 화재감지계통의 종류 |

1. 대형항공기에 일반적으로 사용되는 화재감지기의 종류는 열스위치, 열전쌍, 연속루프감지계통이 주로 사용된다.
2. 항공기는 기내에서 조종사나 승무원이 사용가능한 소화기를 법으로 정한 수량 이상 탑재하여야 한다.

| 화재감지계통 |

1. 엔진화재감지계통은 연속루프감지계통이 주로 사용되며 화재발생 시 조종석에 경고등과 경고음으로 알려 주며 핸들작동으로 소화기능을 수행한다.
2. 객실 화장실에 발생한 화재경고를 위해 연기감지장치가 장착되어 있으며, 특히 쓰레기통 화재에 대비한 자동발산기능을 가진 소화기가 장착되어 있다.
3. 화물실 내부에 여러 개의 연기감지장치를 장착하여 모니터하며, 감시기능 향상을 위해 팬으로 유동공기량을 충분히 이동시키는 기능을 포함하고 있다.

사전테스트

1. 비행 중 항공기에 발생한 화재는 해결방법이 없으므로 예방에 주의해야 한다.

> **해설** 항공기 주요 부분에 발생가능한 화재의 감시 및 발생 시 소화기능과 모니터 기능을 갖추고 있다.
>
> 정답 ✕

2. 항공기 객실 내부에 물 소화기를 비치하고 있다.

> **해설** 화재 종류별 진화를 위해 물 소화기를 포함한 소화기를 갖추고 있다.
>
> 정답 ○

3. 항공기 엔진에 발생한 화재진화를 위한 감지기능이 추가적으로 장착되어 있다.

> **해설** 엔진 본연의 기능인 연소를 위한 온도 감지기능을 기본적으로 갖추고 있고, 화재발생 상황을 모니터하기 위한 추가적인 기능을 장착하고 있다.
>
> 정답 ○

7.1 화재방지계통의 필요성

화재는 항공기 안전에서 심각한 위협요인 중 하나로, 비행 중 발생한 화재는 치명적인 사고로 발전할 수 있기 때문에 적절하게 예방되어야 하고, 발생 시 확실한 진화를 할 수 있어야 한다. 이를 위해 주요 위험요소가 존재하는 부분에 감지장치와 진화장치를 장착하고 있다. 하늘을 날고 있는 항공기에 화재가 발생할 경우 소방대가 접근할 수 있는 상황이 아니기 때문에 자체 방어능력이 없으면 탑재하고 있는 각종 유류 등 화재가 지속될 수 있는 환경이 조성되어 있기 때문에 심각한 사태로 확대될 수 있다. 따라서 완벽한 화재진화를 위해 발화 초기에 감지할 수 있는 감시장치와 진화를 위한 소화장비가 구비되어 있어야 한다. 항공기에서는 이러한 화재예방과 진화를 위한 시스템을 ATA 26 Fire protection 에 정의하고 있다.

실제 항공기의 화재발생 가능 지역은 조종석, 승객이 탑승하는 객실, 승객의 짐을 보관하는 화물실, 각종 유류튜브가 노출되어 있는 휠웰(wheel well)과 연소가 진행되는 APU를 포함한 엔진 영역으로 구분한다.

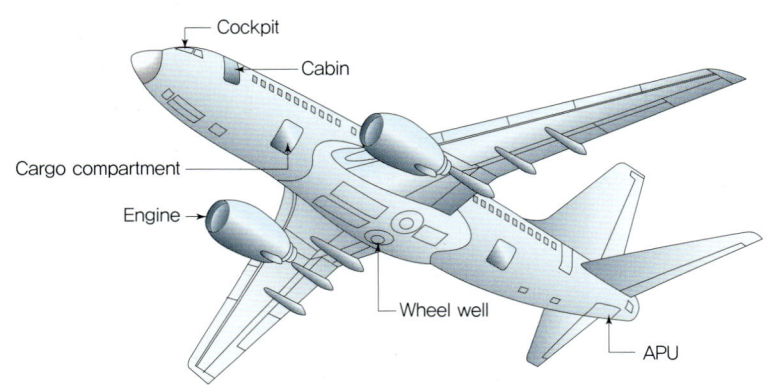

[그림 7-1] 화재방지계통 적용부분

7.2 감지계통

항공기에 발생할 수 있는 화재 또는 과열상태를 감시하고 탐색하기 위해 다양한 방법이 활용된다. 소형항공기에 사용되던 방법이 대형항공기로 확대되면서 좀 더 세분화된 감시장치들을 사용한다.

　소형항공기는 조종사가 육안으로 감시하거나 열감지기, 화염감지기가 사용된다. 항공기가 대형화되고 조종사의 육안으로 접근 불가능한 부분이 늘어나면서 원거리에서 벌어지는 상황을 모니터하기 위해 다양한 방법이 개발되었다. 갑작스러운 온도상승 등의 변화율을 활용하거나, 방출되는 열의 온도를 감지하고, 발생된 연기를 감지하거나 임계값 이상의 과열을 감지하고 일산화탄소의 농도를 감지하는 등 다양한 방법들이 각각의 취약지역에 활용된다.

7.3 화재의 등급

국제화재방지협회(NFPA)는 화재의 등급(classes of fires)을 A급, B급, C급, D급으로 분류하고 있다. 기본적으로 목재, 종이, 직물, 고무 및 플라스틱 등 일반적인 가연성 재료에 발생하는 화재를 A급, 석유, 오일, 타르, 유성도료 및 인화성 가스에 발생하는 유류화재를 B급, 전압이 가해진 전기장치에 발생하는 전기화재를 C급, 마그네슘, 티타늄, 리튬과 같은 가연성 금속에 발생하는 금속화재를 D급 화재로 분류하고 있다. 화재의 등급은 일상생활에서 접할 수 있는 소화기에 표시되어 있으며, 화염원에 따라 종류를 달리 사용해야 한다.

> **핵심 Point 화재의 등급**
>
> 소화기를 사용할 때 참고할 수 있는 화재의 종류는 U. S. National Fire Protection Association (NFPA)에서 정의하였다.
>
> **Class A**
> - 통상적인 연소물질에 의한 화재
> - 나무, 직물, 종이, 고무, 플라스틱
>
> **Class B**
> - 유류에 의한 화재
> - 석유, 그리스, 타르, 페인트, 솔벤트, 알코올, 가연성 가스 등
>
> **Class C**
> - 전기에 의한 화재
> - 전기 · 전자 장비
>
> **Class D**
> - 금속에 의한 화재
> - 마그네슘, 타이타늄, 지르코늄, 나트륨, 리튬, 칼륨

7.4 감지계통의 종류

화재감지기의 종류는 여러 가지 형태가 있으나 일반적으로 열스위치, 열전쌍, 연속루프 감지계통이 주로 활용된다. 열스위치는 열에 민감하게 반응하는 장치로 회로를 구성하고 정해져 있는 온도이상을 감지하면 회로가 연결되어 표시등을 켜는 감지장치이다. 열전쌍은 열원과 비교되는 구성품 간의 온도변화가 급격한 차이를 보일 때 발생한 커런트(current)가 민감한 릴레이(relay)를 연결시켜 하부 회로구성 릴레이를 작동시킴으로써 경보를 발하는 감지장치이다. 연속루프감지계통은 소형항공기보다 열악한 환경에서 운항하는 대형항공기들이 활용하는 것으로 고속, 고고도 환경에서도 기능을 유지할 수 있는 장점이 있다.

> **핵심 Point** **Fire Detection System(화재감지계통)**
>
> 화재발생 가능성이 큰 지점에 화재감지기(fire detection units)가 장착되어야 하며, 화재발생 시 위험신호를 발생시켜야 한다.

[그림 7-2]

7.4.1 연속루프감지장치

항공기 엔진과 랜딩기어 휠웰의 화재감지를 위해 연속루프 타입(continuous-loop type) 화재감지장치를 사용한다. 대표적으로 펜월(Fenwal)과 키디(Kidde) 타입이 사용된다.

  항공기가 고고도에서 빠른 속도로 비행하면서도 항공기에 발생한 온도변화를 정확하게 감지할 수 있도록 만들어진 연속루프 타입의 감지기로서 펜월과 키디 두 가지 방법이 대표적으로 사용되는데 정상적인 온도범위 내에서는 절연체 성질을 띠고 있던 내부 충전 물질이 급격한 온도변화가 발생할 경우 저항이 낮아져 내부의 금속과 튜브의 회로가 구성되어 화재경보 시그널을 보내 주고, 다시 온도범위 내로 내려가면 전기적인 저항이 올라가 회로를 개방해 주는 기능으로 작동한다. [그림 7-3]에서처럼 가장 큰 차이점은 내부의 와이어 가닥의 숫자가 펜월은 1개, 키디는 2개로 구성되어 있다. 연속루프는 엔진 카울을 열고 작업할 때 카울 내부에서 쉽게 발견할 수 있는데 작업 중 밟지 않도록 주의를 기울여야 한다.

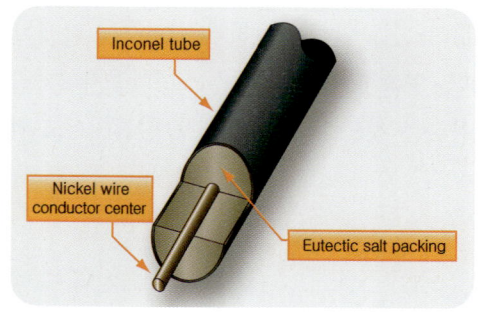

(a) Fenwal system

[그림 7-3] 연속루프 타입 화재탐지장치(계속)

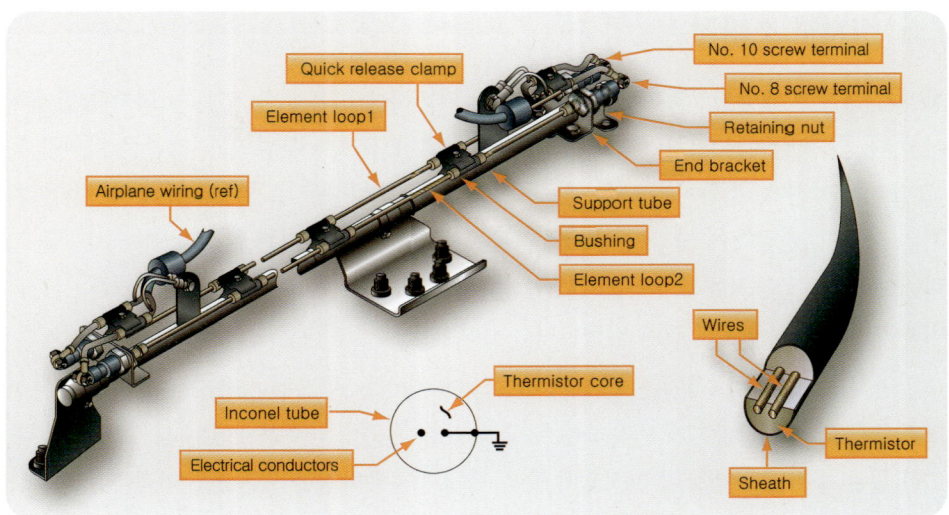

(b) Kidde System

[그림 7-3] 연속루프 타입 화재탐지장치

7.4.2 연기감지장치

항공기 객실의 화장실과 화물실의 화재발생을 모니터하는 방법으로는 해당 영역에 발생한 연기의 양을 측정한다. 해당 부분에 발생한 연기를 감지하기 위해 센서를 장착하고, 그 센서를 통과하는 공기를 분석하여 그 속에 포함된 연기의 양을 산정하여 화재 여부를 전달하는 방법으로서 빛 반사형과 이온화형 두 가지가 대표적으로 사용된다.

빛 반사식은 직진하던 빛이 연기입자에 의해 반사되어 센서에 도달한 양의 증가에 의해 전류를 발생시키는 방법으로 화재를 감지하고, 이온화형 연기감지기는 공간 내부에 유입된 공기 중에 포함된 이온의 밀도변화를 감지해 수감하는 형태이다.

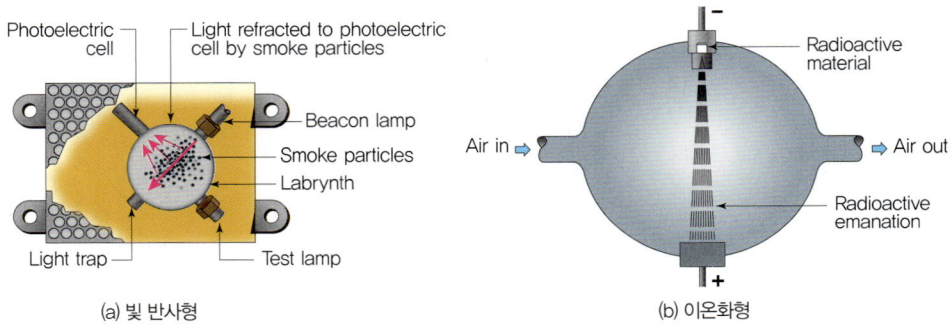

(a) 빛 반사형 (b) 이온화형

[그림 7-4] 연기감지장치

7.5 비치용 소화기

항공기 객실 화재발생 시 조종사나 승무원이 간편하게 사용할 수 있는 소화기를 탑재해야 한다. 앞서 살펴본 것처럼 화재등급은 A, B, C, D급으로 분류되고, 기준은 가연물 등에 따라 달라진다. 소화기는 사용 전에 사람의 호흡에 이상을 주거나 환경에 영향을 미치지는 않는지, 항공기에 장착된 장비의 작동에 문제를 유발하지는 않는지 여러 사항을 고려해야 한다. 조종석에서 사용된 분말소화기로 인해 장비를 복구하기 위해 많은 시간과 비용이 소요되는 경우도 간혹 발생한다.

일반적으로 할론 소화기는 A, B, C급 화재를 대상으로 모두 사용가능하지만, 할론이 뜨거운 금속에서 활발하게 반응하는 특성이 있기 때문에 금속화재에는 사용할 수 없다. 또한 할론 소화기가 성능이 인정되어 많은 곳에서 사용하지만 오존층을 파괴하는 성분을 포함하고 있어 사용이 제한된다.

비활성 냉각가스인 이산화탄소 소화기는 엔진과 항공기 외부에서 화재를 진화하는 데 유용하다. 단, 항공기 내부에서 사용할 경우 질식사의 위험이 있으며 마그네슘과 티타늄 합금의 화재에도 사용을 제한하여야 한다.

인산암모늄의 건조분말 소화기도 A, B, C급 화재에 사용가능하지만 장비품 등의 구석구석에 침투하여 제거하기가 힘들기 때문에 사용을 제한한다.

조종석과 객실 내부에서는 할론 소화기와 물 소화기를 사용하는 것이 적절하다.

[그림 7-5] 항공기 비치 소화기

7.6 화재감지계통의 구성

7.6.1 엔진화재 감지

항공기는 비행 중 엔진화재에 대비하여 감지장치와 지시계통, 화재를 진압하기 위한 제어장치를 구비하고 있다. 항공기 엔진에 장착된 연속루프 타입의 감지기로 픽업된 정보들이 조종석으로 경고를 보내기 위한 지시계통에 전달되며, 전달된 정보의 진위 여부를 판단하고 실제 화재를 진화하기 위한 컨트롤 스위치가 장착되어 있다.

보통 화재발생 경고는 붉은색 라이트와 해당 부분을 명명하는 경고음으로 위험을 알려 주며, 조종사는 다른 지시계통도 확인하여 화재의 진위 여부를 판단하고 화재가 발생한 것이 맞다고 판단되면 장착된 소화기로부터 소화제가 분사되도록 격발장치를 가동시킨다. 이때 엔진으로 공급되던 연료와 유압유의 공급이 차단되어 추가적인 화재의 확산을 예방하는 기능이 작동한다.

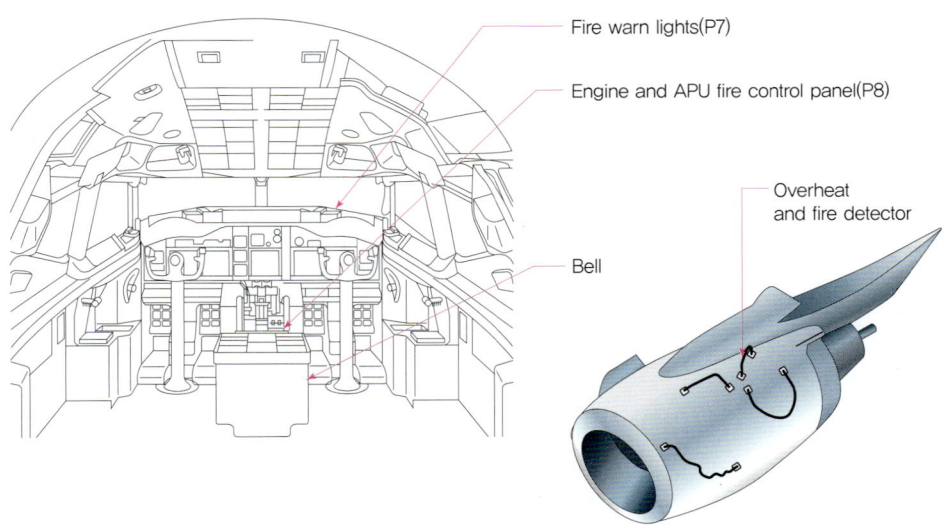

[그림 7-6] 엔진화재 감지장치

비행 중 항공기 엔진에 발생한 화재로 인해 조종석에 경고등과 경고음이 켜지면 조종사의 파이어 핸들(fire handle) 조작에 따라 보틀(bottle)에 충전되어 있던 소화액이 분사되어 해당 엔진에 뿌려진다. 붉은색 핸들을 잡아당기면 화재가 지속될 수 없도록 연료와 유압유가 차단되고, 오른쪽이나 왼쪽으로 돌리면 선택된 보틀의 격발장치가 작동해서 내부 충전 소화액이 엔진에 뿌려진다. 만약 선택된 보틀의 소화액으로 완전하게 진화되지 않으면 반대방향으로 핸들을 돌리면 추가적인 소화가 진행된다. [그림 7-7]을 잘 보면 보틀 하나에 'Engine 1, Engine 2'가 모두 연결된 것을 확인할 수 있다. 두 개의 엔진에 동시에 화재가 발생할 확률이 거의 없기 때문에 효율적인 작동을 위해 두 개의 보틀만 장착하고, 어떤 엔진에든 두 번 사용할 수 있는 구조를 적용한다.

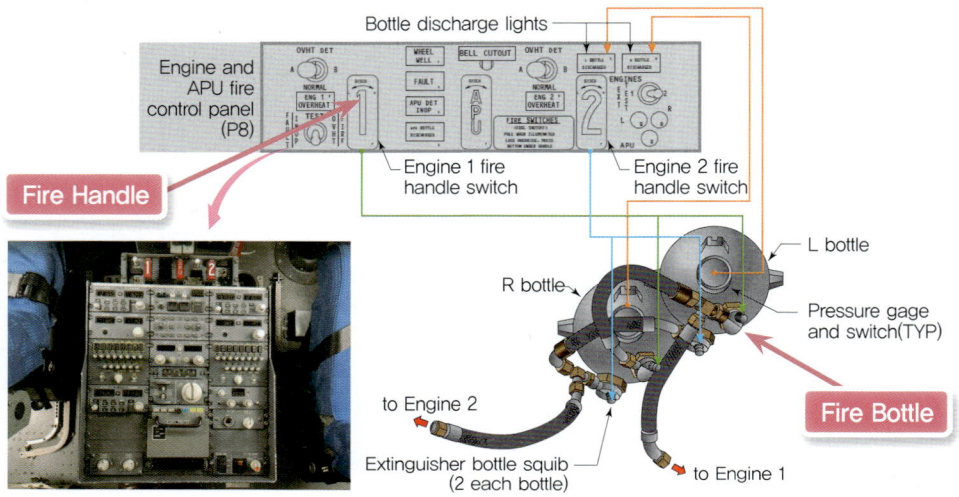

[그림 7-7] 엔진화재 소화장치

7.6.2 객실화재 감지

객실 화장실에는 발생한 화재경고를 위해 연기감지장치(smoke detectors)가 장착되어 사용된다. 지금은 상상도 할 수 없는 일이지만, 과거에는 항공기 객실 내부에서 담배를 피우던 시절이 있었다. 간혹 뉴스를 통해 항공기 기내 흡연으로 인해 도착 공항에서 흡연을 시도한 승객이 경찰에 인도되었다는 소식을 접하곤 하였다. 기내에 발생할 수 있는 화재를 감지하기 위해 화장실 상부에 연기감지기를 장착하며, 감지기의 민감도는 스프레이를 뿌리거나 미스트(mist)를 분무하는 것만으로도 감지기가 작동할 정도로 민감하다.

추가적으로 화장실에 장착된 쓰레기통에서 발생가능한 화재에 대비해 화재발생으로 온도가 증가하면 자동으로 분사되는 소화기가 장착되어 있다. 발사 노즐 끝부분에 납으로 마무리되어 있는 부분이 화재발생으로 인해 녹으면 내부 충전압력에 의해 소화액이 분사되는 방식으로, 사용 여부를 육안으로 쉽게 확인할 수 없기 때문에 외부에 스트립(strip)이 부착되어 색상의 변화로 작동 여부를 판단한다. 이 스트립의 상태변화를 정비사는 지속적으로 확인하여 정상적인 작동준비 상태가 될 수 있도록 지원해야 한다.

[그림 7-8] 화장실 화재방지장치

　소화기의 사용 여부 판단방법은 압력게이지가 장착된 경우 충전압력의 정상, 비정상 여부를 판단하면 되지만, 게이지가 없는 경우는 소화기 무게를 저울에 달아 무게의 변화 여부로 확인한다.

7.6.3 보조동력장치 화재감지

보조동력장치(APU)에 발생한 화재감지에는 연속루프 타입의 감지계통이 장착된다. 엔진과 다르게 APU는 지상 및 조종석에서 화재발생을 경고해 주는 기능이 장착되어 있다. 엔진과 동일하게 비행 중 발생한 화재에 대한 경보를 조종석에서 경고등과 소리로 경고해 주고, 지상에서 비행지원이나 정비작업 중 발생가능한 화재를 대비해 휠웰 내부나 후방 동체의 낮은 부분에 APU 경보장치와 제어스위치를 장착하여 지상에서도 화재 발생에 대처할 수 있는 기능을 추가한다.

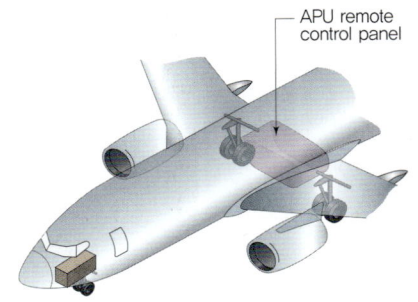

[그림 7-9] APU 화재감지장치

7.6.4 화물실 화재감지

화물실 내부에 여러 개의 연기감지장치(smoke detector)를 장착하여 화물실 내부 화재발생 모니터에 집중한다. 항공기 화물실은 보통 전방 화물실, 후방 화물실로 나뉘는데, 넓은 화물실 내에 다양한 물건이 탑재될 수 있어 화재예방에 주의를 기울여야 할 부분이다. 화재감지를 위해 연기감지장치를 장착하여 모니터하고, 화재발생이 감지되면 장착된 소화기로부터 소화액을 분사하여 화재를 진화한다. 보통 소화액을 분사하는 방법은 소화기에 충전된 소화액을 한순간에 방출하는 방법과 정해진 시간 동안 조절된 압력으로 분사하는 방법으로 나뉘며, 항공기 형식에 따라 정해진 방법으로 적절하게 화재진화 순서를 적용한다.

[그림 7-10] 화물실 화재감지장치

넓은 화물칸 내부 화재의 정확한 감지를 위해서는 연기감지장치로 유입되는 공기의 흐름을 충족시키기 위한 구성품이 장착된다. 화물실에서 발생한 연기를 효과적으로 감지하기 위해 [그림 7-11]처럼 팬을 장착해서 감지기 내부로 화물실 안의 공기가 모여서 지나갈 수 있도록 공기를 흡입한다. 추가적으로 감지하는 공기 중 연기입자를 정확하게 감지하기 위해 포함된 수분을 제거하는 기능을 활용하고 있다. 감시 도중 연기입자가 감지되면 경고 라이트와 메시지 그리고 소리로 조종사에게 경고를 해 준다.

> **핵심 Point** **Cargo Smoke Detector(화물실 연기감지기)**
> 화물칸 내 공기의 연기를 측정하기 위해 포토다이오드(photodiode)를 장착한다.

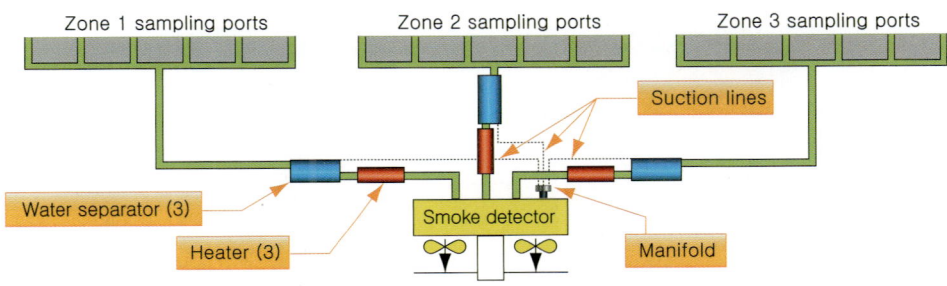

[그림 7-11] 화물실 연기감지장치

7.6.5 휠웰 화재감지

고속활주 중 사용된 바퀴가 접혀 들어가 온도가 상승할 수 있는 휠웰 내부에는 화재감지를 위해 연속루프 타입 감지장치가 장착되어 있다. 항공기 휠웰은 항공기가 살아 움직이기 위해 필요한 각종 구성품들이 탑재된 공간으로, 특히 연료, 유압유, 전기 구성품 등 가연성 물질들이 모여 있어 화재발생에 취약한 부분이다. 특히 고속활주를 마친 타이어와 휠이 접혀 들어가 대기와 차폐된 상태에서 고열로 인한 화재가 발생할 수 있으므로 이를 감시하기 위해 화재감지계통이 적용된다.

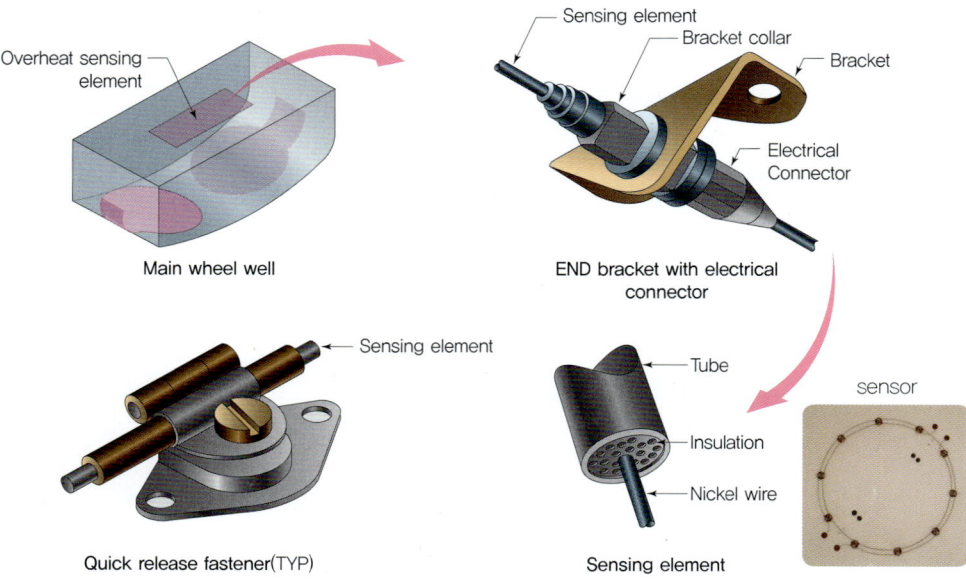

[그림 7-12] 랜딩기어 휠웰 화재감지장치

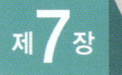

제7장 확인학습: 연습문제 및 해설

화재방지계통

1 다음 중 대형항공기에서 화재감지계통이 장착되지 <u>않은</u> 곳은?
① 엔진　　　　　　　　② 화물실
③ 꼬리날개　　　　　　④ 바퀴실

해설 대형 운송용 항공기의 경우 엔진, APU, 객실, 화물실 그리고 바퀴실에 화재감지계통을 장착한다.

2 다음 중 할론 소화기를 사용할 수 <u>없는</u> 화재 등급은 어느 것인가?
① A급 종이, 목재　　　② B급 유류
③ C급 전기　　　　　　④ D급 금속

해설 마그네슘, 티타늄 등 금속화재에 사용할 경우 활발한 반응현상이 발생할 수 있어 할론소화기를 사용할 수 없다.

3 다음 중 대형항공기 엔진이나 APU 그리고 동체부분에 사용되는 화재감지장치는 어느 것인가?
① 열스위치　　　　　　② 열전쌍
③ 연속루프 감지장치　　④ 연기감지

해설 고속, 고고도와 같은 열악한 조건에서도 고성능의 감지효과를 유지할 수 있는 연속 루프 감지장치가 주로 사용된다.

4 다음 중 연속루프 타입의 대표 형식으로 두 가닥의 와이어와 외피 내부를 채운 서미스터로 구성된 화재감지장치는 어느 것인가?
① fenwal　　　　　　　② kidde
③ thermal switch　　　　④ thermocouple

해설 엔진, APU 및 바퀴실에 주로 사용되는 kidde 타입이 갖는 특징이다.

정답 1. ③　2. ④　3. ③　4. ②

5 화물실의 화재감지장치로 주로 사용되는 것은 어느 것인가?

① 연속루프 감지장치
② 연기감지장치
③ 열전쌍식 감지장치
④ 열스위치식 감지장치

해설 화물실의 경우 공기의 흐름 속에서 연기입자의 밀도나 양에 반응하는 연기감지장치가 주로 활용된다.

정답 5. ②

제8장

방빙·제우계통

AIRCRAFT SYSTEMS

8.1 방빙·제빙 및 제우계통의 필요성

8.2 결빙방지방법의 구성

8.3 동절기 취급절차

요점정리

| 방빙·제빙 및 제우계통의 필요성 |

1. 항공기의 비행고도가 상승함에 따라 날개와 조종면, 엔진흡입구 앞전 표면 등에 결빙현상이 발생할 수 있으며, 이는 심각한 위험요인으로 작용할 수 있다. 이러한 위험요인을 제거하기 위해 방빙·제빙 및 제우계통이 필요하다.
2. 결빙은 항공기의 항력을 증가시키고 양력을 감소시키며, 유해진동의 원인이 되고 또한 정확한 계기 판독을 방해하며, 비행조종면이 불균형 또는 얼어붙어 움직이지 않게 하는 등의 부작용을 발생시킨다.
3. 얼음 발생으로 인한 공기역학적 항력의 증가는 항공기의 성능을 저하시키고, 이런 상황을 개선하려면 추가적으로 연료소비가 증가한다.

| 결빙방지 방법 |

1. 결빙방지는 공압계통의 뜨거운 공기를 이용하는 방법, 전기적인 열에너지를 이용하는 방법, 알코올 등 화학물질을 활용하는 방법이 주로 사용된다.

| 동절기취급절차 |

1. 우리나라에서는 11월부터 다음 해 3월까지를 특별기간으로 정해 동절기취급절차를 수행하도록 가이드하고 있으며, 매일의 상이한 일기를 중심으로 10℃ 정도의 기온임에도 불구하고 결빙조건을 정하여 관리하고 있다.
2. 제빙액은 지속시간, 공기역학적 성능, 재료의 유효기간 및 성능 등 적합성에 의해 사용 여부가 결정된다.
3. 취약부분에 제빙액이 도포된 시점부터 비행을 위한 출발이 허락된 시간까지의 길이를 방빙지속시간(hold over time)이라고 한다.
4. 효율적인 제빙작업을 위해 제빙액을 살포하는 방향을 정하고 있으며, 효과적으로 작용할 수 있도록 흘러내리는 방향으로 뿌릴 것을 권고하고 있다.
5. 방빙작업이 중요하지만 감지기의 오류 유발, 내부로의 유입, 엔진성능과 관계된 오류가 발생 가능한 곳은 직접 분사하지 못하도록 도포금지구역을 설정하고 있다.

사전테스트

1. 항공기에는 얼음을 깨는 장치가 달려 있다.

> **해설** 일부 항공기에는 날개 앞전부분에 공기압을 이용해 발생된 얼음을 깨뜨려 제거하는 부츠시스템(boots system)을 장착하고 있다.
>
> 정답 ○

2. 항공기에 얼음이 발생하는 현상을 예방하기 위해 전기히터를 사용한다.

> **해설** 항공기에 장착된 센서와 같은 작은 구성품들은 외피 아랫부분을 감싸고 있는 전기코일이 얼음 발생을 예방한다.
>
> 정답 ○

3. 조종석 앞유리에는 뜨거운 물을 분사해 얼음을 녹여 준다.

> **해설** 대형항공기 앞유리에는 전도성 피막을 입혀서 전기적인 열에 의해 얼음이 어는 것을 예방하고, 일부 항공기는 따듯한 공기를 불어 얼음 발생을 예방한다.
>
> 정답 ×

4. 눈 오는 날 이륙을 위한 특별한 준비는 필요 없다.

> **해설** 우리나라 공항에서는 이륙실패 등 치명적 사고를 예방하기 위해 11~3월까지 동절기 특별기간을 정해 제빙작업을 필수적으로 수행하도록 규정하고 있다.
>
> 정답 ×

5. 비행준비를 위해 항공기에 방빙액을 직접 분사한다.

> **해설** 그날의 기후조건에 맞는 비율을 선정하고 직접 취약부분에 도포한 후 정해진 시간 내에 비행을 시작하도록 하고 있다.
>
> 정답 ○

6. 정비사가 방빙액을 도포한 후 성능유지시간인 HOT(Hold Over Time)를 설정한다.

> **해설** HOT는 사용하는 용액과 그날의 기후조건 등을 고려하여 조종사가 설정한다.
>
> 정답 ×

8.1 방빙·제빙 및 제우계통의 필요성

8.1.1 방빙·제빙 및 제우계통의 영향력

항공기의 비행고도가 상승함에 따라 날개와 조종면, 엔진흡입구 앞전 표면 등에 결빙현상이 발생할 수 있으며, 이는 심각한 위험요인으로 작용할 수 있다. 이러한 위험요인을 제거하기 위해 방빙·제빙 및 제우계통이 필요하다.

항공기가 장시간 대류권을 비행하고 있는 상태에서 대기 중의 공기는 빙점 아래로 떨어져 있어 결빙될 수분이 존재할 수 없으나, 지상과 근접한 고도에 위치한 작은 물방울 입자들은 빙점 이하로 온도가 내려가 있고 항공기 기체표면의 온도는 −56.5℃ 이하에 노출되어 찬 기운을 가득 머금고 있는 상태이기 때문에 수분입자들이 차가운 항공기 외부 표면에 달라붙으며 바로 얼음으로 변하게 된다.

문제는 발생된 얼음이 날개에서 발생하는 공기흐름에 영향을 주어 안정된 비행을 위한 충분한 양력을 얻을 수 없는 상황을 초래하거나, 안정된 비행을 위해 장착된 각종 감지기들이 얼음 때문에 정확한 감지를 하지 못하게 되어 비행조종계통에 이상현상을 유발하는 경우가 발생한다.

[그림 8-1]은 발생된 얼음을 완전하게 처리하지 않은 상태에서 비행을 시작하다가 이륙에 필요한 충분한 힘을 만들어 내지 못해 이륙과정 중 인근 바닷가에 추락하여 27명의 사망자가 발생했던 사고의 한 장면이다. 이와 같은 사고로 인해 미국 연방항공청(FAA)에서는 눈이 오는 상황에서 비행 전 적절한 제빙절차를 수행하지 않으면 비행허가를 내주지 않는 제도적 장치를 마련하게 되었다.

- 1992년 3월 22일 21:35(미국 동부 표준시간) US Air 405편(F-28항공기)이 라구아디아(LaGuardia) 공항 이륙 후 공항 인근 플러싱 베이(Flushing Bay)에 전복. 동체 일부는 물에 잠기고 비행기는 전소
- 사망 27명, 부상 21명 발생

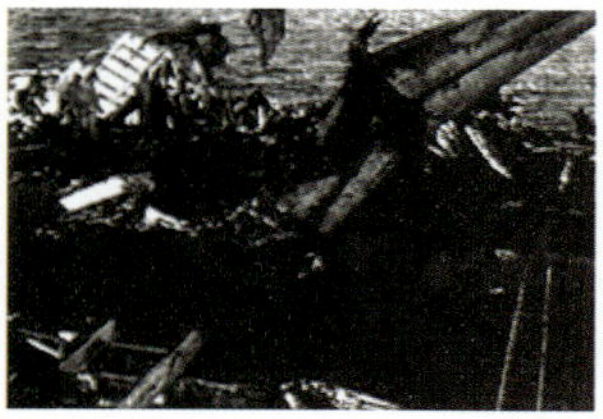

[사고 추정원인]
- 항공사와 FAA는 동체에 결빙이 생성되는 조건하에서 출발지연 시 요구되는 기준, 절차, 요구항목을 운항승무원에게 제공하지 않았고, 제빙작업 후 35분간 강수에 노출되었음에도 결빙에 대한 확실한 보장 없이 조종사가 이륙을 결심한 것으로 판단. 날개 결빙으로 인해 실속이 발생하여 이륙 후 조종능력을 상실

(출처 : 교통안전공단 항공안전시리즈 9)

[그림 8-1] 제방빙 문제로 인한 사고 사례

결빙은 항공기의 항력을 증가시키고 양력을 줄여 유해진동의 원인이 되며 정확한 계기 판독을 방해하고, 비행조종면(flight control surface)이 불균형이 되거나 얼어붙어 움직이지 않게 한다. 겨울철 주기장에 세워진 항공기 표면을 맨손으로 만지면 손바닥이 항공기 표면에 쩍 달라붙을 정도로 매우 차가운 상태를 유지하고 있으며, 비행 중 대기 중에서도 마찬가지 현상이 발생하고, [그림 8-2]처럼 심각한 상황이 연출되기도 한다.

비행 중 발생한 얼음은 크게 두 가지 위험요인으로 작용하는데, 첫 번째는 유선형을 이루고 있던 날개 표면이 얼음으로 오염되어 울퉁불퉁 기형적으로 변함으로써 설계된 양력 발생을 더 이상 유지하지 못하게 되는 양력손실이다. 또 하나는 발생된 얼음으로 인한 국부적인 무게증가가 불균형으로 이어지고 이로 인해 조종력 손실이 나타나는 것이다. 이러한 위험요인을 제거하고 결빙으로 인한 사고를 예방하기 위해 방·제빙계통이 필요하다.

>  **Ice Protection System(방빙계통)**
> - 비행 중 만나게 되는 구름과 수분 알갱이로 인한 오염으로 날개 표면 변형이 발생한다.
>   - 에어포일(airfoil) 효율이 떨어지고 양력이 줄어드는 반면, 항력이 증가
>   - 조종면 불균형

[그림 8-2] 얼음 발생에 의한 날개의 오염

얼음 발생으로 인한 공기역학적 항력의 증가는 항공기의 성능을 저하시키고, 이런 상황을 개선하려면 추가적으로 연료소비가 증가한다.

공기역학적인 항력의 증가는 항공기의 항속거리를 줄이고 속도유지를 위해 더 많은 연료를 사용하게 한다. 착륙 시에는 증가된 실속속도를 보정하도록 비행속도를 증가시켜야 하고, 이러한 이유로 착륙거리는 상당부분 길어지는 등 항공기의 성능특성이 저하된다.

>  **Icing Effects(결빙효과)**
> 항력의 증가로 인해 연료의 소비량이 증가하고 항속거리를 감소시키며, 정격속도를 유지하기 어렵게 만들고, 착륙 시 속도를 빠르게, 착륙거리를 길게 만든다.

[그림 8-3]은 대형 운송용 항공기에 설치된 방빙·제우계통의 개요도이다. 최신 항공기에서 이들 계통은 대부분 결빙감지계통과 탑재 컴퓨터에 의해 자동적으로 제어된다. 항공기 제빙·제우계통은 날개 앞전, 수평안정판과 수직안정판 앞전, 엔진 카울 앞전, 프로펠러, 프로펠러 스피너(propeller spinner), 에어 데이터 감지기(air data sensor), 조종실 윈도, 급배수계통, 각종 안테나 부분의 결빙형성을 방지하는 등 항공기 동체 앞부분부터 꼬리 부분까지 거의 대부분의 영역을 대상으로 하고 있다.

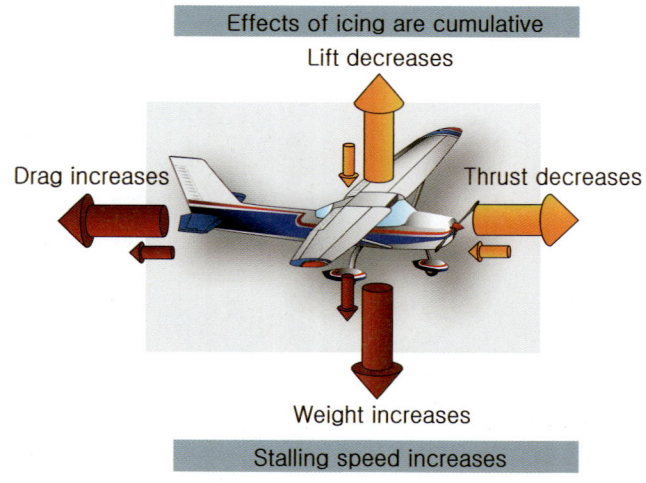

[그림 8-3] 결빙으로 인한 영향

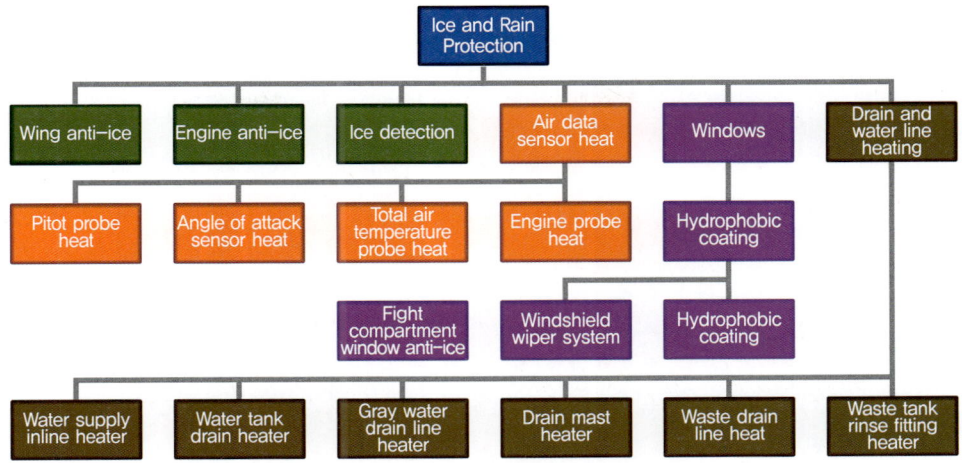

[그림 8-4] 대형항공기의 방제빙계통

8.1.2 아이스 디텍터

대형항공기는 결빙상태를 탐지하여 운항승무원에게 경고하는 결빙감지센서(ice detectors)를 갖추고 있고, 결빙감지계통은 결빙이 탐지되면 날개 방빙계통을 자동으로 작동시키기도 한다. 결빙은 육안으로 발견할 수 있지만 비행 중 그때그때 발생한 얼음을 정확하게 조종석의 승무원에게 알려 주기 위해 결빙감지기를 장착하고 있다. [그림 8-5]에서처럼 동체 앞부분에 장착되거나, 엔진흡입구 안쪽에 장착되며, 고유의 진동수를 유지하다가 결빙으로 인한 진동수 감소를 전기적 신호로 변화시켜 조종석에 경고하며, 모니터하고 있는 컴퓨터시스템에 의해 자동으로 방빙계통이 작동하도록 신호를 전달한다.

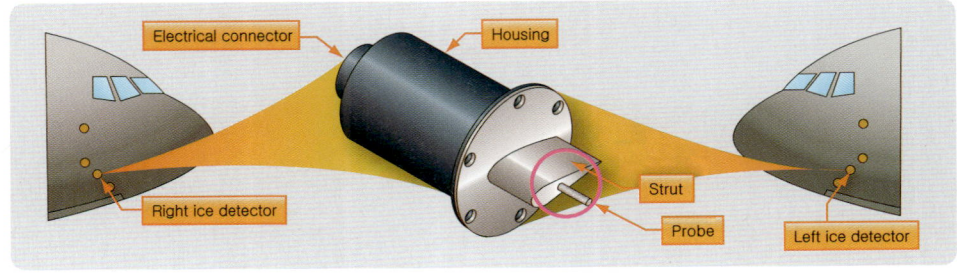

[그림 8-5] 결빙감지기

 **Ice Detectors**

결빙은 시각적으로 확인가능하지만 조종사에게 보다 정확한 경고(warning)를 하기 위해 센서가 감지하고 신호표시등(annunciator light)을 사용한다.

8.2 결빙방지방법의 구성

항공기의 결빙에는 다양한 결빙방지법이 적용된다. 공압계통의 뜨거운 공기를 이용하는 방법, 전기적인 열에너지를 이용하는 방법, 알코올 등 화학물질을 활용하는 방법이 대표적으로 사용된다.

결빙으로 인하여 항공기가 위험한 상황에 처하거나 비효율적으로 연료소모가 발생하는 것을 막기 위해 얼음을 제거하거나 발생을 예방하는 수많은 방법이 검토되어 적용되고 있다. 그중 가장 대표적인 방법은 뜨거운 압축공기(bleed air), 전기코일에서 발생한 열에너지, 화학약품을 직접 해당 부분에 뿌려 주어 얼음 발생을 지연시키거나 제거하는 방법이 사용된다. 넓은 면적을 대상으로 하는 결빙 제거방법은 압축기에서 토출된 뜨거운 공기를 직접 얼음 발생 부분에 분사하는 방법이 사용된다.

 **Anti-Icing System**

각종 센서, 날개 앞부분, 앞전 슬랫, 수평·수직 안정판 앞부분 등에 얼음이 발생하는 것을 방지할 목적으로 사용
1. 공압 이용(thermal pneumatic)
2. 전기 이용(thermal electric)
3. 화학적 방법 이용(chemical)

8.2.1 서멀식 안티아이싱

결빙방지 또는 날개 앞전 제빙의 목적으로는 열공압식 방빙장치가 일반적으로 사용되며, 날개 앞전 안쪽을 따라 설치된 덕트(duct)에 고온의 공기가 공급되고 덕트에 설치된 구멍을 통해 날개 앞전의 내부 표면에 분사하여 방빙 또는 제빙을 한다. 열공압식 방빙계통(thermal pneumatic anti-icing)은 터빈압축기, 엔진 배기가스 또는 연소기에 의해

가열된 램 에어(ram air)를 활용하여 가열하며 날개 앞전 슬랫, 수평안정판과 수직안정판, 엔진흡입구 등에 사용된다.

대형 운송용 항공기는 터빈엔진을 장착하고 있으며 압축기에서 추출된 고압·고온의 압축공기를 방제빙하고자 하는 부분에 공급해 준다. [그림 8-6]에서처럼 공급된 뜨거운 공기가 효과적으로 방제빙기능을 할 수 있도록 해당 부분의 구조를 조금 특별하게 디자인하는데, 뜨거운 공기의 흐름을 외피가 열에너지를 많이 전달받을 수 있는 흐름경로를 형성하여 두 개의 층 사이를 흐르도록 통로를 만들어 준다.

[그림 8-6]의 보라색 원 안의 스위치는 엔진 추력레버의 위치에 따라 방제빙기능이 제한되도록 장착해 두었는데, 이는 방제빙기능 확보보다 때로는 충분한 엔진추력이 요구될 수 있기 때문이다. 이처럼 엔진에서 추출된 공기는 본래 추력을 제공하기 위해 만들어지는데, 이를 활용함으로써 추력이 감소하거나 연소에 필요한 연료가 추가적으로 소요되기 때문에 필요할 때만 제한적으로 사용하는 것을 원칙으로 한다. 그림에서 보는 것처럼 히팅을 위해 제공된 공기는 overboard outlet을 통해 바로 대기 중으로 배출되기 때문에 가능하면 필요할 때에만 사용하도록 하고 있다.

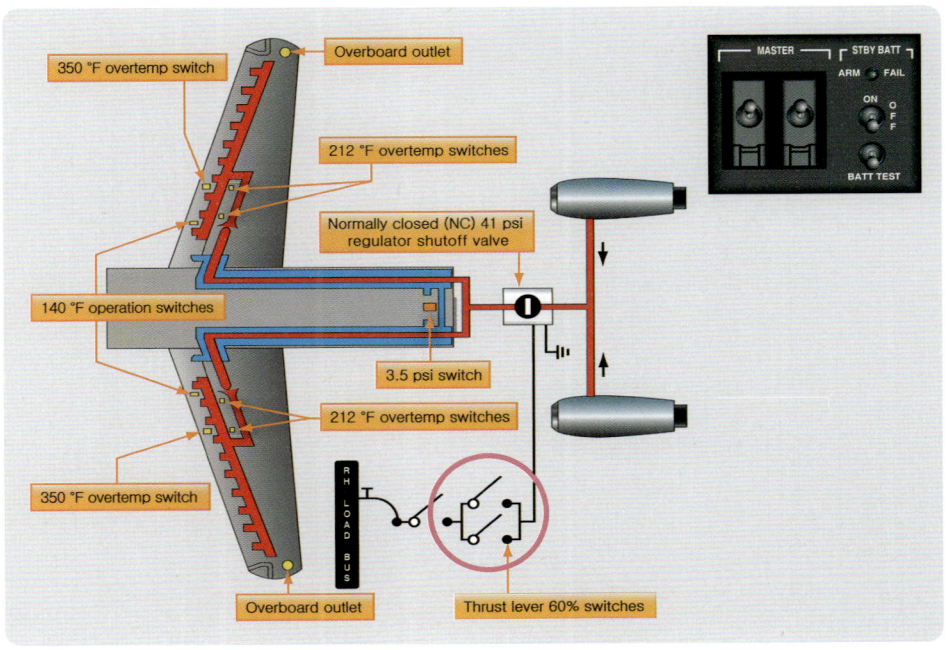

[그림 8-6] 뜨거운 공기를 활용한 방빙시스템

날개 방빙덕트는 공기압계통에서 공급된 공기를 날개 앞전을 통과하여 앞전 슬랫으로 이송시킨다. 날개 방빙덕트는 양력을 발생시키는 가동면인 앞전 플랩 내부에 장착되어 있다. 방제빙 성능을 확보하려면 움직임에 상관없이 뜨거운 공기를 공급할 수 있어야 하기 때문에 덕트 자체를 움직일 수 있는 텔레스코핑 덕트(telescoping duct)를 장착한다. 가동면인 텔레스코핑 덕트는 뜨거운 엔진 블리드 에어가 공급되는 경로로서 차갑고 뜨거운 온도에 반복적으로 노출되면서 경화되어 충격에 의해 금이 가거나 깨지는 결함이 발생하기 때문에 주기적인 점검이 필요한데 비파괴검사를 통해 신뢰성을 확보한다. 텔레스코핑 덕트를 지나 공급된 뜨거운 공기는 스프레이 덕트(spray duct)를 통해 날개 앞전 방향으로 분사되어 최대한 열전달효과를 얻을 수 있도록 디자인된다.

> **핵심 Point Telescoping Duct(신축식 덕트)**
> 가동면 앞전 슬랫의 가열(heating)을 위한 구성품으로 움직이면서도 누설(leak) 없이 블리드 에어(bleed air)의 통로를 형성하도록 장착된다.

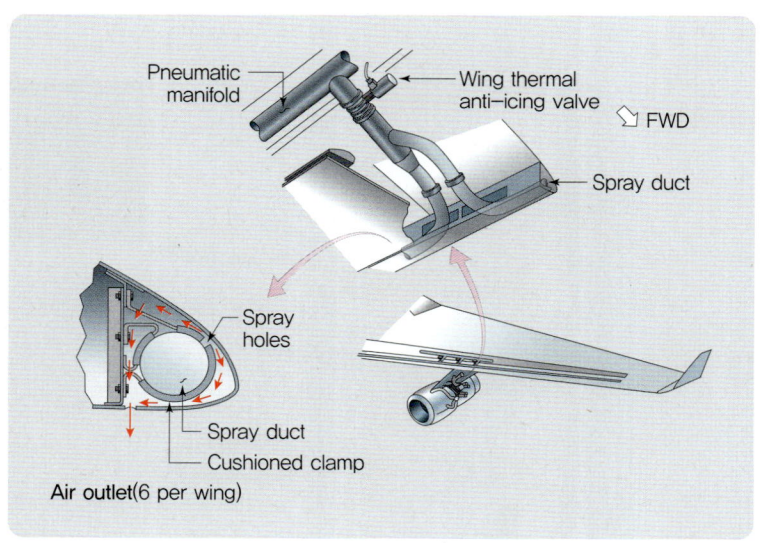

(a) Air outlet

[그림 8-7] 날개 방제빙 구성품, 텔레스코핑 덕트(계속)

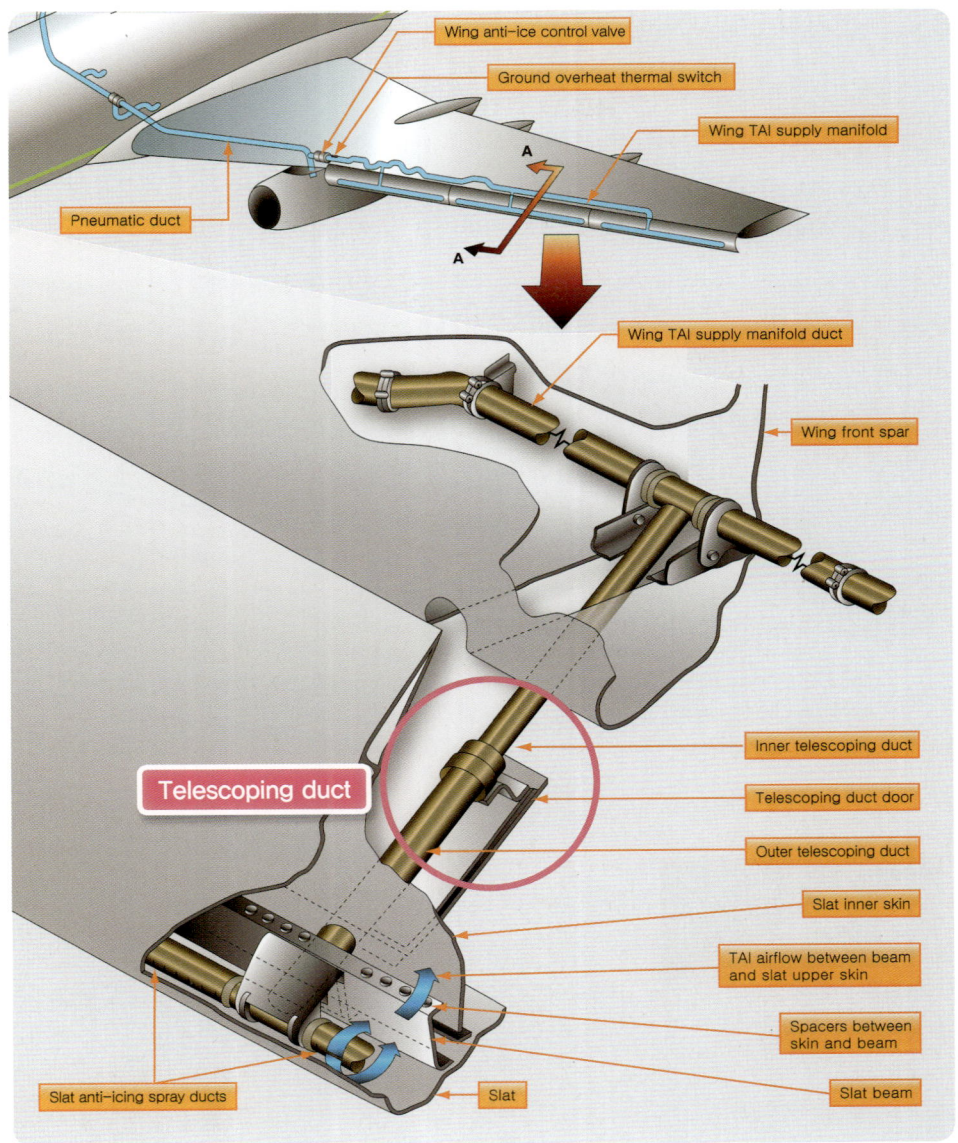

(b) Telescoping duct

[그림 8-7] 날개 방제빙 구성품, 텔레스코핑 덕트

8.2.2 전기식 안티아이싱

열전기식 방빙(thermal electric anti-icing)은 높은 전류가 흐르기 때문에 일반적으로 소형 구성품으로 사용이 제한된다. 피토트 튜브(pitot tube), 외기온도감지기, 받음각지시기(angle of attack indicator), 결빙감지기, 엔진 P2/T2 센서와 같은 대부분의 에어 데이터(air data) 감지기의 방빙을 위해 열전기식을 사용한다.

전기적인 저항을 활용하므로 넓거나 크기가 큰 부분에 적용하기에는 적절하지 않아, 보통 동체 외부에 돌출된 각종 감지기나 외피 안쪽을 지나 흐르는 워터 라인(water line)의 결빙가능 부분 등에 사용된다. 동체 앞쪽에 모여 장착된 에어 데이터 컴퓨터로 공급되는 피토트 튜브, 대기온도계, 받음각지시기, 결빙감지기와 엔진 입구에 장착된 압력센서, 온도센서 등의 감지기들과 외피에 가깝게 장착된 워터 라인, 화장실 정화조에 해당하는 탱크의 배출밸브 주변 등에 전기적인 결빙방지 장치가 활용된다.

> **핵심 Point** **Electric Anti-Icing System(전기식 방빙계통)**
>
> air data probes, pitot tubes, static ports, TAT and AOA probe, ice detector, P2/T2 sensors, water line, waste water drains 등에 얼음이 발생하는 것을 방지할 목적으로 사용한다.

 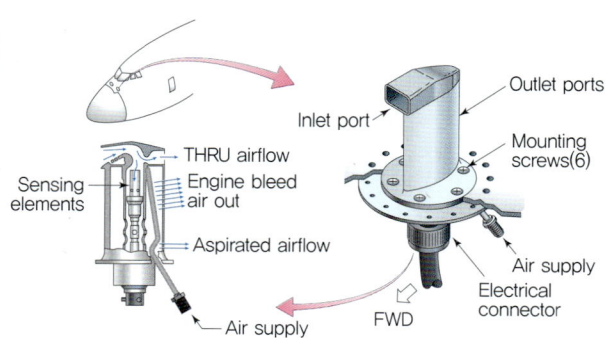

[그림 8-8] 전열식 방제빙계통

윈드실드(windshield)에는 얼음, 서리, 연무가 없는 상태를 유지하기 위해, 윈도 방빙계통, 서리제거장치, 연무제거장치가 이용된다. 대형 운송용 항공기의 경우 윈드실드의 시야확보를 위해 전기적인 방법을 활용하며, 유리 층 사이에 전도피막을 코팅하고 이 피막을 가열하는 방법을 활용한다. 방빙 및 제빙은 물론 김 서림 방지기능과 비행 중 발생하는 버드 스트라이크(bird strike)에 의한 충격에 견딜 수 있는 강도증가 기능도 동반한다.

사용시간이 증가함에 따라 수분침투에 의한 전기적 결함 발생빈도가 높아 주기적인 점검이 요구되며, 점검방법에 대한 특별교육을 실시할 정도로 민감하게 다루어진다. 특히 윈드실드 교환장착 시 볼트의 위치에 따라 길이와 토크값이 달라 매뉴얼에 근거한 작업이 필요하다.

> **핵심 Point** **Fog Control System(안개제어계통)**
>
> 조종사의 시야 확보를 위해 윈드실드에 서린 김 제거(defogging)가 필요하며, 전기(electric), 공기압(pneumatic), 화학적 방법을 활용한다.

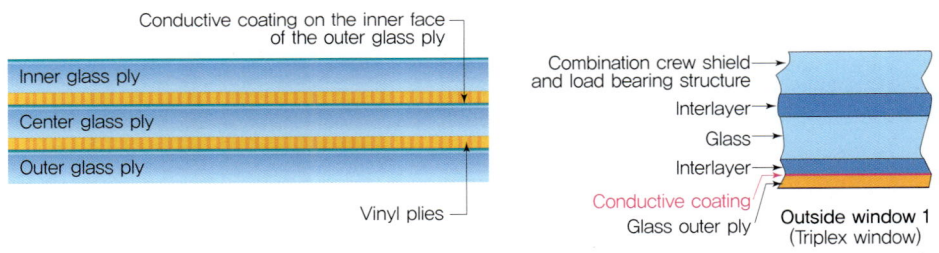

[그림 8-9] 조종석 창문의 구조

8.2.3 화학약품에 의한 안티아이싱

날개, 수직·수평 안정판(stabilizer), 윈드실드, 프로펠러의 앞전을 방빙하기 위해 일부 항공기에는 화학적 방빙(chemical anti-icing)이 사용된다. 날개와 안정판은 때로 나노기술의 적용이나 화학적으로 얼음이나 물의 고임을 방해하는 삼출날개방식(weeping wing system)을 사용하기도 한다.

화학적으로 얼음과 기체 사이의 접착을 약화시켜서 공기력에 의해 떨어져 나가도록 기능하는 부동액을 저장하고 있으며, 조종석에서 선택적으로 밸브를 오픈하면, 프로펠러나 날개 앞전 등 분사계통이 장착된 부분에 뿌려 방빙·제빙효과를 높이는 목적으로 중소형 항공기에 사용된다.

Chemical Anti – icing System(화학적 방빙시스템)

날개 앞전, 안정판, 윈드실드, 프로펠러 등에 얼음이 발생하는 것을 방지할 목적으로 부동액(antifreeze solution)을 적용한다.

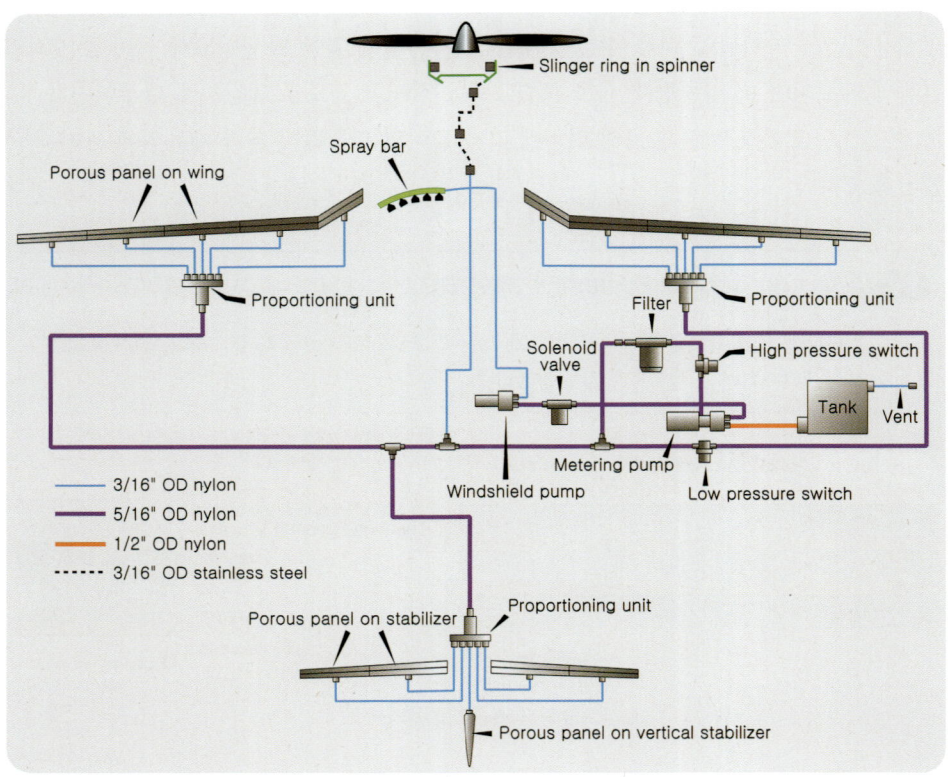

[그림 8-10] 화학약품을 활용한 방제빙계통

8.2.4 부츠식 디아이싱

소형항공기와 쌍발엔진(twin engine), 터보프롭 엔진(turboprob engine)을 장착한 항공기는 일반적으로 공기압제빙장치를 갖추고 있다. 고무부츠는 날개와 안정판의 앞전에 접착제로 부착되고 일련의 팽창튜브로 구성된다. 장착된 튜브가 팽창과 수축을 반복하면서 발생된 얼음을 깨뜨려 공기흐름에 의해 날아가도록 만들어진 제빙장치로서, 재결빙의 위험성이 낮은 장점이 있는 반면에 공기력에 의해 떨어져 나간 얼음이 항공기 부분과 충돌할 위험이 있다. 또한 얼음이 항공기에서 떨어져 나갈 때 공기역학상의 교란을 최소화하는 방법으로 제빙부츠(deice boot)가 작동하도록 공기를 공급하고, 작동 시 공기역학적인 균형을 맞추기 위해 동체를 기준으로 좌우측 날개에 대칭적으로 작동하도록 밸브를 조절한다.

> **핵심 Point   Deicing System(제빙계통)**
>
> GA(general aviation) 소형항공기 터보프롭 커뮤터기는 날개 앞전에 형성된 얼음을 제거하기 위해 공압부츠식 제빙장치를 사용한다.

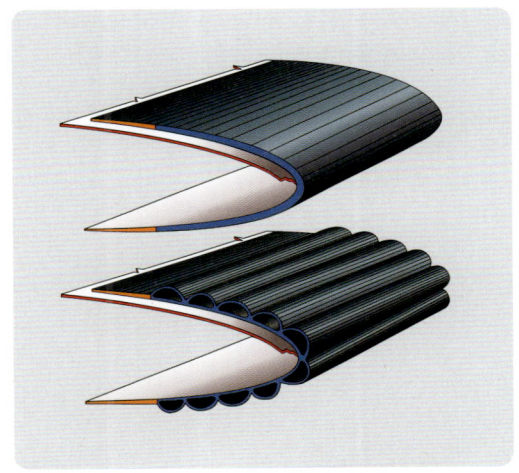

[그림 8-11] 공압부츠식 제빙장치

8.2.5 프로펠러 디아이싱

프로펠러 앞전, 커프(cuff), 스피너(spinner) 부분의 결빙은 동력장치계통의 효율을 감소시키므로 이를 방지하기 위해 전기식 제빙계통과 화학식 제빙계통을 사용한다.

　날개보다 먼저 프로펠러에서 얼음이 발생되며 이로 인해 프로펠러 효율이 떨어지면 동력장치계통의 효율이 감소하기 때문에 프로펠러 방제빙장치가 활용된다. 사용되는 소스에 따라서 전기식과 화학식 두 종류로 구분되는데, 프로펠러 장착 마운트의 덮개 역할을 하는 스피너와 프로펠러 블레이드의 앞전과 프로펠러 플레이드 끝단에 발생되는 얼음을 제거하는 데 사용된다.

대부분의 프로펠러 장착 항공기는 전기식 방제빙장치를 활용하고 있는데, 회전하는 프로펠러에 전력을 공급하기 위해 허브 부분에 슬립 링 어셈블리(sleep ring assembly)를 장착하고 회전 중에도 단락됨 없이 전력을 공급하여 프로펠러 앞전 부분에 장착된 전열식 부트를 히팅시킴으로써 방제빙효과를 나타낸다.

화학식 프로펠러 방제빙장치는 특히 단발 운송용 항공기에 주로 사용되며, 글리콜계의 부동액을 동력펌프를 이용해서 허브에 분사하고 회전력에 의해 프로펠러에 뿌려져 방빙 효과를 얻는다. 허브에 분사된 제빙유가 회전력에 의해 프로펠러 앞전에서 뒷전으로 흐르며 전체 면적에 분사되는 구조로 되어 있다.

> **핵심 Point** **Propeller Deicing System(프로펠러 제빙시스템)**
>
> 엔진의 성능을 감소시키는 스피너, 블레이드 끝단, 프로펠러 앞전에 발생하는 얼음 생성(ice formation)을 제거하기 위해 전열식 제빙장치를 장착한다.

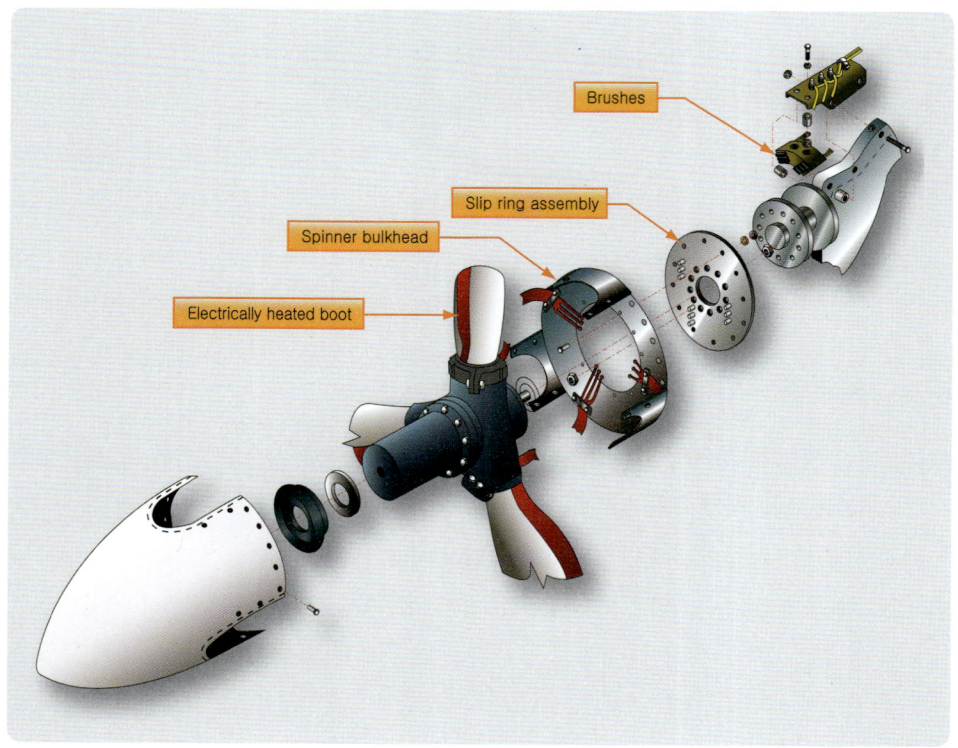

[그림 8-12] 전열식 프로펠러 제빙장치

8.3 동절기 취급절차

항공기 외부 표면에 결빙으로 인한 오염이 발생하면, 비행특성이 달라지고 조종력 불균형이 발생할 수 있기 때문에 항공기 이륙 전에 날개, 프로펠러, 엔진흡입구 및 중요한 작동면에는 결빙된 오염물질이 없어야 한다. 추운 지역에서는 비행을 시작하기 전에 항공기 동체에 발생한 얼음 등 비행안전에 악영향을 줄 수 있는 부분에 대한 충분한 점검이 필요하다. 우리나라에서는 겨울철에 해당하는 11월부터 다음 해 3월까지를 동절기 특별점검기간으로 정하고 있다.

또한 동절기에는 양력을 발생시키는 날개의 얼음에 의한 오염으로 인해 양력감소, 항력증가, 무게증가가 발생하며, 주요 부분의 결빙으로 인한 작동정지 그리고 동체에 발생한 얼음이 엔진으로 유입되는, 외부물질에 의한 손상 등 위험요소가 증가한다. 따라서 비행 전 사전점검활동과 제거작업을 통해 완벽한 비행준비를 하고 비행에 투입할 것을 권고하고 있다. 우리나라는 운항기술기준에 '제 · 방빙 프로그램'을 허가받아 운영할 것을 규정하고 있으며, 해당 항공기에 대한 절차는 AMM Chapter 12를 기준으로 한다.

> **핵심 Point 방제빙 필요성**
>
> FAA AC 120-60(Advisory Circular)에 의거 '이륙 전 항공기의 날개, 조종면, 프로펠러, 엔진흡입구와 주요 표면은 얼음으로 인한 오염물이 제거'되어야 한다.

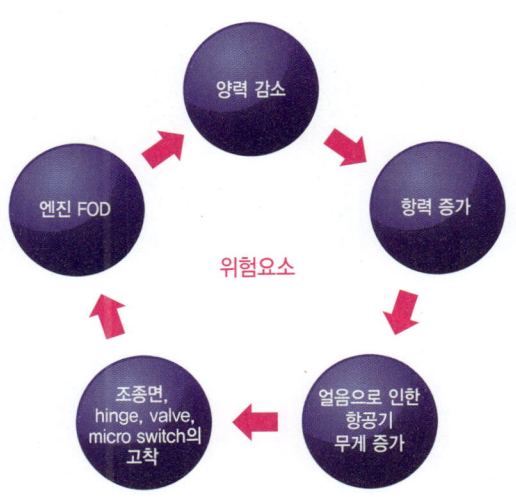

[그림 8-13] 결빙으로 인한 위험요소

8.3.1 동절기 취급절차 관련 용어

동절기 취급절차와 관련된 주요 용어는 제빙, 방빙, 방빙지속시간 등이다. 결빙조건 (icing condition)이 발생하면 상황에 따라 발생된 얼음이나, 쌓인 눈을 제거하는 제빙작업을 실시하고, 비행 전 항공기 주요 부분에 제빙액을 도포하여 얼음이 발생하는 상황을 예방하는 방빙절차를 수행한다.

방빙작업은 [그림 8-14]에서처럼 항공기 표면 방빙액을 사용하여 얇은 피막을 형성하고 그 위에 쌓인 눈이 얼지 않고 흘러내리도록 한다.

이때 제빙액이 뿌려진 시점부터 비행을 시작할 때까지의 유효시간을 방빙지속시간으로 정의한다. 방빙지속시간은 도포된 용액의 타입과 그날의 기상조건, 희석비율에 따라 조종사가 결정한다. 그리고 항공기가 장시간 비행을 하며 날개에 장착된 연료탱크 내의 연료가 찬 기운을 머금고 있어 착륙 후 대기상태보다 더 차가운 온도를 유지하고 있는 상태를 'cold socked 되었다'라고 표현한다.

> **핵심 Point** **Frost Removal(서리 제거)**
>
> 서리 등 항공기 표면(skin)의 얼음을 제거하기 위한 방법으로는 항공기를 따뜻한 격납고 (hangar)로 이동시키거나, 서리제거제나 제빙액(frost remover or deicing fluids)을 뿌려서 제거한다. 제빙액 도포작업은 공항 내 정해진 지역(spot)에서 실시해야 한다.

[그림 8-14] 제빙액 도포작업

8.3.2 결빙조건

우리나라에서는 11월부터 다음 해 3월까지를 특별기간으로 정하고 동절기 취급절차를 수행하도록 가이드하고 있으며, 매일의 상이한 일기를 중심으로 10℃ 정도의 기온임에도 불구하고 결빙조건으로 정하여 관리하고 있다.

결빙조건(icing condition)은 외기온도 10℃ 이하인 상태에서 이슬점과 외기온도(outside temperature)의 차가 3℃ 이하이거나, 수평시정 1.5km 이내에 안개, 진눈깨비, 비, 눈 등 가시거리상의 수분이 존재하는 경우 또는 활주로상에 고인 물, 우박, 얼음, 눈이 있을 경우를 말하며, 이를 차기 비행을 위한 동절기 취급절차를 수행하는 근거로 삼는다.

8.3.3 디아이싱 용액의 종류

제·방빙액의 사용은 지속시간, 공기역학적 성능, 재료의 유효기간 및 성능 등 적합성에 의해 사용 여부가 결정된다.

제빙액(deicing fluid)은 국제적으로 공인된 제품이 사용되며 글리콜(glycol)을 주성분으로 하는 Type Ⅱ와 Type Ⅳ가 사용된다. 제빙액 타입의 차이는 방빙지속시간의 차이에 있다. Type Ⅰ은 제빙액으로 사용되며 얇은 액체막을 형성하며 제한된 방빙작용도 한다. 제빙과 방빙에 사용되는 비슷한 성능을 가진 Type Ⅱ와 Type Ⅳ는 두꺼운 액체막을 형성하며 방제빙용액으로 사용된다. 원액으로 사용할 경우 충분한 HOT(Hold Over Time) 확보가 가능하다. 이 중 Type Ⅳ가 방빙지속시간이 길지만 비용이 비싸 필요에 따라 Type Ⅱ와 Type Ⅳ를 선택하여 사용한다.

제빙액 자체가 환경오염물질로 관리되고 있어 공항의 정해진 특정 지역에서만 제빙액의 살포가 허용되며, 그 지역을 벗어나서 실시하게 될 경우 바닥에 뿌려진 제빙액을 흡수할 수 있는 특수차량이 동행하며 살포작업을 실시해야 한다.

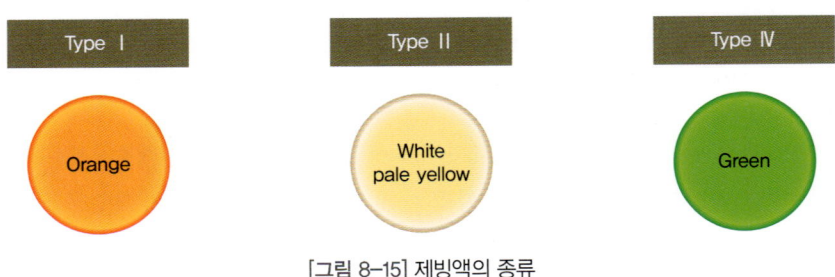

[그림 8-15] 제빙액의 종류

효율적인 제빙작업을 위해 가열된 방빙액을 항공기 외피에 가깝게 도포하며, 장비의 분사노즐의 크기를 조절해서 사용한다. 적설량이 많을 경우 수작업으로 쌓인 눈을 제거한 후 제빙작업을 수행한다.

유사시를 대비해 비축해 둔 제빙액은 관리상태에 따라 유효기간이 변경되므로 세심한 관리·감독이 요구된다. 정확한 방제빙을 수행하려면 제빙액의 사용가능 여부를 판단해야 하며, 기본적으로 유통기간에 해당하는 수명을 확인해야 하고, 항공기에 도포를 하기 전 차량의 탱크에 보급할 때 또는 보급 후 2주마다 용액의 굴절률 측정을 해야 한다.

2010년 1월 서울에 내린 눈으로 보관 중이던 제빙액이 전량 소모되어, 일본 항공사에서 긴급 공수해서 겨울을 넘긴 적이 있다. 이 과정에서 비축량 확보가 필요하다고 판단한 항공사에서는 많은 양의 제빙액을 구매하였는데 다음 해, 그 다음 해에도 눈이 많이 오지 않아 재고로 남았던 경험이 있다. 비축 중인 용액은 정상적인 관리를 통해 활용가능 상태를 유지할 수 있도록 기준이 마련되어 있다.

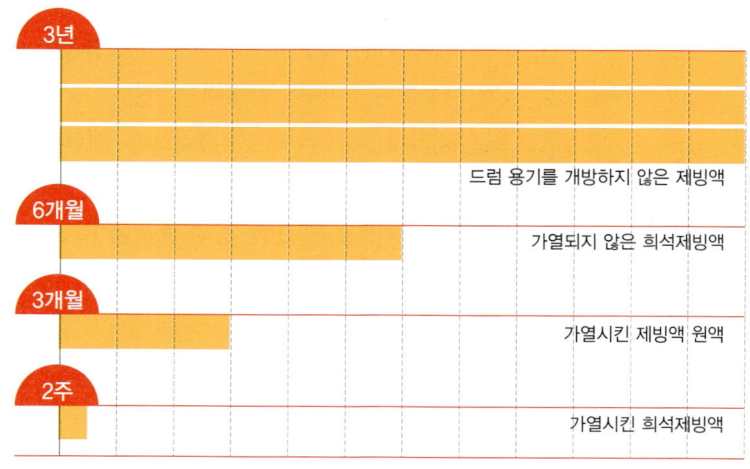

[그림 8-16] 제빙액 유효기간

8.3.4 제·방빙 수행방법의 종류

기상상황에 따라 원 스텝/투 스텝 방법 중 효과적인 방제빙작업을 선택적으로 수행할 수 있다. 가벼운 눈이 내리거나, 결빙조건이 도래한 경우 제빙작업과 방빙작업을 동시에 수행하는 원 스텝 방빙작업을 수행한다. 이때 가열된 방빙액을 사용하며, 외기온도와 기상상태를 고려해서 유효한 HOT(Hold Over Time)를 적용할 수 있는 방빙액 혼합비율을 결정하여 적용한다.

반면에 폭설(heavy snow) 등 강설량이 많거나 젖은 눈이 내리는 등 기상상황이 심각한 경우 원 스텝으로 분사압력을 이용해 제빙작업을 수행한 후, 원 스텝 때 뿌려진 방빙액이 결빙되기 전에 두 번째 스텝을 적용한다. 이때 필요한 HOT에 따라 방빙액의 혼합비율과 농도를 결정하여 적용한다.

[그림 8-17] 제빙방법의 종류

> **핵심 Point** **Deicing Procedure(제빙절차)**
>
> 날씨, 사용가능 장비, 사용가능 제빙액, 방빙지속시간에 따라서 원 스텝 또는 투 스텝으로 작업을 수행한다.

8.3.5 홀드 오버 타임

방빙액이 뿌려져서 유효한 비행을 시작하기까지 걸리는 시간을 HOT(Hold Over Time)라 한다. HOT는 방빙지속시간이라고 하며, 항공기에 방빙액을 뿌리기 시작하는 시점부터 항공기가 유효한 출발허락을 받을 수 있는 시각까지로 항공기 출발의 가부를 결정하는 기준이 되기 때문에 HOT 관리에 신중을 기해야 한다.

HOT의 결정은 조종사가 하는데, 그날의 기온, 기상상태, 뿌려진 방빙액의 종류, 혼합비율, 시작시간을 바탕으로 가이드라인을 확인한 후 적용한다. 공항 내에도 러시아워가 있으며 기상상태가 좋지 못한 날은 항공기들이 활주로를 향해 길게 줄을 서는데, 이때 HOT를 넘어서면 방빙액 분사작업을 다시 해야 하는 경우도 있으며 겨울철에 이러한 안전절차를 준수하다 보면 지연출발이 빈번하게 발생한다.

> **핵심 Point** **Hold Over Time(방빙지속시간)**
>
> 뿌려진 방빙액이 얼음 생성을 방지할 수 있는 예정시간을 말하며, 뿌리기 시작한 시간부터 얼음 생성이 시작되는 시간까지로 조종사가 산출한다.

OAT		SAE type IV fluid concentration neat fluid water (vol. %/vol.%)	Approximate holdover times under various weather conditions (hours:minutes)						
°C	°F		Frost*	Freezing Fog	Snow◊	Freezing drizzle***	Light free rain	Rain on cold soaked wing	Other*
above 0	above 32	100/0	18:00	1:05–2:15	0:35–1:05	0:40–1:10	0:25–0:40	0:10–0:50	CAUTION: no holdover time guidelines exist
		72/25	6:00	1:05–1:45	0:30–1:05	0:35–0:50	0:15–0:30	0:05–0:35	
		50/50	4:00	0:15–0:35	0:05–0:20	0:10–0:20	0:05–0:10	CAUTION: clear ice may require touch for confirmation	
0 through –3	32 through 27	100/0	12:00	1:05–2:15	0:30–0:55	0:40–1:10	0:15–0:40		
		75/25	5:00	1:05–2:15	0:25–0:50	0:35–0:50	0:15–0:30		
		50/50	3:00	1:15–0:35	0:05–0:15	0:10–0:20	0:05–0:15		
below –3 through –14	below 27 through 7	100/0	12:00	0:20–0:50	0:20–0:40	**0:20–0:45	**0:10–0:25		
		75/25	5:00	0:25–0:50	0:15–0:25	**0:15–0:30	**0:10–0:20		
below –14 through –25	below 7 through –13	100/0	12:00	0:15–0:40	0:15–0:30				
below –25	below –13	100/0	SAE type IV fluid may be used below –25 °C(–13 °F) if the freezing point of the fluid is at least 7 °C(13 °F) below the OAT and the aerodynamic acceptance criteria are met. Consider use of SAE type I when SAE type IV fluid cannot be used.						

°C = degrees Celsius
°F = degrees Fahrenheit
OAT= outside air temperature
VOL = volume

The responsiblity for the application of these data remains with the user.
* During conditions that apply to aircraft protection for ACTIVE FROST
** No holdover time guidelines exist for this condition below –10 °C (14 °F)
*** Use light freezing rain holdover times if positive identification of freezing drizzle is not possible
‡ Snow pellets, ice pellets, heavy snow, moderate and heavy freezing rain, hail.
◊ Snow includes snow grains

CAUTIONS:
- The time of protection will be shortened in heavy weather conditions: heavy precipitation rates or high moisture contents.
- High wind velocity or jet blast may reduce holdover time below the lowest time stated in the range.
- Holdover time may be reduced when aircraft skin temperature is lower than OAT.

HOT, 조종사가 산출

[그림 8–18] HOT(Hold Over Time) 산출방법

8.3.6 효율적인 방제빙방법

효율적인 제빙작업을 위해 제빙액을 살포하는 방향을 정하고 있으며, 효과적으로 작용할 수 있도록 흘러내리는 방향으로 뿌릴 것을 권고하고 있다. 항공기에 뿌려지는 방제빙액은 환경오염물질로 사용이 제한되고 있으며 가능하면 적은 양으로 최대의 효과를 얻을 수 있도록 분사해야 한다.

 효율적인 사용방법은 날개 끝부분에서 뿌리 쪽으로 뿌려 주고, 수직날개는 위에서 아래 방향으로 흘러내리도록 뿌려 주며, 날개의 경우 캠버(camber)가 큰 방향에서 작은 방향 쪽으로 분사하여 고르게 피막이 형성될 수 있도록 뿌려 준다. 효과적인 방빙을 위해서는 결빙물질이 없는 상태에서 방빙액을 균일하게 분사하고 가열하지 않은 원액의 방빙액

을 사용한다. 또한 연속적으로 단시간에 공정을 진행하고 비행출발시간과 가까운 시간대에 작업을 수행한다. 적절한 도포량은 날개 앞전과 뒷전에서 방빙액이 떨어질 때까지 수행한다.

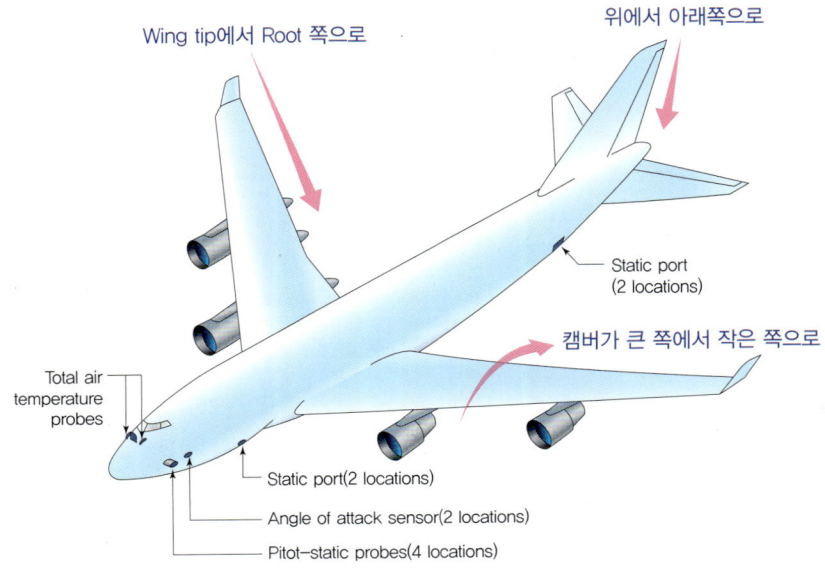

[그림 8-19] 제빙액 도포방법

8.3.7 디아이싱 용액의 직접분사 금지구역

방빙작업이 중요하지만, 감지기의 오류 유발, 내부로의 제빙액 유입, 엔진성능과 관계된 부분에는 직접분사를 하지 않아야 한다. 정확한 방제빙절차 수행이 필요하지만, 직접분사를 하지 말아야 할 부분은 윈도, 윈드실드, 각종 센서, 엔진흡입구, 휠웰(wheel well) 등이다.

직접분사로 인해 엔진성능이 저하되고, 윈드실드실 하부로 제빙액이 침투할 위험이 있으며, 각종 센서의 오작동을 유발할 수 있기 때문에 직접분사를 피하도록 가이드하고 있다.

분사작업 전 조종면은 중립위치(neutral position)로 세팅하고 작업하도록 지시해야 하는데, 오픈된 조종면 사이에 방제빙액이 유입되어 HOT가 지난 후 재결빙의 위험이 발생할 수 있기 때문이다. 비행출발 전 엔진흡입구 부분은 수작업으로 제거작업이 필요할 수도 있다.

 **Critical Areas(제빙액 분사금지 구역)**

얼음 발생을 예방하는 것이 중요하지만, 경우에 따라 더 나쁜 결과를 가져올 수 있는 부분에는 분사를 금지하고 있다.

[그림 8-20] 제빙액 분사금지 구역

8.3.8 용액살포작업의 결과통보

지상에서 실제 항공기에 도포한 방제빙 실시현황을 표에 기록하여 운항승무원(조종사)에게 전달한다. 조종사가 정확한 HOT를 산정할 수 있도록 조업사가 작업한 내용을 정비사가 확인하고, 사용된 제빙액의 종류, 혼합비율, 도포작업을 시작한 시간 등의 기록을 확인한 후 조종사에게 전달한다. 이렇게 전달된 정보와 그날의 기상상태 및 기온을 기준으로 조종사가 HOT를 결정한다.

[그림 8-21] 제빙액 작업 리포트

제8장 확인학습: 연습문제 및 해설

> 제빙 및 제우계통

1 다음 중 항공기에 발생한 결빙의 영향으로 맞지 <u>않는</u> 것은?

① 에어 포일의 변형으로 인한 양력 상실
② 얼음 발생으로 인한 무게 증가
③ 비행속도 보상을 위한 연료소모량 증가
④ 착륙 시 활주거리가 짧아짐

해설 양력보상을 위한 비행속도 증가로 인해 착륙거리가 길어진다.

2 다음 중 항공기가 비행 중 발생된 얼음으로 인한 증상으로 맞지 <u>않는</u> 것은?

① 양력 증가   ② 항력 증가
③ 무게 증가   ④ 추력 감소

해설 에어 포일의 오염으로 인해 양력이 감소한다.

3 다음 중 전기적 방법에 의한 방빙·제빙계통으로 맞지 <u>않는</u> 것은?

① 윈드실드   ② 엔진 흡입구
③ 피토트 튜브   ④ 워터 드레인 라인

해설 상대적으로 넓은 면적에 해당하는 엔진흡입구, 날개 앞전 부분은 공압계통에 의한 방·제빙계통이 사용된다.

4 다음 중 날개 앞전 외피 부근에 두 개의 층 사이를 흐르는 따뜻한 공기를 이용한 방·제빙방법은 어느 것인가?

① 전기적 열에너지 방법   ② 공압 열에너지 방법
③ 화학적 방법   ④ 기계적 방법

해설 공압 열에너지를 이용해 날개 앞전 부분을 효과적으로 흐를 수 있도록 2개의 판재 사이를 뜨거운 공기가 지나면서 방·제빙 효과를 만들어낸다.

정답 1. ④ 2. ① 3. ② 4. ②

5 다음 중 전기적인 열에너지 방법을 사용하는 부분이 아닌 것은?

① 피토트 튜브   ② 외기온도계
③ 수직안정판 앞전   ④ 받음각지시계

해설 전기적 열에너지 방법은 각종 센서부분에 대표적으로 사용된다.

동절기취급절차

6 다음 중 항공기에 발생한 결빙으로 인한 위험요인에 해당하지 않는 것은?

① 항력증가   ② 엔진 FOD
③ 무게증가   ④ 양력증가

해설 결빙으로 인한 날개 표면의 불균형, 얼음 발생으로 인한 무게증가 등의 이유로 양력이 감소한다.

7 다음 중 동절기취급절차와 관련된 용어 중 연료탱크의 냉각된 연료에 의한 현상을 설명한 용어는 어느 것인가?

① de-icing   ② anti-icing
③ hold over time   ④ cold socked

해설 장시간 비행으로 인해 탱크 내의 연료가 찬 기운을 머금고 있어 고도가 낮아지면서 만나게 되는 수분 입자가 항공기 외피에 달라붙어 결빙이 발생한다. 이렇게 탱크 내부의 연료가 찬 기운을 가지고 있는 상태를 'cold socked' 되었다고 표현한다.

8 다음 중 icing condition에 해당하는 것으로 적당하지 않은 것은?

① 이슬점과 외기온도의 차가 3℃ 이하
② 외기온도 0℃ 이하
③ 수평 가시거리 100m 이내에 안개, 진눈깨비, 비 또는 눈이 존재
④ 활주로상에 고인 물, 우박, 얼음 또는 눈이 있는 경우

해설 결빙조건은 외기온도 10℃ 이하에서 적용된다.

정답 5. ③ 6. ④ 7. ④ 8. ②

9 다음 중 방빙지속시간에 대한 설명으로 적당하지 않은 것은?

① 제방빙액을 뿌리기 시작한 시점부터
② 정비사가 결정
③ 그날의 온도와 기상상황 반영
④ 제방빙액의 종류와 혼합비 반영

해설 제시된 조건을 바탕으로 조종사가 결정한다.

10 다음 중 효율적인 제빙을 위한 도포작업에 대한 설명으로 적당한 것은?

① 날개 루트에서 팁 쪽으로 분사
② 수직꼬리날개는 아래부터 위쪽 방향으로 분사
③ 캠버가 높은 쪽에서 낮은 쪽으로 분사
④ 날개 상면은 직접분사 금지

해설 날개의 경우 팁 쪽에서 루트 방향으로 도포하고, 수직날개의 경우 위쪽부터 아래쪽으로, 그리고 캠버가 있는 날개의 경우 높은 쪽에서 낮은 쪽으로 분사하고 윙 상면은 전체적으로 분사하여야 한다.

정답 9. ② 10. ③

AIRCRAFT SYSTEMS

제9장

비행조종계통

AIRCRAFT SYSTEMS

9.1 비행조종계통의 필요성

9.2 조종계통의 구성

9.3 1차 비행조종계통
(primary flight control system)

9.4 2차 비행조종
(secondary flight controls)

요점정리

| 비행조종계통의 필요성 |

1. 비행조종계통(flight control system)은 항공기의 조종성, 안정성, 그리고 비행 안전성을 확보하는 데 필수적인 요소로 다루어진다. 앞서 이야기했듯, 항공기가 살아 움직인다는 것은 단순히 전기, 공압, 유압 파워가 정상 공급되어 작동이 가능한 상태를 이야기하는 것만이 아니다. 정상적으로 살아서 움직인다는 것은 항공기가 목적지 공항을 향해 가장 안전하게, 추가적으로 효율적인 연료를 소비하면서 비행경로를 따라 비행할 수 있다는 것을 말한다. 이렇듯 상황에 맞게 항공기가 자세를 바꾸며 비행경로, 즉 항로를 따라 최적화된 움직임을 만들어내도록 기능하는 것이 비행조종계통이다.

2. Boeing사의 B737 항공기 시리즈와 같은 상업용 항공기에서는 이 계통이 조종사가 조종간을 움직이는 명령을 비행 조종면(flight control surface)으로 전달하여 원하는 비행경로를 따르도록 설계되어 있다. 기본적으로 비행조종계통은 조종사의 명령이나 자동비행조종장치의 입력값을 처리하여 항공기가 방향을 전환하거나 고도를 유지하고 속도를 제어하도록 요구된다. 또한 비상상황에서 안정성과 신뢰성을 높이기 위해 중복 설계 등 fail-safe 개념이 적용된 메커니즘이 포함된다.

| 비행조종계통의 구성 |

1. 비행조종계통은 ATA27로 정의되어 있으며, 세부적으로는 1차 비행조종계통(primary flight control system)과 2차 비행조종계통(secondary flight control system)으로 구성된다.

2. 항공기 비행조종계통은 조종사의 명령이 입력값이 되고 이 명령을 조종면에 전달하여 조정면을 움직이게 하고, 이러한 움직임이 입력과 출력의 차이가 있는지를 모니터하며 지속적으로 안전하게 작동할 수 있도록 고도화된 전자 시스템의 도움을 받아 비행안정성을 확보한다. 이를 위해 비행조종계통은 입력, 출력 그리고 지시계통을 구성요소로 포함하고 있다.

| 비행조종계통 리깅 절차 |

1. 비행조종계통은 입력과 출력이 정확하게 맞았을 때 정상작동이 이루어지는데, 시간이 지날수록 환경변화에 따라 구성품들의 정밀도가 떨어질 수 있어 원래의 설정값이 되도록 조정작업(cable rigging)이 필요하다.

2. 육안점검을 통해 케이블의 손상 여부와 드럼 등 연결부에 구성품들이 정확하게 위치해 있는지 확인작업을 실시한다.
3. 케이블 텐션미터를 사용하여 초기 장력 세팅값의 상태를 점검하여 장력 조정(rigging)작업을 실시한 후, 안전결선(safety wire)이나 라킹클립(locking clip)을 사용하여 턴버클(turnbuckle) 고정작업을 실시한다.
4. 수동 및 자동 작동 모드를 실행하여 케이블 시스템이 원하는 대로 작동하는지 작동 테스트 절차를 수행한다.

사전테스트

1. 운송용(T급) 항공기 조종은 조종사의 힘에 의존하기 때문에 조종사를 뽑을 때 체력검사를 실시한다.

> **해설** 운송용 항공기 조종은 전기, 유압 시스템의 도움을 받아 작동한다.
>
> 정답 ×

2. 항공기를 조종하기 위해 장착된 조종면은 3가지만 존재한다.

> **해설** 항공기의 조종성을 위해 1차 조종면이 장착되고, 안정성을 위해 2차 조종면이 추가로 장착되어, 통상 5가지 이상의 조종면이 항공기에 적용된다.
>
> 정답 ×

3. 조종석에 장착되어 조종계통에 사용되는 스위치 모양은 법으로 정해져 있다.

> **해설** 항공안전법 제19조에 항공기기술기준(KAS, Korean Airworthiness Standards)을 제정하여 운영할 것을 법으로 정하고 있으며, 항공기기술기준에 항공기를 제작할 때 적용해야 할 기준을 정하고 있으며, 조종면을 작동시키는 스위치도 인적요소를 반영하여 제작하도록 정하고 있다.
>
> 정답 ○

4. 항공기 조종성을 설명할 때, 항공기 노즈(nose)로부터 테일(tail)까지를 연결하는 축을 세로축(longitudinal axis)으로 정의하고 있다.

> **해설** 항공기 조종성을 설명할 때 세로축(longitudinal axis), 가로축(lateral axis) 그리고 수직축(vertical axis)의 3축으로 정의한다.
>
> 정답 ○

5. 항공기 조종계통의 입력신호는 2가지 이상으로 전달될 수 있도록 제작한다.

> **해설** 비행 중 조종계통의 고장은 심각한 상황으로 발전할 수 있기 때문에, 한 가지 입력신호 전달이 어려울 경우 대체 입력신호 전달방법이 설계단계에서부터 적용되며, 이러한 개념을 페일세이프(fail-safe)라는 용어로 설명할 수 있다.
>
> 정답 ○

6. 비행 중 중요한 기능을 하는 플랩(flap)은 1차 조종면(primary control surface)으로 분류된다.

> **해설** 날개의 면적과 캠버 증가를 통해 더 많은 양력을 만들어내는 고양력장치(high lift device)인 플랩은 주로 이륙모드(takeoff mode)와 착륙모드(landing mode) 때 사용되며, 2차 조종면(secondary control surface)으로 분류된다.
>
> 정답 ×

7. 항공기 한쪽 날개에는 하나의 에일러론(aileron)만 장착된다.

> **해설** 항공기 형식에 따라 제작방법이 달라지는데, 보통 대형 항공기의 경우 인보드(inboard)와 아웃보드(outboard) 에일러론으로 나누어 장착되어 조종성능 향상을 꾀하고 있다.
>
> 정답 ×

8. 꼬리날개에 장착된 조종면인 러더(rudder)는 조종간(control column)의 좌우 움직임에 따라 조종된다.

> **해설** 항공기의 방향 전환을 조종하기 위한 러더는 조종석 하부의 발로 밟아 작동하는 페달에 의해 조종된다.
>
> 정답 ×

9. 항공기 꼬리날개인 호리젠탈 스태빌라이저(horizontal stabilizer)는 전체가 조종을 위해 움직인다.

> **해설** 장시간 비행 시 조종사의 조종력 경감을 위해 항공기의 기수 방향 움직임을 조절해 주기 위해 호리젠탈 스태빌라이저 트림(trim) 기능을 갖추고 있다.
>
> 정답 ○

10. 항공기 날개에 장착된 스포일러(spoiler)는 브레이크 역할을 한다.

> **해설** 날개 상면에 장착된 여러 장의 스포일러는 비행 중 에일러론의 작동을 도와 항공기가 부드럽게 움직일 수 있도록 도와주는 기능과 함께 항공기가 지상에 착륙할 때 특정 신호에 의해 브레이크로 작동한다.
>
> 정답 ○

9.1 비행조종계통의 필요성

비행조종계통은 항공기의 안전한 비행과 효율적인 비행을 제공하기 위한 필수 시스템이다. 비행조종계통은 항공기 엔진 배기구에서 나오는 가스의 힘인 추력에 의해 전진하는 힘이 발생한 동체를 원하는 항로를 따라 비행할 수 있도록 대기의 변화에 시시각각으로 반응하면서 항공기 동체의 안전성이 확보되는 한도 내에서의 기동, 기내에 탑승한 승객들의 안락함을 방해하지 않으면서 원하는 비행경로를 유지하기 위한 기능 등을 담당한다.

　이 계통은 항공기의 기본적인 방향제어와 고도유지뿐만 아니라, 비상상황에서도 조종사가 당황하지 않고 정확한 판단과 신속한 대처를 할 수 있도록 인간공학적 설계가 적용된다. 물론 항공기기술기준(KAS, Korean Airworthiness Standards)에 이러한 인적 요소를 고려해서 에러를 방지할 수 있도록 조종장치를 설계하기 위한 기준이 제공되고 있다.

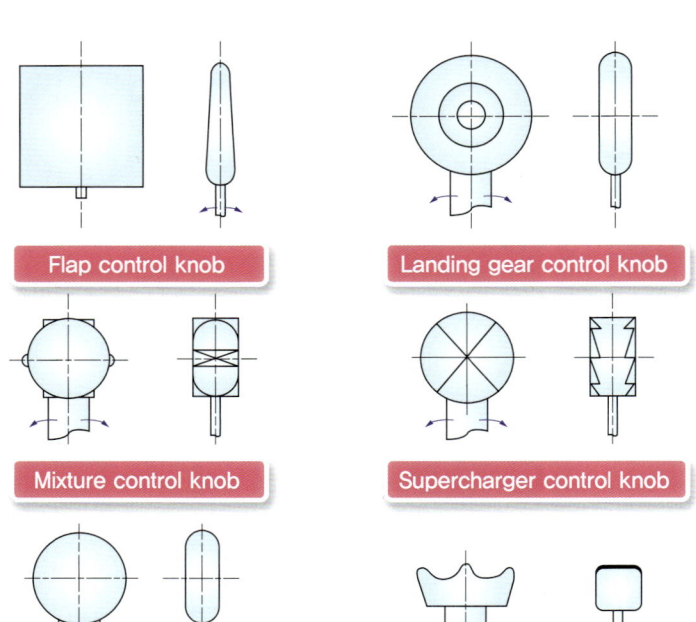

[그림 9-1] 조종실 조종장치 손잡이의 형태

9.1.1 항공기의 조종성과 안정성

비행조종계통을 설계할 때 디자이너는 조종성과 안정성 사이에서 고민을 하게 되는데, 운송용 항공기의 경우 안정성에 좀더 무게를 두고 설계한다. 비행조종계통은 조종사의 입력신호를 항공기 조종면(control surface)으로 전달하여 조종면의 움직임을 만들어 내고 이 조종면의 움직임에 의해 발생하는 공기력의 변화를 유도하여 원하는 비행상태를 유지하게 한다. 비행조종계통의 작동은 조종성과 안정성 고려가 필수적인 개념으로, 이 두 요소 중 어느 것에 주안점을 둘 것인가는 항공기의 사용목적에 따라 결정된다. 통상적으로 전투기와 같이 기동성이 중요한 경우, 조종성을 더 우선해서 선택하고 운송용 항공기와 같은 여객기의 경우 비행 중 큰 흔들림이 발생하지 않는 안정적인 비행을 더 중요시하기 때문에 안정성에 초점을 둔 설계를 선호한다.

9.1.2 항공기의 3축운동

항공기는 [그림 9-2]처럼 항공기 동체를 레이돔과 동체 꼬리를 잇는 중심을 가로지르는 세로축(roll axis), 왼쪽 날개 끝에서 오른쪽 날개 끝을 연결하는 가로축(pitch axis), 그리고 동체 아래위를 관통하는 수직축(yaw axis)을 기준으로 3축을 중심으로 하는 움직임의 조종이 가능하다.

예를 들어, 에일러론(aileron)의 움직임은 항공기를 세로축을 기준으로 기우뚱하게 움직이는 기울기를 조절하고, 엘리베이터(elevator)는 가로축을 중심으로 항공기 동체의 앞부분(nose)을 위로 들거나 아래로 내려 고도의 변화를 만들어내고, 러더(rudder)는 수직축을 중심으로 항공기 앞부분을 왼쪽이나 오른쪽으로 회전하는 움직임을 담당한다. 물론 비행 중인 항공기의 경우 이러한 주 조종면의 움직임이 각각 단독으로 진행되는 것이 아니라 각각의 조종면들이 동시에 상호작용을 하면서 정확한 입력값을 출력값으로 만들어낼 수 있도록 설계하고 있다.

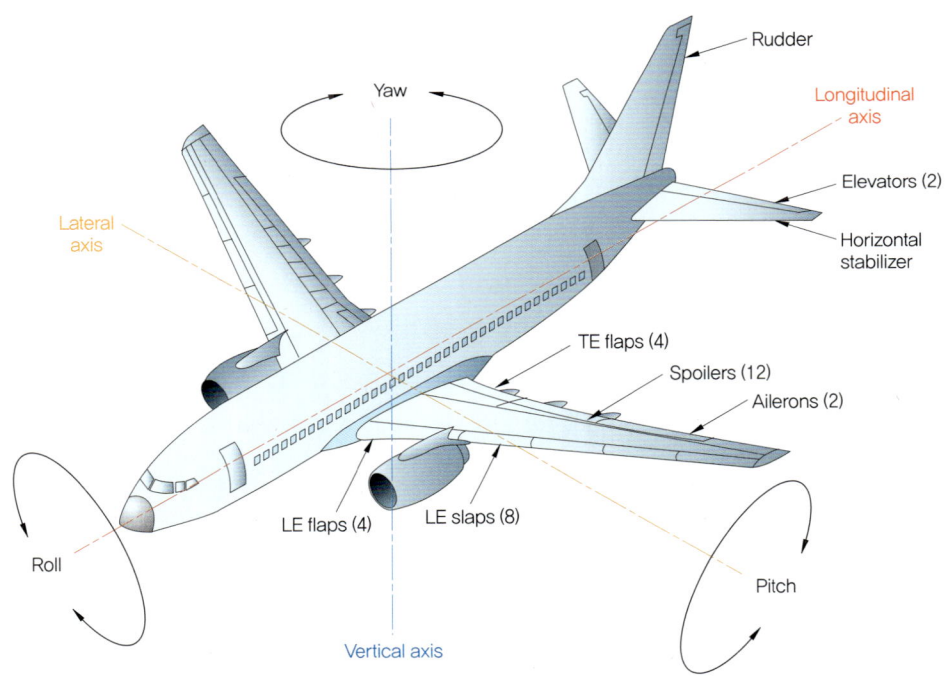

[그림 9-2] 비행조종계통의 조종축과 조종면

9.2 조종계통의 구성

9.2.1 조종을 위한 입력신호의 전달과정

조종석에서 조종간을 움직여 명령을 주게 되면 각각의 날개에 장착된 조종면들이 주어진 명령을 전달받아 움직인다. 조종계통 힘의 전달방식은 로드(rod), 케이블(cable), 플라이 바이 와이어 시스템(fly-by-wire system)으로 진화해 왔다. 항공기 개발 초기에는 조종사의 힘에 의해 조종면을 움직일 수 있었으나 항공기의 비행속도가 빨라지고 항공기의 크기가 대형화됨에 따라 조종사의 힘만으로는 조종면을 움직일 수 없게 되어 유압(hydraulic power), 공압(pneumatic power), 전기(electrical power)의 힘을 빌리게 되었고, 원거리에 장착된 작동 구성품까지 힘을 전달하기 위해 케이블과 플라이 바이 와이어 방법으로 진화하였다.

로드 시스템(rod system)은 개발 초기 소형 항공기에 주로 사용되었으며, 조종사의 조종을 위한 입력이 기계적으로 연결된 로드에 의해 전달되어 바로바로 작동력이 전달될 수 있었으나 긴 거리에 적용하기에는 한계가 있었다.

케이블 시스템(cable system)은 중형 항공기에 널리 사용되던 방식으로, B737 항공기와 같이 오랜 역사를 가진 비행기의 경우 아직까지도 사용되고 있는데, 케이블과 풀리(pulley)를 이용하여 조종사의 입력이 비교적 원거리까지 전달된다. 케이블 시스템은 유압 시스템과 결합되어 조종 입력을 증폭시켜 항공기 속도와 크기의 증가에도 원하는 조종이 가능하다. 다만 항공기 운용시간이 길어짐에 따라 장력과 케이블 등 구성품의 상태 유지를 위한 정기 점검이 필요하게 되었고, 중정비 기간을 통해 설계된 장력으로 조절하는 리깅(rigging) 절차를 수행하고 있다.

플라이 바이 와이어 시스템(fly-by-wire system)은 현대 항공기의 표준으로 자리잡은 기술로, 조종사의 입력을 전기신호로 변환하여 컨트롤러라 불리는 제어장치로 전달되어 조종면 부근에 장착된 유압 액추에이터(actuator)의 밸브 유로를 조절하여 작동면을 움직이게 한다. 전기신호의 사용은 경량화가 가능하여 유압시스템의 복잡성을 줄일 수 있게 되었고, 자동 비행모드와 통합되어 조종사의 조종력을 경감시키는 등의 강점을 가지고 있다.

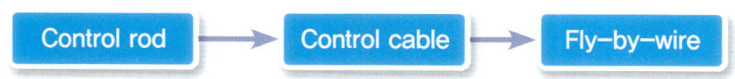

[그림 9-3] 입력에서 출력으로의 동력 전달방법의 발달

9.2.2 비행조종계통의 고장 시 안전확보 설계

항공기는 비행 중 결함이 발생되면 심각한 사고로 이어질 수 있기 때문에 입력신호 전달에 문제가 발생하는 일이 없도록 페일 세이프 방식(fail safe method)이 적용된다. 모든 입력장치를 다중화(multiple redundancy)하여 하나의 채널이 고장나더라도 예비되어 있는 채널이 작동을 이어받아 비행 중 지속적으로 입력신호가 조종면에 도달할 수 있도록 설계하여 항공기의 안전성을 확보한다.

플라이 바이 와이어 시스템의 경우, 조종신호를 최소한 3개 이상의 독립된 경로로 전달하여 만일의 상황에 대비하여 조종계통의 신뢰성을 확보한다.

앞 장에서 설명한 각각의 시스템의 두뇌부에 해당하는 컴퓨터(controller)처럼 비행조종계통에도 비행 제어 컴퓨터(FCC, Flight Control Computer)가 중심에 자리잡고 있으면서 조종면의 작동을 위한 입력신호와 출력상태를 지속적으로 비교하면서 고장 여부를 확인한다. 추가적으로 자동 작동시스템에 문제가 발생할 경우, 조종사가 수동제어로 전환하여 항공기를 조종할 수 있도록 설계하고 있다.

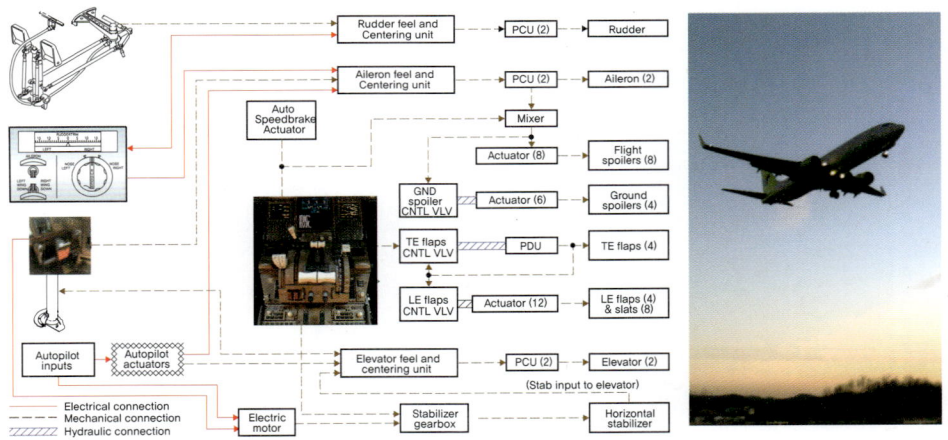

[그림 9-4] 조종 명령 입력의 전달경로

9.2.3 1차 조종면과 2차 조종면

비행조종계통은 크게 1차 조종면(primary flight control surface)과 2차 조종면(secondary flight control surface)으로 구분하며, 이 두 가지 조종면은 각각의 고유 기능과 목적을 가지고 있다. 그러나 앞서 설명한 것처럼 관련 있는 각각의 조종면들은 상호

작용을 통해 항공기의 조종성과 안정성을 확보할 수 있도록 물리적인 기계장치의 연결을 통해 구조화된다. 1차 조종면은 입력값에 의한 항공기의 움직임에 전적으로 개입하며, 2차 조종면은 1차 조종면에 의한 항공기의 움직임을 좀더 부드럽게 만들어 주기 위한 목적과 보다 안정적인 움직임을 만들어 내기 위해 사용된다.

1차 조종면은 에일러론(aileron), 러더(rudder), 엘리베이터(elevator)로 구성되며 에일러론은 롤축을 따라 기체의 좌우 기울기를 변화시켜 방향 전환을 유발한다. 엘리베이터는 피치축을 중심으로 항공기의 고도를 높이거나 낮추는 움직임을 만들어내고, 러더는 요축을 따라 기체의 방향 전환을 만들어낸다.

2차 조종면은 플랩(flap), 슬랫(slat), 스포일러(spoiler), 스피드브레이크(speedbrake) 등이 사용되며 1차 조종면과 함께 작동하여 특정 비행조건에서 항공기의 성능을 최적화하는 데 힘을 더한다. 플랩은 항공기가 이륙하거나 착륙할 때 양력을 증가시켜 안전성을 만들어내고, 스포일러와 스피드브레이크는 공기 저항을 증가시켜 속도를 감소시키는 역할을 하고 비행 중 에일러론의 움직임과 상호 작용하면서 방향전환을 쉽게 하거나 효율적인 비행을 하도록 협력한다. 이 외에도 수평안정판(horizontal stabilizer)의 경우 공기력 중심을 기준으로 리딩에지(leading edge)를 위아래로 움직여 틀어진 밸런스를 조절하여 조종사의 지속적인 개입을 덜어주어 조종 시 발생하는 피로도를 줄일 수 있도록 작동하는 호리젠탈 스태빌라이저 트림(trim) 기능이 적용된다.

[그림 9-5] 그라운드 스포일러

9.3 1차 비행조종계통(primary flight control system)

9.3.1 에일러론

에일러론은 보조익으로 번역되며, 항공기의 롤축을 따라 기울기를 조정하여 비행 방향을 변경하는 데 사용되며, 왼쪽과 오른쪽 메인 윙(main wing) 끝부분에 장착된다.

[그림 9-6] 에일러론

에일러론은 다른 조종면들과 다르게 차동조종(differential control)방식으로 설계된다. 양쪽 날개에 서로 반대되는 방향으로 작동하면서 원활하게 방향 전환이 가능해야 하기 때문에 한쪽 날개는 양력을 증가시키고 다른 한쪽은 양력을 감소시켜 롤링 모멘트가 발생하도록 한다.

예를 들어, 왼쪽 날개 에일러론이 아래 방향으로 움직이면 날개의 양력이 증가하고 항력이 감소한다. 이때 오른쪽 날개를 약간 올려주면 오른쪽 날개의 양력이 작아지면서 오른쪽 날개 전체가 아래로 움직이는 힘이 발생하면서 롤링 효과가 확실하게 발생한다. 차동조종장치(differential control mechanism)라고 불리는 이유는 선회 시 불필요한 항력의 증가를 최소화하면서 항공기가 더욱 효율적으로 회전운동하도록 돕기 때문이며, 이를 위해 왼쪽으로 회전하기 위한 운동을 입력으로 줄 때, 왼쪽 에일러론을 15° 업(up)시키면, 오른쪽 에일러론은 약 5° 다운(down) 방향으로 작동한다. 차동조종은 왼쪽 에일러론과 오른쪽 에일러론이 동시에 작동하지만 이러한 방향과 움직이는 각도의 차이를 주어 다운 방향으로 움직이는 에일러론에서 발생하는 항력을 줄이는 효과를 목적으로 한다.

에일러론의 공기역학적 효과는 에일러론이 다운(down)되었을 때, 해당 날개의 양력은 증가하여 날개를 들어올리는 데 기여한다. 항공기가 좌측으로 선회할 경우, 오른쪽 날개의 에일러론이 다운되어 더 큰 양력을 발생시켜 선회를 돕는다. 동시에 다운된 에일러론은 항력을 감소시켜 선회가 더욱 부드럽게 이루어지도록 한다. 반대로 에일러론이 업 위치에 있을 때, 해당 날개의 양력은 감소하고 항력은 증가한다. 이로 인해 해당 날개가 각각 위로 원활하게 올라가고 반대쪽 날개는 아래로 내려가면서 롤링 효과가 극대화된다.

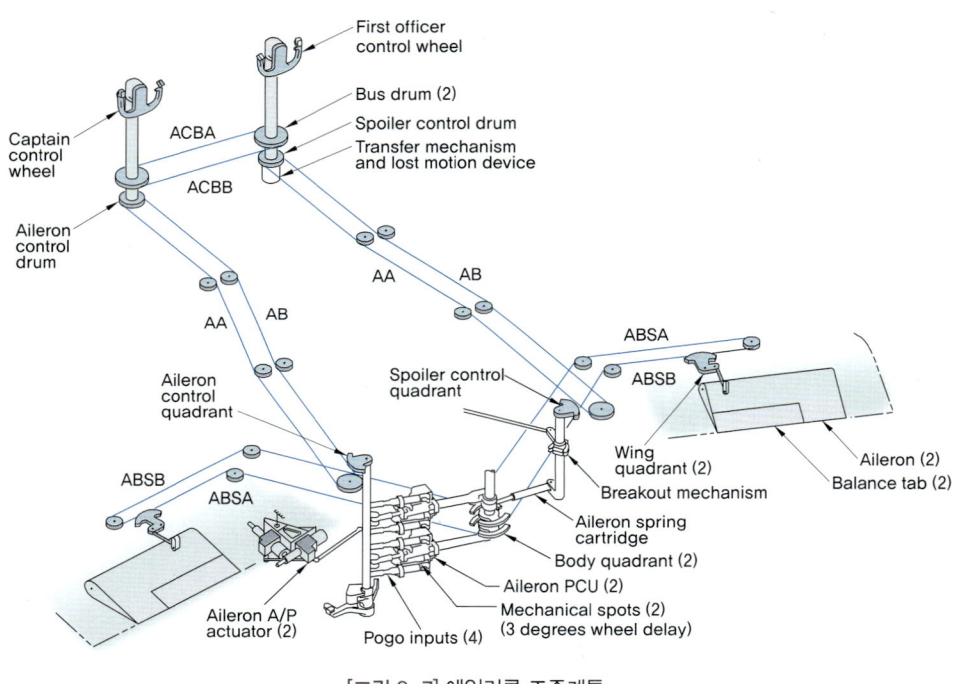

[그림 9-7] 에일러론 조종계통

대형 항공기의 경우 에일러론을 인보드 에일러론(inboard aileron)과 아웃보드 에일러론(out board aileron)으로 나누어 작동할 수 있도록 2개로 장착되기도 하는데, 항공기가 고속으로 비행 중일 때에는 모멘트가 상대적으로 크게 작용하는 아웃보드 에일러론의 움직임을 제한하는 장치인 락 아웃 메커니즘(lock out mechanism)을 적용하여 조종 안정성을 확보하기도 한다.

9.3.2 러더

러더는 방향키 또는 방향타로 번역되며, 항공기의 수직축을 중심으로 항공기의 머리 (head) 부분의 움직임을 만들어내는 역할을 한다. 즉 비행기의 좌/우 회전운동을 만들기 위한 조종면이다. 작은 움직임으로 큰 효과를 내기 위해 중심축으로부터 먼 거리에 위치한 수직꼬리날개(vertical stabilizer)에 장착되며 가해지는 힘은 상대적으로 작지만 거리가 길어지면서 큰 모멘트를 만들어 고속으로 비행하는 항공기의 움직임을 충분하게 조종할 수 있도록 설계된다. 이러한 힘의 전달방법을 활용하여 항공기 중심축을 기준으로 모멘트의 변화를 주면서 조종면 움직임의 방향으로 항공기의 heading을 조종한다.

[그림 9-8] 러더

러더의 움직임은 에일러론과 엘리베이터처럼 조종간을 통해서 명령이 전달되는 것이 아니라 조종석 하부에 장착된 러더 페달(rudder pedals)의 움직임이 명령신호가 되며, 들어온 신호를 두 가닥으로 배선된 케이블을 통해서 러더가 장착된 버티컬 스태빌라이저 부분까지 전달한다. 정상작동 중인 유압계통(hydraulic system) 작동압력을 사용할 수 있는 러더 파워 컨트롤 유닛(PCU, Power Control Unit)를 활용하여 시속 800 km 정도의 빠른 속도로 비행하고 있는 항공기의 공기력을 이기고 원하는 만큼 조종면을 움직일 수 있도록 설계한다.

러더 필 엔드 센터링 유닛(rudder feel and centering unit)이 장착되어 페달에서 발을 떼는 순간 러더 자체가 중앙 위치로 되돌아 오도록 리턴 기능을 제공하고 항공기 속도에 따라 러더 작동의 반응속도를 조절하기 위해 조종사가 저항을 느끼도록 반대힘을 제

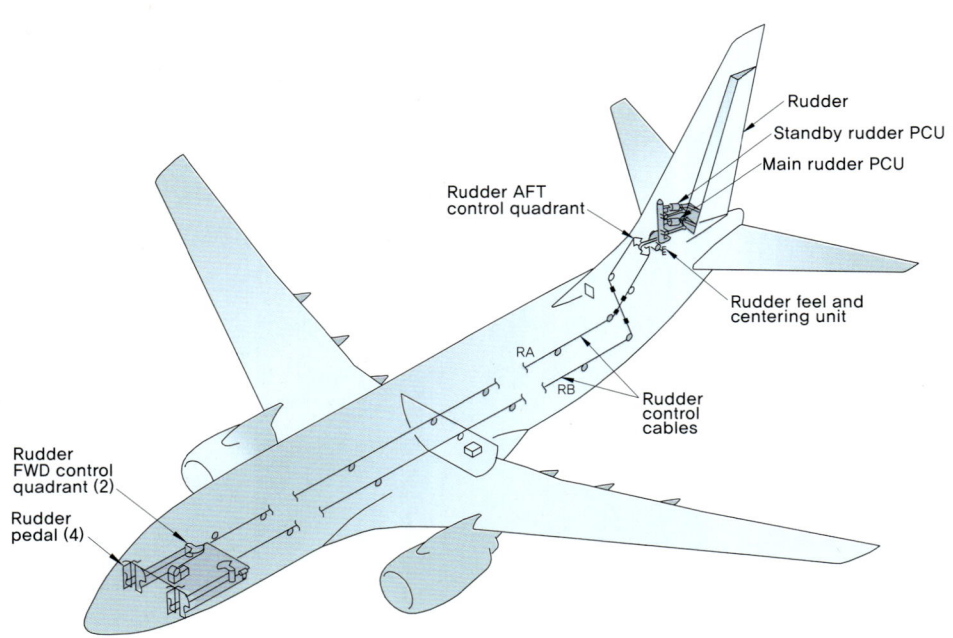

[그림 9-9] 러더 조종계통

공하는 인공감각장치(artificial feeling system)가 장착된다.

비행 중 항공기의 헤딩(heading)이 계속해서 틀어질 경우 항로를 벗어나게 되는데, 이를 해결하기 위해 조종사가 지속적으로 러더 페달을 차야 하는 스트레스를 줄이기 위해 틀어진 정도를 조종석에서 한 번 수정함으로써 기준값을 변경시킬 수 있는 트림 조절장치를 가지고 있다. 에일러론과 러더 트림 조절 패널이 장착되어 있어서 전기 액추에이터를 작동시켜 원하는 만큼 수정할 수 있도록 기능을 제공한다.

9.3.3 엘리베이터(elevator)

엘리베이터는 승강기 또는 승강타로 번역되며, 날개 끝과 반대쪽 날개 끝을 연결하는 가상의 선으로 정의되는 래터럴축(lateral axis)을 중심으로 항공기의 머리(aircraft nose)를 아래 또는 위의 방향으로 변경하는 움직임을 만들기 위한 조종면을 말하며, 보통 양쪽 꼬리날개 뒷부분에 장착된다.

비행을 시작하는 항공기는 날개 뼈대 부분에 설정된 래터럴축을 중심으로 항공기 머리를 드는 형상의 움직임을 일정 시간 유지하는데, 이때 조종사는 조종간을 힘차게 당기는

[그림 9-10] 엘리베이터

행동을 지속한다. 조종간에 연결된 케이블에 의해 러더와 마찬가지로 모멘트를 크게 하기 위해 수평꼬리날개(horizontal stabilizer) 뒤쪽 끝부분에 장착된 엘리베이터를 위쪽으로 잡아당겨 수평꼬리날개 전체가 받는 공기력이 래터럴축을 중심으로 아래로 내려가는 힘을 형성한다. 이러한 움직임을 통해 래터럴축을 중심으로 항공기의 기수가 들어올려지는 비행자세를 유지하면서 항공기가 상승비행을 하게 된다. 이처럼 엘리베이터의 작동은 항공기의 상승 또는 하강 비행을 위한 항공기의 움직임을 만들어낸다.

엘리베이터는 조종간(control column)을 당기거나 미는 조종사의 힘에 의해 작동하는 매뉴얼(manual) 모드와 설정된 비행경로 정보를 바탕으로 플라이트 컨트롤 컴퓨터(FCC, Flight Control Computer)의 명령에 따라 작동하는 오토파일럿(autopilot) 모드로 작동하도록 설계되어 있다. 매뉴얼 모드는 조종사가 조종간을 잡아당길 때에 그 힘의 크기만큼 링케이지와 케이블이 당겨지면서 대기 중이던 유압이 힘을 발휘할 수 있도록 파워 컨트롤 유닛(PCU, Power Control Unit)에 신호를 주고 조절된 유압의 크기만큼의 힘이 토크튜브(torque tube)를 움직여 연결된 엘리베이터를 작동시킨다. 반면 오토파일럿 모드의 작동은 플라이트 컨트롤 컴퓨터가 오토파일럿 액추에이터를 작동시키고 그 움직임의 값만큼이 PCU에 입력값으로 제공되면서 유압의 크기만큼 엘리베이터를 작동시킨다.

오토파일럿 기능에는 에일러론처럼 엘리베이터도 특별한 기능을 포함하고 있다. 항공기의 속도가 빠를 때 항공기의 기수가 아래 방향으로 향하려고 하는 힘이 생기며 이러한 노스 다운 힘(nose down force)을 방지하기 위해 마하 트림(mach trim) 기능이 적용된다. 이를 위해 필 앤드 센터링 유닛(feel and centering unit)을 구비하고 있는데, 필 앤드 센터링 유닛은 항공기 속도가 증가함에 따라 조종간을 작동시키기 위한 힘의 세기를 추가적으로 요구하기 위해 인위적인 힘을 느낄 수 있도록 작동한다.

비행 중 엘리베이터를 움직이기 위해 필요한 조종사의 힘을 줄여주기 위해 엘리베이터 탭 컨트롤 메커니즘을 갖고 있으며, 엘리베이터가 움직이는 방향과 반대 방향으로 작동하면서 엘리베이터 전체에 작용하는 공기력을 명령한 방향으로 작동하는 경향성을 키우도록 작동한다.

[그림 9-11]처럼 엘리베이터를 작동시키기 위해서는 electrical power, mechanical power, hydraulic power 그리고 pneumatic power가 사용되는데, 조종석에서의 엘리베이터 작동을 위한 신호 입력은 케이블을 중심으로 하는 mechanical power로 전달되고, 대기 중이던 유압 액추에이터의 작동 유로를 조절하여 엘리베이터에 직접 연결된 엘리베이터 PCU 유로를 조절하여 엘리베이터가 작동하게 한다.

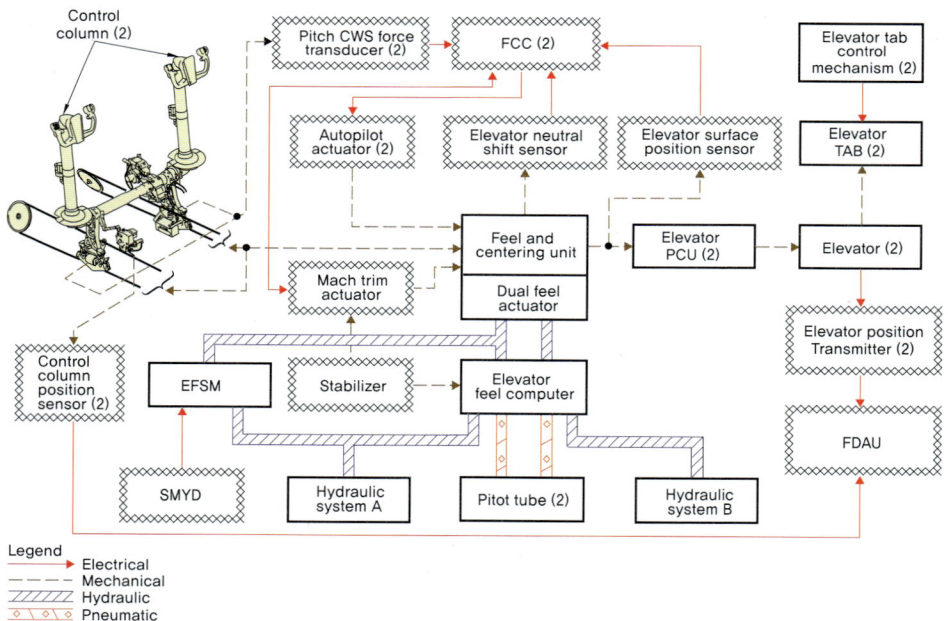

[그림 9-11] 엘리베이터 조종계통

9.4 2차 비행조종(secondary flight controls)

항공기 조종을 위해 사용되는 플라이트 컨트롤 서페이스(flight control surface)는 크게 비행 중 자세를 변경하기 위해 3축운동을 만들어내는 역할을 주로 담당하는 1차 조종면과 비행 자세 변화를 위한 3축운동을 효과적으로 할 수 있도록 도움을 주는 역할과 항공기 날개면에 발생하는 양력과 항력의 크기를 조절하는 데 초점을 둔 2차 조종면으로 구분할 수 있다. 1차 조종면이 항공기의 자세 변화를 위한 운동을 만들어내기 위해 날개 뒷단에 장착되는 데 반해, 2차 조종면은 날개의 앞단에 장착되거나 날개 상면 또는 하면에 장착되기도 하고 수평안정판(horizontal stabilizer)의 경우 수평꼬리날개 전체가 해당되기도 한다. 대표적인 2차 조종면에는 수평안정판으로 알려진 호리젠탈 스태빌라이저, 플랩(flap), 스포일러(spoiler)와 스피드브레이크(speedbrake), 앞전플랩으로 알려진 리딩에지 플랩(leading edge flap)과 슬랫(slat) 등이 포함된다. 2차 조종면은 1차 조종면의 주 역할인 조종성보다는 항공기의 안정성에 더욱 초점을 맞춘 구성품이라고 설명할 수 있다.

9.4.1 수평안정판(horizontal stabilizer)

항공기 수평꼬리날개인 호리젠탈 스태빌라이저는 자세히 보지 않으면 움직임을 쉽게 알아볼 수 없다. 꼬리날개 쪽에 가까이 다가가서 살펴보면 그때서야 움직일 수 있는 각도가 표시되어 있는 것과, 가동부를 감싸고 있는 커버의 존재로 움직이는 구성품인 것을 확인할 수 있다. 또 꼬리동체 하부의 특별히 구분된 공간 내부로 들어가면 상당히 큰 스크루를 지지하고 있는 스태빌라이저 중심부를 확인할 수 있다. 다른 조종면들과 비교할 때 상대적으로 큰 스태빌라이저를 움직이기 위해 기능과 구조가 복잡한 구성품들을 일부러 장착한 이유는 조종사에게 피로가 덜 가게 하기 위한 항공기의 조종 특성을 제공하기 위해서다. 호리젠탈 스태빌라이저의 움직임을 항공기 정비 매뉴얼에서는 트림(trim) 기능으로 설명하는데, 조종사의 노동력을 줄여주기 위한 목적이 포함된다. 예를 들어 항공기 앞부분(nose)이 비행 중 지속적으로 업되거나 다운되는 상황이 발생할 경우에 조종사는 의식적으로 계속해서 바로잡으려는 행동을 해야 하는데, 장시간 비행 중 집중력에 방해가 될 뿐만 아니라 육체적 피로강도도 높아진다. 이를 해소하기 위해 호리젠탈 스태빌라이저를 원하는 방향으로 작동시켜 조종간을 지속적으로 누르지 않고도 원하는 기수 자세를 유지할 수 있게 된다.

[그림 9-12] B777 항공기 호리젠탈 스태빌라이저

호리젠탈 스태빌라이저를 작동시키는 방법은 스위치 선택에 의해 작동하는 전기 모터와 조종석에 장착된 드럼을 회전시켜 케이블에 의해 작동하는 방법이 함께 사용된다. 이는 항공기가 정상적으로 운항하고 있을 때에는 센서의 반응에 의한 자동작동(auto)모드로 작동하고, 자동작동모드에 문제가 있을 경우 매뉴얼모드로 작동 가능한데, 매뉴얼모드는 컨트롤 휠에 장착된 트림 스위치와 스로틀 스탠드에 장착된 스태빌라이저 트림 휠에 의해 작동이 가능하다.

스위치 선택에 의한 전기 모터가 호리젠탈 스태빌라이저를 작동시키지만, 어떤 원인에 의해 전기 시스템이 정상적으로 반응하지 못할 때에도 그 기능을 유지할 수 있도록, 페일 세이프(fail-safe) 기능에 해당하는 백업(backup) 개념으로 케이블을 잡아당기는 메카니컬(mechanical)한 힘의 전달로 스태빌라이저 트림 휠로부터 케이블 드럼을 통해 기어박스와 잭스크루가 움직일 수 있도록 물리적인 힘의 전달 경로를 확보하고 있는 것이다.

전기모터의 경우도 통상 프라이머리 모터(primary motor)와 알터네이트 모터(alternate motor)로 구분하여 리던던시(redundancy)를 확보하고 있으며, 이러한 리던던시마저도 기능을 못할 경우 케이블에 의한 수동 작동기능을 부여하고 있다. 이렇듯 이중 삼중으로 작동기능을 확보하는 것을 보면 호리젠탈 스태빌라이저의 트림기능은 항공기 운항 안정성에 기여하는 바가 큰 것을 알 수 있다. 컨트롤 컬럼에 장착된 트림 스위치와 스로틀 스탠드에 장착된 스태빌라이저 트림 휠을 다음 사진에서 확인할 수 있다.

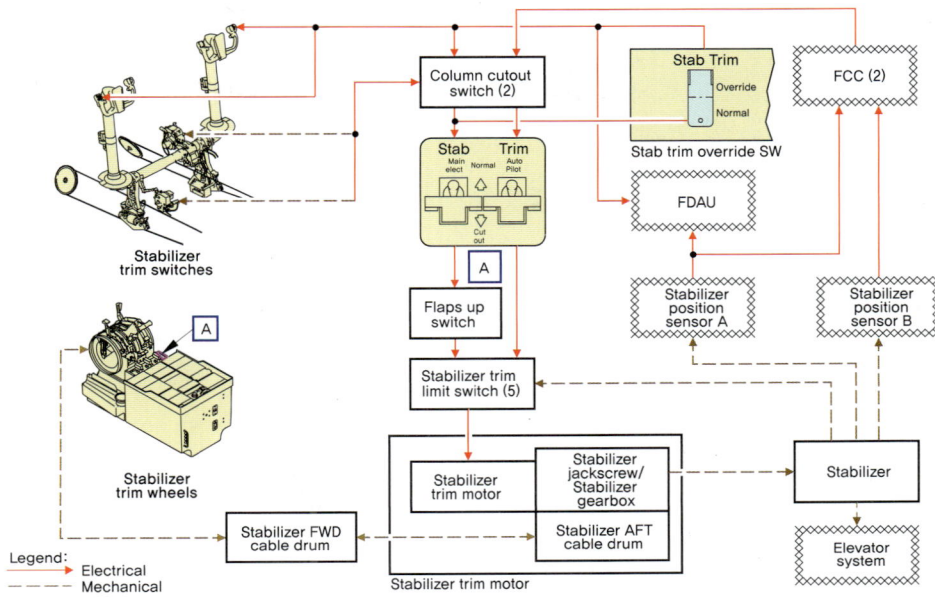

[그림 9-13] 호리젠탈 스태빌라이저 조종계통

[그림 9-14] 스태빌라이저 트림 휠

9.4.2 플랩(flaps)

항공기를 처음 공부하는 학생들에게 항공기 구조를 설명할 때 "항공기는 알루미늄 깡통이다." 라고 말하곤 한다. 그 이유는 항공기가 공기 중을 비행하기 위해서는 가능한 한 가

벼워야 해서 대부분 알루미늄 합금으로 제작되었기 때문이다. 하지만, 아무리 가벼운 소재로 항공기를 제작한다 하더라도 공기보다 무거워 항공기 무게를 떠받치는 힘이 부족하면 지상으로 떨어질 수밖에 없다. 항공기가 정상 운항고도에서 비행 중일 때에는 시속 800 km 이상의 속도로 전진하면서 항공기 무게를 감당하기에 충분한 힘인 떠 있을 만큼의 양력이 발생하지만, 그보다 낮은 속도로 비행하게 되면 상대적으로 추가적인 양력을 필요로 하게 된다.

특히 항공기가 지상을 박차고 떠올라 고도를 잡기까지의 이륙모드에서는 순항 중인 상태만큼의 양력에 턱 없이 모자라 자칫 대형 사고로 이어질 수 있다. 또한 공항 주변에 접근하여 활주로를 향해 내리막 접근 코스를 따라가는 착륙모드에서도 제한적인 거리에서 정지해야 하는 부담 때문에 가능하면 낮은 접근 속도로 진입하여야 하며, 이때도 마찬가지로 충분하게 떠 있을 수 있는 만큼의 양력이 필요하다. 따라서 요즘의 운송용 항공기의 경우 이륙과 착륙모드에서 안전한 비행을 확보하기 위해 날개 면적과 캠버를 증가시켜 낮은 속도에서도 필요한 만큼의 양력을 발생시키기 위해 고양력장치(high lift device)로 불리는 플랩(flap)을 장착하고 있다.

[그림 9-15] 플랩

초기 항공기 개발 당시에는 간단한 형태의 플랩이 활용되었지만, 항공기 이용 수요의 증가에 따라 항공기가 대형화되면서 알루미늄 깡통으로 설명된 항공기의 물리적인 크기가 대형화되었고, 과거의 단순한 형태의 플랩만으로는 충분한 양력을 제공하기가 어렵게 되었다. 이러한 수요에 맞추어 발전에 발전을 거듭하였고, 순항모드에서는 접혀들어가 유선형 날개꼴을 유지하고 있다가 큰 양력이 필요하게 된 이륙이나 착륙모드에서는 적절한 각도로 플랩을 다운시켜 캠버와 면적을 크게 하여 단위면적당 발생하는 양력의 증가를 확보하여 이륙과 착륙 성능을 향상시킬 수 있는 파울러 플랩(fowler flap) 등이 사용되고 있다.

플랩 다운 각도조절은 항공기 비행속도에 맞게 적절하게 펼쳐질 수 있도록 만들어진 홈을 따라 원하는 포지션에 플랩 레버를 이동시킬 수 있는 구조로 만들어져 있다.

항공기는 보통, 이륙 시에는 제한된 활주로에서 떠오르기 위해 최대 롤링 속도를 만들어 내야 하고, 착륙 시에는 3.5 km로 제한된 활주로 길이 내에서 빠르고 안전하게 정지해야 한다. 플랩 메커니즘에 공기력에 의한 스트레스가 발생하여 플랩 구성품의 단락 등 결함이 발생할 수 있다.

항공기사고 빈도가 가장 높은 비행모드로 이륙과 착륙모드를 꼽는다. "마의 11분"이라는 용어로 설명되고는 하는데, 이륙모드와 착륙모드에 대형사고가 많이 발생하기 때문이다. 플랩은 이 마의 11분 영역에서 제 기능을 발휘하는 것이 요구되며, 어떤 원인에 의해 작동하지 않을 경우 안전과 직결되기 때문에 리던던시 확보를 위해 알터네이트 모드

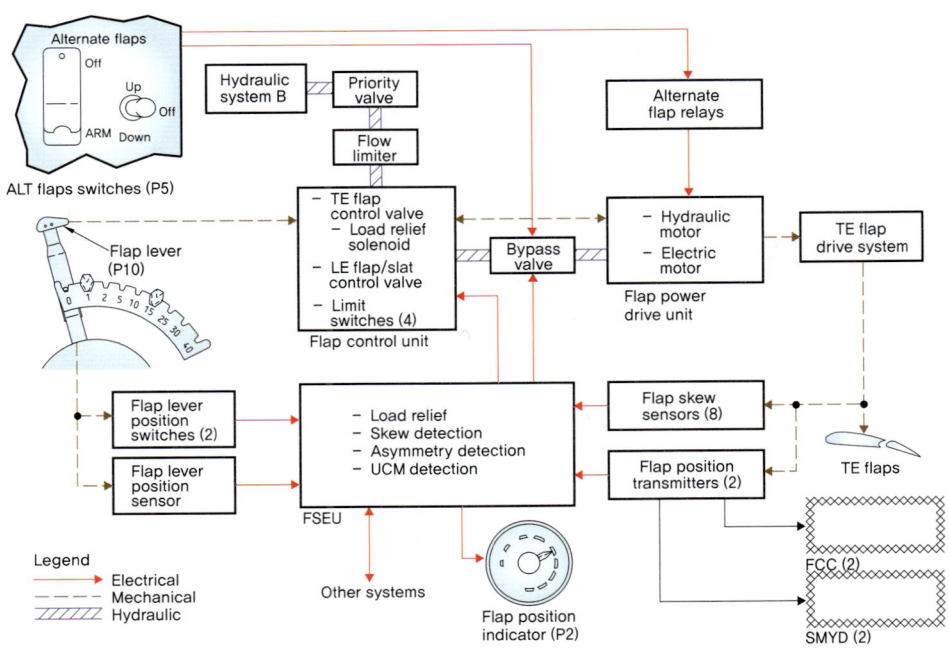

[그림 9-16] 플랩 조종계통

의 작동기능을 적용한다. 정상적인 항공기 컨디션에서는 유압에 의해 작동하지만, 알터네이트 상황에서는 전기적으로 작동하도록 백업기능을 갖추고 있는 것이 보통이다.

사진 속 플랩 레버를 보면, 설정할 수 있는 각도가 표기된 것을 확인할 수 있다. 이륙 시에는 가능하면 빠른 속도에 도달하고, 짧은 이륙거리를 확보하기 위해 항력 발생이 작아야 하기 때문에 작은 각도(5°)로 다운시키고, 반대로 착륙 시에는 착륙거리를 단축시키고 안정적인 접근 유지를 위해 양력과 항력 모두가 크게 필요하기 때문에 상대적으로 큰 각도(30°)로 다운시킨다.

[그림 9-17] 컨트롤 스탠드

플랩시스템에 포함된 센서들의 기능도 중요한데, 플랩 작동 중 발생하는 불일치 상황을 모니터하며 플랩 끝단의 인보드와 아웃보드의 움직임에 차이가 발생하는 스큐(skew)나 좌우 플랩 그룹 간 움직임의 각도 차이가 발생하는 어시메트리(asymmetry)를 감지하게 되면 플랩의 작동을 멈추게 하는 보호기능이 포함된다.

9.4.3 스포일러와 스피드브레이크(spoiler and speedbrakes)

스포일러는 항공기 탑승 중 날개 쪽 좌석에 앉을 경우 창 너머로 그 움직임을 확인할 수 있는 조종면이다. 날개 윗면에 장착된 여러 장의 조종면으로 구성되며, 가장 주된 역할은 롱지튜디널 액시스(longitudinal axis)와 관련된 항공기의 롤(roll) 움직임을 컨트롤하는 에일러론(aileron)을 돕는 것이다. 그리고, 착륙모드 중 날고 있던 항공기 바퀴가 지면에 닿는 순간, 타이어가 지면에 닿는 것을 감지하여 모든 스포일러를 들어올려 항력을 빠르게 증가시키면서 양력을 급감시켜 항공기의 뜨는 힘인 양력을 줄여 항공기 무게와 지면과의 마찰력 증가를 유발하여 착륙거리를 단축시키는 역할을 한다. 이처럼 스포일러가 강력한 브레이크 기능을 수행할 수 있는데, 이때의 스포일러를 그라운드 스포일러(ground spoiler) 또는 스피드브레이크(speedbrake)라고 한다.

[그림 9-18] 그라운드 스포일러

앞서 제시한 것처럼, 스포일러의 기능은 에일러론을 돕는 기능과 스피드브레이크 기능으로 구분할 수 있다. 그중 에일러론을 돕는 첫 번째 기능이 작동하도록 명령이 전달되는 경로를 살펴보면, 매뉴얼모드로 작동하는 동안 컨트롤 휠의 움직임값이 스포일러 믹서 앤드 레이쇼 체인저(spoiler mixer and ratio changer)를 통해 스포일러 액추에이터에 전달되거나, 에일러론 트림 스위치를 작동시킬 경우 에일러론 트림 액추에이터가 필 앤드 센터링 유닛(feel and centering unit)에 입력신호를 제공하여 스포일러 액추에이터가 작동하는 조건을 만들어준다. 또한 오토파일럿 기능이 활성화되어 있는 경우 FCC(Flight Control Computer)가 에일러론에 일정 각도 이상 인풋 신호가 들어온 것을 확인하면 그 비율에 맞게 스포일러가 따라서 작동할 수 있도록 스포일러 액추에이터에 명령신호를 제공한다.

두 번째 역할인 스피드브레이크 기능은 항공기가 착륙모드에서 지상에 닿는 신호가 와우스위치(WOW, Weight On Wheel)에 의해 감지되는 것을 포함하여 항공기가 지상에 있는 상태에서 스피드브레이크 레버(speedbrake lever)가 명령을 줄 때에만 작동한다. 스피드브레이크 기능이 작동하도록 명령이 전달되는 경로를 살펴보면, 스피드브레이크의 작동은 매뉴얼과 오토 모드로 작동하도록 설계되어 있고, 매뉴얼 작동은 조종사가 스피드브레이크 레버를 작동시킬 때 스포일러 믹서 앤드 레이쇼 체인저(spoiler mixer and ratio changer)를 거쳐 그라운드 스포일러 액추에이터(ground spoiler actuator)를 작동시키고, 스피드브레이크의 오토작동(automatic operation)은 오토 스피드브레이크 모듈(auto speedbrake module)이 착륙하거나 활주로를 달리다가 이륙을 중단할 때 오토 스피드브레이크 릴레이(auto speedbrake relay)를 통해 오토 스피드브레이크 액추에이터를 작동시키고 이 신호가 스포일러 믹서 앤드 레이쇼 체인저를 통해 그라운드 스포일러 액추에이터를 작동시킨다.

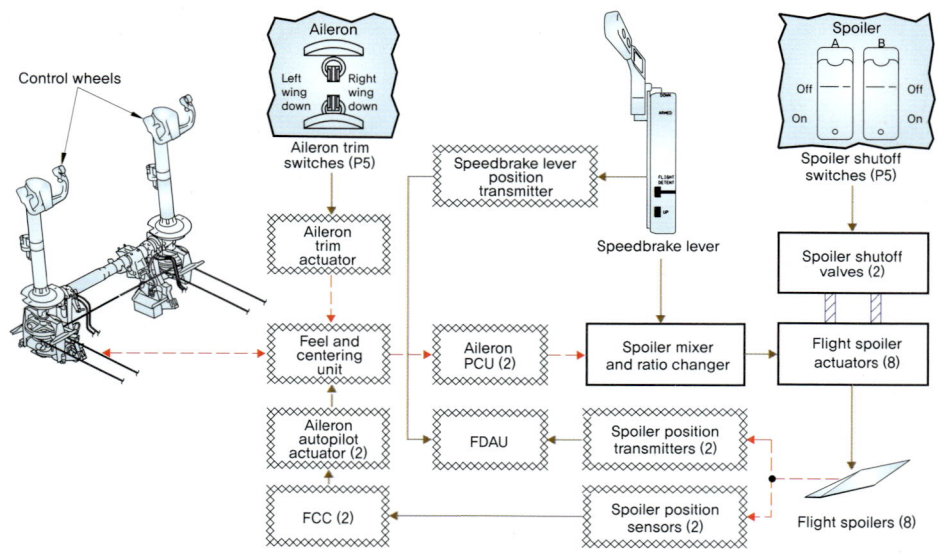

[그림 9-19] 스포일러 작동계통

9.4.4 앞전플랩과 슬랫(leading edge flap and slat)

리딩에지 플랩과 슬랫은 앞서 제시한 트레일링에지 플랩과 같이 항공기가 낮은 속도로 비행할 때 추락하지 않고 안전하게 비행상태를 유지하는 데 필요한 양력을 추가적으로 발생시킬 목적으로 사용된다. 트레일링 에지 플랩과의 차이점은 날개 앞쪽 끝단에 장착되어 있다는 점이다.

항공기 형식에 따라 다르겠지만, 리딩에지 플랩, 슬랫 등으로 불리며 날개 면적과 날개 캠버를 증가시켜 항공기 이륙 및 착륙 성능을 증가시키기 위해 양력을 증가시키려는 목적을 가지고 있다.

일부 항공기에서는 날개 면적을 공기력 특성을 좋게 하기 위해, 날개 모양을 하고 있다가 작동 파워가 전달되면 아래로 열리며 펼쳐져서 면적을 증가시키는 형태를 취하고 있다. 이러한 형태의 리딩에지 플랩을 크루거 플랩(Krueger flap)이라고 한다.

[그림 9-20] 크루거 플랩

리딩에지 슬랫(leading edge slat)의 경우, 날개꼴(airfoil)을 하고 있다가 작동되면 앞으로 전진하여 펼쳐지면서 날개면과의 사이에 공기층이 흐를 수 있도록 틈을 형성하는 모양으로 장착된다. 날개 면적을 넓히면서 길어진 날개 표면을 흘러가는 공기층에 박리, 즉 공기 흐름의 떨어져나감 현상을 잡아주기 위해 속도에너지를 만들어 주기 위해 추가

[그림 9-21]

된 통로를 갖는 형태로 설명할 수 있다.

　항공기가 순항(cruise) 중일 경우 리딩에지 플랩과 슬랫은 공기 저항이 발생하지 않도록 접혀들어가 있지만, 필요한 때에는 [그림 9-21]과 같이 완전히 펼쳐져서 양력을 증가시키거나 스톨(stall)을 방지하는 등 그 목적을 다하도록 작동한다. 리딩에지 플랩과 슬랫은 정상작동 모드에서는 기계적인 연결에 의해 작동(mechanically operation)하는데, 입력신호는 플랩 레버를 선택위치로 작동하면 함께 작동하고 알터네이트 작동(alternate operation) 모드에서는 전기적인 연결에 의해 작동(electrically operation)하며 이때는 알터네이트 플랩 스위치(alternate flap switch) 신호에 의해 작동한다.

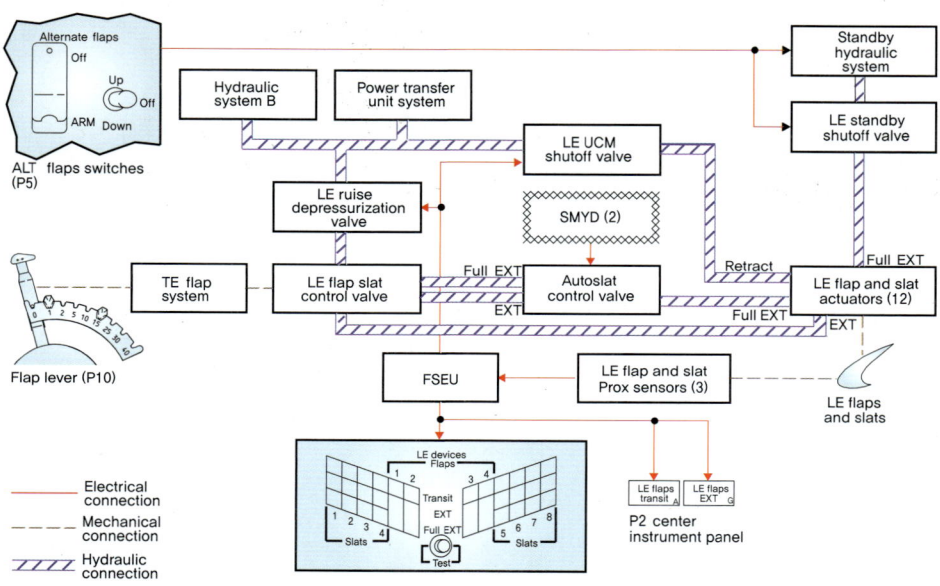

[그림 9-22] 리딩에지 플랩, 슬랫 조종계통

제9장 확인학습: 연습문제 및 해설

비행조종시스템의 필요성

1 항공기의 3축 운동을 설명한 것으로 가장 알맞은 것은?

① 세로축: 동체 아래 위를 관통한 선
② 가로축: 항공기 동체를 레이돔과 동체 꼬리를 잇는 중심을 가로지르는 선
③ 수직축: 왼쪽 날개 끝에서 오른쪽 날개 끝을 연결한 선
④ 에일러론(aileron)의 움직임은 항공기를 세로축을 기준으로 작동

해설 에일러론(aileron)의 움직임은 항공기를 세로축을 기준으로 기우뚱기우뚱하게 움직이는 기울기를 조절한다.

2 항공기의 1차 조종면에 해당하지 않는 것은?

① 에일러론(aileron)
② 엘리베이터(elevator)
③ 러더(rudder)
④ 플랩(flap)

해설 1차 조종면은 에일러론(aileron), 러더(rudder), 엘리베이터(elevator)로 구성되며, 에일러론은 롤축을 따라 기체의 좌우 기울기를 변화시켜 방향 전환을 유발한다.

3 항공기의 1차 조종면 중 차동조종장치에 해당하는 것은?

① 에일러론(aileron)
② 엘리베이터(elevator)
③ 러더(rudder)
④ 플랩(flap)

해설 1차 조종면 중 에일러론(aileron)은 양쪽 날개에 서로 반대되는 방향으로 작동하면서 원활하게 방향 전환이 가능해야 하기 때문에 한쪽 날개는 양력을 증가시키고 다른 한쪽은 양력을 감소시켜 롤링 모멘트가 발생하도록 한다.

정답 1. ④ 2. ④ 3. ①

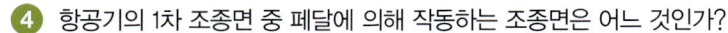

4 항공기의 1차 조종면 중 페달에 의해 작동하는 조종면은 어느 것인가?

① 에일러론(aileron)
② 엘리베이터(elevator)
③ 러더(rudder)
④ 플랩(flap)

해설 러더의 움직임은 에일러론과 엘리베이터처럼 조종간을 통해서 명령이 전달되는 것이 아니라 조종석 하부에 장착된 러더 페달(rudder pedals)의 움직임이 명령신호가 되며, 들어온 신호를 두 가닥으로 배선된 케이블을 통해서 러더가 장착된 버티컬 스태빌라이저 부분까지 전달한다.

5 항공기의 조종면 중 트림 기능이 적용되지 않는 것은 어느 것인가?

① 에일러론(aileron)
② 러더(rudder)
③ 슬랫(slat) 수평안정판(horizontal stabilizer)
④ 플랩(flap)

해설 해설: 플랩 다운 각도조절은 항공기 비행속도에 맞게 적절하게 펼쳐질 수 있도록 만들어진 홈을 따라 원하는 포지션에 플랩 레버를 이동시킬 수 있는 구조로 만들어져 있다.

6 항공기의 조종면 중 스피드브레이크로 불리는 조종면은 어느 것인가?

① 수평안정판(horizontal stabilizer)
② 플랩(flap)
③ 스포일러(spoiler)
④ 슬랫(slat)

해설 착륙모드 중 날고 있던 항공기 바퀴가 지면에 닿는 순간, 타이어가 지면에 닿는 것을 감지하여 모든 스포일러를 들어올려 항력을 빠르게 증가시키면서 양력을 급감시켜 항공기의 뜨는 힘인 양력을 줄여 항공기 무게와 지면과의 마찰력 증가를 유발하여 착륙거리를 단축시키는 역할을 한다.

7 항공기의 조종면 오작동으로 인한 증상을 일컫는 스큐(skew), 어시메트리(asymmetry)와 같은 용어와 가장 관련이 높은 조종면은 어느 것인가?

① 수평안정판(horizontal stabilizer)
② 플랩(flap)
③ 스포일러(spoiler)
④ 슬랫(slat)

정답 4. ③ 5. ④ 6. ③

해설 플랩 시스템에 포함된 센서들의 기능도 중요한데, 플랩 작동 중 발생하는 불일치 상황을 모니터하며 플랩 끝단의 인보드와 아웃보드의 움직임에 차이가 발생하는 스큐(skew)나 좌우 플랩 그룹 간 움직임의 각도 차이가 발생한 것(asymmetry)을 감지하게 되면 플랩의 작동을 멈추게 하는 보호기능이 포함된다.

8 항공기의 조종면 중 WOW 스위치의 입력에 의해 작동하는 조종면으로 가장 적당한 것은?
① 수평안정판(horizontal stabilizer)
② 플랩(flap)
③ 그라운드 스포일러(ground spoiler)
④ 슬랫(slat)

해설 스피드브레이크는 항공기가 착륙모드에서 지상에 닿는 신호가 WOW(Weight On Wheel) 스위치에 의해 감지되는 것을 포함하여 항공기가 지상에 있는 상태에서 스피드브레이크 레버(speedbrake lever)가 명령을 줄 때에만 작동한다.

정답 7. ② 8. ③

AIRCRAFT SYSTEMS

참고문헌

- 항공기기술기준(Korean Airworthiness Standards), Part 25 감항분류가 수송(T)류인 비행기에 대한 기술기준, 국토교통부 항공기술과, 2024.

- 운항기술기준, 고정익항공기를 위한 운항기술기준(Flight Regulations of Aeroplanes), 국토교통부 항공운항과, 2024.

- 국토교통부 항공정비사 표준교재, 항공기기체, 국토교통부 항공안전정책과, 2024.

- 대한항공 항공기술훈련원, 항공기기체Ⅲ, (주)대한항공, 2016.

- B737, B744, B787 Training Manual, TBC(The Boeing Company), 2015.

- Aviation Maintenance Technician Handbook-Airframe, FAA, 2023.

용어정리

■ 항공기 연료계통 I

- **인티그럴 탱크(integral tank)**: 항공기 날개 구조, 외피가 연료 저장공간을 형성하고, 연료가 새는 것을 방지하기 위해 콤파운드(compound)를 기밀제로 활용한 탱크로서, 대형 운송용 항공기에서 많이 사용하며 무게절감, 공간확보의 유용성 등이 특징이다.

- **디토네이션(detonation)**: 실린더 내부의 압력과 온도가 임계점 이상으로 올라갈 경우 나타나는 폭발현상으로, 실린더 헤드 온도상승, 피스톤이나 실린더 헤드 손상의 원인이 되며 노킹(knocking) 현상을 동반한다.

■ 항공기 연료계통 II

- **페일 세이프(fail-safe)**: 항공기가 비행 중 발생한 결함으로 인해 최악의 상황이 발생하지 않도록 원래의 계통이 기능을 상실해도 대체할 수 있는 기능을 확보해 주기 위해 추가적인 장치를 마련해 두는 기법이다.

- **서지 탱크(surge tank)**: 날개 양 끝에 장착된 연료 탑재가능 공간으로 주연료탱크 기능을 하지 않고 항상 비어 있다가 이상상황 발생으로 넘쳐흐른 연료를 일시 보관하기 위한 공간이다.

- **크로스 피드 밸브(cross-feed valve)**: 직접 연결된 해당 탱크로부터의 연료공급이 불가능한 경우, 나머지 탱크로부터의 공급이 가능하도록 경로를 선택할 수 있는 밸브이다.

■ 연료보급절차

- **fuel measuring stick**: 연료계통의 정상적인 연료량 지시가 불가능할 경우 정비사가 매뉴얼로 탱크 내에 보급된 연료량을 산정하기 위하여 장착된 구성품이다.

- **fuel leak classification**: 단위시간당 누출된 연료의 표면적을 기준으로 누출 정도를 정의한 표준을 말한다.

- **fuel station**: 항공기 날개 하부에 장착된 연료보급을 위한 구성품들이 모여 있는 패널을 일컬으며, 밸브 스위치, 밸브 포지션 라이트, 테스트 버튼과 각각의 탱크연료 게이지가 장착되어 있다.

■ 항공기에서 사용하는 전기계통

- **IDG(Integrated Driven Generator)**: AC power의 특징인 설정된 주파수 요구조건을 충족시키기 위해 엔진 회전수에 상관없이 제너레이터의 회전속도를 일정하게 맞춰 줄 수 있도록 정속구동장치인 CSD(Constant Speed Driver)를 한 몸으로 만든 제너레이터이다.

- CB(Circuit Breaker): 전기계통 과부하 및 회로고장으로 인한 시스템의 손상을 예방하기 위해 재사용 가능한 퓨즈의 역할을 하도록 만들어진 보호장치로, 손잡이 부분에 부하가 기록되어 있고, 명칭과 함께 열 번호로 위치를 찾아갈 수 있다.
- TRU(Transformer Rectifier Uunit): AC electrical power를 DC electrical power로 변환해 주는 장치이다.
- static inverter: DC electrical power를 AC electrical power로 변환해 주는 장치이다.
- standby power: 엔진에 의한 정상전원이 공급되다가 엔진 정지로 인해 전원공급이 중단될 경우를 대비해 장착된 배터리에 의존한 비상전원이다.

■ 공압계통의 구성, 기내환경조절계통

- ECS(Environmental Control System): 기내의 공기온도 조절을 목적으로 만들어진 ATA 21을 좀 더 넓게 확장시켜 에어컨디션 기능, 기내 장비실 냉각기능, 화물실의 온도 및 압력조절기능을 포함한 항공기 기내환경 조절을 위한 계통을 지칭한다.
- CPC(Cabin Pressure Controller): 엔진으로부터 공급된 블리드 에어를 사용가능 온도로 조절해서 기내로 공급하고, 기체구조가 견딜 수 있는 압력 이내로 사용되도록 모니터하고 관리하는 컴퓨터를 지칭한다.

■ 기내환경조절계통의 필요성

- pressurization: 항공기 기내여압을 말하며, 고고도비행 시 항공기 객실의 산소포화도를 증가시키기 위해 압축된 공기를 기내로 공급하고, 적절한 압력을 유지하기 위해서 모니터 장치를 바탕으로 아웃플로 밸브를 활용해 배출되는 공기의 양을 조절함으로써 요구되는 압력을 맞추어 주는 것이다.
- 여압조절장치: 기내 공기압력을 조절하는 여압조절장치는 선택 스위치, 가압된 공기공급장치, 배출량을 조절하는 아웃플로 밸브, 정상작동 여부를 판단하기 위한 센서들로 구성되며, 기내에 꽉 찬 공기의 배출량을 조절해 주는 역할을 한다.

■ 공기조화계통(air conditioning system)의 구성

- ACM(Air Cycle Machine): 터빈엔진의 블리드 에어를 소스로 냉각공기를 만들어 기내로 공급해 주는 장치로 컴프레서와 터빈이 주요 구성품이며, 램 에어 도어, 열교환기 등과 함께 기능한다.

- VCM(Vapor Cycle Machine): 터빈엔진을 장착하지 않은 항공기에서 가정용 에어컨처럼 냉매를 충전하여 기체 내부의 공기를 차갑게 만들어 주기 위한 장치로, 리시버 드라이어, 열팽창밸브, 증발기, 컴프레서, 콘덴서로 구성된다.

■ 유압의 필요성

- 파스칼의 원리: 밀폐된 공간 속의 유체에 압력을 주면, 그 힘은 모든 방향으로 동일한 크기로 작용한다.
- 리던던시(redundancy): 페일 세이프(fail-safe) 개념으로 항공기를 제작할 때 극한상황에 빠지지 않도록, 한 개의 주요 구성품에 결함이 발생하더라도 대체기능을 수행하는 구성품이 마련되어 있어 기능을 완전히 상실하지 않도록 안전을 확보하는 설계방법이다.
- 인화점과 발화점: 인화점이란 액체에 불꽃을 가져갔을 때 순간적으로 점화하기에 충분한 증기가 방출되는 온도를 말하며, 발화점은 액체가 불꽃에 노출되었을 때 계속해서 연소하기에 충분한 양의 증기를 방출하는 온도이다.
- service life: 부품의 사용수명으로 한정된 기간을 말한다.
- hydraulic system flushing: 계통의 오염으로 인해 유압유 전체를 교환하기 위한 절차로, 필터를 교환해 가면서 시스템을 작동시켜 내부 오염물질을 배출해 내는 방법이다.

■ 항공기 유압계통

- case drain line: 유압펌프의 냉각을 위해 펌프 하우징(케이스) 내부를 순환한 유압유가 레저버(reservoir)로 귀환하는 경로를 말하며, 냉각을 위해 열교환한 유압유의 온도가 높아 연료탱크 내에 장착된 열교환기(heat exchanger)를 지나도록 구성되어 있다.
- stand pipe: 메인 펌프 하부의 튜브 또는 구성품의 손상으로 인해 계통 내 유압유가 외부로 유출될 경우에도 스탠드 파이프 높이만큼의 유압유는 레저버 안에 남아 있을 수 있는 구조로 만들어지며, 비상시 제한된 부분에 공급할 수 있을 만큼의 유압유를 확보하는 역할을 한다.
- 가변용량식 펌프: 계통의 요구압력에 맞춰 엔진 회전수에 상관없이 조절된 압력을 제공하는 펌프로, 최근 대형 운송용 항공기 유압펌프로 가장 일반적으로 사용되고 있다.

■ 유압계통을 사용하는 서브시스템

- hydraulic fuse: 계통 내 튜브의 손상 등으로 유압유 전체가 유실되는 것을 방지하기 위한 구성품으로, 브레이크, 역추력장치 등 큰 동력원이 요구되는 곳에 사용된다.

Aircraft Systems

- one point servicing system: 각각의 시스템에 장착된 레저버를 찾아다니면서 유압유를 보급해 주는 불편함을 제거하기 위해 정해진 한 지점에 접근해서 보급을 수행할 수 있도록 만들어진 시스템으로 유압유 보급에 적용된다.

■ 착륙장치계통의 필요성

- retractable type landing gear: 비행 중 항공기 동체 외부로 돌출된 구조물로부터 발생하는 유해 항력을 줄이기 위해 랜딩기어를 접어 넣거나 빼낼 수 있도록 만들어진 타입의 랜딩기어이다.

- squat switch: 랜딩기어 쇼크 스트럿의 extension과 compression의 상태에 따라 구성하고 있는 회로가 열리거나 닫히도록 정해져 있는 스위치로, 지상에서 랜딩기어의 오작동을 방지하는 안전장치 기능을 한다.

- proximity switch: 대형 운송용 항공기의 랜딩기어 쇼크 스트럿의 펼침과 접어들임(extension & compression)의 상태에 따라 표면의 오염에 상관없이 타깃(target)과 센서의 거리값 변화에 따른 발생 전압을 달리 전달하는 센서로, 랜딩기어 포지션 정보를 다양한 유저계통에 제공한다.

■ 착륙장치의 구조 I

- gland nut: 쇼크 스트럿 내부에 충전된 에어와 오일(air/oil)의 누설을 방지하면서 내부실린더가 왕복운동할 수 있도록 내부에 장착된 베어링 캐리어(bearing carrier)를 고정시켜 주는 너트로 외부실린더 하부에 장착된다.

- dimension X: 쇼크 스트럿(shock strut)의 정상작동을 위해 쇼크 스트럿의 압축(compressed) 정도를 판단하기 위한 기준으로, 항공기 형식별로 정해져 있는 쇼크 스트럿의 측정부위 길이를 말한다.

- active seal, spare seal: 랜딩기어 쇼크 스트럿의 신뢰성 향상을 위해 스트럿 내부의 실(seal) 교환작업으로 인한 항공기 정박시간(ground time)을 줄이기 위해 스트럿을 완전히 분리하지 않고 손상된 실의 교환이 가능하도록 스트럿 내부에 여유분의 실을 장착하며, 기능수행에 사용되고 있는 실을 'active seal', 여유분으로 보관된 실을 'spare seal'이라고 한다.

■ 착륙장치의 구조 II

- thermal plug: 브레이크의 작동으로 발생된 열로 인해 타이어 내 공기팽창에 의한 폭발위험을 피하기 위해, 정해진 온도에 도달하면 충전금속이 녹아 내부의 공기가 빠져나가 타이어가 터지는 현상을 예방하기 위해 휠에 장착된 구성품이다.

- balance weight: 타이어와 휠 접합공정을 마무리할 때 진동검사를 수행하여 회전 시 발생하는 진동을 상쇄시키기 위해 추가적으로 장착된 블록이다.

- TPIS(Tire Pressure Indication System): 타이어 내 적정압력 상태를 쉽게 확인할 수 있도록 장착된 시스템으로, 조종석에서 각각의 타이어 압력을 확인할 수 있다.

- FOD(Foreign Object Damage): 외부물질 유입에 의한 손상으로 정의되는 현상으로, 항공기 구성품이 외부물질에 의해 파손된 것을 말한다.

■ 착륙장치의 기능

- orifice check valve: 체크 밸브는 한쪽 방향으로의 흐름을 제한하는 밸브인데, 제한된 방향으로 정해진 흐름을 허용하기 위해 오리피스를 장착한 것으로, 랜딩기어 다운 시 빠른 속도로 움직여 기체부분에 발생할 수 있는 충격을 줄여 주기 위해 활용된다.

- towing bypass valve: 지상활주 중 방향전환을 위해 공급된 유압을 토잉하는 동안 유로를 리턴 방향으로 고정시켜 주기 위한 밸브로, 고정핀을 장착하여 토잉을 마무리할 때까지 유지한다.

- shuttle valve: 움직일 수 있는 슬라이딩 위에 밸브 코어가 장착되고 양방향 중 압력이 센 쪽의 힘에 밀려 반대 유로를 막아 흐름방향을 선택하는 밸브로서, 정상유압의 유실로 인해 비상압력을 사용할 수 있도록 유로를 허용해 준다. 배드민턴공처럼 왔다 갔다 하는 모습으로부터 이름이 붙여졌다.

- bleeding: 유압계통 내부에 포함된 공기압을 제거하기 위해 펌프가 작동되고 있는 상태에서 공기 방울을 배출해 주기 위해 브레이크 페달을 밟았다 놓기를 반복하는 작업으로, 공기입자가 포함되지 않은 선명한 유압유가 나올 때까지 반복한다.

■ 역추력장치

- 공기역학적 차단방식: 과거의 배기가스를 기계적인 클렘 셸로 막는 방법이 아닌 슬리브 작동을 통해 흐름량이 더 많은 팬 에어의 방향을 바꾸어 주어 제동효과를 증가시키는 방법을 사용한다. 공기역학적 차단방식은 착륙장치의 브레이크와 달리 활주로의 상태, 기상상태와 상관없이 유효한 효과를 제공한다는 장점이 있다.

- cascade(캐스케이드): 에어 브레이크 역할을 하는 공기의 흐름방향을 바꾸어 주기 위한 주조물로서 360° 분사방향을 적절하게 디자인하여 효과를 극대화하기 위한 주요 구성품이다. 공기역학적인 설계가 반영되어 있기 때문에 모양상으로는 같아 보이지만 개별 캐스케이드의 분사 각도가 다르게 설정되어 있으므로 캐스케이드의 장착위치는 반드시 정확하게 지켜져야 한다.

■ 화재방지계통

- **화재의 종류**: 화재가 발생하기 위한 3요소 중 탈 것에 기반한 분류방법으로 종이, 목재, 고무, 플라스틱 등 일반적인 연소물질에 의한 화재를 A급 화재로 분류하고, 연료, 오일, 유압유 그리고 그리스 등에 의한 화재를 B급 화재, 전기가 공급되면서 발생되는 화재를 C급 화재, 그리고 폭발성이 있거나 연소현상이 발생하는 금속에 의한 화재를 D급으로 구분한다.

■ 제빙 및 제우계통

- **삼출날개방식(Weeping Wing System)**: 날개의 앞전 부분을 직경 0.0025inch 이하의 다공성 물질로 제작하여 내부에 공급된 부동액이 미세한 구멍을 통해 스며 나오면서 날개 상·하면을 코팅하여 방빙효과를 유지할 수 있도록 만들어진 방식을 말한다.

- **버드 스트라이크(bird strike)**: 이륙이나 착륙을 위해 공항접근 시 저고도에서 발생하는 조류와의 충돌을 말하며, 엔진에 유입되거나 조종석 앞면 윈드실드에 충돌하여 비행안전에 악영향을 미치는 사고를 말한다. 철새 유입이 심한 계절에 사고의 발생빈도가 높아지며, 윈드실드의 가열을 통하여 충돌 시 강도를 증가시키는 방법이 적용되고 있다.

■ 동절기취급절차

- **방빙지속시간(hold over time)**: 제방빙액을 도포한 후 성능이 지속되는 시간으로, 제방빙액 도포를 시작한 시점부터 항공기 출발이 허용되는 시점까지를 말한다. 그날의 기온, 날씨 정보와 용액의 종류, 희석비율을 반영하여 조종사가 결정한다. 유효한 시간을 지나 출발신호를 받게 되면 재작업을 수행해야 한다.

- **위험지역(critical area)**: 결빙에 의한 악영향으로부터 벗어나기 위해 제방빙액을 도포하는데, 도포된 용액이 항공기의 성능에 방해요소로 작용할 수 있는 부분으로서, 직접 분사되는 것을 피하도록 설정된 공간이며 필요 시 수작업에 의한 제거작업이 필요하게 된다. 엔진흡입구, APU 흡입구, 각종 감지기, 바퀴실 등이며 비행 전 남아 있는 용액의 존재를 점검하여야 한다.

■ 비행조종계통

- **차동조종장치(differential control mechanism)**: 항공기가 선회 시 불필요한 항력의 증가를 최소화하면서 더욱 효율적으로 회전운동하도록 에일러론의 움직임 각도의 차이를 만들어주는 장치로, 예를 들어 항공기가 왼쪽으로 선회하기 위해 조종사가 조종휠을 왼쪽으로 회전시킬 때, 왼쪽 에일러론을 15° 업(up)시키면, 오른쪽 에일러론은 약 5° 다운(down) 방향으로 작동한다. 이처럼, 차동조종은 왼쪽 에일러론과 오른쪽 에일러론이 동시에 작동하지만 방향과 움직이는 각도의 차이를

만들어 주며, 다운 방향으로 움직이는 에일러론에서 발생하는 항력을 줄이는 효과를 얻어 보다 안정적인 선회가 진행되는 것을 목적으로 한다.

- **인공감각장치**(artificial feeling system): 조종사가 조종간을 조작할 때, 기계적인 반력이나 저항을 인위적으로 제공해주는 장치를 말한다. 현대 항공기, 특히 플라이 바이 와이어(fly-by-wire) 시스템에서는 기계식 연결이 없기 때문에 조종사가 실제 저항력을 느낄 수 없다. 이로 인해 조종에 과도한 인풋이 들어가거나, 조작 감각이 사라질 수 있는데, 이를 방지하기 위해 스프링, 유압, 전기장치 등을 활용해 조종간이나 페달에 적절한 반대힘을 제공함으로써 조종사가 자연스럽고 직관적으로 조작할 수 있도록 돕는 역할을 한다.

찾아보기

ACM(Air Cycle Machine) 111
AVGAS 26
cold socked 290
dimension X 202
HOT(Hold Over Time) 293
IDG(Integrated Drive Generator) 69
RAT(Ram Air Turbine) 162
TPIS(Tire Pressure Indication System) 214
TRU(Transformer Rectifier Unit) 70
VCM(Vapor Cycle Machine) 110
WARNING 173

가변용량식 펌프(variable displacement pump) 160
견인 바이패스 밸브(towing bypass valve) 226
결빙감지센서(ice detectors) 279
결빙조건(icing condition) 291
경사계(inclinometer) 194
고양력장치(high lift device) 320
고체산소 129
공급라인(supply line) 150
공기역학적 차단방식(aerodynamic-blockage) 244
공압계통(pneumatic system) 146
그라운드 쿨링 팬(ground cooling fan) 119
그린 디스크(green disk) 125
근접감지기(proximity sensor) 197
글랜드 너트(gland nut) 202
기내온도조절장치(air conditioning package) 111

다중화(multiple redundancy) 309
동력구동펌프(power driven pump) 161
디맨드 펌프(demand pump) 162
디토네이션(detonation) 27

락 아웃 메커니즘(lock out mechanism) 312
랜딩기어 스트럿(landing gear strut) 203
랜딩기어 안전핀[landing gear safety pin(lock pin)] 224
랜딩기어 펼침/접음 시스템(extenton and retraction system) 223
랜딩기어계통(landing gear system) 187
러더 필 엔드 센터링 유닛(rudder feel and centering unit) 313
레이디얼 타이어(radial tire) 211
레저버(reservoir) 156
리던던시(redundancy) 65
리딩에지 슬랫(leading edge slat) 325
리턴 라인(return line) 154

밀도계(densitometer) 53

방빙·제빙 및 제우계통 276
방빙지속시간 293
방출시스템(jettison system) 42
배기밸브(exhaust valve) 97
밸런스 웨이트(balance weight) 211
벤트계통(vent system) 40
보정기(compensator) 53
브레이크계통(brake system) 196, 218
블리딩(bleeding) 232
비상펼침계통(emergency extension system) 194

사이포닝(siphoning) 21
서지 탱크(surge tank) 20

섬프 드레인(sump drain) 24, 52
성능지수(performance No.) 28
셔틀 밸브(shuttle valve) 228
소스조절(source control) 91
쇼크 스트럿(shock strut) 191
수막현상(hydroplaning) 211
수분분리기(water separator) 118
수분오염검사(water contamination check) 51
스쿼트 스위치(squat switch) 197
스큐(skew) 322
스태틱 인버터(static inverter) 76
스탠드 파이프(stand pipe) 157
스티어링 시스템(steering system) 195
스펀지 현상(feel sponge) 232
스포일러 믹서 앤드 레이쇼 체인저(spoiler mixer and ratio changer) 323
스프레이 노즐(spray nozzle) 119
스피드브레이크(speedbrake) 317
시미 댐퍼(shimmy damper) 207
시퀀스 밸브(sequence valve) 164
실버 밴드(silver band) 79

아웃플로 밸브(outflow valve) 87, 106
안전밸브(safety valve) 108
안티노크값(antiknock value) 27
안티스키드 시스템(anti-skid system) 231
압력조절(pressure control) 92
액추에이터(actuator) 207
어시메트리(asymmetry) 322
어큐뮬레이터(accumulator) 209
엔진연료조절계통(engine fuel and control) 37
역추력장치(thrust reverser) 243
연기감지장치(smoke detectors) 266
연료계통(fuel system) 33

연료누출량(fuel leak classification) 55
연료량계(fuel quantity indicator) 53
연료량지시계통(fuel quantity indication system) 18
연료방출계통(fuel jettisoning system) 23
연속루프 타입(coutinuous-loop type) 262
열공압식 방빙계통(thermal pneumatic anti-icing) 280
열교환기(heat exchanger) 116, 167
열전기식 방빙(thermal electric anti-icing) 284
오토파일럿(autopilot) 315
온도조절(temperature control) 92
올레오식(oleo type) 쇼크 스트럿 201
와우스위치(WOW, Weight On Wheel) 323
외부전력(external power) 77
우선순위밸브(priority valve) 164
원 포인트 서비스시스템(one point servicing system) 173
유압계통(hydraulic system) 142
유압계통의 장점 143
유압액추에이터(hydraulic actuator) 165
유압유(hydraulic fluid) 144
유압퓨즈(hydraulic fuse) 165
인공감각장치(artificial feeling system) 314
일정용량식 펌프(constant displacement pump) 160

잠금장치(lock mechanism) 205
장비냉각계통(equipment cooling system) 95
재순환 팬(recirculation fan) 107
저산소증(hypoxia) 121
제너레이터 드라이브(generator drive) 67
제트연료(jet fuel) 29
중복기능성(redundancy) 142
증기폐색(vapor lock) 26
질소발생장치(nitrogen generation system) 90

ㅊ

차동조종(differential control) **311**
차압지시기(differential pressure indicator) **158**
측정봉(measuring stick) **54**

ㅋ

크롬 플레이트(chrome plate) **202**
크루거 플랩(Krueger flap) **325**

ㅌ

타이어 사이즈(size) **213**
타이어를 보관하는 방법 **217**
타이어의 교환절차(tire remove and onstallation) **215**
탱크 유닛(tank unit) **53**
토크 링크(torque link) **206**
통기구(vent scoop) **21**
트러니언(trunnion) **204**
트림 에어 밸브(trim air valve) **120**

ㅍ

파스칼(Pascal) **141**
파울러 플랩(fowler flap) **321**
팽창공간(expansion space) **20**
퍼징(purging)작업 **56**
프레임 어레스터(frame arrester) **41**
플라이트 컨트롤 컴퓨터(FCC, Flight Control Computer) **315**
플러싱(flushing) **146**
필터(filter) **158**

ㅎ

항공기 연료계통 **15**
호리젠탈 스태빌라이저 트림(trim) **310**
화재의 등급(classes of fires) **260**
화학적 방빙(chemical anti-icing) **285**
회로차단기(CB, Circuit Breaker) **67**

미래의 항공종사자를 위한 항공입문서

항공기 시스템

2018. 3. 19. 초판 1쇄 발행
2025. 8. 6. 제2판 1쇄 발행

지은이 | 남명관
펴낸이 | 이종춘
펴낸곳 | BM (주)도서출판 성안당

주소 | 04032 서울시 마포구 양화로 127 첨단빌딩 3층(출판기획 R&D 센터)
     | 10881 경기도 파주시 문발로 112 파주 출판 문화도시(제작 및 물류)
전화 | 02) 3142-0036
     | 031) 950-6300
팩스 | 031) 955-0510
등록 | 1973. 2. 1. 제406-2005-000046호
출판사 홈페이지 | www.cyber.co.kr
ISBN | 978-89-315-1196-3 (93550)
정가 | 28,000원

이 책을 만든 사람들
기획 | 최옥현
진행 | 이희영
교정·교열 | 이희영
전산편집 | 유선영
표지 디자인 | 박현정, 임흥순
홍보 | 김계향, 임진성, 김주승, 최정민, 이해솜
국제부 | 이선민, 조혜란
마케팅 | 구본철, 차정욱, 오영일, 나진호, 강호묵
마케팅 지원 | 장상범
제작 | 김유석

이 책의 어느 부분도 저작권자나 BM (주)도서출판 성안당 발행인의 승인 문서 없이 일부 또는 전부를 사진 복사나 디스크 복사 및 기타 정보 재생 시스템을 비롯하여 현재 알려지거나 향후 발명될 어떤 전기적, 기계적 또는 다른 수단을 통해 복사하거나 재생하거나 이용할 수 없음.

※ 잘못 만들어진 책은 바꾸어 드립니다.